T0202287

Mill. Jahre	Ära	System	Abteilung	Stufe
0 — 2,6	KÄNOZOIKUM	QUARTÄR		
		TERTIÄR	Neogen (Jungtertiär)	Miozän
50			Paläogen (Alttertiär)	Oligozän
				Eozän
65				Paläozän
	MESOZOIKUM	KREIDE	Oberkreide	
100				
			Unterkreide	
142		JURA	Oberjura	Malm
150			Mitteljura	Dogger
			Unterjura	Lias
200 — 200		TRIAS	Obertrias	Keuper
			Mitteltrias	Muschelkalk
250 — 251			Untertrias	Buntsandstein
	PALÄOZOIKUM	PERM	Oberperm	Zechstein
			Mittelperm	Rotliegendes — Saxon
			Unterperm	Autun
300 — 296		KARBON	Oberkarbon	Siles — Stefan / Westfal / Namur
			Unterkarbon	Dinant — Visé / Tournai
350 — 358		DEVON	Oberdevon	
			Mitteldevon	
400			Unterdevon	
418		SILUR	Obersilur	
			Untersilur	
450 — 443		ORDOVIZIUM	Oberordovizium	
			Mittelordovizium	
			Unterordovizium	
500 — 495		KAMBRIUM	Oberkambrium	
			Mittelkambrium	
			Unterkambrium	
550 — 545		PROTEROZOIKUM		

Geologische Zeitskala des Phanerozoikums. Auf der Grundlage von DEUTSCHE STRATIGRAPHISCHE KOMMISSION (2002), etwas modifiziert. (Gliederung des Quartärs siehe Tabellen 12.2-1 und 12.2-2).

Einführung in die Geologie Deutschlands

Dierk Henningsen Gerhard Katzung

Einführung in die Geologie Deutschlands

7., überarbeitete und erweiterte Auflage

107 überwiegend farbige Abbildungen, 13 Tabellen

Autoren

Professor Dr. D. Henningsen   Professor Dr. G. Katzung†
Tiefes Moor 66
30823 Garbsen
e-mail: d.b.henningsen@t-online.de

Weitere Informationen zum Buch finden Sie unter www.spektrum-verlag.de/978-3-8274-1586-8

Wichtiger Hinweis für den Benutzer
Der Verlag, der Herausgeber und die Autoren haben alle Sorgfalt walten lassen, um vollständige und akkurate Informationen in diesem Buch zu publizieren. Der Verlag übernimmt weder Garantie noch die juristische Verantwortung oder irgendeine Haftung für die Nutzung dieser Informationen, für deren Wirtschaftlichkeit oder fehlerfreie Funktion für einen bestimmten Zweck. Der Verlag übernimmt keine Gewähr dafür, dass die beschriebenen Verfahren, Programme usw. frei von Schutzrechten Dritter sind. Die Wiedergabe von Gebrauchsnamen, Handelsnamen, Warenbezeichnungen usw. in diesem Buch berechtigt auch ohne besondere Kennzeichnung nicht zu der Annahme, dass solche Namen im Sinne der Warenzeichen- und Markenschutz-Gesetzgebung als frei zu betrachten wären und daher von jedermann benutzt werden dürften. Der Verlag hat sich bemüht, sämtliche Rechteinhaber von Abbildungen zu ermitteln. Sollte dem Verlag gegenüber dennoch der Nachweis der Rechtsinhaberschaft geführt werden, wird das branchenübliche Honorar gezahlt.

Bibliografische Information Der Deutschen Nationalbibliothek
Die Deutsche Nationalbibliothek verzeichnet diese Publikation in der Deutschen Nationalbibliografie; detaillierte bibliografische Daten sind im Internet über http://dnb.d-nb.de abrufbar.

Springer ist ein Unternehmen von Springer Science+Business Media
springer.de

Korrigierter Nachdruck 2011 der 7. Auflage 2007
© Spektrum Akademischer Verlag Heidelberg 2007
Spektrum Akademischer Verlag ist ein Imprint von Springer

11   12   13   14   15   5   4   3   2

Beim Ferdinand Enke Verlag, Stuttgart sind erschienen:
1.–3. Auflage 1976–1986 von D. Henningsen
4.–5. Auflage 1992–1998 von D. Henningsen und G. Katzung
Bei Spektrum Akademischer Verlag, Heidelberg ist erschienen:
6. Auflage 2002 von D. Henningsen und G. Katzung

Für Copyright in Bezug auf das verwendete Bildmaterial siehe Abbildungsunterschriften.

Planung und Lektorat: Dr. Christoph Iven
Satz: klartext, Heidelberg
Umschlaggestaltung: SpieszDesign, Neu-Ulm
Titelfotografie: Lange Anna auf Helgoland, Foto: Dierk Henningsen
Fotos/Zeichnungen: Heike Sengpiehl, Dagmar Lau, Greifswald

ISBN 978-3-8274-1586-8

Vorwort zur 7. Auflage

Für die 7. Auflage wurden nicht nur der Text und die Abbildungen aktualisiert, sondern auch der Inhalt des Buches um ein einleitendes Kapitel zur regionalgeologischen Stellung und Entwicklung erweitert sowie der größte Teil der Farb-Abbildungen durch neue ersetzt. Mehrere von ihnen gehören zu den von Fachleuten ausgewählten bedeutendsten geologischen Aufschlüssen (Geotopen) Deutschlands. Für die Aufnahme auf Datenträger sind alle Text-Abbildungen und ein Teil der Tabellen graphisch neu bearbeitet worden.

Auf unsere Bitte haben uns das Landesamt für Bergbau, Geologie und Rohstoffe Brandenburg (Kleinmachnow), der Geologische Dienst Nordrhein-Westfalen (Krefeld), das Sächsische Landesamt für Umwelt und Geologie (Freiberg) und das Landesamt für Umwelt und Natur Schleswig-Holstein (Flintbek) mit noch unveröffentlichten Daten über die Nutzung der Lagerstätten und geologischen Ressourcen in den betreffenden Bundesländern geholfen. Weiterhin haben verschiedene Einrichtungen und Personen unentgeltlich Vorlagen für Farb-Abbildungen im Anhang und auf den Vorsatz-Seiten zur Verfügung gestellt: Bayerisches Geologisches Landesamt (München), Bundesanstalt für Geowissenschaften und Rohstoffe (Hannover), Hessisches Landesamt für Umwelt und Geologie (Wiesbaden), Landesamt für Umwelt, Naturschutz und Geologie Mecklenburg-Vorpommern (Güstrow), Presse- und Informationsabteilung der RWE (Köln), Dr. G. Grünthal (GeoForschungsZentrum Potsdam), Dr. K. Obst (Greifswald), Frau U. Rathner (Bautzen), R. Schellschmidt (Institut für Geowissenschaftliche Gemeinschaftsaufgaben Hannover), Dr. E. Speetzen (Münster). Bei allen Genannten bedanken wir uns herzlich für diese Unterstützung und darüber hinaus allen, die mit Hinweisen und der Bereitstellung von Unterlagen zur Aktualisierung dieser Auflage beigetragen haben.

Hannover/Berlin, im Dezember 2005
Dierk Henningsen
Gerhard Katzung

Meine langjährige vertrauensvolle Zusammenarbeit mit Gerhard Katzung wurde im Februar 2008 leider beendet, als dieser nach schwerer Krankheit verstarb. Das ist ein wichtiger Grund dafür, dass jetzt keine neubearbeitete Auflage erscheinen konnte, sondern nur ein Nachdruck der vorherigen 7. Auflage, in dem einige Unzulänglichkeiten aus dieser berichtigt worden sind und das Literaturverzeichnis aktualisiert worden ist.

Garbsen, im Juni 2011
Dierk Henningsen

Vorwort zur 6. Auflage

„Wie manche große Naturscene könnten wir in unserem deutschem Vaterlande geniessen, für die wir oft die entlegensten Länder besuchen."

ALEXANDER VON HUMBOLDT
Mineralogische Beobachtungen
über einige Basalte am Rhein;
In der Schulbuchhandlung,
Braunschweig 1790, S. 107

In diesem Buch über die Geologie Deutschlands sind ursprünglich die Gebiete der alten Bundesländer im Wesentlichen von D. Henningsen, die der neuen Bundesländer von G. Katzung bearbeitet worden. Bereits seit der vorangegangenen Auflage hat sich zwanglos zunehmend eine „übergreifende" Zusammenarbeit ergeben, sodass die frühere Trennung so nicht mehr gilt.

Das bisherige Konzept der Darstellung hat sich bewährt und wird deshalb beibehalten: Die vielfältigen geologischen Landschaften Deutschlands sind nach gemeinsamen Merkmalen der sie aufbauenden Gesteine zu Gruppen zusammengefasst und diese nach dem Alter ihrer Bildung geordnet. Entsprechend ihrer wissenschaftlichen und praktischen Bedeutung werden die Einheiten mehr oder weniger ausführlich behandelt. Es wird zu zeigen versucht, dass die Geologie ein angewandtes Fach ist, indem auch die mit den Gesteinen verbundenen Lagerstätten und die Verwendung von Massenrohstoffen angemessen Berücksichtigung finden.

Als Einführung wendet sich das Taschenbuch an Studienanfänger der Geowissenschaften und der Nebenfächer sowie interessierte Laien mit Grundkenntnissen in Allgemeiner Geologie und Erdgeschichte. Deshalb ist auch in dieser Auflage auf ein Übermaß an geologischen Fachausdrücken bewusst verzichtet worden. Falls dennoch erforderlich, kann ein geologisches Wörterbuch herangezogen werden, zum Beispiel das von H. MURAWSKI/W. MEYER.

Fachkollegen werden feststellen, dass durch die gestraffte Darstellung vieles so stark vereinfacht werden musste, dass Verfälschungen möglich geworden sind. Auch unbeabsichtigte Fehler werden sich – wie in jeder zusammenfassenden Übersicht – in Text und Abbildungen eingeschlichen haben. Für beides bitten wir um Nachsicht.

Angesichts der Menge der verarbeiteten Literatur und des knappen Umfangs eines Taschenbuchs muss auf die Nennung von Einzelarbeiten und deren Autoren verzichtet werden. Auch dafür bitten wir um Verständnis. Neuere Schriften zur Geologie von Deutschland, die das Gebiet insgesamt oder in Teilen behandeln, sind am Ende aufgeführt. Den Übersichtkarten liegen zumeist die amtlichen Geologischen Karten zu Grunde. Nur bei Karten und Schnitten, die ohne wesentliche Veränderungen übernommen wurden, sind Autoren und Publikationsdaten und die zusätzlich zu den Geologischen Karten dafür verwendeten Quellen in einem Verzeichnis zusammengestellt.

Bei der Auswahl der Farbbilder wurde versucht, das Gesamtgebiet Deutschlands durch typische Aufnahmen wiederzugeben. Meist steht mehr das Gestein im Aufschluss, weniger die durch dieses geprägte Landschaft im Vordergrund.

Gegenüber der 5. Auflage wurden Text und Text-Abbildungen ergänzt bzw. berichtigt und – soweit erforderlich – aktualisiert sowie ein großer Teil der Farb-Abbildungen im Anhang durch neue ersetzt.

Auf unsere Bitte hin haben Vorlagen für farbige Abbildungen unentgeltlich zur Verfügung gestellt: Dr. H. Feldrappe (Berlin), Prof. E. Herrig (Greifswald), M. Kletzsch (Langenhagen), Dr. F. Mattern (Berlin), Dr. K. Obst (Greifswald) und die Geologischen Landesämter der Bundesrepublik Deutschland durch die Bundesanstalt für Geowissenschaften und Rohstoffe (Hannover). Bei allen genannten bedanken wir uns herzlich für diese Unterstützung. Für die Abbildung 68 wurden die Reproduktionsrechte erworben, die anderen Aufnahmen stammen von uns selbst.

Hannover/Berlin, im Frühjahr 2002
Dierk Henningsen
Gerhard Katzung

Inhaltsverzeichnis

1   Regionalgeologische Stellung und Entwicklung   1

2   Geologischer Bauplan und tieferer Untergrund
    Deutschlands   11

3   Kristallingebiete   19
3.1   Schwarzwald (mit Vogesen)   19
3.2   Oberpfälzer Wald, Bayerischer Wald und Böhmerwald
      (Hinterer Bayerischer Wald)   27
3.3   Fichtelgebirge und Münchberger Masse   30
3.4   Erzgebirge   31
3.5   Sächsisches Granulitgebirge   39
3.6   Kristalliner Odenwald (mit Pfälzer Wald)   41
3.7   Vorspessart   43
3.8   Ruhlaer Kristallin (mit Kyffhäuser-Kristallin)   44

4   Mittelgebirge aus verfaltetem und verschiefertem
    Paläozoikum und Vorpaläozoikum   47
4.1   Rheinisches Schiefergebirge   47
4.2   Harz   58
4.3   Schiefergebirge der Flechtingen-Roßlauer Scholle   63
4.4   Thüringisch-Fränkisch-Vogtländisches Schiefergebirge   64
4.5   Schiefergebirge der Elbezone   73
4.6   Grundgebirge der Lausitz   74

5   Oberkarbonische Steinkohlen-Gebiete   79
5.1   Ruhrgebiet und Osnabrück/Ibbenbüren   79
5.2   Aachener Steinkohlenrevier   84
5.3   Saargebiet   85

6   Rotliegend-Landschaften   89
6.1   Saar-Nahe-Becken und andere Rotliegend-Vorkommen in Süddeutschland .   89
6.2   Thüringer Wald   92
6.3   Nordwestsächsisches Hügelland und Hallesches Porphyr-Gebiet   95
6.4   Vorerzgebirgs-Senke   98
6.5   Döhlener Senke, Meißener Vulkanit-Gebiet   99
6.6   Ostharzrand, Kyffhäuser, Ilfelder und Meisdorfer Senke   100
6.7   Flechtinger Höhenzug   101

7   Zechstein-Gebiete in der Umrandung der Mittelgebirge . . . 103

8   Landschaften des Mesozoikums 107
8.1   Buntsandstein-Landschaften in Süd-Niedersachsen,
       Hessen und Südwest-Deutschland 107
8.2   Süddeutsches Schichtstufenland 108
8.3   Thüringer Becken 114
8.4   Elbsandstein-Gebirge 119
8.5   Südrand des Norddeutschen Tieflands 120
8.5.1 Leine- und Weser-Bergland 120
8.5.2 Münstersches Kreide-Becken mit randlichen Bergzügen 126
8.5.3 Subherzynes Becken. 128

9   Deutsche Alpen 131

10   Tertiär-Senken 137
10.1   Oberrhein-Graben 137
10.2   Molasse-Becken im Voralpenland 141
10.3   Niederrheinische Bucht 145
10.4   Nordhessisch-Südniedersächsische Tertiär-Senken 149
10.5   Tertiär-Vorkommen im Subherzynen und Thüringer Becken
       sowie östlichen Harzvorland 151
10.6   Leipziger Tieflandsbucht und Niederlausitz 152
10.7   Oberlausitz 157

11   Junge Vulkangebiete 159
11.1   Vogelsberg, Westerwald und Nord-Hessen 160
11.2   Siebengebirge 161
11.3   Vulkanische Eifel 161
11.4   Rhön und Grabfeld 162
11.5   Vulkanische Gesteine südlich des Mains 164
11.6   Vulkanische Gesteine der Oberpfalz, des Vogtlands
       und Erzgebirges sowie der Lausitz 165

12   Norddeutsches Tiefland 167
12.1   Untergrund des Norddeutschen Tieflands 167
12.2   Quartäre Überdeckung 176

Literatur 189

Verzeichnis der Quellen der Abbildungen und Tabellen 195

Orts- und Sachregister 197

Farbanhang (Farbabbildungen A-1 bis A-32) 217

1 Regionalgeologische Stellung und Entwicklung

Deutschland liegt in dem weiten Areal Mitteleuropas zwischen dem Osteuropäischen Kraton im Norden und dem Alpen-Karpaten-Orogen im Süden.

Das präkambrische Kristallin des Kratons tritt im Bereich des **Fennoskandischen Schilds** in Norwegen, Schweden, Dänemark (Bornholm), Finnland und Karelien zutage. Nach Süden wird es in Südschweden, Dänemark, der südlichen Ostsee und Nordpolen von vergleichsweise geringmächtigen und lückenhaften phanerozoischen Sedimenten der **Osteuropäischen Plattform** bedeckt. In der Dänischen Senke erreichen diese allerdings mehrere Kilometer Mächtigkeit; auf der südlich angrenzenden Schwelle des Ringköbing-Fünen/Ringkøbing-Fyn-Hochs haben Bohrungen das Kristallin wieder in geringerer Tiefe angetroffen. Die Südgrenze des Osteuropäischen Kratons ist von mächtigeren Ablagerungen verhüllt und deshalb nicht genau bekannt (Abb. 1-1).

Der Gebirgszug der **Alpen** und **Karpaten** gehört zu den jungen, alpidischen Faltengürteln Südeuropas. Er besteht vorherrschend aus Sedimenten des Mesozoikums und Tertiärs, die seit der Kreide-Zeit infolge seitlicher Einengung zusammen und zu großen Decken nach Norden übereinander geschoben worden sind. Der Nordrand des Alpen-Karpaten-Orogens tritt deshalb als eine hoch aufragende, markante Barriere hervor. Davor liegt das mit dem Abtragungsmaterial aus den Alpen und Karpaten gefüllte Molasse-Becken. Besonders vor den Alpen sind die Molassen des Tertiärs weitgehend von Ablagerungen des Quartärs bedeckt.

Das Gebiet **Mitteleuropas** zwischen dem Fennoskandischen Schild und dem Alpen-Karpaten-Orogen lässt morphologisch und geologisch eine Zweiteilung erkennen. Im Norden erstreckt sich von Belgien und den Niederlanden im Westen bis nach Polen im Osten das **Mitteleuropäische Tiefland**. Dessen Oberfläche wurde während des Quartärs von den mehrfach aus Norden vorstoßenden Massen des Inlandeises und den von diesen abtauenden Schmelzwässern gestaltet. Im westlichen Teil – ungefähr westlich der Elbe – ist es ein Flachland, im östlichen eine überwiegend hügelige Landschaft mit Höhen von 150–330 m ü. d. M. Im Untergrund des Tieflands befindet sich die **Mitteleuropäische Senke**, eine riesige Muldenstruktur mit maximal über acht Kilometer mächtigen Sedimenten, die im Zeitraum vom Perm bis zum Tertiär abgelagert wurden. Darunter liegen in deren Zentrum Vulkanite und Sedimente des Perms bis Karbons. Am nördlichen Rand der Senke haben Bohrungen hingegen altpaläozoische Gesteine erschlossen, die während des Ordoviziums bis Silurs gefaltet und auf den Osteuropäischen Kraton überschoben worden sind. Sie bilden die Front der im tieferen Untergrund verbreiteten **Mitteleuropäischen Kaledoniden**.

Im Süden Mitteleuropas bestimmen die Mittelgebirge das Landschaftsbild. Das gesamte **Mittelgebirgsland** von den Ardennen und Vogesen im Westen bis zum Heilig-Kreuz Gebirge/Góry Świętokrzyskie im südöstlichen Polen ist an Brüchen in mehrere Großschollen (Abb. 1-1) und zahlreiche kleinere Schollen zerlegt. Es wird als **Mitteleuropäisches Schollengebiet** bezeichnet. In den herausgehobenen Schollen sind die während des Devons und Karbons deformierten, metamorphosierten und von granitischen Magmen durchdrungenen Ablagerungen des Paläozoikums mit dem einbezogenen Proterozoikum infolge Abtragung der jüngeren Schichten freigelegt. Diese aus verwitterungsresistenten Gesteinen der **Mitteleuropäischen Varisziden** aufgebauten Hochschollen bilden die meisten der bekannten Mittelgebirge, wie Vogesen, Schwarzwald, Ardennen und Rheinisches Schiefergebirge, Harz, Thüringer Wald, Bayerischer und Böhmerwald, Böhmisch-Mährische Höhen, Fichtelgebirge und Erzgebirge, Sudeten. Mit durchschnittlich 600–

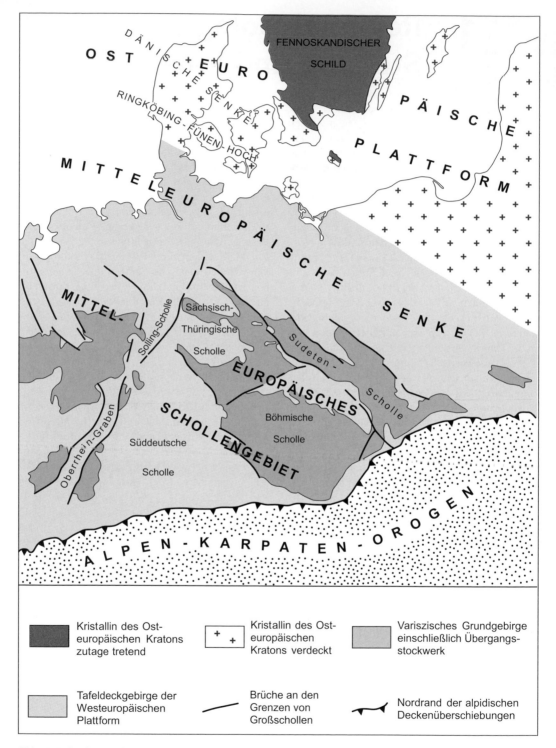

Abb. 1-1 Strukturgeologische Gliederung Mitteleuropas. Nach Katzung, aus Katzung & Ehmke (1993), verändert.

800 m bis höchstens 1.600 m Höhe heben sie sich von den umgebenden tiefer gelegenen Gebieten ab, in denen vor allem weichere Sedimente des Mesozoikums zutage treten. Andere Schollen, wie der Oberrhein-Graben, die Niederrheinische Bucht und der Eger-Graben in Nordböhmen, haben sich als Gräben eingesenkt und dabei Ablagerungen des Tertiärs aufgenommen. Zu den Mittelgebirgen gehören auch die aus vulkanischen Gesteinen des Tertiärs gebildeten Höhen des Vogelsbergs und der Rhön, die nahezu 800 m bzw. 1.000 m ü. d. M. erreichen. Infolge der nach Norden zunehmenden Bedeckung mit Sedimenten des Quartärs geht das Mittelgebirgsland fließend in das Tiefland über. Die mächtigen Ablagerungen der Mitteleuropäischen Senke verhüllen auch die Grenze zwischen den Varisziden und Kaledoniden.

Hinweise auf die frühe **Entwicklung der Erdkruste** im heutigen Mitteleuropa geben reliktische Zirkone, die man vor allem in Magmatiten und Metamorphiten der variszischen Kristallingebiete, aber auch in Sedimenten – zumeist Grauwacken – findet. Danach hat es mehrfach sehr frühe Deformationen und Metamorphosen mit dem dazugehörigen Aufdringen von magmatischen Schmelzen gegeben, nur sind deren Spuren stark verwischt. Das früheste geologische Ereignis zeigt ein Zirkon aus einem Paragneis des Regensburger Waldes (nordwestliches Ende des Bayerischen Waldes) an, für dessen Kern ein Alter von 3,8 Mrd. Jahren bestimmt worden ist. Dies ist das älteste datierte Mineral in Mitteleuropa. Weitere in diesem und in anderen Zirkonen gespeicherte Alter weisen auf magmatische und metamorphe geologische „Ereignisse" vor ca. 2,9, 2,6–2,5, 2,0–1,8 und etwa 1,1–1,0 Mrd. Jahren hin.

Die **regionalgeologische Entwicklung** lässt sich – abgesehen von den Hinweisen auf diese sehr frühen Ereignisse – auf dem südlichen **Fennoskandischen Schild** und am Nordrand der Mitteleuropäischen Senke bis zum Beginn des Mesoproterozoikums zurück verfolgen. Hier bildete sich in mehreren Etappen im Zeitraum vor ungefähr 1,8–1,0 Mrd. Jahren der heute vorliegende Komplex von metamorphen und magmatischen Gesteinen. Er gehörte zum Superkontinent **Rodinia**, der am Ende des Mesoproterozoikums entstanden war. Auf dem Kristallin lagerten sich seit dem späten Neoproterozoikum die Sedimente der **Osteuropäischen Plattform** ab.

Im frühen Neoproterozoikum (vor etwa 750 Mio. Jahren) zerfiel Rodinia in zahlreiche Schollen, die im Verlaufe der pan-afrikanischen Gebirgsbildung bis vor ungefähr 550 Mio. Jahren zu einem neuen Superkontinent verschweißt wurden. Dieser bestand aus dem Großkontinent **Gondwana** (umfasst im Wesentlichen die heutigen Südkontinente) und mehreren kleineren Kontinenten, wie **Baltica** (späterer Osteuropäischer Kraton) und **Laurentia** (späterer Nordamerikanischer Kraton). An seinem nördlichem Rand wurde zur gleichen Zeit der **Cadomische Gebirgsgürtel** angegliedert (Abb. 1-2). Reste dieses vor allem aus Grauwacken sowie vulkanischen und plutonischen Gesteinen aufgebauten Orogens mit diskonform auflagernden Sedimenten des Kambriums bis Silurs bzw. Unterkarbons findet man in den Kaledoniden Nordwesteuropas und in den Varisziden Mitteleuropas. Es handelt sich ursprünglich um Mikrokontinente, die – nach der Abdrift von dem Superkontinent – im Verlaufe der paläozoischen Orogenesen in diese Gebirgsgürtel einbezogen worden sind.

Der Ablauf dieser Vorgänge, der Umriss der Mikrokontinente und die sich daraus ergebenden paläogeographischen Bilder lassen sich nicht genau rekonstruieren. Nach paläomagnetischen und paläobiogeographischen Untersuchungen ist aber sicher, dass sich zuerst die kleineren Paläokontinente Laurentia und Baltica – bei Verbleib des großen Paläokontinents Gondwana im Süden – als Lithosphärenplatten lösten und nach Norden drifteten. Danach folgten nacheinander vergleichsweise kleinere Platten – die Terrane Avalonia und Armorica. Dazwischen bildeten sich von Randbecken begleitete große Ozeane heraus: zunächst zwischen Laurentia und Baltica der **Iapetus** sowie zwischen Baltica und Avalonia der **Tornquist-Ozean** (Abb. 1-3), danach zwischen Avalonia und Armorica der **Rheische Ozean** sowie ein weiterer, vermutlich schmalerer zwischen Armorica und Gondwana (Abb. 1-4).

Während des Altpaläozoikums kollidierte zuerst **Avalonia** mit Baltica, dann schloss sich der Iapetus zwischen Laurentia und Baltica (mit Avalonia). Es entstanden die **Mitteleuropäischen Kaledoniden**, die lediglich im Brabanter Massiv (Belgien) und im Heilig-Kreuz-Gebirge/Góry Świętokrzyskie (Polen) zutage treten, sowie anschließend die **Nordwesteuropäischen Kaledoniden** Norwegens und der Britischen Inseln mit

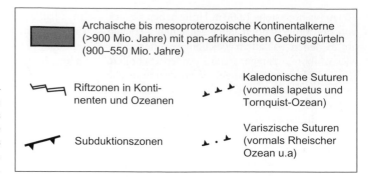

Archaische bis mesoproterozoische Kontinentalkerne (>900 Mio. Jahre) mit pan-afrikanischen Gebirgsgürteln (900–550 Mio. Jahre)

Riftzonen in Kontinenten und Ozeanen

Subduktionszonen

Kaledonische Suturen (vormals Iapetus und Tornquist-Ozean)

Variszische Suturen (vormals Rheischer Ozean u.a)

Abb. 1-2 bis 1-6 Paläogeographische Schemata für den Zeitraum vom Ende des Neoproterozoikums bis zum Karbon. Auf der Grundlage verschiedener Autoren, aus SOMMER & KATZUNG (2006), verändert.

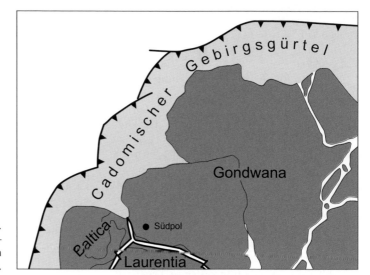

Abb. 1-2 Vor etwa 570 Mio. Jahren: Der cadomische Gebirgsgürtel am Nordrand von Baltica und Gondwana.

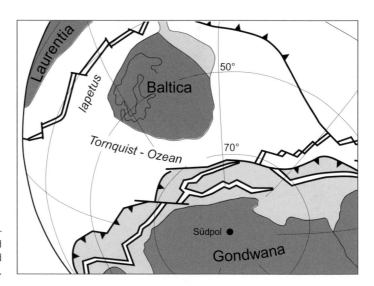

Abb. 1-3 Vor etwa 490 Mio. Jahren: Abdrift von Laurentia und Baltica, Öffnung des Iapetus und des Tornquist-Ozeans.

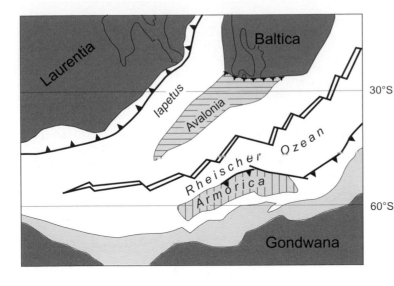

Abb. 1-4 Vor etwa 430 Mio. Jahren: Kollision von Avalonia mit Baltica und Abdrift von Armorica, Öffnung des Rheischen Ozeans und eines schmalen Ozeans zwischen Armorica und Gondwana.

ihrer Fortsetzung jenseits des Atlantischen Ozeans in Nordamerika. Laurentia und Baltica hatten sich zum Großkontinent **Laurussia** vereinigt (Abb. 1-5). Mit der Öffnung des Nordatlantiks und der Aufspaltung Laurussias im jüngeren Mesozoikum wurde auch Avalonia geteilt. Über den in Europa verbliebenen östlichen Teil (sog. Ost-Avalonia) ist wenig bekannt; seine cadomisch deformierten Gesteine treten lediglich im so genannten **Midlands-Kraton** in Südengland zutage (Abb. 1-8). Nach Osten setzt sich Avalonia wahrscheinlich im Untergrund der Mitteleuropäischen Senke bis nach Polen sowie unter der **Rhenoherzynischen Zone** der äußeren Varisziden fort. Recht gut lässt sich aber die Kollision Avalonias mit Baltica im Küstengebiet Vorpommerns rekonstruieren. Sie begann während des Jüngeren Ordoviziums und war am Ende des Silurs abgeschlossen (Abb. 1-7).

Bis zum Ende des Ordoviziums befand sich **Armorica** noch im Schelfbereich Gondwanas, relativ nahe am damaligen Südpol, wo glazialmarine Sedimente der so genannten Sahara-Vereisung abgelagert wurden. Aus geologischen

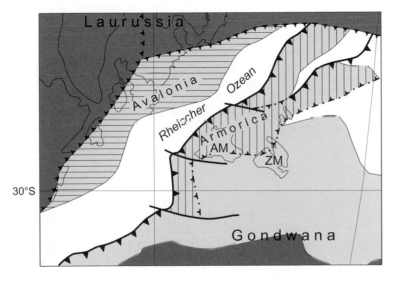

Abb. 1-5 Vor etwa 380 Mio. Jahren: Kollision von Laurentia und Baltica (mit Avalonia) zur Bildung von Laurussia, Schließung des Ozeans zwischen Armorica und Gondwana. AM – Armorikanisches Massiv, ZM – Französisches Zentralmassiv.

1

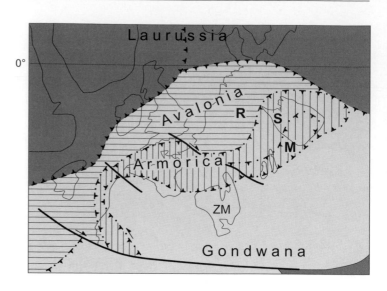

Abb. 1-6 Vor etwa 330 Mio. Jahren: Schließung des Rheischen Ozeans, Bildung des Armorikanischen „Komplexes" mit Saxothuringischer und Moldanubischer Zone zwischen Laurussia und Gondwana. M – Moldanubische Zone, R – Rhenoherzynische Zone, S – Saxothuringische Zone, ZM – Französisches Zentralmassiv.

Befunden ergibt sich weiterhin, dass Armorica nach der Abdrift in mehrere kleine Mikroplatten (Mikrokontinente) zerfallen ist. Sie waren durch entsprechend schmalere Ozeane und Randbecken getrennt sowie großenteils und längere Zeit, zumindest bis zum Unterkarbon einschließlich, vom Meer überflutet. Mit dem Zerfall und der Drift waren magmatische Vorgänge vor allem während des Ordoviziums verbunden. Die Vorstellungen über die Lage der durch den Zerfall entstandenen „Inseln" zueinander und ihre Driftbewegungen differieren beträchtlich. Sicher ist jedoch, dass sich die beiden begrenzenden Ozeane – zuerst der schmalere im Süden und dann der Rheische im Norden – vom Mittleren Silur bis zum Ende des Devons infolge gegenläufiger Subduktion unter die Mikroplatten Avalonias geschlossen haben (Abb. 1-5 und 1-6). Dabei wurden die Mikroplatten zusammen und der so entstandene „Komplex" des inneren Variszikums – die **Saxothuringische Zone** und die **Moldanubische Zone** – im Verlaufe des Karbons nach Norden und Süden überschoben. Zugleich wurden die Avalonia auflagernden Sedimente in der Rhenoherzynischen Zone gefaltet und teilweise ebenso nach Norden überschoben. Im Verlaufe des Karbons intrudierten im inneren Variszikum in großem Umfang granitische Magmen. Schon vor dem Ende des Oberkarbons war die Bildung der **West- und Mitteleuropäischen Varisziden** abgeschlossen (Abb. 1-8), Laurussia (einschließlich der

anderen Paläokontinente der nördlichen Hemisphäre = Laurasia) und Gondwana waren zum neuen Superkontinent **Pangaea** vereinigt.

Die Suturen im Grundgebirge West- und Mitteleuropas weisen auf die vormaligen vier großen Ozeane hin (Abb. 1-8): Die Rheische Sutur begrenzt den „Armorikanischen Komplex" gegen Avalonia im Norden; an der von der südlichen Bretagne in Frankreich zu den südlichen Vogesen und zum südlichen Schwarzwald verlaufenden Sutur grenzt er an den variszisch überprägten Rand Gondwanas im Süden (vgl. Kap 3.1). Die Variszische Front tritt teilweise auf Irland und Großbritannien sowie am Nordrand der Ardennen zutage; weiter ostwärts sind Ausbildung und Verlauf unter der Mitteleuropäischen Senke unsicher.

Bereits während des Oberkarbons wurde das Variszische Orogen weitgehend abgetragen. Ein großer Teil des Verwitterungsschutts sammelte sich in der Randsenke am Nordrand der Rhenoherzynischen Zone, ein geringerer bis zum älteren Perm in begrenzten Senken innerhalb der Varisziden, teilweise begleitet von vulkanischen Aktivitäten. Danach breitete sich die Sedimentation vom Zentrum der Mitteleuropäischen Senke auf dem zu einer Peneplain eingeebneten Grundgebirge der Kaledoniden und Varisziden aus und dauerte mit Unterbrechungen bis zum Tertiär an – es bildete sich das Tafeldeckgebirge der **West- und Mitteleuropäischen Plattform**. Außer der stärke-

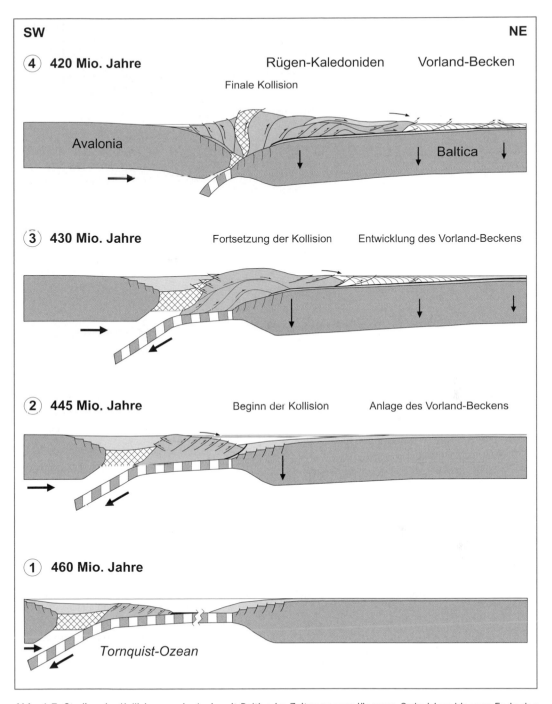

Abb. 1-7 Stadien der Kollision von Avalonia mit Baltica im Zeitraum vom Jüngeren Ordovizium bis zum Ende des Silurs. Auf der Grundlage von Beier (2001), aus Katzung (2004), verändert.

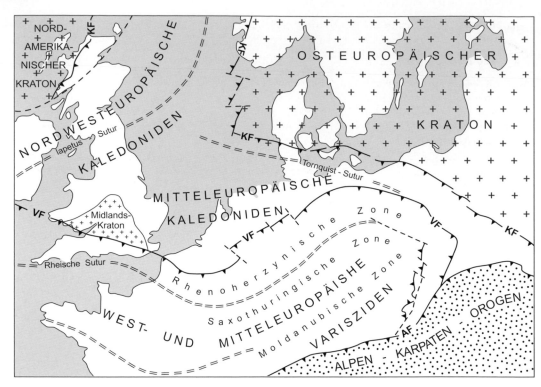

Abb. 1-8 Fundament der West- und Mitteleuropäischen Plattform, begrenzt vom Osteuropäischen und Nordamerikanischen Kraton im Norden sowie vom Alpen-Karpaten-Orogen im Süden. Nach Katzung (2004), verändert. AF – Front des Alpen-Karpaten-Orogens, KF – Front der Kaledoniden, VF – Front der Varisziden.

ren Absenkung der Mitteleuropäischen Senke gegenüber dem Mitteleuropäischen Schollengebiet bedingten kleinräumige Vertikalbewegungen einzelner Schollen, die von Brüchen im Fundament ausgingen, eine recht differenzierte Mächtigkeitsverteilung des Tafeldeckgebirges.

In diesen Zeitraum fällt auch die Entwicklung der **alpidischen Faltengürtel Südeuropas:** Gegen Ende des Paläozoikums begann die Pangaea infolge Dehnung der Lithosphäre zu zerfallen. Das Auseinandergleiten und die Absenkung der Lithosphäre zwischen Laurasia und Gondwana ermöglichte nicht nur die Transgression aus der **Tethys** – einer Einbuchtung des damaligen Weltozeans Panthalassa am Ostrand der Pangaea – nach Westen, sondern auch die Entstehung eines ozeanischen Sedimentationsraums zwischen den späteren Kontinenten Europa und Afrika mit Verbindung zu dem sich ebenfalls öffnenden Atlantik.

Im Raum der heutigen **Alpen** bildete sich auf dem Passiven Kontinentalrand zur Tethys wäh-

rend der Trias in flachem Wasser ein ausgedehnter Karbonat-Schelf mit mächtigen Dolomiten, Kalksteinen und einem Riff-Gürtel am äußeren Rand. An diesen schloss weiter außen der Tiefwasser-Schelf mit pelagischen Kalken, auf der anderen Seite des Karbonat-Schelfs ein Sedimentationsgebiet an, das zur Mitteleuropäischen Plattform überleitete. Mit der Anlage des **Penninischen Ozeans** zu Beginn des Juras wurde die Karbonat-Plattform von der **Europäischen Platte** – als Teil der Eurasischen Platte – abgetrennt und ab dem Mittleren Jura auf der **Adria-Platte** – als Teil der Afrikanischen Platte – weit nach Süden verfrachtet. In der zwischen beiden Platten entstandenen Tiefsee setzte zugleich die Ablagerung von Flysch ein, und am Nordrand der Adria-Platte bildeten sich – als Folge von Subduktion in der weiter südlich gelegenen Tethys – die ersten Decken durch Abgleiten von Teilen der Karbonat-Plattform in die vorgelagerte Tiefsee. Nachfolgend schoben sich die Decken gegen die Europäische Platte vor.

In der Jüngeren Kreide-Zeit begann die **alpidische Gebirgsbildung** mit der Subduktion der ozeanischen Kruste unter die Afrikanische Platte. Im Verlaufe des Alttertiärs kollidierte die Adria-Platte mit der Europäischen Platte und der inzwischen gebildete **Deckenstapel** schob sich auf die Europäische Platte. Davor senkte sich ein Sedimentbecken ein, das wie der Deckenstapel nach Norden wanderte, in mehreren Etappen bis zum Miozän mit Flysch gefüllt und letztendlich in den vorrückenden Deckenstapel einbezogen wurde (vgl. Abb. 9-2). Die isostatische Hebung der durch die Auflast des Deckenstapels eingedrückten Lithosphäre führte zur Heraushebung und Abtragung der Alpen. Der Abtragungsschutt sammelte sich überwiegend im Molasse-Becken vor der Front des Deckenstapels.

Die von der Platten-Kollision ausgelöste Kompression setzte sich im Fundament und Tafeldeckgebirge der West- und Mitteleuropäischen Plattform fort. Sie führte im Vorland der nach Norden bis Nordwesten vorrückenden Deckenstapel der Alpen und Karpaten zur Reaktivierung der altangelegten Brüche und zur Entstehung des **Mitteleuropäischen Schollengebiets**.

2 Geologischer Bauplan und tieferer Untergrund Deutschlands

Bei einer Betrachtung der Geologie Deutschlands muss man zunächst zwischen dem außeralpinen Gebiet und dem Teil unterscheiden, der zu den nördlichen Alpen gehört.

Außerhalb der Alpen zeigen die an der Oberfläche aufgeschlossenen und bis zu einer Tiefe von wenigen Kilometern vorkommenden Gesteine eine deutliche **Dreigliederung**:

Die ältesten Einheiten bestehen aus stark verfalteten bis verschieferten, sedimentären, vulkanischen und metamorphen bzw. ausschließlich aus metamorphen Gesteinen, in welche in unterschiedlichem Ausmaß Tiefengesteine eingedrungen sind. Altersmäßig umfassen diese Gesteine des **Grundgebirges** die Zeit vom Proterozoikum bis teilweise zum Oberkarbon einschließlich.

Über dem Grundgebirge liegen diskordant wenig deformierte und wesentlich geringer verstellte Gesteine, die als **Deckgebirge** bezeichnet werden. Im südlichen und mittleren Deutschland mit variszischem Grundgebirge – dem Variszikum – beginnt das Deckgebirge mit dem Oberkarbon (teilweise schon mit dem Unterkarbon) und reicht bis zum Tertiär. Auf dem mit Tiefbohrungen erschlossenen kaledonischen Grundgebirge im Küstengebiet Vorpommerns – auf Rügen, Usedom und dem Festland – umfasst es den Zeitabschnitt vom Mitteldevon bis zur Oberkreide. Im Untergrund der deutschen Ostsee nordöstlich Rügen schließlich setzt das Deckgebirge bereits über dem mesoproterozoischen Kristallin des Fennoskandischen Schilds mit dem Kambrium ein.

Die dritte Einheit wird von quartären **Lockersedimenten** gebildet, die vor allem in den Hauptgebieten der jüngeren Vereisung, also im Norddeutschen Tiefland und im Alpenvorland verbreitet sind.

Der Gegensatz zwischen Grundgebirge und Deckgebirge erklärt sich dadurch, dass im außeralpinen Deutschland nach der variszischen bzw. der kaledonischen Orogenese (während des De-vons und Karbons bzw. Silurs) bzw. nach der Bildung des Kristallins am Südrand des Fennoskandischen Schilds (während des Mesoproterozoikums) nur noch vergleichsweise schwache Deformationen stattgefunden haben. Die Schichten des Deckgebirges sind deshalb meist nur wenig verfaltet oder verstellt und nicht verschiefert. Ergebnis dieser Entwicklungen sind markante Diskordanzen zwischen Grundgebirge und Deckgebirge.

Eine vermittelnde Stellung nimmt das Abtragungsmaterial des variszischen Gebirges ein, welches in zumeist begrenzten festländischen Senken während der Oberkarbon- und Rotliegend-Zeit sedimentiert worden ist, oft zusammen mit den Förderprodukten vulkanischer Aktivitäten dieses Zeitabschnitts. Diese Ablagerungen werden deshalb auch als sog. **Übergangsstockwerk** vom **Tafeldeckgebirgsstockwerk** abgetrennt, das mit dem jüngeren Perm beginnt.

Die **variszische Diskordanz** ist – entsprechend der großen Ausdehnung des Variszikums in Deutschland – verbreitet ausgebildet und öfters einer direkten Beobachtung zugänglich: Häufig lagern Schichten des Perms etwa horizontal über deutlich verfalteten und verschieferten Gesteinen des Devons und Unterkarbons (Abb. 2-1 und 4.4-2). Stärkere Deformationen des Tafeldeckgebirges treten in den Bereichen Norddeutschlands auf, wo im Untergrund plastisch reagierende Salze in größerer Mächtigkeit vorhanden sind, weiterhin an größeren Bruchlinien in der Mitte und im Süden des Landes (s. unten).

Die **Diskordanz** zwischen dem **fennoskandischen Kristallin** und dem überlagernden Kambrium in der südlichen Ostsee kennt man – ebenso wie die **kaledonische Diskordanz** im südlich anschließenden Küstengebiet Vorpommerns – nur aus Bohrungen.

Die Gesteine des Grund- und Deckgebirges sind durch zahlreiche **Brüche** (Verwerfungen,

2

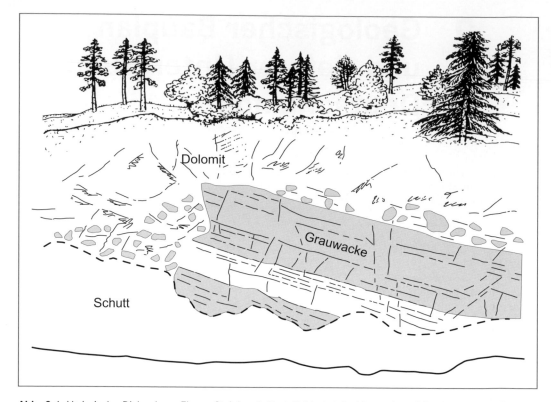

Abb. 2-1 Variszische Diskordanz: Ehem. Steinbruch Bartolfelde bei Bad Lauterberg/Westharz. Unregelmäßige Auflagerung von massigen, dolomitisierten Gesteinen des Zechsteins (weiß) auf schräggestellten, gebankten Grauwacken des Oberdevons (grau). Verstellung der Devon-Schichten während des Karbons, danach Überflutung während des jüngeren Perms. An der Basis des Dolomits Brocken aus Grauwacken-Material; ehemaliges Brandungskliff. Schichtlücke zwischen Oberdevon und Zechstein umfasst ca. 100 Mio. Jahre. Aufschluss-Wand nur wenige Meter hoch.

Auf- und Überschiebungen) mit jeweils sehr unterschiedlichen Versatzbeträgen zerlegt (Abb. 2-2). Vertikalbewegungen herrschen dabei vor, oft sind aber auch horizontale Bewegungen zu erkennen. In vielen Fällen handelt es sich um variszisch gebildete oder noch ältere Strukturen, die besonders in der Tertiär-Zeit im Zusammenhang mit der Alpen-Faltung wieder aufgelebt sind. Im südniedersächsisch-nordhessischen Raum entstanden dabei in der nördlichen Fortsetzung der Oberrheingraben-Großscholle viele kleinere, grabenartige Einbrüche, die als **saxonische Gräben** bezeichnet werden. Besonders in Thüringen und nördlich des Harzes wurde das Deckgebirge in leistenförmige Schollen zerlegt, aufgewölbt und eingemuldet, vereinzelt auch schwach gefaltet.

Das von geologischen Kartierungen bekannte Netz tektonischer Linien ist durch Luftbilder und Satellitenaufnahmen ergänzt und präzisiert worden. Insgesamt heben sich in Mitteleuropa vier **Richtungen** heraus, die vielfach nach entsprechend ausgerichteten geologischen Baueinheiten benannt werden: die **erzgebirgische** (die den Bauplan des Erzgebirges und anderer variszischer Gebirge widerspiegelt, südwest–nordöstlich verlaufend), die **herzynische** (nach der Erstreckung des Harzes bezeichnet, westnordwest–ostsüdöstlich bis nordwest–südöstlich verlaufend), die **eggische** (die wie das Egge-Gebirge in Ost-Westfalen ausgerichtet ist, nordnordwest–südsüdöstlich verlaufend) und die **rheinische** (die durch den Oberrhein-Graben gekennzeichnet wird, nordnordost–südsüdwestlich verlaufend).

In Norddeutschland sind es unter der Bedeckung mit quartären Lockergesteinen geophysikalisch nachgewiesene **Salzstrukturen**, welche die

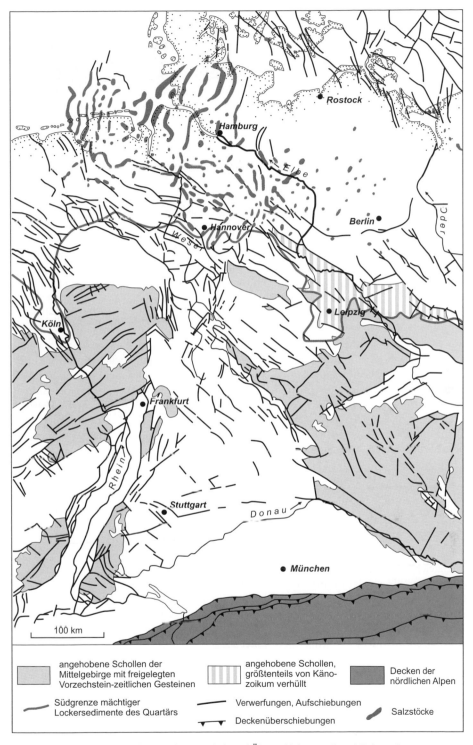

Abb. 2-2 Wichtige Brüche (Verwerfungen, Auf- und Überschiebungen) und Salzstrukturen.

2

tektonischen Linien des Untergrunds nachzeichnen, weil die Salze bei ihrem Aufstieg Schwächezonen in den Festgesteinen gefolgt sind (Abb. 2-2). Die Salzstöcke (mehr oder weniger rundliche Diapire und lineare „Mauern") aus Salzen des Perms, untergeordnet auch der Trias, im Untergrund des westlichen Norddeutschlands und der Deutschen Bucht weisen Orientierungen vorwiegend in rheinischer Richtung auf, ostwärts tritt diese Regelmäßigkeit zurück. In der Altmark und nördlich des Harzes sind lang gestreckte Salzstrukturen parallel zu großen Verwerfungen eher herzynisch ausgerichtet. Außerdem nehmen Größe und Zahl der Salzstöcke dort ganz beträchtlich ab.

Die **Landschaftsformen** im außeralpinen Deutschland spiegeln nur teilweise den geologischen Bauplan wider. Während das **Tiefland** aus flächenhaft verbreiteten quartären Lockergesteinen besteht, sind die **Mittelgebirge** unterschiedlich zusammengesetzt: Teilweise sind es magmatische und metamorphe Gesteine des älteren Grundgebirges (z. B. Schwarzwald), teilweise verfaltete und verschieferte Sedimentgesteine des jüngeren Grundgebirges (z. B. Rheinisches Schiefergebirge), in anderen Fällen Vulkanite und Sedimentgesteine des Rotliegenden (z. B. Thüringer Wald) oder aufgerichtete Sandstein-Tafeln des Deckgebirges (z. B. Buntsandstein-Odenwald), aber auch Anhäufungen von jüngeren Basaltgesteinen, die ebenfalls dem Deckgebirge zuzurechnen sind (z. B. Vogelsberg).

Gemeinsam ist ihnen die **Heraushebung**, die teilweise bereits während des mittleren Mesozoikums begonnen (wie im Erzgebirge und westlichen Rheinischen Schiefergebirge), hauptsächlich aber gegen Ende der Kreide-Zeit stattgefunden und sich bis zum späten Tertiär (Pliozän) fortgesetzt hat. Anzeichen hierfür sind die Rumpf- oder Verebnungsflächen, die aus der Kreide- oder Tertiär-Zeit stammen und die in den höheren Lagen unserer Mittelgebirge weite Verbreitung haben. Besonders intensive Bewegungen erfolgten an herzynischen Störungen vor 85–65 Mio. Jahren in der jüngeren Kreide-Zeit infolge starker Einengung in NNO–SSW-Richtung. Sie führten zur schnellen Heraushebung des Harzes an dessen Nordrand-Störung, des Thüringer Waldes und des Südwestrands der Böhmischen Masse an der Fränkischen Linie, weiterhin des Teutoburger Waldes an der Osning-Überschiebung, sowie zur Abtragung des aufliegenden Deckgebirges.

Betrachtet man einzelne Mittelgebirge für sich, so stellt man fest, dass die Heraushebungen in diesen ungleichmäßig erfolgten. Der Harz ist z. B. eine typische Pultscholle mit stärkerer Aufragung an der nordöstlichen und geringerer an der südwestlichen Seite. Das gilt auch für das Erzgebirge mit seinem steilen Abfall nach Südosten. Im Rheinischen Schiefergebirge sind das Hohe Venn im Norden und die südlichen Teilgebiete Hunsrück und Taunus stärker herausgehoben, wie hier die größere Verbreitung von vordevonischen und unterdevonischen Gesteinen des Sockels zeigt, der in anderen Teilen des Rheinischen Schiefergebirges noch von jüngeren Schichten überdeckt ist. Eine stärkere Aufwölbung, die recht jungen Alters sein muss, kann man auch im Rothaar-Gebirge, einem Teil des nordöstlichen Rheinischen Schiefergebirges annehmen, weil hier die Lenne und ihre Nebenflüsse besonders tief eingeschnitten sind. Im Thüringer Wald nimmt die Heraushebung in südöstlicher Richtung bis zum Thüringisch-Fränkischen Schiefergebirge zu. Dort ist die Verebnungsfläche schwach nach Norden geneigt.

Die junge Heraushebung der deutschen Mittelgebirge setzt sich offenbar nicht überall bis in die Gegenwart hinein fort. Auf Grund von genauen Höhenvermessungen (Feinnivellements), die im Abstand von 10 oder 20 Jahren wiederholt wurden, stellte man fest, dass sich das Rheinische Schiefergebirge nicht einheitlich als Block, sondern örtlich unterschiedlich heraushebt. Hebungszentren sind u. a. die nördliche und südöstlich Eifel, das Bergische Land und die Umgebung von Koblenz. Die Hebungsbeträge erreichen bis 0,5–1 mm pro Jahr.

Rezente Krustenbewegungen weisen oft enge Beziehungen zu den großen geologischen Strukturen auf. Ganz junge großräumige Vertikalbewegungen von 0,4–1 mm pro Jahr im Norddeutschen Tiefland (Westmecklenburg) bezeugen die Mobilität dieses Gebiets. Kleinräumige Hebungs- und Senkungsfelder über Salzstrukturen werden hier auf anhaltenden Salzaufstieg bzw. Ablaugung im Untergrund zurückgeführt. Eine noch größere Intensität (bis 11 mm pro Jahr) wurde für rezente Horizontalbewegungen in Sachsen berechnet. Im Allgemeinen zeigen diese keine Beziehung zur Seismizität. Das hängt damit zusammen, dass die rezenten Verschiebungen entweder über sehr große Flächen verteilt ablaufen und die entstehenden Spannungen durch Ausdehnung und damit

2

verbundene Absenkung abgebaut oder aber von gegenläufigen Bewegungen abgelöst werden, wir es also mit Oszillationen der elastischen Lithosphäre zu tun haben. So stimmen in der aseismischen Elbezone bei Dresden NNW–SSO verlaufende Bereiche verstärkter horizontaler Ausweitung mit den Maxima relativer Absenkung überein, und im Küstengebiet Mecklenburg-Vorpommerns zeigt sich bei längerer Beobachtung, dass an definierten Orten auf Absenkung Hebung folgt und umgekehrt. Damit finden auch die teilweise für kurze Zeitspannen festgestellten beträchtlichen Verschiebungsbeträge eine Erklärung.

Während sich im außeralpinen Deutschland im Mesozoikum und Tertiär nur vergleichsweise geringmächtige Festlands- und Flachwasser-Ablagerungen bildeten, durchlief der **Alpenraum** als Teil der **Tethys** – eines ehemals weltumspannenden Gürtelmeeres – zur gleichen Zeit seine Geosynklinal-Entwicklung (vgl. Kap. 1). Hier kam es zur Anhäufung von insgesamt mehreren Tausend Meter mächtigen marinen Sedimenten. Deswegen sehen gleichaltrige Ablagerungen aus dem alpinen und außeralpinen Deutschland meist sehr verschieden aus.

Ein weiterer Unterschied ergibt sich aus dem **Baustil**: In den Alpen wurden bei der alpidischen Orogenese die Gesteine wesentlich stärker verfaltet und zusammengeschoben als im außeralpinen Deutschland bei der variszischen Deformation. Das gilt auch für den deutschen Anteil der Alpen, der zu den Nördlichen Kalkalpen gerechnet wird. Die hier vorkommenden Gesteine sind ursprünglich am Nordrand des damaligen afrikanischen Kontinents abgelagert und bei der Kollision Europas mit der ehemals Afrika zugehörigen Adria-Platte in der Kreide- und Tertiär-Zeit um mehrere Hundert Kilometer nach Norden in ihre heutige Lage tektonisch transportiert worden. Sie haben dabei sehr viel stärkere Deformationen erfahren und wurden als Decken übereinander geschoben. Ein Übriges hat die sehr starke **Heraushebung** der Alpen bewirkt, die während des Tertiärs begonnen hat und bis in die Gegenwart hinein andauert (z. B. in den zentralen Schweizer Alpen um mehr als 1 mm/Jahr). Sie hat die Alpen im geologischen Sinne auch zu einem echten Gebirge im morphologischen Sinne gemacht, eine Entwicklung, die das alte variszische Gebirge offenbar in dieser Form nicht durchlaufen hat.

Unter Zuhilfenahme der durch Bergbaubetrieb und Bohrungen entstandenen Aufschlüsse ist die Geologie in der Lage, Aussagen über den **Untergrund Deutschlands** bis zu einer Tiefe von einigen hundert Metern, stellenweise auch einigen Kilometern zu treffen. Wesentliche Erkenntnisse über die in diesen Bereichen vorhandenen Gesteine und Strukturen wurden durch die Auswertung von mehreren zehntausend Aufschlussbohrungen und den in deren Vorfeld unternommenen geophysikalischen (meist seismischen) Untersuchungen gewonnen, die bei der Suche nach Erdöl- und Erdgas-Lagerstätten durchgeführt worden sind. Sehr **tiefe Bohrungen** wurden vor allem in Nordost-Deutschland niedergebracht. Die Bohrung Mirow 1 war mit 8.009 m Endteufe lange Zeit die tiefste Bohrung Deutschlands. Mehr als 7.000 m Teufe erreichten die Bohrungen Pudagla 1 (7.550 m), Schwerin 1 (7.343 m), Loissin 1 (7.105 m), Parchim 1 (7.030 m), Boizenburg 1 (7.012 m) und Pröttlin 1 (7.008 m). Wenn in späteren Jahren die Suche nach Erdgas sowohl im tieferen Untergrund Norddeutschlands als auch der Kalkalpen fortgesetzt wird, sind ähnlich tiefe Bohrungen erforderlich.

Die tiefste Bohrung Deutschlands ist die von 1990 bis 1994 nahe Windischeschenbach in der Oberpfalz niedergebrachte **Kontinentale Tiefbohrung** (KTB), die bei einer Endteufe von 9.101 m beendet wurde (Abb. 3.2-1). Wenn diese aus rein wissenschaftlichen Gründen niedergebrachte Bohrung auch die ursprünglich angestrebte Tiefe von mehr als 10.000 m nicht erreichte und die regionalgeologischen Prognosen sich nur teilweise bestätigt haben, ist sie doch als ein international bedeutendes Projekt anzusehen. Sie hat viele wichtige und neue Erkenntnisse zur Mineralogie, Geophysik, Lagerstättenkunde und Bohrtechnik erbracht, so z. B. zum Temperatur- und Spannungsfeld, zum Verhalten von Flüssigkeiten und Gasen sowie zum Wärmetransport in der tieferen kontinentalen Kruste.

Bei Aussagen über den tieferen Untergrund ist die Geologie auf Daten der **Geophysik** angewiesen. Bis zu Tiefen von etwa 5–10 km lassen sich meist die von der Oberfläche her bekannten Gesteine und Bauelemente verfolgen. So zeigte z. B. eine geomagnetische Untersuchung des Oberrhein-Gebiets, dass sich die Südwest–Nordost gerichteten Strukturen vom kristallinen Odenwald unter der jungen Füllung des Oberrhein-

2

Grabens bis zum Grundgebirgsanteil des Pfälzer Waldes fortsetzen. Vor allem große Körper von basischen Plutonen, die sich etwa 2–5 km unter der Oberfläche befinden, zeichneten sich bei den magnetischen Messungen deutlich ab. Bei anderen geophysikalischen Untersuchungen konnte die den Hunsrück im Südosten begrenzende, etwa über Kirn in erzgebirgischer Richtung verlaufende große Verwerfungszone bis in mehrere Kilometer Tiefe verfolgt werden.

Über den **großräumigen vertikalen Aufbau** bis hinunter zu Tiefen von mehreren Zehnern von Kilometern lassen sich auf Grund von seismischen Untersuchungen ebenfalls Aussagen machen: Nördlich der Mittelgebirge liegt zuoberst eine Schicht von Sedimenten und **Sedimentgesteinen**, die in Schleswig-Holstein bis etwa 10 km Dicke anschwillt. Auch im zentralen Voralpen-Gebiet ist sie in einigen Kilometern Mächtigkeit vorhanden. Die darunter befindliche **Kruste**, die man sich vor

allem aus magmatischen und metamorphen Gesteinen aufgebaut vorstellen muss, weist in Nord- und Mitteldeutschland allgemein eine Mächtigkeit von 28–32 km auf. Sie ist in Süddeutschland etwas dünner, um in Richtung auf die Alpen, wie bei allen jungen Gebirgen, schnell anzusteigen und unter diesen mehr als 40 km Dicke zu erreichen. Im Bereich des Oberrhein-Grabens sowie unter Schwarzwald und Odenwald ist die Kruste infolge einer Weitung bei der Entstehung des Grabens auf weniger als 25 km Dicke ausgedünnt, sodass der **Mantel** höher liegt. Ein weiteres Gebiet mit geringmächtiger Kruste befindet sich in Schleswig-Holstein, wo die Sedimentschicht ihre maximale Mächtigkeit erreicht. Unter den Alpen ist die Obergrenze des Mantels stark abgebogen (Abb. 2-3).

Aber auch innerhalb der Kruste selbst sind vertikale und laterale Unterschiede hinsichtlich Struktur und Zusammensetzung zu erkennen, so

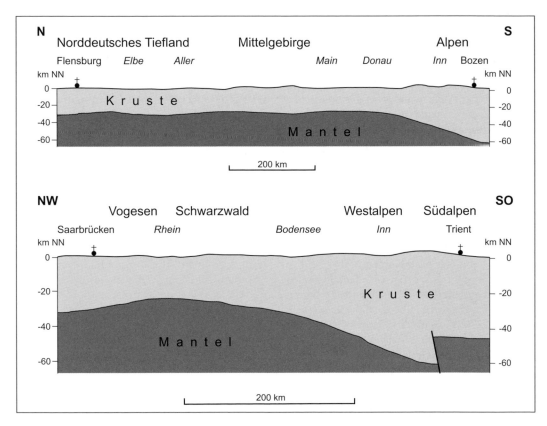

Abb. 2-3 Querschnitte durch den tieferen Untergrund Deutschlands (2fach überhöht). Auf der Grundlage von GIESE & BUNESS (1992).

eine Gliederung in Ober-, Mittel- und Unterkruste. Bei Kombination seismischer, gravimetrischer und erdmagnetischer Methoden wird ein komplizierter Bau der Kruste mit **Schuppen** und **Blöcken** sichtbar. Ein Schnitt durch die Kruste vom Münsterland südostwärts bis zum Taunus zeigt durch flach einfallende Überschiebungen begrenzte Schuppen (Abb. 2-4).

Die von quartären Lockersedimenten verdeckten Abbrüche von Haldensleben und Gardelegen nordwestlich Magdeburg sind besonders tiefreichende und steil einfallende, Nordwest–Südost verlaufende Störungszonen innerhalb der Oberkruste, die herausgehobene Blöcke begrenzen.

In engem Zusammenhang mit dem Krustenaufbau in Deutschland steht die Verteilung der **Erdbebengebiete**. Stärkere Erdbeben treten dort auf, wo an tiefreichenden Verwerfungen bis in die Gegenwart hinein Bewegungen stattfinden, die als Fortsetzung der tertiären Bruchtektonik anzuse-

hen sind. Die Kruste ist hier noch nicht zur Ruhe gekommen. So ist es kein Zufall, dass zwei Haupterdbebengebiete (vgl. Abb. auf dem hinteren Vorsatz), **die Kölner Bucht** und der von Frankfurt/Main bis Basel reichende **Oberrhein-Graben** mit umgebenden Bereichen, zugleich Gebiete sind, in denen bei Feinnivellements im Abstand von einigen Jahrzehnten ungleichmäßige Senkungen mit Beträgen bis 1 mm pro Jahr festgestellt wurden. Das letzte große Erdbeben mit einer Stärke von 5,1 Magnitude (auf der Richter-Skala) ereignete sich am 5. Dezember 2004 am Westrand des Schwarzwalds bei Waldkirch; es hat extrem geringe Schäden an Gebäuden hervorgerufen.

Das dritte Haupterdbebengebiet Deutschlands ist eine von Stuttgart bis zum Bodensee durch die **Schwäbische Alb** verlaufende Zone, die in der Umgebung von Albstadt eine besondere Erdbebenhäufigkeit aufweist. Sie zeigt insofern etwas abweichende Verhältnisse, als hier die Bebentätig-

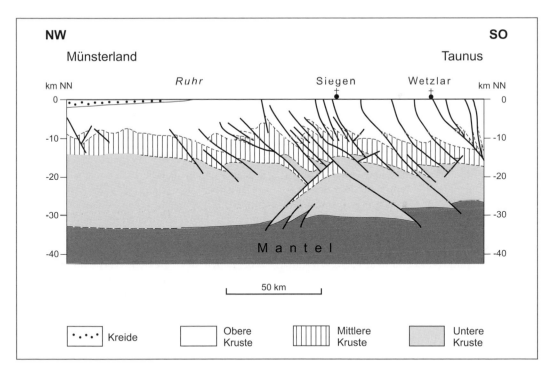

Abb. 2-4 Vereinfachter geologischer Schnitt durch die Kruste des äußeren (nördlichen) Variszikums vom Münsterland bis zum Taunus entlang dem tiefenseismischen Profil DEKORP 2-N (2fach überhöht). Auf der Grundlage von DROZDZEWSKI & WREDE (1994). Die aus seismischen Untersuchungen erhaltenen Daten zeigen eine Gliederung in Ober-, Mittel- und Unterkruste. Die an den Grenzen zwischen Ober- und Mittelkruste sowie Mittel- und Unterkruste erkennbaren Überschiebungen (durch die Überhöhung hier in der Darstellung versteilt) sind Ausdruck der Einengung infolge der Orogenese.

keit erst 1911 begonnen hat. Ursachen sind neu aktivierte Bewegungen an nord–südlich verlaufenden Bruchlinien, die vermutlich während des Tertiärs angelegt wurden.

Der Osten und vor allem der Norden Deutschlands sind weitgehend aseismisch. Das einzige stärkere Beben Mitteldeutschlands wurde 1872 bei Gera registriert. Ein interessantes Erdbebengebiet befindet sich allerdings im **Vogtland**. Dort treten inmitten extrem schwach seismischer Umgebung die so genannten Schwarmbeben auf. Das sind wochen- oder monatelang andauernde Perioden seismischer Aktivität mit oft Hunderten von Einzelstößen zumeist geringer Intensität (maximal VI auf der Makroseismischen Skala). Sie waren besonders vor und nach der Wende vom 19. zum 20. Jahrhundert und im Jahr 2000 spürbar. Die Bebenzentren liegen in nördlicher Fortsetzung der während des Tertiärs aktiven Marienbader Störung; sie werden vermutlich durch aufsteigendes Kohlendioxid hervorgerufen.

Dass **Norddeutschland** kein aseismisches Gebiet ist, bezeugen die Erdbeben geringerer Stärke von 3,1 bis 4,5 Magnitude in den letzten Jahren: 19. Mai 2000 Wittenburg, 21. Juli 2001 Rostock, 6. Juli 2004 Soltau; sie waren bei maximalen Intensitäten < 5 (auf der Makroseismischen Skala) kaum oder lediglich schwach zu spüren.

Die Schäden, die in Deutschland durch Erdbeben angerichtet wurden, sind vergleichsweise gering. Das wohl stärkste Beben in historischer Zeit ereignete sich 1356, als die Stadt Basel stark zerstört wurde und viele Kirchen und Türme im Umkreis von 200 km einstürzten. Die das Erdbeben verursachende Bruchzone unmittelbar südlich er Stadt ist noch jetzt – 650 Jahre nach dem katastrophalen Ereignis – bzw. wieder aktiv, wie neuere seismische Messungen zeigen. Ein kräftiges Beben in jüngerer Zeit fand am 3.7.1978 statt, bei dem im Zollernalb-Kreis im Süden von Stuttgart mehrere Gebäude beschädigt wurden. Grund für die begrenzte Schadwirkung ist nicht, dass bei diesen Beben nur kleine Energiemengen freigesetzt werden, sondern dass sich die Herde (Hypozentren) in größerer Tiefe befinden. In den Erdbebengebieten Deutschlands muss aber auch in Zukunft mit Beben gerechnet werden, die durchaus empfindliche Industrieanlagen gefährden können, sodass hier bei Baumaßnahmen entsprechende Sicherheiten eingeplant werden sollten.

Ebenso wie die Erdbebentätigkeit ist die unterschiedliche Zunahme der **Erdwärme** zur Tiefe vom Bau der Kruste abhängig. Während man im Untergrund Norddeutschlands von einer durchschnittlichen Temperaturerhöhung von etwa 3,3 °C auf 100 m ausgehen kann, findet man in Gebieten mit junger Vulkantätigkeit und Krustenbewegung eine stärkere Temperaturzunahme (vgl. Abb. auf dem hinteren Vorsatz). Mit die höchsten Werte wurden am Westrand des **Oberrhein-Grabens** bei Landau gemessen, wo die Temperaturerhöhung mehr als 10 °C auf je 100 m beträgt. In knapp 1.000 m Tiefe liegt die Temperatur schon bei rund 100 °C. Auch im Gebiet der Uracher Vulkane in der **Schwäbischen Alb** macht die Temperaturzunahme maximal 8 – 10 °C auf 100 m aus. Bisher laufen in beiden Gebieten noch die Vorarbeiten zur Nutzung dieser geothermischen Ressourcen (z. B. bei Offenbach nahe Landau in Rheinland-Pfalz).

Dagegen gelang es bei normaler Temperaturzunahme zur Tiefe bereits in den 80er Jahren des vorigen Jahrhunderts in **Mecklenburg-Vorpommern** Erdwärme als alternative Energiequelle für Heizzwecke zu gewinnen. Dort erreichen die Temperaturen in Tiefen von 1.500 bis 2.500 m zwar nur 55 – 100 °C, die in Schichten des Mesozoikums vorhandenen niedrigthermalen salzhaltigen Wässer lassen sich aber relativ problemlos mittels Bohrungen für die örtliche Wärmeversorgung fördern und nach dem Wärmeentzug (Abkühlung) wieder in die Tiefe versenken. In einem Pilotprojekt bei Neustadt-Glewe südlich Schwerin wird seit 2003 neben der direkten Wärmenutzung zum erstenmal in Deutschland – wenn auch in bescheidenem Umfang – Strom aus Erdwärme gewonnen. In **Bayern** werden seit einiger Zeit ebenfalls warme Tiefenwässer für die Wärmeversorgung genutzt.

3 Kristallingebiete

Unter dieser Überschrift werden Gebiete zusammengefasst, die hauptsächlich aus metamorphen und magmatischen Gesteinen des Proterozoikums und Paläozoikums bestehen (Abb. 3-1). Einmal sind es der Schwarzwald, der sein Gegenstück in den auf französischem Gebiet liegenden Vogesen hat, sowie der Oberpfälzer Wald, der Bayerische Wald einschließlich des diesem meist zugerechneten Böhmerwalds (wobei die drei zuletzt erwähnten Gebiete geologisch gesehen den südwestlichen Rand der Böhmischen Masse darstellen) und eventuell auch die Münchberger Masse. Zu einer anderen Gruppe gehören das Fichtelgebirge, das Erzgebirge, das Sächsische Granulitgebirge, der westliche oder Kristalline Odenwald, der westliche oder Vorspessart sowie das Ruhlaer Kristallin und Kyffhäuser Kristallin. Die erstgenannten Gebiete werden zum **Moldanubikum** bzw. zur Moldanubischen Zone gerechnet, in dem mehrere Metamorphosen schon vor dem oder während des Altpaläozoikums die Gesteine erfasst haben und die paläozoischen Sedimente eher im Flachwasser gebildet wurden. In den Gebieten der zweiten Gruppe, die zum **Saxothuringikum** bzw. zur Saxothuringischen Zone gehören, gibt es nur gebietsweise eine frühe Metamorphose, die paläozoischen Sedimente sind hauptsächlich Bildungen des tieferen Wassers, oft mit submarinen Laven vermengt.

Beiden Bereichen gemeinsam ist, dass während des Devons und Karbons die Gesteine intensiv überprägt und metamorphosiert wurden und reichlich meist granitische Tiefengesteine aufgedrungen sind. Die moldanubischen und saxothuringischen Gesteinsserien haben früher zu Krusteneinheiten gehört, die weit voneinander entfernt lagen und erst durch die variszische Plattentektonik nebeneinander geschoben wurden. Die Grenze verläuft vom Nordrand des Oberpfälzer Waldes zum nördlichen Schwarzwald bei Baden-Baden und weiter zu den nördlichen Vogesen.

3.1 Schwarzwald (mit Vogesen)

Das Grundgebirge des Schwarzwalds bildet eine **Pultscholle**, die nach Norden und vor allem nach Osten unter flach (2–4°) einfallende Schichten des Buntsandsteins abtaucht (Abb. 3.1-2). Von Norden und Osten her betrachtet erscheint der Schwarzwald deshalb nicht als eigentliches Gebirge, sondern als leicht ansteigender Höhenzug. Nur im Süden und noch mehr im Westen ragt er steil empor, weil er durch tektonische Bruchlinien begrenzt wird (Abb. 3.1-1). Dabei ist zur Oberrhein-Ebene vor dem Hauptanstieg mit der Vorbergzone, die aus Schollen von Trias- und Jura-Gesteinen besteht, eine Stufe ausgebildet. Ursache hierfür sind Verwerfungslinien, die parallel zur eigentlichen Oberrheingraben Hauptverwerfung verlaufen. Sie bewirken, dass die **Heraushebung** des Schwarzwald-Gewölbes an mehreren Stufen erfolgte. Die am stärksten herausgehobenen Partien befinden sich erst in mehr als 10 km Entfernung vom Rand der Oberrhein-Ebene. Sie werden auch morphologisch durch die größte Höhe des Schwarzwalds, den in seinem mittleren Teil gelegenen Feldberg mit 1493 m markiert.

Der **nördliche Schwarzwald** besteht, wenn man von der Buntsandstein-Bedeckung im Raum Baden-Baden–Wildbad–Freudenstadt absieht, hauptsächlich aus variszischen Graniten. Das Gleiche gilt für den **südlichen Schwarzwald** (Abb. 3.1-1). Dagegen sind in seinem **Mittelteil**, der etwa östlich Offenburg beginnt und südlich des Feldbergs endet, Gneise, Gneis-Anatexite und Anatexite weit verbreitet, weshalb man auch vom **Zentralschwarzwälder Gneis-Anatexit-Komplex** spricht. Lediglich im östlichen Teil und am Südrand treten auch Granite auf. Paragneise dominieren vor Orthogneisen. Die Ausgangsgesteine der

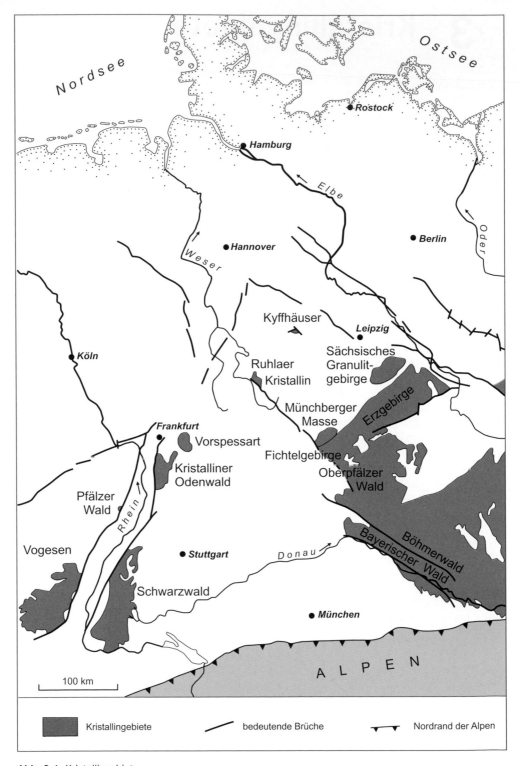

Abb. 3-1 Kristallingebiete.

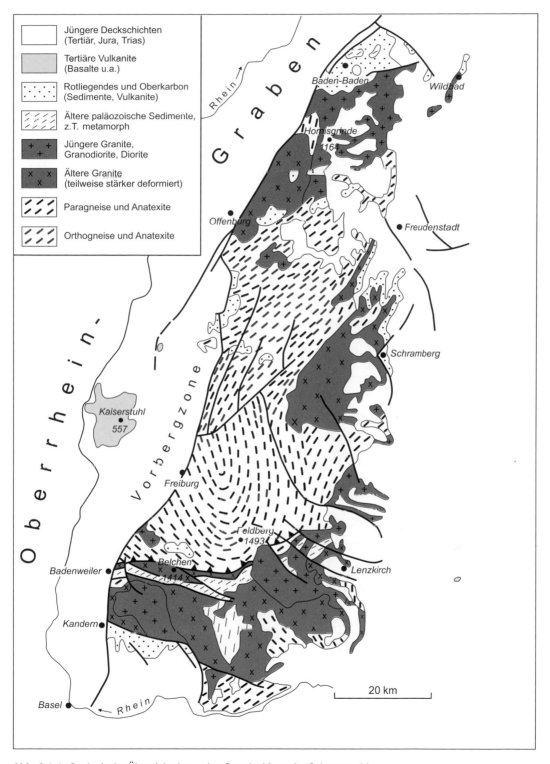

Abb. 3.1-1 Geologische Übersichtskarte des Grundgebirges im Schwarzwald.

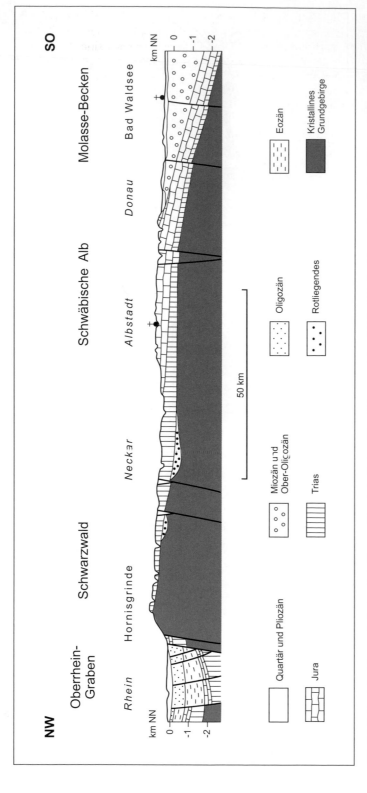

Abb. 3.1-2 Vereinfachter geologischer Schnitt vom Oberrhein-Graben über Schwarzwald und Schwäbische Alb zum Bayerischen Molasse-Becken (5fach überhöht). Nach SCHREINER (1991). Das im Schwarzwald hoch liegende Grundgebirge ist im Oberrhein-Graben an Verwerfungen tief abgesunken; zum Molasse-Becken taucht es unter den zunehmend mächtigeren Deckschichten ab.

Paragneise wurden am Beginn des Paläozoikums (vor 520 Mio. Jahren), d. h. cadomisch regionalmetamorph vergneist und teilweise aufgeschmolzen (1. Anatexis), wobei sich granitische Schmelzen – die Ausgangsgesteine für die Orthogneise – mit einem Alter von 510–500 Mio. Jahren bildeten. Während des frühen Ordoviziums (vor 480 Mio. Jahren) wurden alle Gesteine abermals regionalmetamorph überprägt, und es erfolgte eine zweite Mobilisierung (2. Anatexis) (Tabelle 3.1-1). Mit der zweiten Anatexis waren ebenfalls magmatische Intrusionen verbunden. Die zweimalige Vergneisung und Anatexis hat verständlicherweise die früheren Gefüge weitgehend verwischt. Trotzdem ist sicher, dass es sich bei den Sedimentgesteinen primär vorwiegend um Grauwacken und untergeordnet Schiefer mit eingelagerten sauren Tuffen gehandelt hat, die mit den weit weniger metamorph überprägten jungproterozoischen Gesteinen im Teplá-Barrandium Böhmens (vgl. Kap. 3.2) verglichen werden können. Daneben sind auch altpaläozoische Sedimente in die Metamorphose und spätere Deformation einbezogen worden. Innerhalb der metamorphen Serien gibt es kleinere Körper von Amphiboliten und anderen massigen Metamorphiten, so z. B. einen 2,07 Mrd. Jahre alten Eklogit aus der Nähe von Hinterzarten.

Die zweifache Metamorphose und Entstehung von Magmen während des Kambriums und Ordoviziums entspricht der plattentektonischen Entwicklung am Nordrand Gondwanas (vgl. Kap. 1), wo sich zuerst am Kontinentalrand ein magmatischer Bogen gebildet hat und es nachfolgend zur Dehnung und Zersplitterung der kontinentalen Kruste hinter dem magmatischen Bogen gekommen ist.

Die variszischen **granitischen Gesteine**, zu denen auch etwas SiO_2-ärmere Granodiorite und Diorite gehören, sind während des **Devons und Karbons** aufgedrungen. Dies zeigen zahlreiche radiometrische Datierungen, die Alter zwischen 380 und 290 Mio. Jahren ergeben haben. Dabei sind die älteren Granitkörper noch von Spätphasen der variszischen Deformation und Metamorphose vor 330 Mio. Jahren erfasst worden. Sie besitzen ein schieferungsartiges Parallelgefüge. Das betrifft insbesondere den sehr heterogen zusammengesetzten Randgranit in der Umgebung des Belchens (1414 m) am Südrand des Zentralschwarzwälder Gneis-Anatexit-Komplexes, in dem außer den frühvariszischen Graniten (350 Mio. Jahre) auch solche mit einem Alter von 435–380 Mio. Jahren vertreten sind. Der Randgranit entwickelte sich wahrscheinlich ebenfalls an einem aktiven Kontinentalrand und repräsentiert jetzt die Wurzel eines variszischen magmatischen Bogens. Er bildet eine großenteils mylonitische Decke, die im Liegenden und Hangenden von Scherzonen begrenzt wird; während des Visé wurde sie über die Zone von Badenweiler–Lenzkirch (s. unten) geschoben.

Im Anschluss an die letzten Granit-Intrusionen haben sich in der Zeit vom Oberkarbon bis zum Rotliegenden zahlreiche **Gangfüllungen** in den Tiefengesteinskörpern selbst oder in deren Nebengesteinen gebildet. An mehreren Stellen im nördlichen und mittleren Schwarzwald, so besonders bei Baden-Baden, östlich Offenburg und westlich des Feldbergs, kommen verbreitet Porphyre und Granitporphyre vor, die als Einzelschlote, größere Decken oder durch Intrusion entstanden sind. Ein Teil der **Porphyre**, vor allem südlich Baden-Baden, ist als **Ignimbrite** zu deuten, also als Gluttuffe, die bei Temperaturen von mehr als 700 °C herausgeschleudert wurden, sodass die einzelnen Partikel nach ihrer Ablagerung sofort wieder zu einem festen Gestein zusammensinterten. Die heutigen Porphyre stellen die Reste von ehemals weit größeren vulkanischen Decken dar, die nach Verwitterung und Abtragung übrig geblieben sind. Die Förderung begann im Bereich der Kulm-Zone (s. unten) südlich des Feldbergs während des Oberkarbons (vor 305 Mio. Jahren); die Hauptmenge gehört aber in das Rotliegende, denn im nördlichen Schwarzwald bei Baden-Baden verzahnen sie sich mit Tonsteinen, Arkosen und Konglomeraten dieses Zeitabschnitts und besitzen ein Alter von 285 Mio. Jahren.

Prapermische paläozoische **Sedimentgesteine** kommen im Schwarzwald neben den magmatischen und metamorphen Gesteinen nur in Einzelbereichen vor:

Im südlichen Schwarzwald hebt sich die über mehr als 40 km lange, aber meist weniger als 5 km breite, etwa West–Ost verlaufende **Zone von Badenweiler–Lenzkirch** heraus (sog. Kulm-Zone). In dieser mehrphasig entstandenen und durch randparallele Störungen begrenzten Sutur liegen über „Alten Schiefern" (altpaläozoische Serie aus Phylliten, Grauwacken, Quarziten und

3

Tabelle 3.1-1 Vereinfachte Tabelle der Gesteinsfolge und geologischen Entwicklung im Schwarzwald. Schraffiert: Schichtlücken.

	Sedimentgesteine	Magmatische und tektonische Ereignisse
Quartär	Talauen-Ablagerungen Moränen, Bildung von Karen	Heraushebung
Tertiär bis Zechstein	randliche Überdeckung, vor allem mit Buntsandstein	
Rotliegendes	Tonsteine, Arkosen, Konglomerate	Porphyr-Vulkanismus
Oberkarbon (Siles)	Tonsteine, Sandsteine, Steinkohlen im mittleren und nördlichen Schwarzwald	Faltung, Deformation
Unterkarbon (Dinant)	Konglomerate, Brekzien u. Arkosen in der Zone von Badenweiler-Lenzkirch	Granit-Intrusionen / Andesit- und Porphyr-Vulkanismus
	Schiefer, Grauwacken, Kalksteine (Baden-Baden und Badenweiler-Lenzkirch)	
Devon		
Silur und Ordovizium	Grünschiefer „Alte Schiefer" Klastische Sedimentgesteine	
Kambrium		Granit-Intrusionen 2. Anatexis Metamorphose Granit-Intrusionen 1. Anatexis
Proterozoikum	Grauwacken, Schiefer, Vulkanite (heute: Gneis-Anatexite)	

Grünschiefern) mit einer Diskordanz marine Sedimente des Oberdevons und Unterkarbons (Schiefer, Sandsteine, Grauwacken, Kalksteine). Darüber folgen schließlich festländisch gebildete Konglomerate des Oberkarbons, die sich mit meist Silika-reichen vulkanischen Fest- und Lockergesteinen verzahnen. Für einen darin eingeschalteten effusiven sauren Vulkanit wurde ein Alter von 340 Mio. Jahren ermittelt. Unter Bezug auf die im südlichen Schwarzwald vor 334 bis 332 Mio. Jahren eingedrungenen Granite lässt sich die strukturelle Ausformung der Zone von Badenweiler–Lenzkirch und damit auch die Überschiebung des Randgranits recht genau auf 333 Mio. Jahre datieren.

Die nördlich und südlich der Zone von Badenweiler–Lenzkirch anstehenden metamorphen Gesteine sind jeweils verschieden ausgebildet, sodass sie wahrscheinlich ehemals weiter auseinander gelegen haben und erst im Verlaufe der varizischen Orogenese, wahrscheinlich während des Devons, zusammengerückt wurden, wobei der Zentralschwarzwälder Gneis-Anatexit-Komplex die Zone von Badenweiler-Lenzkirch überfahren und zerschert hat. Etwa 10 km südlich der genannten Zone gibt es östlich Schopfheim zwischen den Tälern der Wiese im Westen und der Wehra im Osten eine ähnlich wie die Kulm-Zone verlaufende Sutur mit stark zerscherten Schiefern und Gneisen.

Im nördlichen Schwarzwald sind es die vorpermischen Sedimente der **Zone von Baden-Baden**, die zum Saxothuringikum gerechnet werden. Die nach Süden einfallende Grenze gegen den moldanubischen Zentralschwarzwälder Gneis-Anatexit-Komplex ist von jüngeren Ablagerungen verhüllt. Über Phylliten, Schiefern, Quarziten und wenigen kalkigen Gesteinen mit eingeschalteten Diabasen des Altpaläozoikums liegen Tonsteine und Arkosen mit eingelagerten kleinen Kohlenflözen des **Oberkarbons** der **Baden-Badener Mulde**. Eine ähnliche flözführende oberkarbonische Serie ist im mittleren Schwarzwald in der **Offenburger Mulde** bei Diersburg und Berghaupten, wenige Kilometer südöstlich Offenburg, vorhanden. Bei Hinterohlsbach (östlich Offenburg) und bei Hohengeroldseck (südlich Offenburg) gibt es weitere kleinere Vorkommen von Oberkarbon-Schichten mit geringer Flözführung, die zum Hangenden in Rotliegend-Sedimente übergehen.

Tonsteine, Arkosen und Fanglomerate des **Rotliegenden** als Reste von permischen Schutt-Trögen sind am Rand des Schwarzwalds unter den jüngeren Deckschichten der Trias vor allem an drei Stellen aufgeschlossen: Im Norden bei **Baden-Baden**, im Osten bei **Schramberg** und im Süden in den **Weitenauer Vorbergen** zwischen Kandern und Schopfheim.

Die jüngsten Ablagerungen und Bildungen des Schwarzwalds stammen aus dem **Quartär**. Sie verdanken ihre Entstehung der Heraushebung des Gebirges. Diese muss im Zusammenhang mit dem Einbruch des Oberrhein-Grabens ab dem älteren Tertiär (Eozän) gesehen werden. Seit dem Pliozän hatte sich die Hebung dann so verstärkt, dass die Höhenlagen dieses Mittelgebirges während des Pleistozäns teilweise vergletschert waren.

Am besten erhalten sind heute Ablagerungen und Geländeformen, die in der **Würm-Eiszeit** entstanden sind. Zeugnisse der davor liegenden Riss-Vereisung (z. B. Schotter) kommen im Osten und Südosten des Feldberg-Gebiets und im Südschwarzwald vor (z. B. Wehra-Tal). Noch ältere Vereisungen sind im Schwarzwald bisher nicht sicher nachgewiesen. Während der Würm-zeitlichen Vereisung hat in der Umgebung des Feldbergs als dem am höchsten herausgehobenen Teil des Schwarzwalds eine geschlossene Eisdecke bestanden, von der Gletscherzungen bis mehr als 25 km in die Täler hinabgereicht haben. Moränen und Kare (z. B. Feldsee) sind Zeugen dieser Vergletscherung.

Im mittleren Schwarzwald gibt es nur geringe Vereisungsspuren, die auf kleinere Firnfelder oder Hanggletscher zurückgehen. Im Nordschwarzwald befanden sich zwischen Baden-Baden und Freudenstadt in der Umgebung von Hornisgrinde (1.164 m) und Kniebis (971 m) etwa 150 kleine Gletscher in Karen, die meistens nach Norden oder Nordosten geöffnet waren. Mehrere der kleineren Gebirgsseen im nördlichen Schwarzwald liegen in derartigen Kar-Hohlformen (z. B. Wildsee, Mummelsee).

Nutzung der Lagerstätten und geologischen Ressourcen

Im Schwarzwald, vor allem im südlichen Teil, sind mehr als 200 **Erz- und Mineralgänge** bekannt, die überwiegend Minerale von Blei, Zink, Kupfer, Silber und Uran, teilweise auch Kobalt, sowie Schwerspat und Flussspat enthalten bzw. enthielten. Sie haben sich zu verschiedenen Zeiten vom Ende der variszischen Orogenese vor 300 Mio. Jahren bis zum Tertiär aus hydrothermalen Lösungen gebildet. Der Abbau auf **silberhaltige Bleierze** begann schon in römischer Zeit. Der Bergbau erfolgte vor allem im Mittelalter, kam – nach dem bereits Ende des 14. Jahrhunderts beginnenden Niedergang – infolge des 30jährigen Kriegs völlig zum Erliegen und erlebte im 18. und 19. Jahrhundert – nach reichen Silberfunden im Kinzigtal – nochmals eine Blüte. Nach jeweils kurzem Aufschwung in den beiden Weltkriegen wurden einige Gruben noch bis in die zweite Hälfte des 20. Jahrhunderts betrieben. Hauptgebiete des traditionellen Bergbaus waren das Münstertal und die Umgebung des Schauinslands im südlichen Schwarzwald, wo alte Bergbau-Halden weit verbreitet vorkommen, sowie das Kinzigtal und dessen Umgebung im mittleren Schwarzwald. In den 50er Jahren des vorigen Jahrhunderts führte die Suche nach **Uranerzen** zum Auffinden der Lagerstätte Menzenschwand am Feldberg, die bis 1992 bebaut wurde; hier treten Gänge mit Pechblende im variszischen Granit auf. Das Uran-Vorkommen bei Wittichen im Kinzigtal war nicht abbauwürdig. Bei Mullenbach, ca. 3 km östlich Baden-Baden, gibt es Imprägnationen von Uranerzen in Sedimentgesteinen des Oberkarbons; hier hat ein Versuchsabbau stattgefunden. Der Erzbergbau im Grundgebirge des Schwarzwalds ist mit der Schließung der Grube Menzenschwand erloschen. Gegenwärtig werden noch **Flussspat** und **Schwerspat** sowie beibrechendes Silbererz in der Grube Clara bei Wolfach bis in mehr als 700 m Tiefe gewonnen.

Oolithische **Eisenerze** des Dogger β wurden in der **Vorbergzone** nördlich Freiburg abgebaut. Seit längerem sind die großen Tagebaue des Kahlenbergs bei Ringsheim, in denen Anfang der 60er Jahre des vorigen Jahrhunderts noch bis zu 800.000 Tonnen Roherz pro Jahr gewonnen wurden, stillgelegt. Ebenfalls in den Vorbergen werden bei Lahr–Emmendingen **Sandsteine** des Unteren und Mittleren Buntsandsteins als Werksteine genutzt sowie bei Heidelberg und Leimen **tonige Kalksteine** des Unteren und Oberen Muschelkalks für die Herstellung von Zement gewonnen.

Die oberkarbonischen **Kohlen** sind bei Diersburg und Berghaupten in der Offenburger Mulde sowie bei Neuweier in der Baden-Badener Mulde vor Jahrzehnten in bescheidenem Maße gewonnen worden. Auch die Gewinnung von **Baumaterial** hat im Schwarzwald nicht mehr die frühere Bedeutung. Granite, Gneise und Anatexite sowie die Quarzporphyre des Oberkarbons und Rotliegenden wurden vor Jahrzehnten in wesentlich stärkerem Maße als heute zur Herstellung von Schotter und Splitt, Pflastersteinen und Werksteinen abgebaut. Die Gewinnung von Buntsandstein in der Umrandung des Schwarzwalds, aus dem viele historische Bauwerke, u. a. in Freiburg und Basel, errichtet worden sind, ist nahezu erloschen, hat aber noch immer Bedeutung für die Restaurierung historischer Bauwerke.

Vogesen

Die Vogesen stellen nach Gesteinsaufbau und Struktur ein spiegelbildlich zum Schwarzwald angeordnetes Gegenstück dar (Abb. 3.1-1). Da Entwicklung und Entstehung von Schwarzwald und Oberrhein-Graben besser zu verstehen sind, wenn man die Vogesen mit einbezieht, sollen sie kurz besprochen werden, obwohl sie nicht zu Deutschland gehören: Auch hier ist zum Oberrhein-Graben teilweise eine Vorbergzone mit mesozoischen Sedimenten ausgebildet, und die höchste Heraushebung erfolgte ebenfalls im Süden, wo der Große Belchen/Grand Ballon 1.425 m Höhe erreicht. Im Vergleich zum Schwarzwald gibt es in den Vogesen **mehr** karbonische **Granite** und **weniger Gneise und Anatexite**, die auch hier den mittleren Abschnitt des Gebirges aufbauen.

Paläozoische Sedimente besitzen eine **größere Verbreitung** als im Schwarzwald. In den nördlichen Vogesen sind es die fossilarmen Weiler Schiefer/Schistes de Villé des Kambriums bis Ordoviziums und die Steiger Schiefer/Schistes de Steige mit silurischem Alter. Die Weiler Schiefer sind in der Zone von Lubine–Lalaye auf die Steiger Schiefer von Süden überschoben. Diese Zone entspricht der von Baden-Baden im nördlichen Schwarzwald und markiert hier die Grenze zwischen Moldanubikum und Saxothuringikum. Weiter nördlich ist im Breuschtal/Vallée de la

Bruche, südwestlich Strasbourg, eine Serie von Konglomeraten des Givets sowie Schiefern und Grauwacken des unteren Oberdevons verbreitet. Bei St. Pilt in der Nähe von Schlettstadt/Sélestat am Rand des Oberrhein-Grabens gibt es ein kleines Vorkommen von flözführendem Oberkarbon, das man mit den entsprechenden Schichten von Diersburg und Berghaupten am Westrand des Schwarzwalds vergleichen kann. Genauso ist es möglich, die devonischen Schiefer sowie die mit Vulkaniten vergesellschafteten, meist tuffitischen Grauwacken und Sandsteine des Oberdevons bis Unterkarbons zwischen Gebweiler/Guebwiller und Luxeuil in den Südost-Vogesen an die Kulm-Gesteine in der Zone von Badenweiler–Lenzkirch des Schwarzwalds anzuschließen; allerdings haben die genannten Schichten in den Vogesen eine weit größere Ausdehnung und Mächtigkeit. Ausbildung und Anordnung der paläozoischen Gesteinsserien in den Vogesen werden neuerdings durch Kollision und Subduktion der Einheit der nördlichen und zentralen Vogesen einerseits mit der Einheit der südlichen Vogesen während des mittleren Devons erklärt.

Die von den Gesteinen des Rotliegenden eingenommenen Areale (Schuttsedimente und Vulkanite) sind in den südlichen und nördlichen Vogesen größer als im Schwarzwald. Insgesamt hat es den Anschein, als ob die Vogesen weniger stärker herausgehoben wurden als der Schwarzwald, sodass in ihnen ein **höheres Stockwerk angeschnitten** ist und die Deckschichten über den Graniten und Metamorphiten besser erhalten sind.

Die eiszeitliche **Vergletscherung** der Vogesen war ähnlich ausgedehnt wie die im Schwarzwald. Der Mosel-Gletscher hat während des Würm-Glazials mindestens 40 km Länge gehabt. Am Ost-Hang des Vogesen-Kamms sind Kar-Hohlformen häufig anzutreffen.

3.2 Oberpfälzer Wald, Bayerischer Wald und Böhmerwald (Hinterer Bayerischer Wald)

Oberpfälzer Wald/Český les, Bayerischer Wald und Böhmerwald/Šumava (oft auch Hinterer Bayerischer Wald genannt) sind geographische Bezeichnungen für ein ausgedehntes Kristallingebiet am **Südwestrand** der **Böhmischen Masse** oder Moldanubischen Region im Grenzbereich zur Tschechischen Republik (Abb. 3.2-1); die Grenze verläuft auf der Höhe des Oberpfälzer Walds und Böhmerwalds. Es besteht aus zwei geologisch verschiedenen Einheiten, dem Moldanubikum i. e. S. und dem Bohemikum oder auch Teplá-Barrandium, welche ursprünglich zwei Terranen angehörten.

Das **Moldanubikum i. e. S.** nimmt auf deutschem Territorium die weitaus größte Fläche ein. Es wird überwiegend aus einem eintönigen Komplex höher metamorpher Gesteine, vor allem Paragneisen, Anatexiten und Blastomyloniten mit Kalksilikat-Lagen sowie wenigen metamorphen sauren und basischen Magmatiten aufgebaut. Neben dieser „Monotonen Gruppe" gibt es vielfältiger zusammengesetzte Zonen, in denen die Paragneise zahlreiche Einlagerungen von Amphiboliten, Marmoren, hellen Gneisen und Graphit führenden Gesteinen enthalten („Bunte Gruppe"). In die Metamorphite sind variszische Granite intrudiert.

Ausgangsgesteine der monotonen Metamorphite waren sehr wahrscheinlich ganz überwiegend jungproterozoische Grauwacken und Schiefer eines ehemaligen passiven Kontinentalrands sowie altpaläozoische (kambrische und ordovizische) sandig-tonige Wechsellagerungen eines Schelfbereichs. Die „bunten" Metamorphite sind vermutlich aus vulkanogen-sedimentären Abfolgen kontinentaler Riftzonen oder Randmeere bzw. kleinerer ozeanischer Becken hervorgegangen. Im nördlichen Böhmerwald, im so genannten Künischen Gebirge nördlich Lam, werden auch geringer metamorphe Gesteine (Glimmerschiefer und Quarzite mit basischen und sauren Metavulkaniten) angetroffen, die teilweise aus silurischen Gesteinen hervorgegangen sein sollen; für die sauren Metatuffe ist ordovizisches Alter belegt. Zirkone in den Paragneisen weisen auf ältere, altproterozoische und archaische magmatische Ereignisse im Abtragungsgebiet der jungproterozoischen und altpaläozoischen Abfolgen hin (vgl. Kap. 1).

Die Metamorphose ist im Moldanubikum i. e. S. ganz überwiegend bei niederen Drücken und hohen Temperaturen bis zu Aufschmelzungen in kaledonischer Zeit (in mindesten zwei

3

Phasen: vor 460 und 425 Mio. Jahren) und variszisch (Abschluss vor 325–320 Mio. Jahren) erfolgt; die variszische Metamorphose löschte die vorangegangenen weitgehend aus. Hinweise auf eine cadomische Metamorphose liegen hier nicht vor.

Das **Bohemikum** tritt im bayerischen Anteil der Moldanubischen Region nur in kleineren

Flächen auf: (1) im äußersten Nordwesten bei Erbendorf-Vohenstrauß und (2) in Form der Gabbro-Amphibolit-Masse von Neukirchen im nördlichen Böhmerwald. Sie sind gegenüber ihrer Umgebung stets durch Störungen oder Scherzonen scharf begrenzt, für welche Bewegungen bis in die spätvariszische Zeit (vor 310–305 Mio. Jahren) belegt sind. Das Bohemikum wurde vor

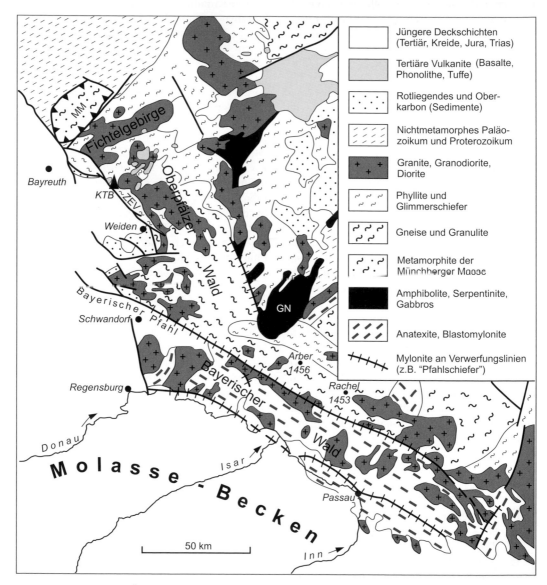

Abb. 3.2-1 Geologische Übersichtskarte des nordostbayerischen Grundgebirges. GN – Gabbro-Amphibolit-Masse von Neukirchen, KTB – Kontinentale Tiefbohrung bei Windischeschenbach, MM – Münchberger Masse, ZEV – Zone von Erbendorf–Vohenstrauß.

370 Mio. Jahren auf das Moldanubikum i. e. S. überschoben.

Die **Zone von Erbendorf–Vohenstrauß** wird als isolierter Rest einer aus dem Bereich des Teplá-Barrandiums stammenden allochthonen Decke angesehen. Sie besteht – wie auch die Ergebnisse der KTB bei Windischeschenbach zeigen – im Wesentlichen aus einer Abfolge von Paragneisen und Metabasiten mit wenigen metamorphen vulkanogen-sedimentären Wechsellagerungen sowie Orthogneisen und Metapegmatiten. An der Basis der Decke tritt eine Grünschieferzone auf. Die Ausgangsgesteine der Paragneise wurden wahrscheinlich an einem aktiven Kontinentalrand oder kontinentalen Inselbogen abgelagert. Bei den Metabasiten handelt es sich vermutlich um Reste eines ehemaligen Ozeanbodens bzw. ozeanischer Kruste. Die vulkanogen-sedimentären Wechsellagerungen könnten auf ein kontinentales Rift-Becken bezogen werden.

Die **Gabbro-Amphibolit-Masse** von Neukirch erstreckt sich – als südwestliches Ende des Teplá-Barrandiums – vom Hohen Bogen nordwärts auf tschechisches Territorium. Sie ist vor 340–320 Mio. Jahren an Mylonit-Zonen – der Westböhmischen Scherzone im Westen und der Zentralböhmischen Scherzone im Süden – teilweise mehr als 10 km in das Moldanubikum i. e. S. eingesunken. Die Westböhmische Scherzone wird von zahlreichen Quarz-Gängen durchzogen und auch als Böhmischer Pfahl bezeichnet.

Die Gesteine des Bohemikums wurden ebenfalls in mehreren Phasen geringer metamorph geprägt: (1) möglicherweise bereits jungproterozoisch/kambrisch vor 550–540 Mio. Jahren (cadomisch) – gefolgt von magmatischen Vorgängen (vor 525–485 Mio. Jahren); (2) sicher frühordovizisch (vor 490 Mio. Jahren) – wiederum begleitet von magmatischen Ereignissen (vor 495–475 Mio. Jahren); (3) früh- bis oberdevonisch (vor 400–370 Mio. Jahren); (4) teilweise jungvariszisch (vor 330–320 Mio. Jahren) in Verbindung mit Deckenüberschiebungen.

In der Karbon-Zeit kam es in zwei Schüben (vor 350–325 und 315–310 Mio. Jahren) in erheblichem Umfang zu **Intrusionen** von Graniten sowie untergeordnet Granodioriten und Dioriten, vereinzelt auch Gabbros in diese metamorphen Serien. Die ältesten Granite wurden noch von der variszischen Deformation und Metamorphose erfasst. Die magmatische Tätigkeit endete

mit der Bildung von Aplit- und Pegmatit-Gängen. Wenige Porphyr-Gänge waren an die Bruchtektonik des älteren Rotliegenden gebunden.

Nichtmetamorphe Sedimentgesteine des Ordoviziums bis Unterkarbons treten nur in kleinen eingemuldeten und verschuppten Vorkommen nordwestlich Erbendorf bei Bingarten auf, solche des Rotliegenden am Südwestrand der Böhmischen Masse bei Weiden und nördlich Schwandorf.

Die Trennungslinie zwischen Oberpfälzer Wald und Böhmerwald einerseits sowie Bayerischem Wald andererseits bildet das über Schwandorf verlaufende Bodenwöhrer Becken, ein vor allem mit Kreide-zeitlichen Ablagerungen überdeckter Ausläufer des Süddeutschen Schichtstufenlands (vgl. Kap. 8.2), und in seiner Fortsetzung der **Bayerische Pfahl**. Auf über 150 km Länge und manchmal bis zu 100 m Breite vereinigen sich in diesem zahlreiche parallel und spitzwinklig verlaufende Klüfte und Spalten, die mit Quarz ausgefüllt sind, zu einer Nordwest–Südost verlaufenden Scherzone (sog. Pfahlquarz). Dieser verquarzte innere Bereich wird von mylonitischen Gesteinen und Brekzien begleitet (sog. Pfahlschiefer). Wegen seiner Verwitterungsbeständigkeit ist der Pfahlquarz an vielen Stellen mauerartig herauspräpariert (Abb. A-1). Parallel zum Bayerischen Pfahl verläuft 10 km weiter nordöstlich die analog aufgebaute Rundinger Zone. Beide Scherzonen sind in variszischer Zeit (vor 340–330 Mio. Jahren) angelegt und mehrfach aktiviert worden, so dass sich sehr unterschiedliche Strukturen gebildet haben. Die Abscheidung des durch heiße Lösungen aus der Tiefe zugeführten Quarzes erfolgte episodisch in spät- bis postvariszischer Zeit (jüngeres Perm und Mesozoikum, vielleicht auch noch bis zum Tertiär).

Eindrucksvoll ist die große Erstreckung des Pfahls. Er nimmt dadurch eine Sonderstellung gegenüber anderen, vorwiegend aus Quarz bestehenden schmalen Zonen ein, die am Südwestrand der Böhmischen Masse (z. B. Böhmischer Pfahl mit 65 km Länge nördlich Furth i. Wald in der Tschechischen Republik oder der Aicha-Halser Nebenpfahl nordöstlich Passau und Vilshofen), aber auch in anderen deutschen paläozoischen Gebirgen vorkommen (etwa der Borstein bei Reichenbach im Odenwald, die Teufelsley im Ahrtal in der Eifel oder der Usinger Quarzgang, auch als Eschbacher Klippen bezeichnet, im Taunus).

3

Moränen-Ablagerungen und **Karseen** (z. B. Arbersee, Rachelsee) sind Zeugen der pleistozänen Vergletscherung, die weite Gebiete des Böhmerwalds mit seinen Höhen, welche die Gipfel des Schwarzwalds nahezu erreichen (Arber 1.456 m, Rachel 1.453 m), und auch Teile des Bayerischen Walds erfasst hatte.

✂ Nutzung der Lagerstätten und geologischen Ressourcen

Lagerstättenkundlich interessant sind die nutzbaren **Graphit**-Anreicherungen in Schiefern, die bei Passau im südöstlichen Bayerischen Wald abgebaut werden, sowie die Einschaltungen von sulfidischen **Eisenerzen** (Magnetkies und Schwefelkies) in Paragneisen und Glimmerschiefern bei Bodenmais und Lam im nordwestlichen Böhmerwald, die bis 1962 bergmännisch gewonnen wurden. Eine ähnliche Lagerstätte (Pyrit und Magnetkies) befand sich bei Pfaffenreuth im Oberpfälzer Wald; sie wurde bis vor einigen Jahren durch die Grube Bayerland abgebaut. Am Westzipfel des Oberpfälzer Waldes bei Nabburg wurde bis 1987 außerdem gangförmiger **Flussspat**, der im Jungpaläozoikum oder während des Tertiärs entstanden ist, gefördert. Bei Waidhaus/Hagendorf, nahe der Grenze zur Tschechischen Republik, wird gangförmiger Feldspat (Pegmatit) gebrochen. **Uranerze** in Metamorphiten und Anatexiten wurden östlich Tirschenreuth erkundet.

Bei diesem Ort wurde außerdem **Kaolinerde** gewonnen. Sie bildete sich durch eine tiefgründige Verwitterung während des Mesozoikums und Tertiärs, welche die varizischen Granite zersetzte. Von den **Festgesteinen** werden Granite, Diorite, Gneise, Amphibolite und Serpentinite genutzt.

3.3 Fichtelgebirge und Münchberger Masse

Am Südwestrand der Böhmischen Masse tritt Kristallin in der südwestlichen Fortsetzung der Aufwölbung des Erzgebirges wieder im Fichtelgebirge und in der nordwestlich davon gelegenen

Münchberger Masse, die landschaftlich meist zum nördlich benachbarten Frankenwald (Kap. 4.4) gerechnet wird, zu Tage (Abb. 3.2-1).

Das zum **Saxothuringikum** gehörende **Fichtelgebirge** grenzt im Südosten an der Erbendorf-Linie an das Moldanubikum (vgl. Kap. 3.2). Es besteht aus **metamorphen Paragesteinen** (Glimmerschiefer, Phyllite, Quarzite, Graphit führende Gesteine, Wunsiedeler Marmor) mit eingelagerten Metabasiten und sauren Metavulkaniten, die aus einer teils proterozoischen, überwiegend aber kambrischen und ordovizischen Abfolge hervorgegangen sind. Die jüngeren Glieder lassen sich gut mit dem Ordovizium in Thüringen (vgl. Kap. 4.4) korrelieren. Sie wurden jungvarizisch, an der Wende vom Unter- zum Oberkarbon (vor ca. 320 Mio. Jahren) gefaltet sowie bei niederen Drücken und hohen Temperaturen unterschiedlich stark metamorphosiert. Im Südosten, im sog. Waldsassener Schiefergebirge, tritt auch nicht metamorphes Altpaläozoikum auf. Es liegt wie im Erzgebirge (vgl. Kap. 3.4) eine großräumige Antiklinalstruktur vor.

Darin stecken – vor allem im zentralen Fichtelgebirge – **spätvariszische Granite** (Abb. A-2) sowie granodioritische bis gabbroide Plutonite, die als Redwitzite bezeichnet werden, mit einer zumeist schmalen Kontaktzone. Zahlreiche radiometrische Altersdatierungen an verschiedenen Granit-Vorkommen haben gezeigt, dass diese während des Karbons und in der Zeit des älteren Rotliegenden in drei Schüben (vor 350–325, 315–310 und 305–295 Mio. Jahren) aufgedrungen sind.

Derartige Granite fehlen in der **Münchberger Masse**. Sie ist vorwiegend aus Gneisen und sehr verschiedenartigen anderen **metamorphen Gesteinen** aufgebaut. Es handelt sich um mehrphasig deformierte und metamorph überprägte jungproterozoische vulkanogen-sedimentäre Serien eines ehemaligen Inselbogens sowie tonig-sandige Sedimente des Altpaläozoikums, in die während des Kambriums und Ordoviziums Gabbros und Granitoide intrudierten. Offensichtlich besteht die Münchberger Masse aus vier übereinandergestapelten Gesteinseinheiten, von denen die jeweils höhere einen stärkeren Metamorphosegrad aufweist als die darunter liegende. Die Metamorphose erfolgte in mehreren Phasen vor 490–480 und 390–370 Mio. Jahren. Die Münchberger Masse wird allseitig von nicht metamorphem Paläozoikum in Bayerischer Fazies umgeben (vgl. Kap. 4.4).

Manche Geowissenschaftler sehen die Gesteine der Münchberger Masse einschließlich der umgebenden Bayerischen Fazies – ebenso wie die südlich davon im Oberpfälzer Wald gelegene Serie von Erbendorf–Vohenstrauß – als allochthone Gesteinsserien an, die dem südöstlich anschließenden **Moldanubikum**, und zwar dem Bohemikum, zuzurechnen sind (vgl. Kap. 3.2) und im Verlauf der varizischen Orogenese aus größerer Entfernung aus Südosten als Decken herantransportiert wurden; andere vermuten wechselnde Transportrichtungen der einzelnen Gesteinseinheiten. Einige sehen die Münchberger Masse als eine überwiegend autochthone Scholle an, die aus dem kristallinen Untergrund hochgepresst wurde, wofür Übergänge von der Bayerischen in die Thüringische Fazies sprechen. Auf Grund verschiedener Daten kann davon ausgegangen werden, dass die vier Einheiten bzw. Decken zum jetzt vorliegenden Verband vom Unter- bis zum Oberdevon zusammengeschoben wurden und die Platznahme des gesamten Stapels in seine jetzige Position während des jüngeren Unterkarbons erfolgte.

Nach Südwesten werden Fichtelgebirge und Münchberger Masse ebenso wie der nordwestlich anschließende Frankenwald (vgl. Kap. 4.4) durch die sog. **Fränkische Linie** gegen die Trias des Ostbayerischen Schollenlands begrenzt. An dieser Verwerfung ist das Grundgebirge vor allem in der jüngeren Kreide-Zeit z. T. mehr als 1.000 m hoch herausgehoben und das Deckgebirge teilweise flexurförmig angeschleppt, so dass bei Erbendorf östlich Bayreuth Sedimente des Rotliegenden zutage treten.

Im östlichen Fichtelgebirge werden bei Marktredwitz die kristallinen Gesteine von **tertiären Basalten** und Basalttuffen durchschlagen und überdeckt (vgl. Kap. 11.6). Aus der **Quartär**-Zeit stammen die unter **periglazialen** Bedingungen entstandenen **Blockmeere**, von denen am eindrucksvollsten das aus riesigen Blöcken des Kösseine-Granits bestehende „Felsenlabyrinth" der Luisenburg bei Wunsiedel ist.

Nutzung der Lagerstätten und geologischen Ressourcen

In früheren Jahren sehr bekannt waren die **Granite** des Fichtelgebirges als Rohstoffe für Baumaterial. Varietäten wie z. B. der Epprechtsteiner oder Reinersreuther Granit, die auf die jeweiligen Gewinnungsorte hinweisen, haben sich bei zahlreichen Gebäuden und Kunstwerken als Ornament- und Fassadensteine für innen und außen bewährt. Inzwischen ist die Bedeutung der Granitgewinnung und -industrie auch im Fichtelgebirge zurückgegangen. Genutzt werden noch die Granite von Gefrees und Zufurt sowie der **Serpentinit** von Wurlitz bei Schwarzenbach a. d. Saale. Die im Mittelalter bekannten **Erzvorkommen** des Fichtelgebirges (Blei, Silber, Gold, Zinn, Eisen) sind schon lange erschöpft. Uranerze wurden bei Mähring im nordöstlichen Fichtelgebirge gefunden, werden derzeit aber nicht abgebaut.

Im Kontaktbereich zwischen Granit-Pluton und kalkigen metamorphen Gesteinen hat sich durch in der Perm-Zeit aufgestiegene hydrothermale Lösungen **Speckstein**, ein talkartiges wasserhaltiges Magnesiumsilikat, gebildet. Es wird im Gebiet von Göpfersgrün–Thiersheim abgebaut, um daraus durch Brennen feuerfestes Material für Isolatoren (Steatit) oder durch Mahlen Füllstoffe (z. B. für die Papierindustrie) und Trägersubstanzen (z. B. für Insektenbekämpfungsmittel) herzustellen.

An anderen Stellen sind die variszischen Granite tiefreichend kaolinisiert. Da die vorkommenden **Kaoline** für die Herstellung von Porzellanen selten rein genug sind, findet der Abbau von Kaolinerde im Fichtelgebirge nur in begrenztem Umfang statt; die im Fichtelgebirge ansässigen Porzellanmanufakturen (z. B. in Selb und Arzberg) verarbeiten hauptsächlich eingeführte Rohstoffe.

3.4 Erzgebirge

Das Erzgebirge/Krušné hory (Abb. 3.4-1) ist eine Pultscholle, deren Oberfläche von Nordwesten nach Südosten aus etwa 300 m auf 800–1.000 m Höhe aufsteigt. Am Erzgebirgsabbruch, einer

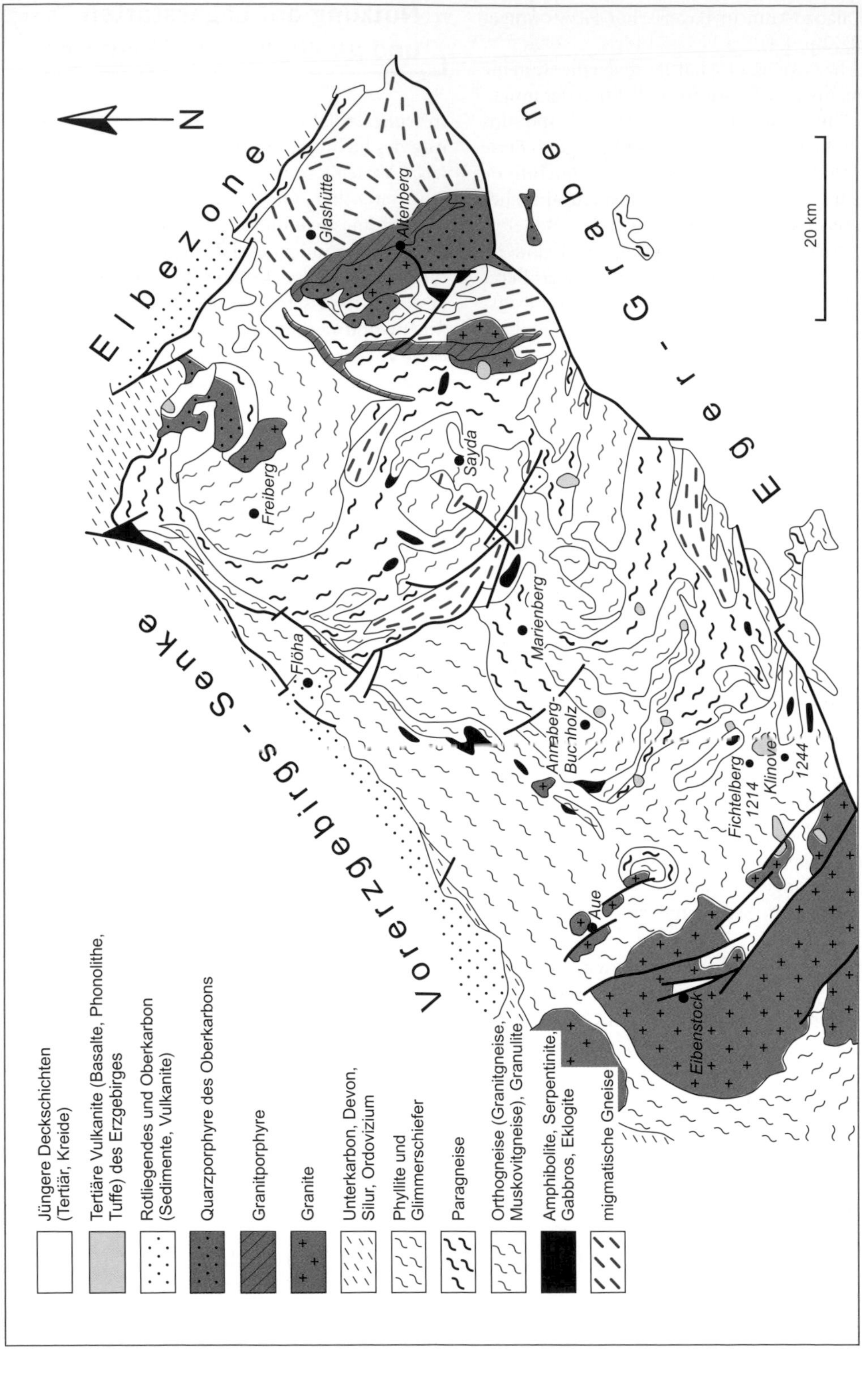
N
20 km
Elbezone
Eger - Graben
Vorerzgebirgs - Senke
Glashütte
Altenberg
Freiberg
Sayda
Marienberg
Flöha
Annaberg-Buchholz
Fichtelberg 1214
Klinovec 1244
Aue
Eibenstock
Jüngere Deckschichten (Tertiär, Kreide)
Tertiäre Vulkanite (Basalte, Phonolithe, Tuffe) des Erzgebirges
Rotliegendes und Oberkarbon (Sedimente, Vulkanite)
Quarzporphyre des Oberkarbons
Granitporphyre
Granite
Unterkarbon, Devon, Silur, Ordovizium
Phyllite und Glimmerschiefer
Paragneise
Orthogneise (Granitgneise, Muskovitgneise), Granulite
Amphibolite, Serpentinite, Gabbros, Eklogite
migmatische Gneise

Abb. 3.4-1 Geologische Übersichtskarte des Erzgebirges.

3

bedeutenden Verwerfung, fällt sie dann steil nach Südosten zum Eger-Graben ab. Im Nordosten sind an der Mittelsächsischen Überschiebung die Gesteine der Elbezone überschoben (vgl. Kap. 4.5); im Südwesten besteht ein Übergang in das Thüringisch-Fränkisch-Vogtländische Schiefergebirge (vgl. Kap. 4.4). Im Nordwesten lagern Sedimentgesteine des Oberkarbons und Rotliegenden der Vorerzgebirgs-Senke diskordant auf dem Grundgebirge des Erzgebirges (vgl. Kap. 6.4). Die Grenze zur Tschechischen Republik verläuft im Allgemeinen etwas nördlich des Erzgebirgskamms. Höchster Berg auf deutschem Gebiet ist der Fichtelberg mit 1.214 m, auf tschechischem der Keilberg/Klínovec mit 1.244 m.

Der innere Bau dieser vor allem aus metamorphen proterozoischen und altpaläozoischen Gesteinen bestehenden geologischen Einheit ist durch eine große Südwest–Nordost (erzgebirgisch) streichende **Antiklinalstruktur** gekennzeichnet, deren Achse nach Südwesten abtaucht. Dieses Antiklinorium setzt sich südwestwärts im Fichtelgebirge fort (vgl. Kap. 3.3). Dem antiklinalförmigen Bau entspricht die generelle Zunahme der Metamorphose von außen nach innen mit der Abfolge Phyllite – Glimmerschiefer – Gneise. Im Nordwesten schließen nach außen nicht metamorphe Schichten des Ordoviziums bis Unterkarbons an. Die metamorphen Einheiten sind zu **Decken** gestapelt. Sie werden von **Graniten** unterlagert, die im Westerzgebirge auch großflächig zutage ausstreichen. Vor allem im Osterzgebirge wird das Kristallin außerdem von zahlreichen Porphyr- sowie Granitporphyr-Gängen durchzogen. Auf dem metamorphen Fundament liegen lokal oberkarbonische, Rotliegend- und Kreidezeitliche sowie tertiäre Ablagerungen.

Der **metamorphe Komplex** des Erzgebirges besteht aus Paragneisen, Glimmerschiefern und Phylliten sowie Orthogneisen (Granitgneis, Augengneise, Muskovitgneise); dazu kommen migmatische Gneise und Granulite sowie Amphibolite und Eklogite, untergeordnet auch Serpentinite und Marmore. Traditionell werden die Paragneise als „Graugneise", die Orthogneise als „Rotgneise" bezeichnet. Zu den Orthogneisen gehört allerdings auch der als „Graugneis" angesprochene „Innere Freiberger Gneis" (Kerngneis).

Zweifellos handelt es sich bei den sedimentären Ausgangsgesteinen einerseits vor allem um Grauwacken (mit Konglomeraten) und Schiefer, ande-

rerseits um eine offenbar jüngere Serie von Quarzsandsteinen und Tonsteinen mit eingelagerten sauren und basischen Vulkaniten. Erstere entsprechen weitgehend den aus Thüringen, Nordsachsen und der Lausitz bekannten Grauwacken; sie werden als **Proterozoikum** angesehen. Die auf der Nordwestflanke der Antiklinalstruktur und im Südwesten verbreitete jüngere Serie lässt sich über das Vogtländische Schiefergebirge recht gut mit dem thüringischen Profil vergleichen (vgl. Kap. 4.4); sie wird in das **Altpaläozoikum** gestellt. Speziell die Quarzite im oberen Teil dürften denen des unteren Ordoviziums in Thüringischer Fazies entsprechen, während die Abfolge mit basischen Vulkaniten darunter als Kambrium angesehen wird. Für einen Teil der Phyllite ist ordovizisches bzw. silurisches Alter biostratigraphisch ausgewiesen; das nicht metamorphe Schiefergebirge am Nordwestrand enthält Fossilien vom Silur bis zum Unterkarbon (Tab. 3.4-1). Teile der altpaläozoischen Serie sind im großem Umfang in den aus Gneisen bestehenden inneren Bereich des Antiklinoriums einbezogen. Für die Ausgangsgesteine der Granitgneise und einen Teil der Augengneise wurden **radiometrische Alter** von 560–550 Mio. Jahren bestimmt, für die der Muskovitgneise und den anderen Teil der Augengneise solche von 490–470 Mio. Jahren. Datierungen von Xenolithen in den Granitgneisen ergaben Alter zwischen 745 Mio. und 2,46 Mrd. Jahren; sie weisen auf entsprechend alte Teile des präkambrischen Fundaments hin, die aufgeschmolzen worden sind.

Nachdem in der zweiten Hälfte des 20. Jahrhunderts für den metamorphen Komplex von einer mehr oder weniger kontinuierlichen, autochthonen lithostratigraphischen Abfolge vom jüngeren Proterozoikum bis zum älteren Paläozoikum ausgegangen und der Kartierung des Erzgebirges zugrund gelegt worden war, wird jetzt ein **Deckenbau** bzw. eine durch extreme Einengung bedingte komplizierte Stapelung metamorpher Einheiten begründet. Danach besteht das Antiklinorium aus einer Abfolge tektonisch begrenzter subhorizontaler Decken-Einheiten, die durch spezifische Druck- und Temperatur-Merkmale gekennzeichnet sind (Abb. 3.4-2). Die Gneis-Eklogit-Einheiten (2) werden von der Gneis-Einheit (1) im Liegenden und von der Glimmerschiefer-Eklogit-Einheit (3) im Hangenden jeweils durch eine „Übergangszone" begrenzt. Diese bestehen aus Mélangen verschieden-

Tabelle 3.4-1 Vereinfachte Tabelle der Gesteinsfolge und geologischen Entwicklung im Erzgebirge. Schraffiert: Schichtlücken.

	Sedimentgesteine	Magmatische und tektonische Ereignisse
Quartär	Talauen-Ablagerungen, Periglazialschutt	Heraushebung
Tertiär	Kiese, Sande	Basalt-Vulkanismus
Oberkreide	Sandsteine, Konglo-merate (am Nord-ost-Rand)	
Unterkreide bis Zechstein	Rotverwitterungs-Horizont	
Rotliegendes und Oberkarbon (Siles)	Sandsteine, Tonsteine, Konglomerate, Steinkohlen	Bruchtektonik und Porphyr-Vulkanismus; Granit-Intrusionen; Faltung und Heraushebung
Unterkarbon (Dinant)		
Unterkarbon bis Kambrium	Sandsteine, Tonsteine, Karbonat-Gesteine, Kiesel-schiefer (heute: Quarzite, Tonschiefer, Phyllite, Glimmerschiefer, Marmore)	Jüngere Metamorphose; Diabas-Vulkanismus; basischer und saurer Vulkanismus; Granit- und Granodiorit-Intrusionen (heute: Orthogneise); Heraushebung
Proterozoikum	Grauwacken und Tonsteine mit Konglomeraten (heute: Paragneise und migmatische Gneise	Ältere Metamorphose; basischer und saurer Vulkanismus

3

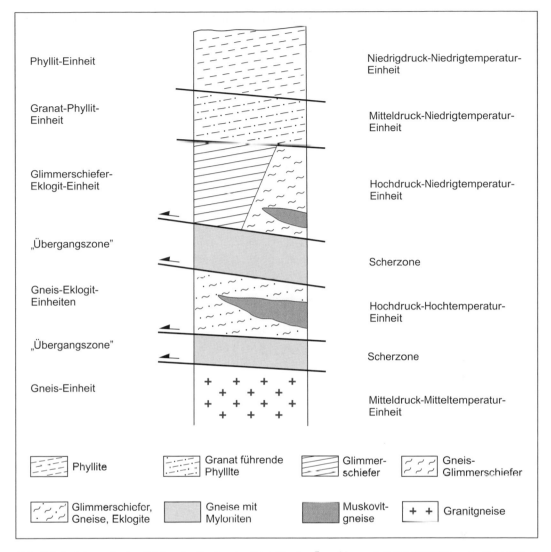

Phyllit-Einheit — Niedrigdruck-Niedrigtemperatur-Einheit

Granat-Phyllit-Einheit — Mitteldruck-Niedrigtemperatur-Einheit

Glimmerschiefer-Eklogit-Einheit — Hochdruck-Niedrigtemperatur-Einheit

„Übergangszone" — Scherzone

Gneis-Eklogit-Einheiten — Hochdruck-Hochtemperatur-Einheit

„Übergangszone" — Scherzone

Gneis-Einheit — Mitteldruck-Mitteltemperatur-Einheit

Phyllite
Granat führende Phyllite
Glimmerschiefer
Gneis-Glimmerschiefer
Glimmerschiefer, Gneise, Eklogite
Gneise mit Myloniten
Muskovit-gneise
Granitgneise

Abb. 3.4-2 Schematische Abfolge der Decken im Kristallin des Erzgebirges. Auf der Grundlage von MINGRAM et al. (2004).

artiger Gneise der angrenzenden Einheiten mit eingelagerten Amphiboliten, Marmoren und konglomeratischen Paragneisen sowie lokal Myloniten und Ultramyloniten; sie werden als mächtige **Scherzonen** zwischen den Decken interpretiert. Für eine Stapelung sprechen außer diesen Scherzonen die petrologischen und geochemischen Daten sowie das enge Nebeneinander von Gesteinen unterschiedlicher Metamorphosegrads. Insbesondere die Einschaltung von Hochtemperatur- und Hochdruck-Metamorphiten in den Gneisen, wie Granulite und Eklogite, sind Indizien für die Auflagerung höher metamorpher auf geringer metamorphen Gesteinseinheiten. Hinweise auf ehemals extrem hohe Druck- und Temperatur-Bedingungen und entsprechend tiefe Versenkung der Ausgangsgesteine geben Mikrodiamanten in Gneisen, welche die Eklogite umgeben, auf extrem hohen Druck auch Coesit, die Hochdruck-Modifikation von SiO_2.

Die tiefste Einheit (1) der tektono-stratigraphischen Abfolge streicht verbreitet im Osterzgebirge sowie inselförmig im mittleren und im Westerzgebirge aus. Sie besteht überwiegend aus granitischen Orthogneisen, untergeordnet aus teilweise migmatisierten Paragneisen. In dieser Einheit sind die ältesten Gesteine am besten zu erkennen: In die proterozoischen Ausgangsgesteine der Paragneise intrudierten gegen Ende des Proterozoikums Granite und Granodiorite, die jetzt als „Rotgneise" bzw. „Graugneise" vorliegen. Dieser Magmatismus belegt eine **cadomische Orogenese**. Auf ein noch älteres, frühcadomisches tektono-metamorphes Ereignis weist eine 100 m mächtige Serie von Quarziten in den Gneisen des Osterzgebirges hin, die als Transgressionssedimente eine intra-proterozoische Diskordanz markieren könnten.

Die von Granodioriten und Graniten durchdrungene tiefste Einheit bildete während der **variszischen Orogenese** starre Körper, auf welche die höheren, altpaläozoischen Einheiten (2 bis 5) mit den frühordovizischen sauren Vulkaniten, die jetzt als Muskovitgneise vorliegen, überschoben wurden. Sie überlagern sowohl an den Rändern als auch inmitten des Erzgebirges die cadomische Einheit mit einer markanten Scherzone an der Basis. Die variszische Orogenese begann mit der Subduktion spätestens vor 380 Mio. Jahren und erreichte ihren Höhepunkt mit der abschließenden Metamorphose und Deckenstapelung vor 340 Mio. Jahren. Im Zeitraum von 335 bis 315 Mio. Jahren folgte die Heraushebung und Abkühlung des Orogens.

Das insgesamt heterogene Kartenbild des inneren metamorphen Komplexes (Einheiten 1 bis 3) wird auf eine Extension zurückgeführt, die der Stapelung folgte. Dabei wurden die während der Kompression entstandenen Strukturen weitgehend zerstört; die Orthogneise in der unterlagernden cadomischen Einheit blieben als starre Körper weitgehend erhalten und formten als Kerne die heute vorliegenden **Kuppeln**. An der Nordwestflanke des Anklinoriums bilden die Phyllite der höheren Einheiten (4 und 5) hingegen die für das Variszikum charakteristischen erzgebirgisch streichenden **Sattel- und Muldenstrukturen**.

Das mittlere Erzgebirge wird in Nordwest–Südost-Richtung von einer bedeutenden tektonischen Zone lang andauernder Aktivität gequert. Diese **Flöha-Zone** ist nach geophysikalischen Untersuchungen eine tief reichende, nach Nord-osten einfallende Scherzone. Während der variszischen Stapelung der Decken wurde hier der nordöstlich gelegene Teil auf bzw. über den südwestlichen geschoben. Dabei ist es infolge der intensiven Zerscherungen teilweise zu Aufschmelzungen und zur Bildung von migmatischen Gneisen (Flammengneisen) gekommen. Während des Oberkarbons (Westfal) und Rotliegenden (Autun) wurden hier in grabenartigen Senken Sedimente und Vulkanite abgelagert. Die die Senken begrenzenden Verwerfungen dienten als Aufstiegswege für Laven und Minerallösungen.

Am Ende und nach der variszischen Gebirgsbildung intrudierten saure Magmen in den regionalmetamorphen Gesteinsverband und bildeten die **Granite** des Erzgebirges. Dabei wurden vor allem die geringer regionalmetamorphen Gesteine in einer Aureole um die Intrusivkörper unter Bildung von Knoten- und Fruchtschiefern, Glimmer- und Hornfelsen intensiv kontaktmetamorphosiert. Die Granite und ihre Umgebung werden von sauren und basischen **Vulkanit-Gängen** durchzogen. Die heute an der Erdoberfläche ausstreichenden Granite sind lediglich die am höchsten aufragenden Teile des ab 1 bis 2 km Tiefe ausgedehnten, in sich gegliederten **Erzgebirgs-Plutons**, der einen großen Teil des metamorphen Komplexes unterlagert. Es werden zwei getrennte Intrusionsschube unterschieden, ein älterer von ungefähr 315 Mio. Jahren und ein jüngerer von etwa 310 Mio. Jahren, und dementsprechend eine ältere und eine jüngere Granit-Assoziation. Jede besteht wiederum aus mehreren Intrusivphasen. Beide treten jeweils in zwei Gebieten zu Tage, im Westerzgebirge an der Grenze zum Vogtland (Kirchberg, Schneeberg–Aue–Schwarzenberg bzw. Eibenstock, Ehrenfriedersdorf) und im Osterzgebirge (Niederbobritzsch bzw. Altenberg, Schellerhau, Sadisdorf), wobei die jüngeren Granite hinter den älteren hinsichtlich ihrer Größe zurückbleiben.

Im Osterzgebirge kommen außerdem saure **Vulkanite** in Form von vulkanischen Decken sowie Gängen von Granitporphyr und Porphyr vor. Sie stehen zeitlich in Verbindung mit der jüngeren Granit-Assoziation, genetisch mit bruchtektonischen Vorgängen, die hier besonders aktiv waren. Neben den Nordnordwest–Südsüdost und Nord–Süd streichenden Granitporphyr-Gängen fällt ein Schwarm erzgebirgisch orientierter Porphyr-Gänge auf. Im Tharandter Wald (am Nordhang des Erzgebirges südwestlich Dresden gelegen) hat sich in dieser Zeit eine **Caldera**, ein vulkanotektonischer Einbruch, mit charakteristischen Ringgängen gebildet. Die vulkanische Tätigkeit begann mit dem Westfal (vor 310 Mio. Jahren) und dauerte etwa 20 Mio. Jahre. Die Bruchtektonik bedingte auch die Sedimentation der oberkarbonischen Ablagerungen (Westfal) im Osterzgebirge, außer den bereits erwähnten in der Flöha-Zone.

Während des jüngsten Paläozoikums und fast des gesamten Mesozoikums und Känozoikums war das Erzgebirge **Abtragungsgebiet**. Aus diesem Zeitraum stammt eine bis zu 40 m tief reichende Zone der Rotverwitterung, die gelegentlich erhalten geblieben ist. Lediglich zu Beginn der **Oberkreide**-Zeit kam es zu kurzen marinen Transgressionen aus dem nordöstlich gelegenen Becken des Elbtals auf den östlichen Rand des Erzgebirges sowie zur Ablagerung von festländischen Sedimenten.

Auf den Höhen des Erzgebirges sind lokal Flusssedimente des älteren **Tertiärs** (Eozän) in 750 bis 1.000 m über dem Meeresspiegel als Erosionsrelikte unter schützenden Basalt-Decken erhalten. Gleichalte Ablagerungen südöstlich und nordwestlich des Erzgebirges liegen dagegen nur in 400 bzw. 300 m Höhe. Sie bezeugen die Heraushebung der während des älteren Tertiärs entstandenen Fastebene und ihre Schrägstellung zu der nach Nordwesten geneigten Pultscholle nach dem späten Eozän, überwiegend während des älteren Miozäns. Damit verbunden war die Bildung des heutigen, generell nach Norden gerichteten Flussnetzes, dessen Tiefenerosion vor allem während des Quartärs wirksam war.

Nutzung der Lagerstätten und geologischen Ressourcen

Im Erzgebirge blickt man auf eine über 800 Jahre währende Bergbaugeschichte zurück. Bereits im Jahr 1168 begann der Abbau von Silber im Freiberger Revier. Die intensiven bergmännischen Aktivitäten seit dem Mittelalter haben nicht nur die Kenntnisse über die Bildung von Lagerstätten allgemein gefördert, sondern auch ganz wesentlich zur Entwicklung der Geowissenschaften beigetragen.

Die **Erzlagerstätten** zeichnen sich durch eine große Vielfalt aus. Neben den Gang-Lagerstätten gibt es **„schichtgebundene" Erzanreicherungen**. Sie treten relativ häufig in den metamorphen Sedimenten sowohl des Proterozoikums als auch des Altpaläozoikums auf, oft in Verbindung mit basischen Vulkaniten und Karbonat-Gesteinen. In den meisten Fällen handelt es sich um unbedeutende Vorkommen von Sulfiden und (Eisen-)Oxiden, einige wurden aber auch abgebaut. In vielen Fällen ist ihre Entstehung nicht ausreichend geklärt, da alle durch die Metamorphose und die Deformation überprägt und die Erze dabei teilweise umverteilt worden sind.

Die meisten wurden sicher rein sedimentär gebildet. Andere, sog. Skarnerze, gehen allgemein auf metasomatische Umwandlungen von Karbonatgesteins-Horizonten in der Nähe von prävariszischen Granit-Intrusionen zurück. Magnetit-Skarne sind u. a. von Pöhla und Breitenbrunn bekannt und dort längere Zeit abgebaut worden, wobei nicht nur Eisen, sondern auch Zink und Kupfer gewonnen wurden. Ein weiteres schichtiges Erzvorkommen ist der Zinnstein führende Felsit-Horizont von Freiberg-Halsbrücke.

Große Bedeutung haben die Lagerstätten, die in räumlicher und teilweise genetischer **Beziehung zu variszischen Graniten** stehen. Es handelt sich um Zinn-Wolfram-Molybdän-Vererzungen. Wolfram-Molybdän-Lagerstätten bilden häufig Gänge in den älteren Graniten und in den metamorphen Gesteinen, ohne dass ein genetischer Zusammenhang mit diesen Graniten zu erkennen ist. Die Zinn-Wolfram-Lagerstätten stehen mit den jüngeren Graniten in Verbindung. Sie zeigen oft eine enge Beziehung zu subvulkanischen Explosionsbrekzien, die bevorzugt in den höchsten Aufragungen der Granit-Intrusionen auftreten. Für die größeren Lagerstätten, wie z. B. Altenberg, eine der größten in Europa, sind Greisen-Bildungen, d. h. pneumatolytisch-metasomatische Umwandlungen charakteristisch. Zinn wurde mindestens seit dem frühen Mittelalter (im Westerzgebirge vermutlich auch schon in der Bronzezeit) gewonnen, zuerst aus Seifen, bald auch aus den festen Gesteinen. Ab 1945 erfolgte der Abbau in sechs Lagerstätten: bis 1953 bei Sadisdorf im Osterzgebirge, bis 1962 bzw. 1965 bei Pechtelsgrün, Gottesberg und Mühlleiten im Kirchberger bzw. Eibenstocker Granit, zuletzt (bis 1990) bei Altenberg im Osterzgebirge und bei

Ehrenfriedersdorf im Westerzgebirge. Er wurde trotz erheblicher Vorräte eingestellt, da eine wirtschaftliche Gewinnung derzeit nicht möglich ist. Die Zinn-Produktion seit Anbeginn wird auf 120.000 t geschätzt. Der Abbau im ausgehenden Mittelalter hatte solche Ausmaße, dass z. B. die Grubengebäude bei Altenberg 1620 in einer gewaltigen Pinge zu Bruch gingen. Eine Besonderheit ist der Topas führende schlotförmige Brekzienkörper des Schneckensteins im westlichen Kontakthof des Eibenstocker Granits (vgl. auch Kap. 4.4).

Für die **spätvariszischen Gang-Vererzungen** ist eine Beziehung zu den Granit-Intrusionen nur teilweise gegeben. Im Übergang vom Karbon zum Perm sind in Verbindung mit bruchtektonischen Vorgängen Gänge mit polymetallischen (Zink-Zinn-Kupfer-Blei-), Hämatit-, Uran- und Silber-Antimon- sowie Fluorit-Mineralisationen entstanden. Die erzbringenden hydrothermalen Lösungen sollen aus größeren Tiefen der Magmenkammern der Granite aufgestiegen sein. Während der postvariszischen Entwicklung, im Zeitraum jüngere Trias bis Tertiär, ist es zu Hämatit-Fluorit-, Wismut-Kobalt-Nickel-Arsen-Silber-, Fluorit-Baryt-, Uran- und Eisen-Mangan-Gang-Vererzungen gekommen. Dabei wurden ältere Mineralisationen teilweise umgelagert, z. B. die von Uran.

Bei diesen spät- und postvariszischen Vererzungen handelt es sich um die bekannten Gang-Lagerstätten des Erzgebirges. So durchziehen mehr als tausend Gänge die Gneise des östlichen Erzgebirges im Freiberger Revier. Weitere Reviere befinden sich hier bei Altenberg, Zinnwald und Schmiedeberg, im mittleren Erzgebirge bei Marienberg, Annaberg, Niederschlag-Bärenstein, Geyer-Ehrenfriedersdorf, im westlichen Erzgebirge bei Schneeberg mit Aue-Schlema, Johanngeorgenstadt und Schwarzenberg. Der Anteil der einzelnen Vererzungen in diesen Revieren ist unterschiedlich. Im östlichen Erzgebirge dominieren Blei, Zink und Silber, im westlichen Kobalt, Nickel, Silber und Uran.

Bis in die zweite Hälfte des 19. Jahrhunderts lag der Schwerpunkt der Gewinnung auf Silber. Daneben wurde schon sehr früh Bergbau auf Zinn, später auch auf Wismut, Kobalt und Nickel betrieben. In der ersten Hälfte des 20. Jahrhunderts erlangten Wolfram und Zinn, nach dem Zweiten Weltkrieg Blei und Zink Bedeutung. Zu diesem Zeitpunkt setzte auch der massive Bergbau auf Uran ein.

Aus den zahlreichen Erzlagerstätten wurden in letzter Zeit vordergründig nur noch Zinn, Wolfram und Uran gewonnen. Der in mehr als 600 m Tiefe reichende Bergbau auf **Blei und Zink** im Freiberger Lagerstättenrevier war aus wirtschaftlichen Erwägungen schon 1969 eingestellt worden. Bei der Verhüttung im Zeitraum 1946–1969 wurden außer 92.200 t Blei und 58.800 t Zink noch 240 t Silber sowie andere Edel- und Seltene Metalle gewonnen. Unterschiedlich bewertet werden Berichte über Funde von Indium, das als Begleitmetall in einigen Blei/Zink-Erzen auftreten kann.

Der **Uran**-Bergbau wurde am 31.12.1990 in den Gruben Pöhla-Tellerhäuser bei Schwarzenberg und Hartenstein bei Niederschlema, der tiefsten Uran-Schachtanlage Europas (etwa 1.800 m tief) beendet, nachdem mehrere Gruben schon längere Zeit auflässig waren. Die Uran-Produktion aus den Gang-Lagerstätten des Erzgebirges erreichte im Zeitraum 1965 bis 1975 mit maximal 7.000 t Uran-Metall pro Jahr ihren Höhepunkt; zuletzt lag sie bei 3.000 t. Mit insgesamt 216.352 t Uran-Metall im Zeitraum 1946–1990 war die SDAG Wismut der größte Uran-Produzent Europas und der drittgrößte weltweit nach den USA und Kanada; knapp die Hälfte davon (96.551 t) kam aus dem Erzgebirge. Der Schwerpunkt lag im Westerzgebirge, in den Kontaktbereichen am Ostrand des Eibenstocker und der kleineren Granite im Gebiet Schneeberg–Aue–Schwarzenberg mit den Lagerstätten Niederschlema-Alberoda, Oberschlema, Johanngeorgenstadt, Tellerhäuser, Antonsthal, Seiffenbach, Schneeberg u. a., wo 95.140 t Uran produziert worden sind. Mit ca. 80.943 t war Niederschlema-Alberoda mit Abstand die größte Lagerstätte insgesamt (vgl. auch Kap. 4.4 und 7). Das mittleren Erzgebirge mit den Lagerstätten Annaberg, Bärenstein und Marienberg und das Osterzgebirge hatten mit einer Produktion von 1.145 t eine geringere Bedeutung.

Gegenüber den Erzlagerstätten haben die oberflächennahen Rohstoffe, vor allem die **Hartgesteine**, in den letzten 15 Jahren erheblich an Bedeutung gewonnen. Die **Granite** bei Naundorf-Niederbobritzsch im östlichen und Saupersdorf, Obercrinitz und Aue im westlichen Erzgebirge, die **Amphibolite** von Venusberg bei Marienberg, die **Eklogite** und Amphibolite von Hammer-

Unterwiesenthal sowie die **Gneise** von Dörfel bei Annaberg-Buchholz und bei Leubsdorf, die **Flammengneise** bei Pockau-Görsdorf und die **Metagrauwacken** bei Breitenau liefern hochwertige Brechprodukte. Die im Tiefbau gewonnenen **Kalzit-** und **Dolomit-Marmore** von Hermsdorf bzw. Lengefeld finden wegen ihrer Reinheit bzw. Helligkeit vielfältige Nutzung, unter anderem in der Farbstoff- und Bauchemie-Industrie sowie als Aufheller im Straßenbau. Aus dem bis vor einigen Jahren als Werkstein gebrochenen **Serpentinit** von Zöblitz bei Marienberg werden nur noch Brechprodukte hergestellt. Die **Rückgewinnung von Halden** des ehemaligen Erzbergbaus hat im Erzgebirge Bedeutung erlangt, wodurch die natürlichen Ressourcen geschont werden und die Inanspruchnahme von Flächen reduziert wird.

Die **Thermalquellen** von Wolkenstein und Wiesenbad sind seit dem 13. bzw. 15. Jahrhundert bekannt; bereits ab dem Jahr 1485 werden die Wässer in Wolkenstein in einem Heilbad genutzt.

3.5 Sächsisches Granulitgebirge

Nördlich von Erzgebirge (vgl. Kap. 3.4) und Vorerzgebirgs-Senke (vgl. Kap. 6.4) breitet sich eine schwach wellige Hochebene aus, die von einem niedrigen Wall umsäumt ist. In diese haben sich die Flüsse Zwickauer Mulde, Chemnitz, Zschopau und Striegis eingeschnitten und so die großenteils von Känozoikum bedeckten Gesteine des Untergrunds freigelegt. Das Plateau selbst wird überwiegend von hochmetamorphen Gesteinen, den Graniten aufgebaut. Deren elliptisches Verbreitungsgebiet ist von einem Saum geringer metamorpher Gesteine umgeben, die schwerer verwittern und deshalb morphologisch wallartig etwas herausragen. Danach unterscheidet man in dieser als Sächsisches Granulitgebirge bezeichneten, ca. 50 km langen und 20 km breiten gewölbeförmigen Struktur einen kristallinen Kern, den Granulitkomplex, und einen Schiefermantel (Abb. 3.5-1).

Die namengebenden **Granulite** des **kristallinen Kerns** sind ebenflächig absondernde schiefrige Gesteine, die fast ausschließlich aus einem feinkörnigen Gemenge von Quarz und Feldspäten bestehen, in welches ursprünglich noch ebenso kleine blutrote Granate eingesprengt waren; die Granate liegen heute zumeist als Biotit-Aggregate vor, die den hellen Gesteinen ein fleckiges Aussehen verleihen. Die Granulite wurden vor etwa 340 Mio. Jahren sehr tief in der Kruste in trockenem Zustand bei Drücken um 22 kbar und sehr hohen Temperaturen von 1.010 bis 1.060 °C gebildet. Sie unterscheiden sich auch dadurch von den Gneisen.

In die hellen, ursprünglich als „Weißstein" bezeichneten Granulite schalten sich dunkle, graue bis schwarze **Pyroxengranulite** als Linsen oder Bänke von wenigen Zentimetern Dicke bis 100 m Mächtigkeit ein. Die vormetamorphen, fast ausschließlich magmatischen Ausgangsgesteine haben ein frühpaläozoisches Alter (485–470 Mio. Jahre). Im Verbreitungegebiet der Granulite treten zungenförmig Gneise, gelegentlich in Verbindung mit Quarziten und Metakieselschiefern, weiterhin auch weitgehend serpentinisierte basische und ultrabasische magmatische Gesteine (Eklogit, Pyroxenit, Flasergabbro, Amphibolit) auf.

An den kristallinen Kern schließt mit abrupter Änderung der Metamorphose an einer Scherzone der **Schiefermantel** an. Er besteht, bei zunehmender Metamorphose in Richtung auf den kristallinen Kern, aus einer inneren und einer äußeren Zone (Innerer und Äußerer Schiefermantel). Die innere setzt sich aus Gneis-Glimmerschiefern und Glimmerschiefern, die äußere aus Phylliten zusammen. Noch weiter außen folgen kaum metamorphe und nicht metamorphe Schichten des Altpaläozoikums (Kambrium bis Devon). Auch im Schiefermantel treten Einschaltungen andersartiger Gesteine auf, vor allem Quarzschiefer, Amphibolschiefer und Serizitgneise. Ursprünglich lag eine mehrere Kilometer mächtige jungproterozoische bis devonische Abfolge von Sedimenten mit wenigen Einschaltungen von Vulkaniten vor, die im Bereich eines Schelfs abgelagert wurden.

Granulitkomplex und Schiefermantel werden lager-, gang- und stockförmig von variszischen Graniten durchsetzt (Alter 333 Mio. Jahre), die noch von der variszischen Deformation betroffen worden sind.

Das Auftreten des hochmetamorphen Granulitkomplexes inmitten des geringmetamorphen Schiefergebirges ist lange Zeit wenig befriedigend interpretiert worden. Anhand neuer petrologischer und Altersdaten wurde vor kurzem folgendes **Entwicklungsmodell** vorgeschlagen:

3

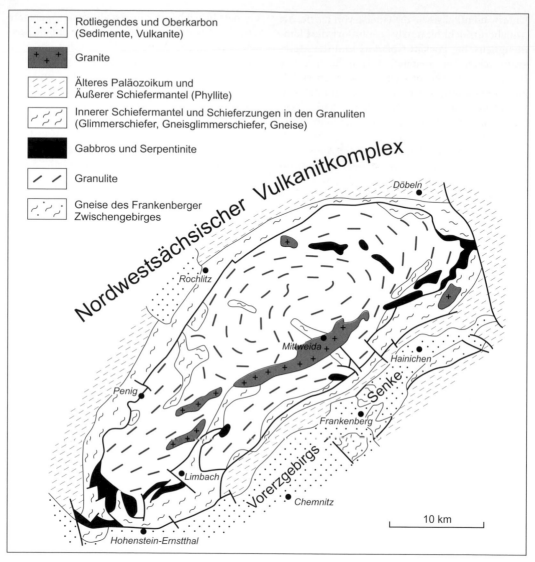

Abb. 3.5-1 Geologische Übersichtskarte des Sächsischen Granulitgebirges.

Ein Krustenfragment des Saxothuringikum-Terrans (vgl. Kap. 1) ist bei der variszischen Orogenese während des späten Devons bis frühen Karbons nach Südosten subduziert und anschließend bei extrem hohen Temperaturen und unter hohem Druck metamorphosiert worden, wobei sich die Granulite gebildet haben. Zur gleichen Zeit dauerte die Sedimentation im Bereich des heutigen Granulitgebirges an, wo die Gesteine des späteren Schiefermantels zur Ablagerung kamen. Nach der Metamorphose sind die Granulite auf-

grund ihrer geringeren Dichte gegenüber ihrer Umgebung in kurzer Zeit als heißer Körper diapirförmig aufgestiegen, in die Ablagerungen des Schiefermantels eingedrungen und haben diese unter Mitwirkung von Fluiden metamorphosiert; die Granate in den Granuliten wurden dabei weitgehend in Biotit umgewandelt. Beim Aufstieg aus dem Umgebung mitgenommene Metapelite und ozeanische basische Magmatite wurden zwischen Granulitkomplex und Schiefermantel eingeschert und zu Cordierit-Gneis bzw. Metagabbros und

Serpentiniten metamorphosiert. Danach sind die Granite in den Granulitkomplex und in den Schiefermantel noch vor Abschluss der variszischen Orogenese intrudiert.

Auf der Kreide-zeitlich entstandenen **Hochfläche** lagern dem Kristallin teilweise jungtertiäre Kiese, Sande und Tone mit einem zeitweilig abgebauten Braunkohlenflöz, sonst weit verbreitet geringmächtiger Löss auf.

⚒ Nutzung der Lagerstätten und geologischen Ressourcen

Das Sächsische Granulitgebirge ist, ganz im Gegensatz zum Erzgebirge, arm an nutzbaren Bodenschätzen. Lediglich an die Bronzit-Serpentinite sind Lagerstätten gebunden. Vor allem am Südwestrand des Granulitgebirges haben sich bei der oberkarbonisch-unterpermischen Verwitterung dieser Metabasite Nickel-Hydrosilikate angereichert. Die **Erze** der Lagerstätte Callenberg wurden von 1960 bis 1990 abgebaut und in St. Egidien verhüttet.

Die in frischem Zustand festen und zähen **Granulite** sind oft in den tektonisch vorgezeichneten Tälern tiefgründig verwittert; deshalb ist ihr Abbau als hochwertige Zuschlagstoffe trotz der weiten Verbreitung auf wenige Gebiete wie bei Diethensdorf, Hartmannsdorf, Tiefenbach und Schönborn-Dreiwerden beschränkt. Aus den **Graniten** werden bei Berbersdorf, Markersdorf und Mittweida hochwertige Brechprodukte gewonnen.

Die dem Kristallin bei Penig auflagernden Tertiär-zeitlichen quarzreichen **Kiessande** werden an mehreren Stellen gefördert und zu Beton-Zuschlagstoffen u. a. verarbeitet.

3.6 Kristalliner Odenwald (mit Pfälzer Wald)

Nur der westliche Teil des Odenwalds (Abb. 3.6-1) besteht aus magmatischen und metamorphen Gesteinen, der östliche aus flach nach Osten abdachendem Buntsandstein. Zur Oberrhein-Ebene wird der Odenwald wie der Schwarzwald und die

Vogesen durch große Verwerfungen abgeschnitten, allerdings ohne dass eine Vorbergzone ausgebildet ist (vgl. Kap. 3.1).

Der Kristalline Odenwald gehört zu einer bedeutenden Kristallinzone, die sich – durch jüngere Ablagerungen weitgehend verhüllt – am Nordwestrand des Saxothuringikums in Südwest–Nordost-Richtung von Lothringen bis Südbrandenburg (vgl. Kap. 12.1) erstreckt. Vorspessart (Kap. 3.7), Ruhlaer Kristallin und Kyffhäuser-Kristallin (Kap. 3.8) sowie kleinere Vorkommen im Pfälzer Wald (s. unten) gehören ebenfalls zu dieser sehr heterogen aufgebauten **Mitteldeutschen Kristallinzone**.

Eine große, wahrscheinlich schon frühvariszisch angelegte und während der variszischen Orogenese (vor 330 Mio. Jahren) als Seitenverschiebung aktive, etwa Nord–Süd verlaufende tektonische Scherzone aus Myloniten und Brekzien, die Otzberg-Zone, teilt den **kristallinen Odenwald** in zwei ungleiche Teile: Der größere westliche wird als Bergsträsser, der kleinere östliche als Böllsteiner Odenwald bezeichnet. An den Bergsträsser Odenwald schließt nordwärts das Rotliegende des Sprendlinger Horsts an (vgl. Kap. 6.1). Beim Einbruch des Oberrhein-Grabens während des Tertiärs wurde diese Zone erneut tektonisch aktiviert; außerdem drang Basalt auf (Otzberg-Basalt).

Der **Bergsträsser Odenwald** besteht aus drei großen Schollen mit etwas verschiedenen Altern der variszischen Metamorphose. Vor 340–330 Mio. Jahren sind sie in ihre heutige Position zusammengeschoben worden und jetzt durch Südwest–Nordost streichende Störungen bzw. Scherzonen voneinander getrennt. In den drei Einheiten wechseln generell Südwest–Nordost verlaufende Streifen von metamorphen Gesteinen mit Tiefengesteinen. Bei den **Metamorphiten** handelt es sich um Glimmerschiefer, teilweise mit Quarziten, und Amphibolite, sowie Para- und Orthogneise, seltener auch Marmore (Auerbach bei Bensheim a. d. Bergstraße) und Kalksilikatgneise. Es waren ursprünglich altpaläozoische oder auch proterozoische Sedimentgesteine sowie basische vulkanische Gesteine und Granite bis Granodiorite. Zu einer verbreiteten Anatexis wie im Schwarzwald ist es bei der variszischen Orogenese nicht gekommen.

Die ebenfalls variszischen **Tiefengesteine** intrudierten in zwei Etappen: (1) vor 360 Mio. Jah-

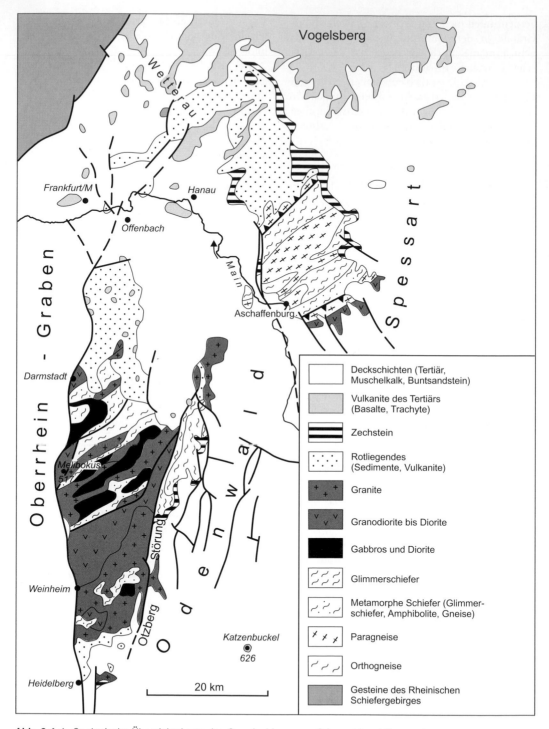

Abb. 3.6-1 Geologische Übersichtskarte des Grundgebirges von Odenwald und Spessart.

ren (Frankenstein-Gabbrokomplex in der nördlichen Einheit) sowie (2) vor 335–325 Mio. Jahren (Diorite, Granodiorite und Granite der mittleren und der südlichen Einheit). Sie wurden größtenteils von der Deformation erfasst und zeigen deshalb Übergänge von rein magmatischen bis zu extremen Deformationsstrukturen.

Der **Böllsteiner Odenwald** bildet eine Nordnordost–Südsüdwest orientierte Kuppel aus Paragneisen und Amphiboliten, die aus einer wahrscheinlich altpaläozoischen vulkanogensedimentären Serie hervorgegangen sind. Diese „Schieferhülle" umgibt einen Gneiskern, dessen Ausgangsgesteine – Granodiorite und Granite sowie untergeordnet Gabbros – zu Beginn des Devons (vor 415–405 Mio. Jahren) intrudierten. Hülle und Kern wurden frühvariszisch (vor 375 Mio. Jahren) deformiert und metamorphosiert. Variszische Tiefengesteine treten hier nicht auf.

Ergussgesteine des **Rotliegenden** gibt es im südlichen Odenwald in Form der teilweise ignimbritschen Porphyre nebst Tuffen von Dossenheim, Schriesheim und Weinheim (nördlich Heidelberg) und in der nördlichen Fortsetzung des Odenwalds, in der Rotliegend-Scholle des Sprendlinger Horsts, mit den Melaphyren nordöstlich Darmstadt, die sich mit Schuttsedimenten des Rotliegenden verzahnen. Vor allem im Sprendlinger Horst kommen Einzelstiele von **tertiären Basalten** und Trachyten vor (vgl. Kap. 11.5). Zeugen des Quartärs im Kristallinen Odenwald sind **Blockströme**, die vor allem in seinem nordwestlichen Teil vorkommen. Sehr bekannt ist das sog. Felsenmeer bei Lautertal-Rechenbach, das aus großen Diorit-Blöcken besteht (Abb. A-3).

Die Gesteine des Odenwalds setzen sich unter der tertiären und quartären Füllung des Oberrhein-Grabens in südwestlicher Richtung fort, treten an seiner Westseite mit mehreren, allerdings nur sehr kleinen Vorkommen unter dem Buntsandstein des **Pfälzer Waldes** zumeist in eingeschnittenen Tälern zu Tage. Dazu gehören die variszischen Granitgneise bei Albersweiler westlich Landau, die Glimmerschiefer, Phyllite und Hornfelse mit Tuffen (Alter 325 Mio. Jahre) von Weiler bei Weißenburg/Wissembourg und bei Burrweiler südwestlich Edenkoben, die nicht metamorphen Tonschiefer und Arkose-Sandsteine bei Neustadt a. d. Weinstraße und Hambach sowie die variszischen Granite und Granodiorite (Alter um 335 Mio. Jahre) von Edenkoben, Burr-

weiler, Waldhambach und Windstein, aber auch Melaphyre des Rotliegenden im Klingenbachtal.

Ähnlich wie bei dem Vergleich zwischen Schwarzwald und Vogesen zeigt sich auch hier, dass das Grundgebirge an der linksrheinischen Seite weniger stark herausgehoben ist als an der rechtsrheinischen.

Nutzung der Lagerstätten und geologischen Ressourcen

Der Odenwald ist arm an Lagerstätten. Die vorhandenen kleinen Vorkommen von Eisen-, Blei-, Zink- und Erzen anderer Metalle haben bisher keinen nennenswerten Abbau ermöglicht. Als **Massenrohstoffe** werden Granite, Granodiorite, Diorite, Gabbros und Amphibolite an mehreren Stellen im Odenwald und Pfälzer Wald abgebaut. Die permischen Quarzporphyre von Dossenheim, Weinheim und Ottenhofen sind gefragte Rohstoffe für den Verkehrswegebau. In Abbau steht auch der Tertiär-zeitliche Basalt von Rossdorf im Sprendlinger Horst östlich Darmstadt.

3.7 Vorspessart

Nordöstlich der Main-Niederung, die Spessart und Odenwald voneinander trennt, bildet der Vorspessart die Fortsetzung des Böllsteiner Odenwalds (Abb. 3.6-1). Bei den kristallinen Gesteinen handelt es sich hier um Para- und Orthogneise, Glimmerschiefer mit Einschaltungen von Quarziten, Amphiboliten und Marmoren sowie einen Komplex aus Granodioriten bis Dioriten. Die **Paragesteine** sind aus altpaläozoischen, teilweise vielleicht auch proterozoischen Sedimenten hervorgegangen, die **Orthogesteine** im Zentralteil aus Graniten, welche an der Grenze Silur/Devon (vor 420–410 Mio. Jahren) aufgedrungen sind. Für einen Teil der Glimmerschiefer ist ein mittel- bis jungsilurisches Sedimentationsalter durch Fossilien (Sporen) belegt. Alle Gesteine wurden bei der variszischen Deformation (vor 325–315 Mio. Jahren) überprägt.

Das Kristallin des Spessarts bildet eine große **antiklinalartige Struktur** mit Südwest–Nordost streichender Achse, in deren Kern vergleichsweise

3

geringer metamorphe Gesteine auftreten, woraus ein Deckenbau abgeleitet wird. Die ostwärts anschließende **Buntsandstein-Bedeckung** macht den Hauptteil des Spessarts im morphologischen Sinne aus. Im Nordwesten wird das Kristallin vom Rotliegenden der Wetterau überlagert (vgl. Kap. 6.1), am Nordostrand durchbricht bei Sailauf ein Quarzporphyr in Form einer Schlotfüllung das Kristallin. An den Rändern von Kristallin und Rotliegendem im Nordosten und untergeordnet im Südwesten tritt Zechstein zutage (vgl. Kap. 7).

⚒ Nutzung der Lagerstätten und geologischen Ressourcen

Der Spessart ist arm an Bodenschätzen. Genutzt werden die **Festgesteine**: Gneise von Haibach, Quarzit-Glimmerschiefer nördlich Mömbris-Hemsbach, Rhyolithe (als Schlotfüllung in Gneisen und Glimmerschiefern) bei Sailauf.

3.8 Ruhlaer Kristallin (mit Kyffhäuser-Kristallin)

Im nordwestlichen Thüringer Wald (vgl. Kap. 6.2) taucht aus Oberkarbon und Rotliegendem das **Grundgebirge** des Ruhlaer Kristallins auf (Abb. 3.8-1). Seine Verbreitung ist ungefähr durch die Orte Ruhla, Bad Liebenstein, Kleinschmalkalden und Brotterode umrissen. Es handelt sich um einen ca. 100 km^2 großen Ausschnitt der **Mitteldeutschen Kristallinzone** (vgl. Kap. 3.6), der von herzynisch, eggisch und West–Ost streichenden Störungen begrenzt und teilweise auch durchzogen wird. Am Südwest- und am Nordrand lagert Zechstein auf.

Das Ruhlaer Kristallin weist eine mannigfaltige petrographische Zusammensetzung und einen komplizierten Bau auf. Gesteine unterschiedlichen Metamorphosegrads nehmen die größte Fläche ein; magmatische Gesteine treten demgegenüber zurück.

Die **Metamorphite** sind überwiegend aus altpaläozoischen Gesteinsserien hervorgegangen. Nach ihrer Verbreitung werden vier Einheiten

unterschieden (Abb. 3.8-1): (1) Die Ruhlaer Einheit im Nordwesten (nordwestlich des Ruhlaer Granits) aus Glimmerschiefern und Paragneisen mit eingelagerten Amphiboliten und Quarziten sowie Orthogneisen, deren Ausgangsgesteine ein Alter von ungefähr 425 Mio. Jahren aufweisen; (2) die Trusetaler Einheit im Südosten aus metamorphen Schiefern und Grauwacken mit wenigen Amphiboliten; (3) im Nordosten die Brotteroder Einheit, die überwiegend aus migmatischen Paragneisen und Amphiboliten besteht; (4) die Liebensteiner Einheit im Südwesten aus Orthogneisen, die aus frühdevonischen Graniten und Granodioriten (Alter 413–400 Mio. Jahre) hervorgegangen sind.

Diese Einheiten unterscheiden sich hinsichtlich ihrer metamorphen Entwicklung. Daraus wird geschlossen, dass sie erst im Verlauf der variszischen Orogenese in ihre heutige Position nebeneinander geschoben worden sind. Charakteristisch für die Ruhlaer und Trusetaler Einheit ist das verbreitete Vorkommen von Glimmerschiefern neben Gneisen. Die Brotteroder und Liebensteiner Einheit sind höher metamorph geprägt, teilweise sogar anatektisch aufgeschmolzen; hier fehlen Glimmerschiefer, dafür treten migmatische Gneise und Migmatite auf.

In dem kristallinen Komplex setzen spät- und postorogene **Magmatite** auf. Während des Unterkarbons (vor 350–340 Mio. Jahren) intrudierte am Ostrand des Kristallins der Thüringer Hauptgranit, an der Wende Stefan/Rotliegendes (vor ungefähr 300 Mio. Jahren) drangen im Zentrum der Trusetal-Granit und Brotterode-Diorit sowie im Nordwesten – zwischen Ruhlaer und Liebensteiner Einheit – der Ruhlaer Granit ein.

Auch die **Heraushebung** der Einheiten erfolgte zu verschiedenen Zeiten. Im Zentrum – im Bereich der Brotteroder und Liebensteiner Einheiten – setzte sie gegen Ende des Unterkarbons (Dinant), an den Rändern im Nordwesten (Ruhlaer Einheit) und Südosten (Trusetaler Einheit) gegen Ende des Oberkarbons (Siles) ein.

Ab dem späten **Oberkarbon** lagerten sich in weiten Bereichen des Kristallins festländische Molassen ab. Während der **Rotliegend-Zeit** intrudierten in das Kristallin außerdem gangförmig saure, intermediäre und basische Magmen. In der Nachbarschaft bedeutender Nordwest–Südost und West–Ost verlaufender Verwerfungen bilden sie Gangschwärme in den metamorphen Einhei-

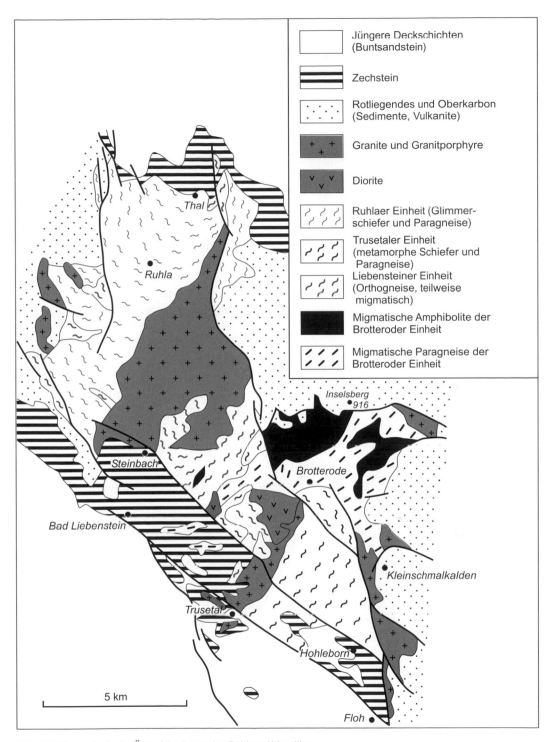

Jüngere Deckschichten
(Buntsandstein)

Zechstein

Rotliegendes und Oberkarbon
(Sedimente, Vulkanite)

Granite und Granitporphyre

Diorite

Ruhlaer Einheit (Glimmer-
schiefer und Paragneise)

Trusetaler Einheit
(metamorphe Schiefer und
Paragneise)

Liebensteiner Einheit
(Orthogneise, teilweise
migmatisch)

Migmatische Amphibolite der
Brotteroder Einheit

Migmatische Paragneise der
Brotteroder Einheit

Abb. 3.8-1 Geologische Übersichtskarte des Ruhlaer Kristallins.

ten. Häufig sind die Eruptionsspalten mehrfach aufgerissen und gefüllt worden. Die Füllungen dieser zusammengesetzten Gänge bestehen dann – in der Regel symmetrisch angeordnet – außen aus basischeren und zur Mitte immer SiO_2-reicheren Gesteinen, die auch in dieser Reihenfolge eingedrungen sind und sich dabei teilweise gemischt haben.

Mit der Zerblockung und Heraushebung in der Rotliegend-Zeit wurden sowohl die Molassen als auch die zu den Vulkanit-Gängen gehörenden Ergüsse in Form von Decken im zentralen Bereich des Kristallins vollständig abgetragen. Am Ostrand liegen diese älteren Molassen (Stefan und Autun) dem Kristallin noch jetzt randlich auf oder grenzen mit Verwerfungen an dieses, am Westrand lagerten sich hingegen die jüngeren Molassen (Saxon I) als Abtragungsprodukte der Heraushebung an.

Das Ruhlaer Kristallin mit seiner Fortsetzung in das südwestliche und nordöstliche Vorland des Thüringer Waldes ist als Hochgebiet vom **Zechstein-Meer** nur zögernd und nicht vollständig überflutet worden. So ragen südlich der Stahlberg-Störung zwischen Schmalkalden und Trusetal einzelne Klippen bis in den Buntsandstein auf.

Nutzung der Lagerstätten und geologischen Ressourcen

Dem Ruhlaer Kristallin sitzen gangförmige Lagerstätten auf. Am Südwestrand sind es die **Schwerspat-Flussspat-Gänge** von Steinbach und Trusetal des Schmalkaldener Lagerstättenreviers, die Fiederklüfte der Randverwerfungen ausfüllen. Sie standen über einen längeren Zeitraum bis 1992 in Abbau. Nur noch bergbaugeschichtliches Interesse finden hingegen die Hämatit-Quarzgänge, die das Ruhlaer Kristallin in Nordnordwest–Südsüdost-Richtung fast auf seine gesamte Länge durchqueren. Von den **Hartgesteinen** des Kristallins sind der Diorit von Brotterode und der Ruh-

laer Granit sowie ein als Bairodit bezeichneter Migmatit einige Zeit als Ornamentstein bzw. als Werkstein sowie für die Herstellung von Schotter und Splitt gewonnen worden.

Kyffhäuser

Der nordöstliche Teil der unter dem Thüringer Becken (vgl. Kap. 8.3) verlaufenden **Mitteldeutschen Kristallinzone** taucht noch einmal südlich des Harzes im Kyffhäuser mit metamorphen Gesteinen sowie Schuttablagerungen aus dem Permosiles auf (vgl. Kap. 6.6). Es handelt sich überwiegend um **Orthogneise** mit **Amphiboliten** und untergeordnet **Paragneise** mit Kalksilikatgesteinen und Marmoren sowie um größtenteils deformierte **Granodiorite** (Granodiorit-Gneise). Sie werden von jüngeren Granit-Gängen durchzogen. Die Gneise sind lokal migmatisch ausgebildet. Für die sedimentären Ausgangsgesteine wird ein spätproterozoisches bis frühpaläozoisches Alter (um 550 und 500 Mio. Jahre) angenommen. Die magmatischen Ausgangsgesteine intrudierten vor 335–325 Mio. Jahren.

Das generelle West–Ost-Streichen der Strukturen im Kyffhäuser weicht deutlich von der sonst innerhalb der Kristallingebiete Deutschlands verbreiteten Südwest–Nordost-Richtung ab. Es lassen sich mehrere Einheiten aushalten, die an Scher- bzw. Mylonitzonen in nördlichen Richtungen aufeinander geschoben wurden. Flach nach Norden einfallende kataklastische Zonen bildeten sich infolge Extension während der Heraushebung der Mitteldeutschen Kristallinzone am Ende der variszischen Orogenese.

Die Mitteldeutsche Kristallinzone kann nach Nordosten bis **Dessau** mittels Bohrungen verfolgt werden (vgl. Kap. 4.3). Dort biegt sie in die West–Ost-Richtung um und setzt sich im Untergrund der Norddeutschen Senke und weiter ostwärts in Polen fort (vgl. Kap. 12.1).

4 Mittelgebirge aus verfaltetem und ver- schiefertem Paläozoikum und Vorpaläozoikum

In mehreren deutschen Mittelgebirgen treten paläozoische und vorpaläozoische Gesteine zu Tage, die im ehemaligen variszischen Geosynklinalbereich bzw. in noch älteren Sedimentbecken abgelagert worden sind (Abb. 4-1). Dazu gehören das Rheinische Schiefergebirge, der Harz und das Thüringisch-Fränkisch-Vogtländische Schiefergebirge sowie das Schiefergebirge der Flechtingen-Roßlauer Scholle, der Elbezone und der Lausitz. Rheinisches Schiefergebirge und Harz werden vorwiegend aus Sedimentgesteinen des Devons und Unterkarbons aufgebaut. Beide gehören zur äußeren, nördlichen Zone des variszischen Grundgebirges, dem **Rhenoherzynikum** (Abb. 1-8), ebenso die weitgehend von Ablagerungen des Quartärs verhüllte Flechtingen-Roßlauer Scholle nordöstlich des Harzes. Im Thüringisch-Fränkisch-Vogtländischen Schiefergebirge und im Schiefergebirge der Elbezone ist der Anteil vordevonischer Gesteine wesentlich höher; in der Lausitz dominieren vorpaläozoische Ablagerungen. Diese Gebiete befinden sich in dem an das Rhenoherzynikum südwärts anschließenden **Saxothuringikum**. Alle Ablagerungen sind mehr oder weniger stark verfaltet, größtenteils verschiefert, haben aber nur gebietsweise eine nennenswerte Metamorphose erfahren. In die devonischen und auch unterkarbonischen sowie vorpaläozoischen Sedimente sind vielfach Diabase und Keratophyre mit ihren Tuffen eingeschaltet und wie diese deformiert. Verschieferte saure Effusiv- und Intrusivgesteine treten vereinzelt auch im Ordovizium auf. Tiefengesteine müssen im Untergrund weit verbreitet sein. Aber nur im Harz, im Vogtland, beiderseits der Elbe nordwestlich Dresden und vor allem im Lausitzer Bergland sind sie in größeren Flächen freigelegt. Das Rheinische Schiefergebirge ist das größte von den genannten Gebieten.

4.1 Rheinisches Schiefergebirge

Die **Abgrenzung** des Rheinischen Schiefergebirges (Abb. 4.1-1) wird unterschiedlich vorgenommen. In dieser Übersicht wird das Ruhrgebiet (vgl. Kap. 5.1) nicht dazugerechnet. Dieses hebt sich landschaftlich zwar nicht vom übrigen Schiefergebirge ab, ist aber aus einem andersartigen Ablagerungsraum, der variszischen Randsenke, hervorgegangen. Linksrheinisch endet das eigentliche Rheinische Schiefergebirge etwa an der Grenze zu Belgien jenseits der Eifeler Nord-Süd-Zone (s. u.). Die dort beginnende, unmittelbare westliche Fortsetzung des Schiefergebirges wird üblicherweise als Ardennen bezeichnet. Wichtig ist, dass das Rheinische Schiefergebirge nur einen Ausschnitt aus dem ehemaligen variszischen Geosynklinalbereich darstellt. Die heutige Umgrenzung hat zumeist nichts mit früheren Küstenlinien zu tun, sondern ist in der Regel durch Abtragung und/oder jüngere Störungen bedingt. Nur im Norden, wo das Schiefergebirge an das Ruhrgebiet grenzt, liegt eine normale Überlagerung vor. Im Osten wird das Devon und Unterkarbon von einem schmalen Saum Zechstein-zeitlicher Schichten bedeckt, dann aber taucht das Schiefergebirge an mehreren Verwerfungen mit Sprunghöhen von meist nur einigen Zehnern von Metern unter Buntsandstein und Tertiär der Hessischen Senke unter (vgl. Kap. 8.1). Die hierfür früher oftmals benutzte Bezeichnung „Abbruch" zur Hessischen Senke ist etwas unglücklich, weil unter dieser devonische und unterkarbonische Schichten als Fortsetzung des Rheinischen Schiefergebirges in höchstens einigen Hundert Metern Tiefe vor-

4

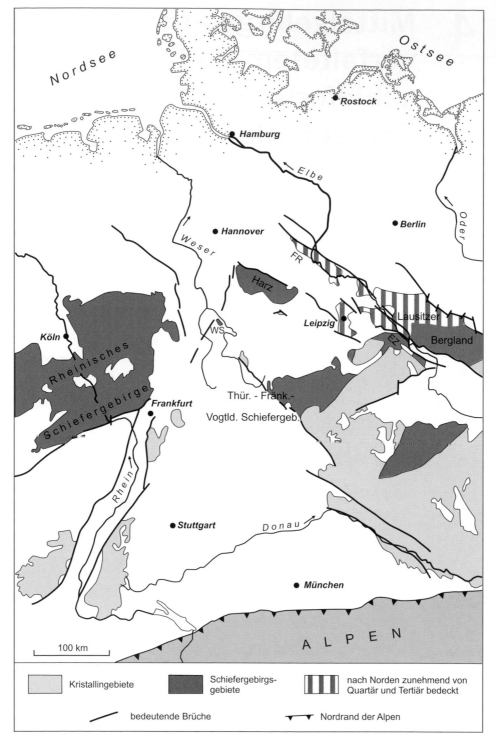

Abb. 4-1 Mittelgebirge aus verfaltetem und verschiefertem Paläozoikum und Vorpaläozoikum. EZ – Elbezone, FR – Flechtingen-Roßlauer Scholle, WS – Werra-Sattel.

4

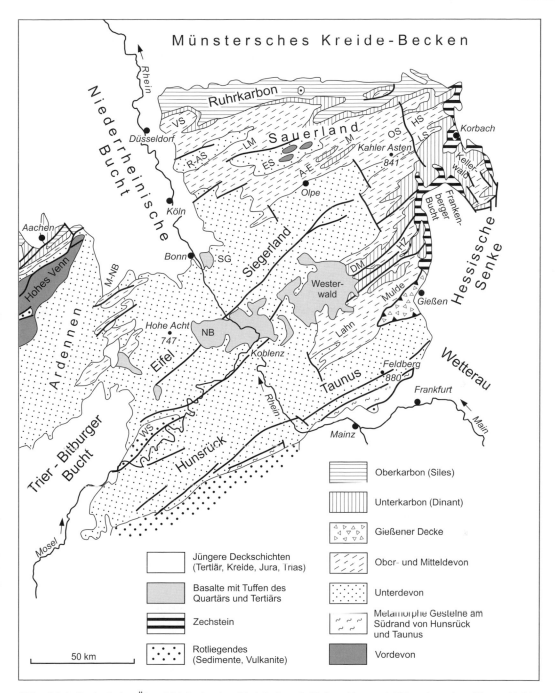

Abb. 4.1-1 Geologische Übersichtskarte des Rheinischen Schiefergebirges. A-EM – Attendorn-Elsper Mulde, DM – Dill-Mulde, ES – Ebbe-Sattel, HZ – Hörre-Zug, LM – Lüdenscheider Mulde, LS – Latroper Sattel, M-NB – Mechernich-Nideggener Bucht, NB – Neuwieder Becken, OS HS – Ostsauerländer Hauptsattel, R-AS – Remscheid-Altenaer Sattel, SG – Siebengebirge, VS – Velberter Sattel, WS – Wittlicher Senke.

4

handen sind. Morphologisch hebt sich das Gebiet des Rheinischen Schiefergebirges mit seinen überwiegend kuppigen Geländeformen meist deutlich von den eher tafelig ausgebildeten Landschaftsformen im Bereich der Hessischen Senke ab.

Auswürflinge von paläozoischen Gesteinen in Basalttuffen des Vogelsbergs und die Ergebnisse von mehreren Tiefbohrungen, mit denen Gesteine des Devons oder Unterkarbons angetroffen wurden, zeigen die östliche Fortsetzung des Schiefergebirges an. Noch wichtiger sind die meist kleinräumigen **Aufbrüche** (Aufragungen) von überwiegend devonischen Gesteinen im Gebiet zwischen Rheinischem Schiefergebirge und Harz (z. B. Werra-Sattel mit Albunger Paläozoikum).

Wesentlich größere Sprunghöhen haben die **Verwerfungen** am Südrand des Schiefergebirges, wo der Taunus gegen die Wetterau und das Mainzer Becken (vgl. Kap. 10.1) und der Hunsrück gegen die Saar-Nahe-Senke (vgl. Kap. 6.1) abbrechen. Im Südwesten ist die Trier-Bitburger Bucht mit der Wittlicher Senke keilförmig in das Schiefergebirge eingeschnitten, ähnlich wie im Nordwesten die Rheinische oder Kölner Bucht mit ihren südlichen Ausläufern, der Mechernich-Nideggener Bucht. Am Ostrand trennt die Frankenberger Bucht den Kellerwald als Teilstück des Schiefergebirges ab.

Die **ältesten Schichten** des Rheinischen Schiefergebirges kommen linksrheinisch vor (Tabelle 4.1-1), wo im Kern des **Venn-Sattels**, der aus den Ardennen herüberreicht und dort als **Massiv von Stavelot** bezeichnet wird, Phyllite (mit Resten von Einzellern), Quarzite und Arkosen aufgeschlossen sind. Sie werden von Schiefern des unteren Ordoviziums (mit dem Leitfossil *Rhabdinopora flabelliformis* – einem Graptolithen) überlagert und haben deswegen ein kambrisches, in ihrer Fortsetzung nach Belgien zum Teil auch proterozoisches Alter. Rechtsrheinisch gehören die ältesten Schichten in das Ordovizium. Es sind Schiefer, die im **Ebbe-Sattel** bei Plettenberg und im **Remscheid-Altenaer Sattel** zu Tage treten, sowie Quarzite, die am Ostrand des Schiefergebirges bei Gießen in jüngere Serien eingeschuppt oder eingelagert sind.

Problematisch sind die früher als „Vordevon" bezeichneten Schichten in den **Metamorphen Zonen** am Südrand von **Taunus** und **Hunsrück**. Am Taunus sind es Grünschiefer und Serizitschiefer, die aus ehemals tonig-sandigen Sedimenten und sauren Vulkaniten des Silurs, vielleicht auch des Devons, hervorgegangen sind. Am Südrand des Hunsrücks tritt eine ähnliche Serie von Grünschiefern und Quarziten im Verband mit Sedimentgesteinen auf, die in das Devon und Unterkarbon eingestuft werden konnten, sodass ein gleiches Alter auch für die begleitenden metamorphen Gesteine wahrscheinlich ist. Der in dieser Serie steckende **Gneis von Wartenstein** hat ein proterozoisches Alter und kann als Unterlage der Gesteinsserie aufgefasst werden.

Die größte Verbreitung im Rheinischen Schiefergebirge haben Schiefer, Sandsteine und Quarzite (besonders der Taunus-Quarzit) des **Unterdevons**. Aus dem **Mitteldevon** und tieferen **Oberdevon** stammen überwiegend dunkle Schiefer. Danach verstärkte sich die Differenzierung des ehemaligen Ablagerungsraums, sodass sich in eng benachbarten Bereichen sehr verschiedenartige Sedimente bildeten. Grundsätzlich gilt dabei, dass sandige Gesteine meist aus dem Schelfbereich, kalkige von höher liegenden Schwellen und tonige aus tieferen Teilen des Meeresbeckens abzuleiten sind.

Hervorzuheben ist der oft verkarstete **Massenkalk** (Bezeichnung wegen der oft kaum oder nicht zu erkennenden Schichtung) des oberen Mitteldevons, teilweise auch tiefen Oberdevons, der sich in begrenzten ehemaligen Riff-Arealen vor allem im heutigen Sauerland, Bergischen Land und Lahn-Gebiet bildete (Abb. A-5). Bei Balve und Brilon wurde durch Bohrungen festgestellt, dass der Massenkalk örtlich mehr als 1.000 m mächtig ist. Ein typisches Gestein des Oberdevons sind neben den dunklen, oft gebänderten Schiefern (Abb. A-6) die **Rotschiefer**, die früher vielfach als Fossley (Fuchsfelsen) bezeichnet wurden. In der Nordeifel und weiter anschließend nach Belgien herrschen dagegen Sandsteine des Oberdevons vor. Wahrscheinlich am Ende des Devons bildeten sich **Rutschkörper** (oft mit silurischen und unterdevonischen Gesteinen als eingeschlossene Gerölle/Brocken), die örtlich, z. B. aus dem Kellerwald, bekannt geworden sind.

Aus dem **Unterkarbon** stammen mächtige Serien von Tonsteinen, Sandsteinen und Grauwacken der **Kulmfazies**, teilweise auch Kieselgesteine sowie Kalkturbidite (Plattenkalke), die am Ostrand des Schiefergebirges von der Diemel bis zur Lahn verbreitet sind und außerdem in einem schmalen Saum den Nordrand des Schiefergebirges gegen das Ruhrgebiet abgrenzen. Im Ber-

Tabelle 4.1-1 Vereinfachte Tabelle der Schichtenfolge im Rheinischen Schiefergebirge. Schraffiert: Schichtlücken.

	Sedimentgesteine	Magmatische Gesteine und tektonische Ereignisse
Quartär	Talauen-Ablagerungen, Löss, Lösslehm	Tuffe (Eifel) — Heraushebung
Tertiär	örtlich/randlich Überdeckung mit Sanden, Tonen, Kiesen	Basalte (Vulkaneifel, Siebengebirge, Westerwald)
Kreide bis Oberkarbon (Siles)	randlich Überdeckung mit Tonsteinen, Mergelsteinen, Sandsteinen	Faltung, Schieferung
Unterkarbon (Dinant)	Schiefer, Grauwacken (bis 2.000 m); im westlichen Schiefergebirge Kohlenkalk (bis 400m), Kieselgesteine, im Kellerwald und Hörre-Zug Quarzite (je bis 150 m)	Deckdiabas (bis 300m)
Oberdevon	Bänderschiefer, Rotschiefer, Kalksteine, Sandsteine (30–1.000 m)	Diabastuffe, selten Porphyre
Mitteldevon	„Massenkalk" (bis 500 m) Dachschiefer, Kalksteine, Sandsteine (200-2.000 m)	Keratophyre, Diabase, Diabastuffe („Schalstein")
Unterdevon	Schiefer, Sandsteine, Quarzite (bis 6.000 m)	Keratophyre, Keratophyrtuffe
Silur	Schiefer und Kalksteine im östlichen Schiefergebirge (bis 100 m)	Faltung mit Schichtlücke (in den Ardennen) Metavulkanite (Taunus-Südrand)
Ordovizium	Graptolithen-Schiefer, Kalksteine, Quarzite im nördlichen und östlichen Schiefergebirge (bis 1.000 m)	
Kambrium	Phyllite, Quarzite, Arkosen im Hohen Venn (bis 700m)	

gischen Land verzahnt sich das tonig-sandige Unterkarbon mit Kalksteinen, wie sie ähnlich bei Aachen, in Belgien und Südengland vorkommen. Etwas missverständlich werden diese seit langem als **Kohlenkalk** bezeichnet, obwohl sie mit der Kohlenbildung des Oberkarbons nichts zu tun haben. Richtiger wäre die Bezeichnung „Karbon-Kalkstein". Im Kohlenkalk von Stolberg bei Aachen wurden Relikte von Sulfat-Mineralen gefunden, die auf Einlagerungen von Evaporiten

4

hinweisen. Solche sind im benachbarten Belgien in großer Mächtigkeit innerhalb des Kohlenkalks erbohrt worden.

In typischer Weise sind die devonischen und unterkarbonischen Geosynklinalsedimente von **vulkanischen Gesteinen** durchsetzt. Keratophyre und Keratophyrtuffe einer ersten vulkanischen Periode sind im Unterdevon des Sauerlands und des Taunus verbreitet. Diabase, Keratophyre und Diabastuffe, die mit einem alten Bergmannsausdruck als **Schalstein** bezeichnet werden, treten in einer zweiten Periode zusammen mit den Sedimenten des Mitteldevons auf. Im nordöstlichen Sauerland bezeichnet man die Folge von Diabasen, Schalsteinen und eingelagerten Sediment-Lagen vielfach noch mit dem alten Namen „Hauptgrünstein". Selten wurden im Oberdevon Silikat-reiche Vulkanite gefördert, wie die Bruchhauser Steine in der Nähe von Winterberg, bei denen es sich um Quarzphorphyre handelt. Mächtige Diabase des Unterkarbons („Deckdiabas") mit Vorläufern von Tuffen im Oberdevon bilden die dritte vulkanische Periode. Die meisten Diabase aus dem Devon und Unterkarbon sind ihrer Gesteinszusammensetzung nach als **Spilite** anzusprechen. Das sind ehemals basaltische Vulkanite, in denen infolge von Meerwasser-Kontakt und/oder Absenkung bei Gebirgsbildung einige Minerale umgewandelt sind, z. B. Plagioklas in Albit. Die oft grünliche Farbe der Spilite und Schalsteine wird in der Regel durch neugebildete Minerale der Chlorit-Gruppe hervorgerufen.

Durch die **variszische Orogenese**, vor allem die sudetische Phase ab der Wende vom Unterkarbon zum Oberkarbon, und im nördlichen Schiefergebirge auch durch die asturische Phase während des jüngeren Oberkarbons, wurden die devonischen und karbonischen Gesteine verfaltet, verstellt und teilweise auch verschiefert. Die einzelnen Strukturen verlaufen zumeist in Südwest–Nordost-(erzgebirgischer) Richtung. Sättel und Mulden sind dabei vielfach aus ehemaligen Schwellen bzw. Trögen hervorgegangen, die schon bei der Sedimentation wirksam waren. Wenn eine deutliche Schieferung ausgebildet ist, streicht sie ebenfalls meist erzgebirgisch und weist häufig ein Einfallen nach Südosten, seltener ein solches nach Nordwesten auf.

Im Allgemeinen ist im **rechtsrheinischen Schiefergebirge** der Deformationsgrad im Süden größer als im Norden: So befinden sich die Gesteine mit der höchsten Metamorphose am Südrand des Taunus, entsprechend sind auch die Schichten im südlichen Rheinischen Schiefergebirge meist stark verschuppt oder sogar überschoben, während im Sauerland Faltenbau vorherrscht. Dem entspricht das nach Norden abnehmende Alter der sehr schwachen Metamorphose der Gesteine.

In Analogie zu den Verhältnissen im Ostharz (vgl. Kap. 4.2) wird von vielen Geologen die schon vor mehr als 50 Jahren geäußerte Auffassung erneut vertreten, wonach einzelne Gesteinsserien des östlichen Schiefergebirges (z. B. die unterkarbonische Gießener Grauwacke oder der aus unterdevonischen Gesteinen aufgebaute Taunus-Kamm) tektonische Decken darstellen, die aus südöstlicher Richtung von weitem heran transportiert worden sind. Sicher ist, dass das Ausmaß der horizontalen Einengung größer ist als früher angenommen wurde, umstritten sind nur die jeweiligen Überschiebungsbeträge.

Auch im **linksrheinischen Schiefergebirge** gibt es großräumige und weit reichende **Überschiebungen**. Schon lange bekannt ist die Eifelnordrand- oder Aachener Überschiebung, welche die östliche Fortsetzung der durch Belgien verlaufenden Faille du Midi darstellt. Diese eindrucksvolle Überschiebungsbahn, an der Gesteine des älteren Paläozoikums flach über solche des jüngeren überschoben sind, regte Bertrand im Jahre 1884 an, erstmalig auch den Bau der Alpen durch Überschiebungen und Deckentransporte zu erklären. Heute wird mit Bezug auf die Faille du Midi diskutiert, ob die Überschiebungsweite an ihr nur wenige oder mehr als 100 Kilometer beträgt und möglicherweise die gesamte Nordeifel als Teil einer großen Gleitdecke von der altpaläozoischen Unterlage abgeschert ist (Abb. 4.1-2).

Nach dieser Vorstellung sind es Evaporite vor allem aus dem Devon, wie sie aus Bohrungen in Belgien bekannt sind, die das Deckengleiten ermöglicht hätten. Als Ursache für die Überschiebung wird das **Brabanter Massiv** angesehen, ein in Belgien zu Tage tretender Komplex aus kaledonisch verfalteten Gesteinen des Altpaläozoikums, der südwärts unter Eifel und Ardennen abtaucht und bei der variszischen Deformation als Widerlager gewirkt hat.

Das Rheinische Schiefergebirge lässt sich in mehrere geologisch und auch landschaftlich verschiedene **Teilgebiete** untergliedern (Abb. 4.1-1).

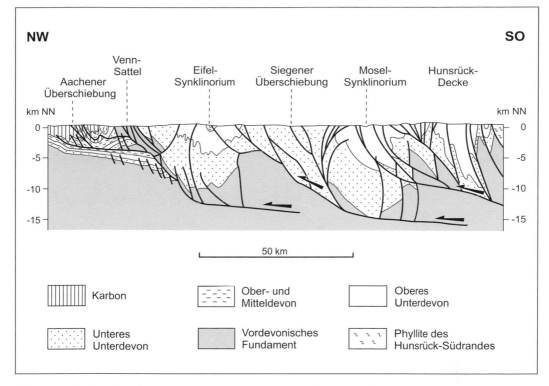

Abb. 4.1-2 Geologischer Querschnitt durch das westliche Rheinische Schiefergebirge auf der Grundlage des tiefenseismischen Profils DEKORP 1 (2fach überhöht). Nach DITTMAR et al. (1994), etwas vereinfacht und ergänzt.

Im rechtsrheinischen Teil sind es im Norden zwischen Ruhr und Sieg das **Bergische Land** und das **Sauerland** mit Schichten aus allen Stufen des Devons. Als wichtige Einzelstrukturen heben sich im Bergischen Land der Velberter Sattel, im westlichen Sauerland – von Nordwesten nach Südosten – der Remscheid-Altenaer Sattel, die Lüdenscheider Mulde, der Ebbe-Sattel und die Attendorn-Elsper Mulde sowie im östlichen Sauerland der Latroper Sattel und der Ostsauerländer Hauptsattel heraus. In der Umrandung des Velberter Sattels und am Nord- und Ostrand des Sauerlands folgen über den devonischen Schichten noch unterkarbonische Gesteine. In der Attendorn-Elsper Mulde reicht die Schichtenfolge sogar bis in das älteste Oberkarbon hinauf.

Südlich schließt sich die Aufsattelung des **Siegerlands** an, das ausschließlich aus Gesteinen des Unterdevons aufgebaut ist. Das dann nach Südosten folgende **Lahn-Dill-Gebiet** mit dem dazwischen liegenden Hörre-Zug ist als eine kompliziert gebaute, dreiteilige Mulde aufzufassen, in der

oberdevonische und unterkarbonische Gesteine über Mittel- und Unterdevon lagern. Hörre-Zug und Dill-Mulde finden ihre Fortsetzung im **Kellerwald**.

Taunus und **Hunsrück** sind ähnlich wie das Siegerland Sattelstrukturen aus Unterdevon-Schichten. Das Gleiche gilt für die **Eifel**, der man den teilweise aus vordevonischen Gesteinen aufgebauten Venn-Sattel zurechnen kann. Der Nordrand des Venns wird von einem Saum mittel- und oberdevonischer sowie unterkarbonischer Schichten begleitet, die zur Aachener Steinkohlen-Mulde überleiten.

Eine weitere Besonderheit der Eifel ist die **Nord-Süd-Zone** (Abb. 4.1-3). Etwa Nord–Süd verlaufend sind ihr kleine Mulden eingelagert, in denen mittel- und oberdevonische, meist kalkige Sedimentgesteine vorkommen. Diese Kalksteine und Mergel sind seit langem wegen ihres Reichtums an Versteinerungen bekannt. Die Eifel-Kalkmulden sind an eine Bewegungszone gebunden, welche vermutlich schon im Altpaläozoikum

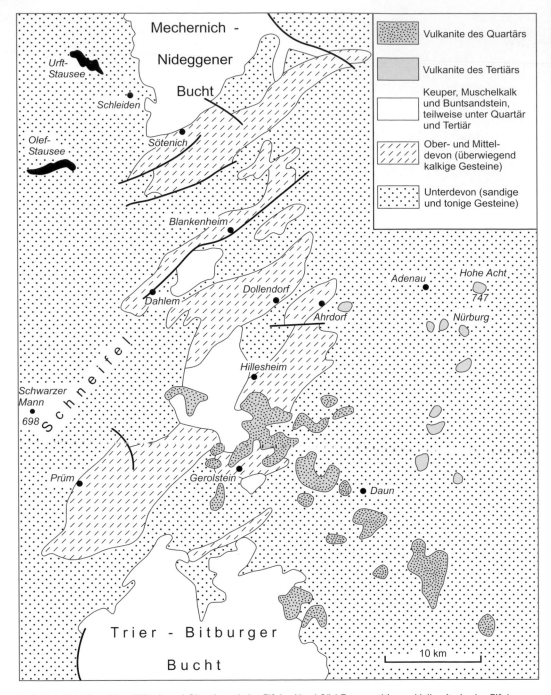

Abb. 4.1-3 Kalkmulden (Mittel- und Oberdevon) der Eifeler Nord-Süd-Zone und junge Vulkanite in der Eifel.

angelegt wurde. Nach dem Paläozoikum wirkte sie als Depression, kenntlich daran, dass in ihr die Eifel-Kalksteine, teilweise auch Schuttsedimente des Rotliegenden (z. B. Konglomerate von Strass-büsch-Golbach bei Sötenich, Dahlem in der Nordwest-Eifel und Rissdorf nahe Mechernich) sowie Buntsandstein (besonders bei Mechernich und Oberbettingen nördlich Gerolstein) erhalten geblieben sind.

Tiefengesteine, die im Rheinischen Schieferge-birge nicht aufgeschlossen sind, müssen an meh-rern Stellen bis höchstens etwa 4–6 km unter die Oberfläche heranreichen. Hinweise hierauf sind örtliche Anomalien der Erdschwere und der Mag-netisierung der Untergrund-Gesteine, außerdem Zonen mit verstärkter Metamorphose in den anstehenden Schichten sowie eine erhöhte Inkoh-lung der in ihnen enthaltenen Pflanzenrest-Lagen. Als Bereiche, unter denen vermutlich im Ober-karbon aufgedrungene Plutone stecken könnten, wurden mehrere große Sattelzonen des Schiefer-gebirges genannt (Ostsauerländer Hauptsattel, Velberter, Remscheider, Siegener, Ebbe-Sattel u. a.), außerdem das Lippstädter Gewölbe, das sich in Fortsetzung des nordöstlichen Rheinischen Schiefergebirges unter den Sedimenten des Mün-sterschen Kreide-Beckens (vgl. Kap. 8.5.2) nach-weisen lässt.

Auch die **Erzgänge** des Rheinischen Schieferge-birges (z. B. Spateisensteine des Siegerlands oder Gänge von Blei-Zink-Erzen) stehen möglicherweise mit tief sitzenden Pluton-Körpern in Beziehung, weil sie Nebengesteine aufgeheizt und dadurch Erz lösungen aus diesen freigesetzt hätten; vielleicht bil-deten sich die Vererzungen aber erst bei thermi-schen Ereignissen während des Mesozoikums.

Der früher stark beachtete, heute kaum noch aufgeschlossene „Granit" von Lammersdorf im Hohen Venn, den man als obersten Zipfel eines Plutons gedeutet hat, ist kein Tiefengestein. Er gehört zu porphyrischen bis keratophyrischen **Ganggesteinen** des Unter- und Mitteldevons, wie sie auch aus anderen Teilen des Hohen Venns und aus der Gegend von Wuppertal bekannt geworden sind.

Gegen Ende der variszischen Orogenese be-gann – so wie die Faltung von Süden nach Norden voranschreitend – die **Heraushebung** der gefalte-ten Schichten, wobei im südlichen und zentralen Rheinischen Schiefergebirge schätzungsweise 7 km, weiter nördlich entsprechend weniger abge-tragen wurden. Zugleich bildete sich im nörd-lichen Vorland die variszische Randsenke (vgl. Kap. 5.1), welche einen großen Teil des abgetrage-nen Verwitterungsmaterials aufnahm.

Nach Abschluss der variszischen Orogenese bis heute ist das Rheinische Schiefergebirge – mit Ausnahmen in der Trias-, jüngeren Kreide- und Tertiär-Zeit, in denen oft nur in Teilbereichen Überflutungen erfolgten – im Wesentlichen **Fest-land** geblieben. Lediglich im linksrheinischen Anteil wurden in der **Wittlicher Senke** nördlich des Hunsrücks über 1.000 m mächtige Sedimente und Tuffe des Rotliegenden abgelagert; die im Saar-Nahe-Becken südlich des Hunsrücks weit verbreiteten vulkanischen Gesteine (vgl. Kap. 6.1) fehlen hier. Die im Streichen des variszischen Fal-tenbaus als Halbgraben angelegte Senke hebt sich nach Nordosten heraus, nach Südwesten öffnet sie sich zur Trier-Bitburger Bucht. Ein ähnlicher, aber weitaus kleinerer mit Rotliegend-Sedimenten gefüllter Graben befindet sich bei **Malmedy** am Südrand des Venn-Sattels jenseits der Grenze zu Belgien. Als Rest wahrscheinlich ehemals ausge-dehnterer Rotliegend-Ablagerungen liegen auf dem Ruhrkarbon bei **Menden** geringmächtige Konglomerate.

Eine oberflächliche **Rötung** der devonischen und unterkarbonischen Gesteine, die vielfach am Ostrand des Schiefergebirges, z. B. bei Battenberg oder Gießen, ausgebildet ist, wird auf die Fest-landsverwitterung während des jüngeren Karbons und älteren Perms zurückgeführt. In ebenen Höhenlagen des Schiefergebirges beobachtet man häufig eine Zersetzung, Auflösung und Verleh-mung der Gesteine (Bildung von „Letten") bis in eine Tiefe von mehreren Zehnern von Metern. Manche Erzgänge des Siegerlands sind bis 200 m tief oxidiert (so genannter Eiserner Hut). Alle diese **Verwitterungsbildungen** müssen in der Kreide-Zeit oder während des älteren Tertiärs entstanden sein.

Aus der **Tertiär**-Zeit stammen außerdem die besonders im südlichen Schiefergebirge verbreite-ten Einzelvorkommen von meist limnisch oder fluviatil gebildeten Tonen, Sanden und Kiesen. Darüber oder direkt den devonischen Untergrund durchschlagend bzw. ihm aufgesetzt folgen **basal-tische Gesteine**, meist aus dem jüngeren Tertiär. Ihre größte Verbreitung haben sie im Westerwald, wo sie bis 200 m Mächtigkeit erreichen. Weitere Vorkommen befinden sich im Siebengebirge und

4

in der östlichen Eifel. Die Trachyttuffe des Neu-wieder Beckens nördlich Koblenz schließlich sind noch jünger, sie gehören in das Quartär mit letz-ten Ausbrüchen bis hinein in das Jungpleistozän (vgl. Kap. 11.1 bis 11.3).

Das Rheinische Schiefergebirge ist wahrschein-lich nie ein Hochgebirge gewesen. Dieses schließt man daraus, dass grobkörnige Schuttsedimente, die von ihm abzuleiten sind, nur in vergleichsweise bescheidenen Mengen vorhanden sind. Diese Feststellung gilt für alle Gebiete, in die Abtragungs-produkte des Schiefergebirges eingeschwemmt wurden, also sowohl für die ehemals nördlich vor-gelagerte Randsenke des Ruhrgebiets als auch für die Tröge aus der Rotliegend-Zeit – wenn die Ablagerungen aus dieser Zeit auch nur teilweise erhalten sind – und die tertiären Sedimentbecken.

Eine verstärkte **Heraushebung** des Schieferge-birges, die in Teilgebieten unterschiedlich verlau-fen ist (vgl. Kap. 2), hat am Ende des Tertiärs, wäh-rend des späten Pliozäns begonnen. Beweis hierfür sind pliozäne Kiesel-Schotter, die Gerölle von verkieselten Oolith-Kalksteinen der Jura-Zeit enthalten. Diese Kiesel-Oolithe stammen ur-sprünglich aus der Gegend von Luxemburg–Loth-ringen, die Schotter sind in der Kölner Bucht und in den Niederlanden weit verbreitet. Sie müssen von einem breiten Flusssystem eines Ur-Rheins abgelagert worden sein, das in einer flachen Land-schaft verlaufen ist, in dem es noch kein Rheini-sches Schiefergebirge und damit kein tief einge-schnittenes enges Rheintal (zwischen Hunsrück und Taunus) gegeben hat.

Die höchste Erhebung im Rheinischen Schie-fergebirge ist der Große Feldberg im Taunus mit 880 m; im nördlichen Schiefergebirge ragt der Kahle Asten im Sauerland mit 841 m heraus. Diese Höhen, die während des Pliozäns ähnlich gewesen sein werden, haben nicht für eine Vergletscherung ausgereicht. Als Ablagerungen der quartären Kalt-zeiten gibt es deshalb im Rheinischen Schiefer-gebirge zwar Löss, Lösslehm, Hangschutt und Talauen-Ablagerungen, aber keine Moränen.

Nutzung der Lagerstätten und geologischen Ressourcen

Im Rheinischen Schiefergebirge kommen ver-schiedene **Erzlagerstätten** vor. Typisch für das **Siegerland** sind Gänge von **Spateisenstein** (Eisenkarbonat), die den Sandsteinen des Unter-devons aufsitzen. Der jahrhundertealte Bergbau ist in den Sechzigerjahren des vorigen Jahrhun-derts aus Rentabilitätsgründen eingestellt worden. An vielen Stellen des Schiefergebirges treten außerdem Gänge von sulfidischen **Blei- und Zin-kerzen** auf. Die meisten dieser Vorkommen sind erschöpft oder nicht mehr wirtschaftlich zu gewinnen und oft seit Jahrzehnten nicht mehr im Abbau, z. B. in den früher bekannten Revieren bei Bad Ems und Holzappel an der unteren Lahn oder im Aachen-Stolberger Bezirk am Nordrand des Hohen Venns. Die letzten noch in Betrieb ge-wesenen Gruben bei Ramsbeck im nordöstlichen Sauerland und am Lüderich bei Bensberg im Ber-gischen Land sind ebenfalls seit vielen Jahren ein-gestellt. Bei Meggen im Sauerland befindet sich in Schiefern des oberen Mitteldevons eine bekannte und bis 1992 im Abbau gewesene Lagerstätte mit schichtig abgelagerten Sulfiderzen (Schwefelkies, Bleiglanz, Zinkblende), die von durch Bitumina schwarz gefärbtem Schwerspat (so genannter „Reduzierspat") umrandet werden, den man frü-her ebenfalls gewonnen hat. **Kupfererze**, die bei Marsberg an der Nordostecke des Rheinischen Schiefergebirges innerhalb von Kiesel- und Alaunschiefern des Unterkarbons auftreten, wur-den vom 12. Jahrhundert bis 1945 gewonnen. Im Mittelalter wurde im Eisenberg bei Korbach **Gold** abgebaut, das Störungszonen und Klüfte in unter-karbonischen Alaun- und Kieselschiefern durch-setzte. Hiermit im Zusammenhang stand das „Edergold", das als Seifengold früher in geringen Mengen in der Eder gewaschen wurde.

Bei allen bisher genannten Erzlagerstätten sind die Erzlösungen von Sedimentgesteinen (beson-ders bituminösen Schiefern) abzuleiten, die in-folge eines erhöhten Wärmeflusses – meistens im Zusammenhang mit tektonischen Ereignissen – aufgeheizt wurden, wodurch es hauptsächlich im Mesozoikum und Tertiär zu einer Mobilisierung und Wiederausfällung von Erzen gekommen ist.

Im Zusammenhang mit keratophyrischen Ergussgesteinen stehen die im Sauerland (z. B. bei Adorf), im Kellerwald und vor allem im südöst-lichen Schiefergebirge vorkommenden **Roteisen-steine**. Sie werden in der Lagerstättenkunde seit jeher als Erze vom **Typus Lahn-Dill** bezeichnet. Sie bildeten sich über ehemals untermeerischen Schwellen, die aus Diabastuffen (Schalstein) und

Diabasen bestehen, hauptsächlich an der Wende vom Mitteldevon zum Oberdevon. Dieser Jahrhunderte alte Bergbau ist in den letzten Jahrzehnten nach und nach zum Erliegen gekommen.

Mulmig-erdige **manganreiche Eisenerze** sind bzw. waren an verschiedenen Stellen des Schiefergebirges in Hohlformen des darunter liegenden Massenkalks angereichert. Sie entstanden während der alttertiären Verwitterung. Im Gebiet der Lindener Mark südlich Gießen befand sich am Anfang des vorigen Jahrhunderts die größte Mangan-Lagerstätte Deutschlands. Hier wie in den anderen Abbaustellen (z. B. Gambach und Ober-Rosbach am Ostrand des Taunus, Waldalgesheim am Ostrand des Hunsrücks) ist der Mangan-Bergbau in den Sechzigerjahren des vorigen Jahrhunderts endgültig eingestellt worden.

Erwähnenswert sind außerdem Gänge von **Schwerspat**, die sich wohl während des späten Mesozoikums oder Tertiärs gebildet haben. Sie wurden an verschiedenen Stellen des Schiefergebirges abgebaut (z. B. im Dillgebiet). Nicht mehr in Betrieb ist auch die Grube bei Dreislar im östlichen Sauerland.

Bedeutungsvoll sind die **Naturstein**-Vorkommen des Rheinischen Schiefergebirges. Zu diesen gehören vor allem die Diabase, aber auch Quarzkeratophyre des Mitteldevons, die im Sauerland und Lahn-Dill-Gebiet gewonnen werden und hauptsächlich als **Schotter und Splitt** im Straßenbau Verwendung finden, die Gewinnung von Sandsteinen und Grauwacken des Devons und Unterkarbons bei Marburg, in der Nähe des Eder-Sees und im Werra-Sattel bei Bad Sooden (zwischen Rheinischem Schiefergebirge und Harz) sowie der Abbau von unterdevonischem Taunus-Quarzit bei Köppern im östlichen Taunus. Als Dekorationssteine bekannt sind die devonischen Riff-Kalksteine, die im Gebiet der unteren Lahn an mehreren Stellen gewonnen und als „Lahn-Marmor" oder „Nassauer Marmor" bezeichnet wurden.

Wichtig ist der Abbau von **Massenkalk** für die verschiedenen Sparten des **Baugewerbes** und noch mehr als **Zuschlag** für die Eisenverhüttung. Die günstige Nachbarschaft zu den Hochöfen des Ruhrgebiets hat in den Hauptvorkommen Wülfrath, Dornap und im Hönnetal riesige Steinbrüche entstehen lassen. Beim derzeitigen Tempo des Abbaus werden einige dieser Vorkommen von hochwertigen Kalksteinen noch in vielen Jahrzehnten nicht erschöpft sein. Kleineren Gewinnungsstellen von Kalksteinen, etwa bei Brilon, Erdbach-Breitscheid im Dillgebiet, Steeden an der Lahn oder Sötenich in der Eifel, haben dagegen teilweise nur noch begrenzte Vorräte. In einigen Bereichen des rechtsrheinischen Schiefergebirges (Gebiete um Hagen, Lennestadt und Bergisch-Gladbach) wurde der Massenkalk metasomatisch in **Dolomitstein** umgewandelt; auch linksrheinisch kommen Dolomitsteine in den Kalkmulden der Eifel vor. Reiner Dolomitstein, wie er vor allem in der für Deutschland bedeutendsten Lagerstätte Hagen-Halden ansteht, eignet sich bevorzugt für die Produktion von feuerfesten Sinterdolomiten, die in der Stahlindustrie und in Brennöfen der Zement- und Kalkindustrie verwendet werden.

Ebenplattig spaltende Schiefer des Devons wurden in früheren Jahrzehnten an vielen Stellen als **Dachschiefer** gewonnen. Am bekanntesten sind wohl die Bundenbacher Schiefer (Ems-Stufe des Unterdevons), die im nordöstlichen Hunsrück in der Gegend von Bundenbach abgebaut werden. Die Schiefergewinnung ist in diesen Gebieten sehr stark zurückgegangen oder ganz zum Erliegen gekommen (bei Bundenbach und Altlay sind derzeit noch zwei gegenüber früher 365 Gruben in Betrieb), ähnlich wie an anderen Stellen des Rheinischen Schiefergebirges, wo heute große Halden von Abfallmaterial auf die frühere Bedeutung des Schieferabbaus hinweisen, z. B. bei Nuttlar oder Raumland nahe Berleburg im Sauerland, bei Wissenbach im Dillgebiet, bei Langhecke nahe Diez an der unteren Lahn. Untertägiger Abbau fand bzw. findet noch statt bei Trimbs und Mayen in der Eifel (sog. Mosel-Schiefer aus der Siegen-Stufe des Unterdevons) sowie bei Fredeburg im Hochsauerland.

Entlang den großen Verwerfungen am Süd- und Südostrand des Rheinischen Schiefergebirges dringen an vielen Stellen **Solen** und **Heilwässer** auf, die in zahlreichen, teils sehr bekannten Kurorten (z. B. Wiesbaden, Bad Nauheim, Bad Homburg u. a.) genutzt werden. In Bad Ems werden **Tiefenwässer** mit einer Temperatur von 43 °C für das Thermalbad und die Raumheizung genutzt.

Der Nordteil des rechtsrheinischen Schiefergebirges wird außerdem dadurch gekennzeichnet, dass sich in ihm zwei der größten **Talsperren** Deutschlands befinden (Eder-See bei Korbach mit 202 Mio. m^3, Bigge-See bei Olpe mit 165 Mio. m^3 Stauinhalt). Sie spielen ebenso wie die kleineren Stauseen für Flussregulierung, Energiegewin-

4

nung, als Erholungsgebiete und teilweise auch für die Trinkwasserversorgung vor allem der Ballungsräume Ruhrgebiet und Düsseldorf–Köln–Bonn eine wichtige Rolle.

4.2 Harz

Der Harz (Abb. 4.2-1) liegt in der nordöstlichen Fortsetzung des Rheinischen Schiefergebirges (vgl. Kap. 4.1). Geologischer Aufbau und vorkommende Schichten sind den dort beschriebenen sehr ähnlich. Im Gegensatz zum Rheinischen Schiefergebirge gibt es aber im Harz keinen unterkarbonischen Kohlenkalk.

Der **innere Aufbau** des Harzes wird durch meist erzgebirgisch streichende Bauelemente gekennzeichnet. Wie im Rheinischen Schiefergebirge ist am Südostrand eine metamorphe Zone ausgebildet, die **Metamorphe Zone von Wippra**. Sie umfasst leicht metamorphosierte Sedimentgesteine, untergeordnet auch Diabase und Diabastuffe, vom Ordovizium bis zum Oberdevon. Nordwestwärts schließen sich weitere, allerdings nicht-metamorphe Zonen an. Teilweise sind sie in ihrem Verlauf sigmoidal verbogen, wie vor allem der aus verschieden alten Grauwacken zusammengesetzte **Tanner Zug**. Ein weiteres sehr charakteristisches, erzgebirgisch streichendes Element ist der überwiegend aus unterkarbonischen Quarziten bestehende **Acker-Bruchberg-Zug**. Er wird als Fortsetzung des Hörre-Zugs und Kellerwalds im Rheinischen Schiefergebirge angesehen.

Durch diese Zonen ist eine Gliederung in Ober-, Mittel- und Unterharz möglich. Zu dem im Nordwesten gelegenen **Oberharz** gehören die Clausthaler Kulm-Faltenzone mit dem Oberharzer Devon-Sattel und dem Iberger Riff, der Oberharzer Diabas-Zug, die Söse-Mulde und der Acker-Bruchberg-Zug. Der **Mittelharz** besteht aus der Sieber-Mulde, der Blankenburger Zone mit dem Elbingeroder Komplex und dem Tanner Zug. Der **Unterharz** schließlich wird aus der Harzgeroder Zone mit Südharz- und Selke-Mulde und der Metamorphen Zone von Wippra aufgebaut.

Diese Gliederung in schmale Zonen ist das Ergebnis sowohl der unterschiedlichen Ablagerungsbedingungen in Teilbecken als auch der star-

ken Einengung derselben durch die **variszische Orogenese**, die allerdings nach Nordwesten abnimmt. Sie bedingt einen intensiven Schuppen- und Deckenbau vor allem im Unter- und Mittelharz, der zum Oberharz hin von normalem Faltenbau abgelöst wird (Abb. 4.2-2).

Außerhalb der Metamorphen Zone von Wippra sind Graptolithen-Schiefer des Silurs, die z. B. bei Bad Lauterberg auftreten, die ältesten Gesteine. Es handelt sich größtenteils um eingelagerte Schollen von Rutschsedimenten in Gesteinen der Harzgeroder Zone. Während und nach der Ablagerung der heute im Harz aufgeschlossenen paläozoischen Gesteinsserien hatten Rutsch- und Gleitvorgänge eine große Bedeutung. So kann man an mehreren Stellen **Rutschkörper und -massen** beobachten (z. B. bei Bad Lauterberg und Wieda, wo in oberdevonischen oder/und unterkarbonischen, während der variszischen Orogenese zerscherten Tongesteinen Brocken und Blöcke von silurischen, devonischen und eventuell auch unterkarbonischen Gesteinen schwimmen). Die Harzgeroder Zone und große Teile der Blankenburger Zone bestehen aus solchen Rutschmassen. Im Ostharz kommen zusätzlich zu derartigen Olisthostromen ganze Schichtpakete vor, die als **Gleitdecken** angesehen werden müssen (z. B. die Südharz- und Selke-Mulde als Reste einer ehemals größeren Ostharz-Decke).

Ein wesentlicher Unterschied gegenüber dem Rheinischen Schiefergebirge ist das Auftreten von **Tiefengesteinen**. Das größte Vorkommen ist der Komplex des Brocken-Granits (Abb. A-7), zu dem der Harzburger Gabbro als SiO_2-arme Teilausscheidung gehört. Auch der Oker-Granit steht möglicherweise mit dem Brocken-Pluton im Zusammenhang. Der Ramberg-Granit im östlichen Harz stellt ein gesondertes Tiefengesteins-Vorkommen dar. Geophysikalische Untersuchungen weisen darauf hin, dass es im Nordteil des Ostharzes weitere Granit-Körper gibt, die in geringer Tiefe in den paläozoischen Sedimentgesteinen stecken. Die Granite des Harzes sind an der Wende vom Karbon zum Perm aufgedrungen. Dass sie – im Gegensatz zum Rheinischen Schiefergebirge – oberflächlich zu Tage treten, ist mehr zufällig und kein Anzeichen dafür, dass der Harz etwa wesentlich stärker herausgehoben wäre als jenes.

Ein eigenartiges Gestein innerhalb des Brocken-Gebiets – umgeben vom Harzburger Gabbro und

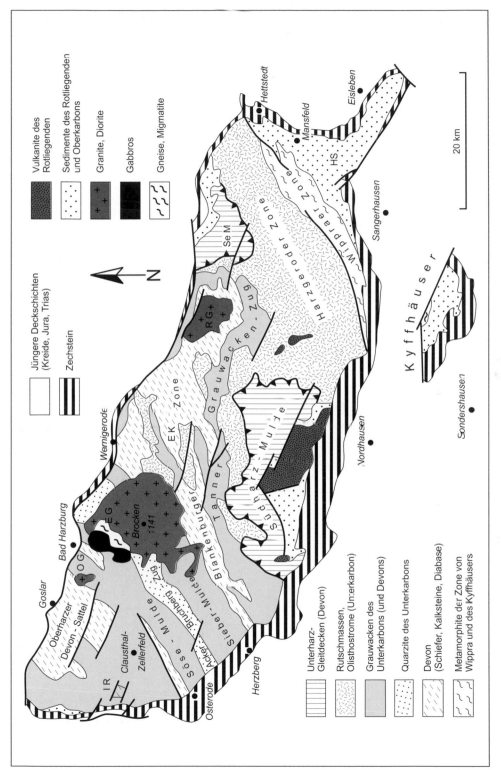

Abb. 4.2-1 Geologische Übersichtskarte des Harzes und Kyffhäusers. EG – Ecker-Gneis, EK – Elbingeroder Komplex, HS – Hornburger Sattel, IR – Iberg-Riff, OG – Oker-Granit, RG – Ramberg-Granit, SeM – Selke-Mulde.

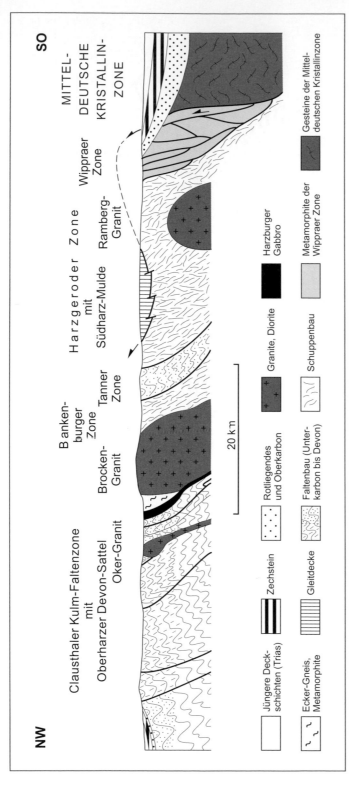

Abb. 4.2-2 Schematischer geologischer Querschnitt durch die überwiegend aus Gesteinen des Devons und Unterkarbons bestehenden Baueinheiten des Harzes (2fach überhöht). Auf der Grundlage von WACHENDORF (1986), BUCHHOLZ (1986), BUCHHOLZ et al. (1990), FRANZKE (1991) und WACHENDORF et al. (1996). An die von Oberkarbon-, Rotliegend-, Zechstein- und Trias- Schichten verdeckte Mitteldeutsche Kristallinzone schließen nach Nordwesten die geringer metamorphen Gesteine der Wippraer Zone, dann die nicht-metamorphen und immer weniger deformierten Zonen an. Der Harzgeroder Zone liegt als so genannte Südharz-Mulde ein Teil der Ostharz-Gleitdecke auf, die von der Verschuppung erfasst worden ist. Den Schuppen- und Faltenbau durchdringen jüngere Intrusivkörper (Brocken- und Ramberg-Granit).

Brocken-Pluton – ist der **Ecker-Gneis**, ein mittel- bis hoch metamorpher Komplex, zu dem es im Harz sonst kein Gegenstück gibt. Es handelt sich um eine Scholle aus ehemaligen Sedimentgesteinen des Devons bis Unterkarbons mit wenigen Diabas-Einschaltungen, die variszisch metamorphosiert wurden. Unklar sind deren Herkunft und Transport in die jetzige Position. Diskutiert werden (1) die Platznahme zusammen mit der Intrusion der Magmen von Brocken-Granit und Harzburger Gabbro unmittelbar aus dem Untergrund, (2) eine tektonische Einschuppung aus geringer Entfernung sowie (3) ein tektonischer Transport aus einem Bereich außerhalb des Harzes, z. B. aus dem Untergrund der Mitteldeutschen Kristallinzone weit im Südosten (vgl. Kap. 3.6 bis 3.8).

Porphyrische Ergussgesteine des älteren **Rotliegenden**, die im Rheinischen Schiefergebirge unbekannt sind, reichen von der Ilfelder Rotliegend-Senke am Südrand des Harzes in diesen hinein. Es handelt sich um stockförmige Schlotfüllungen (z. B. Auerberg im Ostharz, Ravens-Berg und Großer Knollen nahe Bad Lauterberg) und vielfach etwa Nord–Süd streichende Spaltenfüllungen, wie die **Mittelharzer Gänge**, und die Vorkommen in der Umgebung von Bad Lauterberg.

Anders als im Rheinischen Schiefergebirge treten im Harz keine Basalte und kaum festländische Sedimente aus dem Tertiär auf. Dafür gibt es kleinere Vorkommen von Moränen sowie Schuttdecken, Staubecken-Schluffen und -Sanden des Pleistozäns in den Tälern westlich vom Brocken, der mit 1.142 m Höhe die höchste Erhebung des Rheinischen Schiefergebirges um mehr als 200 m überragt. Die **Glazialsedimente** weisen darauf hin, dass der Harz während der Weichel- oder Saale-Vereisungen des Pleistozäns in geringem Maße vergletschert gewesen ist. Als Zeugen der pleistozänen Kaltzeiten sind auch die Blockmeere anzusehen, die vor allem an der Südostseite des Brocken-Massivs und am Acker-Bruchberg-Zug verbreitet sind.

Im Gegensatz zum inneren Aufbau steht die **äußere Form**, die durch Nordwest–Südost (herzynisch) verlaufende Richtungen gekennzeichnet ist. Der Harz bildet eine Pultscholle oder nach anderer Auffassung eine Aufwölbungsstruktur zwischen Scherzonen an seinem Nord- und Südrand. An seiner Nordseite ragt er steil heraus (Harznordrand-Aufschiebung oder -Lineament). Diese komplexe Struktur, an der das Harz-Paläozoikum insgesamt auf sein Vorland gepresst und aufgeschoben ist, besteht örtlich aus mehreren

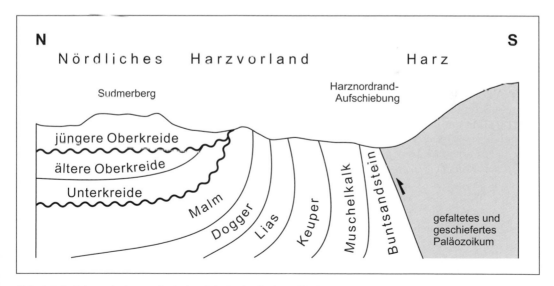

Abb. 4.2-3 Schematischer geologischer Schnitt durch die steil aufgerichteten Schichten des Harzvorlands und die Harznordrand-Aufschiebung östlich Goslar (überhöht). Die Diskordanzen (Wellenlinien) an der Basis der Unterkreide und jüngeren Oberkreide wurden bei der starken Heraushebung während des Jungtertiärs und Altpleistozäns ebenfalls aufgerichtet.

4

Ästen, an denen teilweise auch horizontale Bewegungen stattgefunden haben (Abb. 4.2-3 sowie A-17 und A-18), an der Südseite taucht er flach unter den Zechstein-zeitlichen Deckschichten ab.

Im Zusammenhang mit den Aufpressbewegungen auf sein nordöstliches Vorland hat sich der Harz während der jüngeren Kreide-Zeit in kurzer Zeit (vor 85–83 Mio. Jahren) kräftig herausgehoben, wobei das gesamte Deckgebirge abgetragen und das Grundgebirge erosiv angeschnitten wurde, wie aus der Zusammensetzung der Sedimente in der im Norden vorgelagerten Subherzynen Mulde (vgl. Kap. 8.5.3) zu ersehen ist. Danach wurde der Harz weitgehend eingeebnet. Wie bei den anderen deutschen Mittelgebirgen ist es dann während des Jungtertiärs und Altpleistozäns zu einer erneuten Herausehebung gekommen. Ob sie gleichmäßig oder ruckartig erfolgte, ist umstritten. Möglich ist eine geringfügige **Heraushebung** von Teilen des Harzes in der Gegenwart. Insgesamt sind die Berge im Westharz höher und steiler als in seinem östlichen Teil.

⚒ Nutzung der Lagerstätten und geologischen Ressourcen

Die Lagerstätten des Harzes waren im Mittelalter weltbekannt, weil die Harzer Bergleute in der Entwicklung von Verfahren des Abbaus und der Wasserhaltung führend waren. Blütezeiten des Harzer Bergbaus gab es vor allem im 16. und 19. Jahrhundert. Hauptsächlich sind es Gänge von sulfidischen **Blei- und Zinkerzen** (die letzte Grube Bad Grund wurde 1992 geschlossen), die vielfach mit dem Brocken- und dem Ramberg-Pluton bzw. mit der durch sie verursachten Aufheizung der Nebengesteine in Zusammenhang gebracht werden. Sie haben sich ab dem Oberkarbon, meist aber erst in der jüngeren Kreide- oder Tertiär-Zeit gebildet. Wie im Rheinischen Schiefergebirge kommen auch im Harz mittel- bis oberdevonische und unterkarbonische **Roteisenstein**-Lagerstätten vom Typus Lahn-Dill vor. Die wichtigste befindet sich im Elbingeroder Komplex, wo sie in den Gruben Braunesumpf bei Hüttenrode und Büchenberg bei Elbingerode noch bis 1971 abgebaut wurde. Die Förderung der **Pyriterze** in ihrer Nachbarschaft, die an ein Vorkommen von Keratophyren und Keratophyr-Tuffen gebunden sind, ist 1990

beendet worden. Über fast 1.000 Jahre im Abbau befand sich die in Schiefern des unteren Mitteldevons eingebettete Lagerstätte des **Rammelsbergs** bei Goslar. Die sulfidischen Erze enthalten vor allem Blei und Zink, daneben in geringer Menge aber auch viele andere Metalle wie Kupfer, Silber, Gold, Cadmium, Quecksilber. Der Bergbau in der Grube Rammelsberg wurde 1988 eingestellt; heute ist sie ein Museumsbergwerk.

Schwerspat und **Flussspat** treten an verschiedenen Stellen des Harzes als Gangfüllung auf. Teilweise sind die meist etwa senkrecht verlaufenden Gänge annähernd rein ausgebildet, teilweise stehen sie in engem Zusammenhang mit Quarz, Kalkspat und Erzen. Sie sind in der jüngeren Kreide-Zeit, vielleicht auch erst während des Tertiärs entstanden. Im Westharz wurde der Schwerspat-Abbau bei Bad Lauterberg 2007 wegen Erschöpfung der Lagerstätte eingestellt. Im Ostharz ist die Gewinnung von Flussspat bei Rottleberode und Straßberg 1990 eingestellt worden.

Bei den Natursteinen sind neben dem Harzburger Gabbro die bis 500 m mächtigen mittel- bis oberdevonischen **Riff-Kalksteine** wichtig, die am Winterberg bei Bad Grund (Iberger Kalk) und im Elbingeroder Komplex gebrochen werden. Die oberdevonischen und unterkarbonischen **Grauwacken** wurden früher an vielen Stellen im Harz als Baumaterial gewonnen; heute werden sie noch in der Südharz- und Selke-Mulde bei Unterberg bzw. bei Rieder im Krebsbachtal abgebaut. Die früher bekannte **Dachschiefer**-Gewinnung am Glockenberg bei Goslar ist lange vorbei. Der ehemals umfangreiche Abbau von Diabasen spielt heute keine große Rolle mehr; er ist auf den Huneberg bei Bad Harzburg beschränkt.

Mit 900 bis 1.700 mm Niederschlag pro Jahr in den Hochlagen hat der Harz große Bedeutung als Trinkwasserreservoir. Aus den Staubecken vor allem des Oberharzes wird Trinkwasser in das niederschlagsarme Gebiet Süd-Niedersachsens (u. a. in die Städte Braunschweig, Hannover und Wolfsburg) sowie nach Bremen geleitet. Aus der großen Rappbode-**Talsperre** (109 Mio. m^3 Fassungsvermögen) wird der Raum Halle–Leipzig versorgt.

4

4.3 Schiefergebirge der Flechtingen-Roßlauer Scholle

Die für den Harz charakteristischen erzgebirgisch streichenden Zonen (vgl. Kap. 4.2) können nordostwärts bis zur Flechtingen-Roßlauer Scholle verfolgt werden. Es handelt sich um eine herzynisch streichende, leistenförmige Pultscholle, die im Nordosten an zwei großen Störungen, der Haldensleber Störung und dem Abbruch von Wittenberg, bei einer maximalen Sprunghöhe über 3 km herausgehoben wurde und nach Südwesten abtaucht (Abb. 4.3-1). In dieser Hinsicht gleicht sie der Harz-Scholle, ist aber weitgehend von Känozoikum verhüllt. Hier befinden sich die nördlichsten direkt zugänglichen Aufschlüsse des gefalteten Variszikums.

Im Nordwestteil der Scholle, im **Flechtinger Höhenzug** nordwestlich Magdeburg, tritt an zahlreichen Stellen eine im Allgemeinen flachwellig gefaltete, aber kaum geschieferte Flysch-Abfolge von Grauwacken mit untergeordneten Tonsteinen zutage, die nach der darin enthaltenen Goniatiten-Fauna in den Grenzbereich Unterkarbon/Oberkarbon (Visé/Namur) zu stellen ist. Die Flechtingen–Magdeburger Grauwacken zeigen die für Turbidit-Ablagerungen typischen Sequenzen (Abb. A-10). Sie korrelieren mit der Clausthaler Kulm-Faltenzone am Nordwestende des Harzes. Der annähernd West–Ost streichende Faltenbau dieser **Flechtingen-Magdeburger Zone** wird diskordant von Vulkaniten und Sedimenten des Rotliegenden überlagert (vgl. Kap. 6.7).

Südöstlich Magdeburg ist das Schiefergebirge noch bei Gommern in Form heller Quarzite des Unterkarbons übertage aufgeschlossen. Der Gommern-Quarzit entspricht dem Acker-Bruch-

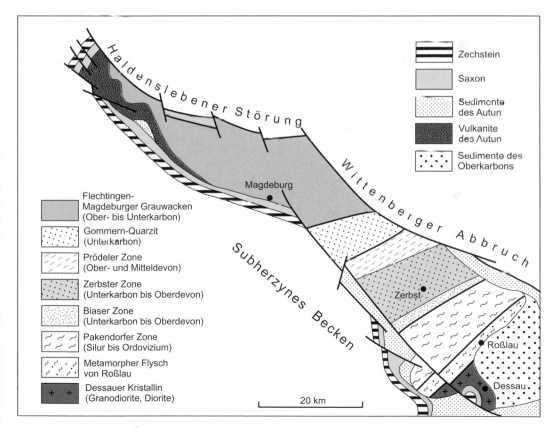

Abb. 4.3-1 Geologische Übersichtskarte der Flechtingen-Roßlauer Scholle (Quartär und Tertiär entfernt).

4

berg-Quarzit im Oberharz, ist also Teil des 300 km langen Quarzit-Zugs, der sich vom Kellerwald (vgl. Kap. 4.1) über den Harz zumindest bis hierher erstreckt. Die ebenfalls flachwellig gefaltete **Gommern-Zone** wurde auf die Flechtingen-Magdeburger Zone überschoben. Die Falten streichen aber flach erzgebirgisch.

Weiter südostwärts haben zahlreiche Bohrungen unter dem Känozoikum Gesteine angetroffen, die denen in der Blankenburger Zone, im Tanner Grauwacken-Zug bzw. in der Selke-Mulde und in der Harzgeroder Zone des Mittel- und Unterharzes gleichen. Auffälligste Gesteine sind die Grauwacken der **Zerbster Zone** und die Olithostrome der **Biaser Zone** im Südosten, die in das Oberdevon bis Unterkarbon gestellt werden. Die im Nordwesten vorgelagerte **Prödeler Zone** beinhaltet vulkanogen-kalkig-pelitische Gesteine des Mittel- und Oberdevons. In diesem Bereich wurden die Schichten stärker gefaltet und deutlich geschiefert.

Die daran nach Südosten anschließende **Pakendorfer Zone** ist mannigfaltig zusammengesetzt, eng gefaltet und intensiv geschiefert. Nach den hier vorkommenden Gesteinen und deren Alter (Ordovizium bis Silur) sowie der Deformation entspricht sie der Wipperaer Zone im Unterharz. Der folgende, im Südosten an das **Dessauer Kristallin** angrenzende **Metamorphe Flysch von Rosslau** hat im Harz kein Äquivalent; er wird dort wahrscheinlich vom Permosiles am Ostharzrand überdeckt (vgl. Kap. 6.6).

Auf der Flechtingen-Roßlauer Scholle nimmt die Intensität der variszischen Deformation nach Südosten deutlich zu, und ab der Gommern-Zone sind einzelne Gesteinseinheiten teilweise nach Nordwesten auf- bzw. überschoben. Bei einem Vergleich mit dem Harz zeigt sich außerdem eine deutliche Verschmälerung dieses Bereichs südöstlich der Clausthaler Kulm-Faltenzone bzw. der Flechtingen-Magdeburger Zone. Diese Tendenz setzt sich ostwärts fort, wie tiefe Bohrungen in der Norddeutschen Senke im südlichen Brandenburg belegen (vgl. Kap. 12.1).

⚒ Nutzung der Lagerstätten und geologischen Ressourcen

Früher wurden die Magdeburg-Flechtinger Grauwacken und der Gommern-Quarzit in zahlreichen Stellen gewonnen, zu Pflastersteinen verarbeitet und zum Bauen verwendet. Alle Steinbrüche sind jetzt auflässig, teilweise verschüttet oder mit Wasser gefüllt (Abb. A-10).

4.4 Thüringisch-Fränkisch-Vogtländisches Schiefergebirge

Das Dreiländereck Thüringen–Bayern–Sachsen wird von einer teils kuppigen, teils von Tälern durchzogenen, generell nach Süden ansteigenden Hochfläche eingenommen. Im Südwesten endet sie an der **Fränkischen Linie**, einer der großen Nordwest–Südost-Störungen in Mitteleuropa. An dieser ist das Thüringisch-Fränkisch-Vogtländische Schiefergebirge, ebenso wie das Fichtelgebirge (vgl. Kap. 3.3), gegenüber dem oberfränkisch-südwestthüringischen Trias-Gebiet teilweise über 1.000 m herausgehoben (Abb. 4.4-1). Hier streichen **variszisch gefaltete** Gesteinsfolgen aus, die überwiegend aus Schiefern, Quarziten und Grauwacken, untergeordnet aus Karbonatgesteinen, Kieselschiefern und Diabasen aufgebaut sind. Es liegt eine für Deutschland **einmalige Abfolge** vom jüngeren Proterozoikum bis zum jüngeren Unterkarbon vor (Tabelle 4.4-1).

Durch die variszische Orogenese sind Südwest-Nordost streichende sattel- und muldenförmige Großstrukturen – **Antiklinorien** und **Synklinorien** – entstanden. Von Nordwesten nach Südosten folgen nacheinander: Schwarzburger Antiklinorium, Teuschnitz-Ziegenrücker Synklinorium, Bergaer Antiklinorium, Vogtländisches Synklinorium. Im Südwestteil des letzteren befindet sich die Münchberger Masse (vgl. Kap. 3.3). Das Teuschnitz-Ziegenrücker Synklinorium wird durch die Frankenwald-Querzone zweigeteilt. In dieser ist das ältere Paläozoikum an Störungen in Form von Halbhorsten herausgehoben. Nordwestlich des Schwarzburger Antiklinoriums liegt das größtenteils vom Permosiles des Thüringer Waldes (vgl. Kap. 6.2) verhüllte Vesser-Synklinorium.

Die ältesten Gesteine treten im inneren Bereich des Schwarzburger Antiklinoriums mit dem Katzhütte-Komplex zu Tage. Es handelt sich um einen mächtigen tektonischen Stapel von flyschoiden

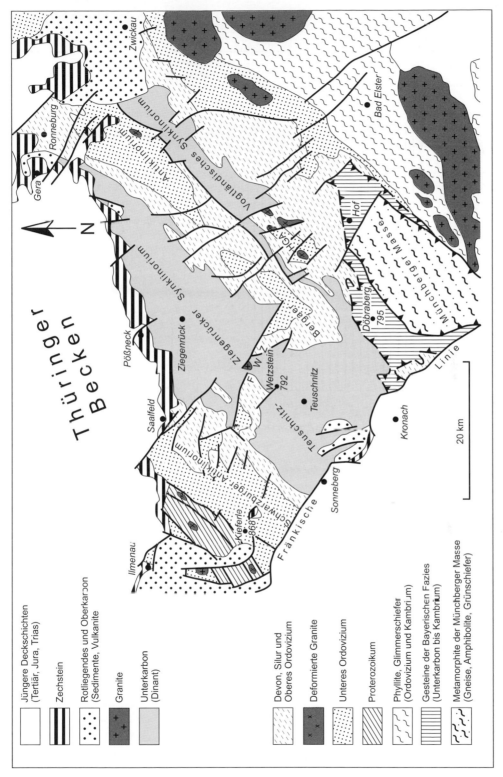

Abb. 4.4-1 Geologische Übersichtskarte des Thüringisch-Fränkisch-Vogtländischen Schiefergebirges. FWZ – Frankenwald-Querzone, HGA – Hirschberg-Gefeller Antiklinale.

Tabelle 4.4-1 Vereinfachte Tabelle der Gesteinsfolge und geologischen Entwicklung im Thüringisch-Fränkisch-Vogtländischen Schiefergebirge (Thüringische Fazies). Schraffiert: Schichtlücken.

	Sedimentgesteine	Magmatische und tektonische Ereignisse
Quartär	Talauen-Ablagerungen, Periglazialschutt	Heraushebung
Tertiär	Verwitterungsbildungen	
Kreide	Tone	
Jura		Heraushebung
Trias	Kalksteine Sandsteine	
Perm	Gipse Kalksteine (Riffe) Konglomerate	Heraushebung
Karbon	Grauwacken und Tonschiefer Bordenschiefer Dachschiefer, Rußschiefer Knotenkalke, kalkige Schiefer, Alaunschiefer Schwärzschiefer, Tonschiefer mit Quarziten, Kalkknotenschiefer Alaunschiefer	Faltung, Schieferung
Devon		basischer Vulkanismus
Silur	Kalksteine Kiesel- u. Alaunschiefer	
Ordovizium	Quarzite, Tonschiefer, Eisenerze	saurer Vulkanismus
Kambrium	Tonschiefer, Quarzite, Kalksteine	saurer Magmatismus
Proterozoikum	Grauwacken und Tonschiefer, Kiesel- und Schwarzschiefer Quarzphyllite, Phyllitquarzite	Granit-Intrusionen basischer und saurer Vukanismus

Grauwacken und Tonschiefern des jüngeren **Proterozoikums**. In verschiedenen Niveaus sind (1) gehäuft Kieselschiefer und Schwarzschiefer sowie basische Vulkanite mit ihren Tuffen, (2) saure Effusivgesteine sowie (3) geröllführende Grauwacken eingeschaltet.

Die Abfolge wurde bereits gegen Ende des Proterozoikums bis frühen Kambriums **cadomisch gefaltet** und dann im Übergang vom Unter- zum Oberkarbon variszisch überformt und in einzelne Schuppen zerlegt. Demzufolge ist sie intensiv zerschert und zumeist schichtparallel (isoklinal) geschiefert. Inmitten des Schuppenstapels, in der **Kernzone**, wurde sie außerdem zu Quarzphylliten metamorph überprägt (Junkerbach-Formation); in dieser Schuppe wird eine Biotit führende von einer Chlorit führenden Zone überlagert. Darüber folgt eine aus Phylliten bestehende Schuppe (Finkenbach-Formation). Dies sind die am stärksten herausgeschobenen und demzufolge am tiefsten angeschnittenen Bereiche des gesamten Komplexes. Darüber und darunter liegen Schuppen nicht-metamorpher Grauwacken und Tonschiefer (Altenfeld- bzw. Curau-Formation). Die Assoziation von Kieselschiefern, Schwarzschiefern und basischen Vulkaniten ist ein Charakteristikum der Altenfeld-Formation. Saure Vulkanite kommen im liegenden Teil der Junkerbach-Formation vor. Die geröllführenden Grauwacken sind auf den liegenden Teil der Curau-Formation beschränkt. Kleinere Granite, die vor 540–530 bzw. 495–485 Mio. Jahre in den cadomischen Faltenbau intrudierten, wurden später von der variszischen Orogenese erfasst und deformiert.

An den inneren, proterozoischen Bereich des Schwarzburger Antiklinoriums schließt auf beiden Seiten, an Überschiebungen abgesetzt, die paläozoische Schichtenfolge unmittelbar mit dem jüngsten Kambrium bis Ordovizium an (s. unten). Außerhalb des Schwarzburger Antiklinoriums, und von diesem durch eine bedeutende Überschiebung getrennt, tritt weiter nordwestlich – bereits im Thüringer Wald (vgl. Kap. 6.2) – in der „Schiefergebirgsinsel" von **Schmiedefeld-Vesser** und nordöstlich davon am Ehrenberg bei Ilmenau eine verschuppte und gestapelte vulkanogen-sedimentäre Abfolge zu Tage. Dieser Vesser-Komplex besteht aus Quarziten, Konglomeraten und phyllitischen Schiefern sowie vielfältigen sauren, intermediären und basischen effusiven und subvulkanischen magmatischen Gesteinen eines sich

vertiefenden Rift-Beckens am passiven Rand Gondwanas (vgl. Kap. 1). Mit der Intrusion gabbroider magmatischer Schmelzen wurde das Stadium ozeanischer Krustenbildung erreicht. An den bimodalen Rift-Magmatismus waren Eisenreiche Exhalationen wahrscheinlich vom Typ „Black smoker" gebunden, deren Absätze vor allem als Magnetit-Erze vorliegen, die früher bei Schmiedefeld abgebaut wurden. In den sedimentären Anteilen der Abfolge treten vereinzelt Marmore und Skarne auf. Aufgrund der radiometrisch datierten Vulkanite (520–500 Mio. Jahre) wird der Vesser-Komplex dem mittleren bis oberen **Kambrium** zugerechnet. Der variszisch intensiv deformierte und stärker regionalmetamorphe Komplex wurde von Nordwesten her durch den Thüringer Hauptgranit kontaktmetamorph verändert.

In der **Frankenwald-Querzone** ist unter der Frauenbach-Formation des Ordoviziums (s. unten) eine über 500 m mächtige Wechsellagerung von Kalk- und Dolomitgesteinen, Karbonatschiefern und teilweise sapropelitischen Schiefern erbohrt worden, die nach unten in Sandsteine und Arkosen übergeht. Die Fossilführung im mittleren Abschnitt dieser Heinersdorf-Formation belegt zumindest für diesen Teil und das Liegende kambrisches Alter.

An den **Flanken** des **Schwarzburger Antiklinoriums** beginnt das **Paläozoikum** mit fossilfreien, teilweise turbiditischen quarzitischen Grauwacken und dunklen Tonschiefern der Mellenbach-Folge. Darüber liegen konkordant und ohne Schichtlücke die helleren, häufig bioturbierten, im oberen Abschnitt siltstreifigen Tonschiefer der Goldisthal-Folge; zum Hangenden schalten sich Quarzite ein, die zur Frauenbach-Formation überleiten. Beide Folgen wurden auf einem tieferen Schelf bei abnehmender Wassertiefe bis dicht oberhalb der Sturmwellen-Basis abgelagert. Wegen einer geringen Ähnlichkeit mit den nicht-metamorphen Anteilen des Katzhütte-Komplexes ist die Mellenbach-Folge bisher in das jüngste Proterozoikum und die Goldisthal-Folge in das Kambrium gestellt worden. Beide Folgen wurden aber nicht cadomisch deformiert. Radiometrisch datierte Tuffe (490–475 Mio. Jahre) aus dem tiefsten und dem höheren Teil der Goldisthal-Folge weisen auf frühes **Ordovizium** hin. Die Mellenbach-Folge im Liegenden könnte demnach das jüngere **Kambrium** repräsentieren.

4

Das darüber folgende, recht eintönig ausgebildete und – von Spurenfossilien abgesehen – fossilarme, bis 2 km mächtige **tiefere Ordovizium** (Tremadoc) ist an der Südostflanke des Schwarzburger Antiklinoriums, in der Frankenwald-Querzone, im Bereich des Bergaer Antiklinoriums und an der Südostflanke des Vogtländischen Synklinoriums verbreitet. Mehrere Quarzite mit zwischengeschalteten Tonschiefer-Quarzit-Wechsellagerungen der in Frauenbach- und Phycoden-Formation gegliederten Abfolge bilden charakteristische, über größere Entfernung korrelierbare Horizonte. Die Quarzite der Frauenbach-Formation sind die Grundlage für den stratigraphischen Vergleich der schwach metamorphen Serien des Fichtelgebirges und des Erzgebirges mit dem thüringischen Profil (vgl. Kap. 3.3 und 3.4). Im Ostteil des Schiefergebirges (Bergaer Antiklinorium, Vogtland) werden die Frauenbach-Quarzite allerdings von Tonschiefer-Quarzit-Wechsellagerungen vertreten; der Phycoden-Quarzit ist dort nicht entwickelt. Die Phycoden-Formation führt im gesamten Schiefergebirge die an Pflanzen erinnernden, aber von grabenden wirbellosen Tieren erzeugten fächerförmigen Abdrücke, die als *Phycodes* bezeichnet werden. Die Schichtungsmerkmale und die Spurenfossil-Gemeinschaften weisen beide Formationen als Ablagerungen eines Flachschelfs dicht unterhalb sowie oberhalb der Sturmwellen-Basis bis in den küstennahen Bereich aus.

Vereinzelte saure Effusiv- und Intrusivgesteine mit Tuffen in der Frauenbach-Formation sowie ein teils intrusiver, teils effusiver Diabas in der Phycoden-Formation an der Südostflanke des Schwarzburger Antiklinoriums sind – wie ein Teil der Granite im Katzhütte-Komplex (s. oben) – Hinweise auf einen früh-ordovizischen Magmatismus.

An der Nordwestflanke des Schwarzburger Antiklinoriums sind das Kambrium und das tiefere Ordovizium verschuppt, wie der im Südosten angrenzende Katzhütte-Komplex sowie der Vesser-Komplex weiter nordwestlich.

Das **mittlere und obere Ordovizium** (Arenig bis Ashgill) ist mit der vergleichsweise geringmächtigen (maximal 500 m) und stratigraphisch lückenhaften Gräfenthal-Formation vertreten. Sie besteht aus zwei Tonschiefer-Paketen, dem Griffelschiefer und dem Lederschiefer. Diese werden durch den im Wesentlichen aus Chamosit-Ooli-

then bestehenden Oberen Erzhorizont mit eingeschlossenem Quarzit (Lagerquarzit) getrennt. Außer diesem durchgängigen Erzlager tritt an der Basis des Griffelschiefers ein weiterer, allerdings linsenförmiger und aus Trümmererzen bestehender Horizont (Unterer Erzhorizont) auf. Griffelschiefer und Lederschiefer wurden in deutlich größerer Wassertiefe als das tiefere Ordovizium, die Erzhorizonte allerdings zwischenzeitlich in extrem flachem Wasser abgelagert. Im Ostteil des Schiefergebirges wird der basale Abschnitt des Lederschiefers durch den Hauptquarzit ersetzt, der sich als subaquatisches Delta von dem im Norden gelegenen Beckenrand in den Sedimentationsraum vorgeschoben hat. Der Lederschiefer enthält – als Hinweise auf die spät-ordovizische **Vereisung** (sog. Sahara-Vereisung) im nördlichen Afrika – als Teil von Gondwana (vgl. Kap. 1) – zahlreiche eckige, teilweise gekritzte und facettierte Gerölle. Sie wurden von driftenden Eisschollen vom Vereisungsgebiet herantransportiert und hier aus dem Eis ausgeschmolzen.

Das **Silur** ist mit sehr typischen Gesteinen vertreten: Über dem Ordovizium folgen recht unvermittelt Kiesel- bzw. Alaunschiefer mit zahlreichen Graptolithen (an der Basis mit dem Leitfossil *Parakidograptus acuminatus*). Sie schließen einen Kalkstein-Horizont ein, der wegen seiner charakteristischen Verwitterungsfarbe als Ockerkalk bezeichnet wird. Der Untere Graptolithen-Schiefer wurde unter extremen euxinischen Bedingungen bei minimaler Zufuhr von klastischem Material abgelagert, sodass sich vorherrschend chemogene und an organischem Kohlenstoff reiche Gesteine, vor allem Kieselschiefer (Lydite) mit Phosphorit-Konkretionen gebildet haben. Im Vogtland weist ein eingeschalteter Tuff auf lokale vulkanische Aktivität hin. Während der Sedimentation des Ockerkalks waren die Verhältnisse weniger euxinisch, wie die reichere, vorwiegend benthonische Fauna zeigt. Auch der Obere Graptolithen-Schiefer wurde wieder in einem euxinischen Milieu abgelagert, ohne dass jedoch die extremen Bedingungen für die Bildung von Kieselschiefern erreicht worden sind und deshalb Phosphorit-Konkretionen führende Alaunschiefer mit sporadischen Sandstein-Lagen sowie Schillkalk-Bänken die Abfolge bestimmen. Er gehört – abgesehen von einem etwa einen Meter mächtigen basalen Abschnitt – in das Unterdevon, dessen Basis mit dem Auftreten des Leitfossils

Monograptus uniformis festgelegt ist. Die geringe Mächtigkeit der Abfolge von weniger als 100 m bedingt im Allgemeinen schmale Ausstriche. Infolge der Wechsellagerung sehr verschieden kompetenter Gesteine ist sie überdies tektonisch intensiv verfaltet, zerschert und verschuppt.

Das **Devon** streicht vor allem an der Südostflanke des Schwarzburger und an der Nordwestflanke des Bergaer Antiklinoriums sowie an der Südostflanke des Vogtländischen Synklinoriums aus. Das etwa 200 m mächtige Unter- und Mitteldevon ist, abgesehen von den Knotenkalken und Kalkknotenschiefern direkt im Hangenden des Oberen Graptolithen-Schiefers (Tentakuliten-Knollenkalk), recht eintönig aufgebaut. Über den grauen, teilweise fossilreichen Tentakuliten-Schiefern mit Nereiten-Quarziten folgen die sapropelitischen, teilweise Kieselschiefer führenden und dann fossilfreien Schwärzschiefer. Die als *Nereites* bezeichneten Abdrücke von Weidespuren wirbelloser Tiere auf den Schichtflächen der Quarzite und die Faunen weisen auf eine durchgehend pelagische Sedimentation hin, die sich zu euxinischen Bedingungen während des Mitteldevons entwickelte.

In Verbindung mit tektonischen Vorgängen zu Beginn des Oberdevons, den ersten Anzeichen der variszischen Orogenese, erfolgte eine Differenzierung des bis dahin relativ einheitlichen Sedimentationsraums. Während im Westteil, an der heutigen Südostflanke des Schwarzburger Antiklinoriums und in der Frankenwald-Querzone, sich die gleichförmige pelagische Entwicklung mit einem Übergang von der pelitischen zur pelitisch-karbonatischen Sedimentation mit den charakteristischen Kalkknotenschiefern und Knotenkalken fortsetzte, wurde der Ostteil (Bergaer Antiklinorium und Vogtländisches Synklinorium) durch Schwellen und Tröge gegliedert. Abtragungen von den Schwellen und ein intensiver basischer submariner **Vulkanismus** führten, neben der Bildung von knolligen Kalksteinen, zur Ablagerung grober Sedimente sowie einer mächtigen Folge aus Diabasen, Spiliten und Keratophyren sowie Diabastuffen, den sog. Schalsteinen. Danach stellten sich wieder ruhigere Bedingungen ein, die eine mit dem Westteil vergleichbar pelitisch-karbonatische Sedimentation des mittleren und höheren Oberdevons bewirkten. An den Vulkanismus gebunden war die Bildung exhalativ-sedimentärer Eisenerze vom Lahn-Dill-Typ (vgl.

Kap. 4.1) Während das Oberdevon im Westteil einheitlich knapp 150 m mächtig und lithologisch gleichförmig entwickelt ist, schwanken Mächtigkeit und Ausbildung im Ostteil beträchtlich. Die tektonischen Vorgängen wurde von der Intrusion saurer Magmen vor etwa 370 Mio. Jahren in der Hirschberg-Gefeller Antiklinale, einer Aufsattelung im Südwestteil des Vogtländischen Synklinoriums, sowie im Bergaer Antiklinorium begleitet.

Die Ablagerung von Karbonatgesteinen dauerte bis in das frühe **Unterkarbon** an. Danach begann die als **Kulm** bezeichnete Sedimentation klastischer Sedimente. Der Kulm nimmt das Teuschnitz-Ziegenrücker Synklinorium und den Kern des Vogtländischen Synklinoriums ein. Beide Gebiete sind um das nach Südwesten abtauchende Bergaer Antiklinorium miteinander verbunden. Dadurch kommt es, dass im Frankenwald – gegenüber dem Thüringischen und Vogtländischen Schiefergebirge – Schiefer, Grauwacken und Konglomerate des Unterkarbons die weitaus größere Verbreitung haben.

Die mehrere tausend Meter mächtige Abfolge lässt sich vom Liegenden zum Hangenden grob in folgende lithostratigraphische Einheiten gliedern: (1) Rußschiefer, (2) Dachschiefer, (3) siltstreifige Bordenschiefer mit Wetzstein-Quarziten, Keratophyrtuffen und Gerölltonschiefern, (4) Grauwacken-Tonschiefer-Wechsellagerung mit mehreren Konglomerat-Horizonten. Diese Einheiten kennzeichnen typische Etappen gegen Ende der geosynklinalen Entwicklung. Die Ruß- und Dachschiefer vertreten die Präflysch-Etappe; ruhige pelagische Sedimentation sowie geringe Mächtigkeit und Absenkung über einen längeren Zeitabschnitt und somit niedrige Sedimentationsraten (etwa 4 m pro 1 Mio. Jahre) sind ihre Merkmale. An der Nordwestflanke des Bergaer Antiklinoriums sowie in der Frankenwald-Querzone und am Rand der Hirschberg-Gefeller Antiklinale sind die Ablagerungen der Präflysch-Etappe teilweise lückenhaft oder greifen bei beträchtlichem Schichtausfall auf älteres Oberdevon bis tieferes Ordovizium über. Die Bordenschiefer und Grauwacken-Tonschiefer-Wechsellagerung umfassen den kürzeren Zeitraum der Flysch-Etappe; Suspensionsströme ansteigender Stärke transportierten zunehmend gröberes Material in den jetzt rapid absinkenden pelagischen Sedimentationsraum, wodurch die Sedimentationsrate auf ca. 250–550 m pro 1 Mio. Jahre anstieg. Die

4

Schüttung dieses gröberklastischen Materials kündet den bevorstehenden Höhepunkt der variszischen Orogenese an. Hier fehlen aber die von der Umrandung der Münchberger Masse (s. unten) und aus dem Harz (vgl. Kap. 4.2) bekannten Olisthostrome.

Neben dieser im Thüringisch-Fränkisch-Vogtländischen Schiefergebirge vorherrschenden Entwicklung in **Thüringischer Fazies** weist das Paläozoikum vor allem im Südostteil des Frankenwalds eine abweichende, als **Bayerische Fazies** bezeichnete Ausbildung auf. Unteres bis Mittleres **Kambrium** ist dort durch zahlreiche Fossilien in einer mächtigen Tonschiefer-Quarzit-Wechsellagerung mit Kalkknollen sowie vulkanischen Brekzien und Tuffen sicher belegt. Das **Ordovizium** zeichnet sich durch eine tonige Sedimentation aus (Leimitz-Schiefer, Randschiefer-Serie), die von einem Diabas-Keratophyr-Magmatismus begleitet wird, und statt des Lederschiefers tritt der in flachem Wasser abgelagerte Döbra-Sandstein auf. Das **Devon** wird von Kieselschiefern dominiert. Häufige Brekzien, Konglomerate und olisthostromartige Bildungen mit z. T. viele Meter großen Rutschkörpern von verschiedenartigen devonischen und unterkarbonischen Gesteinen im **Unterkarbon** weisen auf eine turbulente und liefergebietsnahe Ablagerung in dieser Zeit hin. Riesige Blöcke von unterkarbonischem Kohlenkalk sind Hinweis auf ein der Thüringischen Fazies fremdes flachmarines Schelfareal im Liefergebiet.

Einige Geowissenschaftler erklären diesen Fazies-Gegensatz damit, dass die Gesteine der Bayerischen Fazies zusammen mit der Münchberger Masse als Decke herantransportiert wurden. Andere sehen zwischen den Gesteinen der Bayerischen und der Thüringischen Fazies Übergänge und nur geringe Überschiebungen; sie erklären die Bayerische Fazies mit lokalen Hebungsvorgängen, die in der Umgebung der autochthonen Münchberger Masse während des Oberdevons und Unterkarbons stattfanden.

Die mehrere Tausend Meter mächtige Abfolge des Proterozoikums und Paläozoikums im Thüringisch-Fränkisch-Vogtländischen Schiefergebirge könnte nach den vorliegenden paläontologischen Daten bereits vor dem Ende des Unterkarbons (ab dem jüngeren Mittel-Visé) **variszisch** gefaltet worden sein. In dieser Zeit entstanden die erzgebirgisch streichenden **Faltenstrukturen** und die ebenso ausgerichtete Schieferung der

Gesteine, erfolgten gebietsweise schwache metamorphe Überprägungen (besonders eine Phyllitisierung). Mit der Faltung verbunden waren nach Südosten gerichtete **Auf- und Überschiebungen** an der Südostflanke der Antiklinorien – wodurch deren Kerne stärker herausgehoben wurden und so der späteren Abtragung zugänglich waren – sowie im äußersten Nordwesten, wo die Abfolgen vom Vesser-Synklinorium bis zum Kern des Schwarzburger Antiklinoriums verschuppt und gestapelt wurden. Die **Phyllitisierung** ist nicht auf die Kerne in den Antiklinorien beschränkt. Sie tritt auch in den herausgehobenen Teilen der Synklinorien auf, wie in der Frankenwald-Querzone und in der Hirschberg-Gefeller Antiklinale, und erfasste sogar Bereiche des Kulms im Vogtländischen Synklinorium.

Außer den erzgebirgisch streichenden Faltenzügen bildeten sich senkrecht zu diesen von Brüchen begrenzte Querstrukturen. Die bedeutendste ist die herzynisch streichende **Frankenwald-Querzone**. Sie trennt das Teuschnitz-Ziegenrücker Synklinorium in zwei dem Doppelnamen entsprechende Teile.

Die **variszische magmatische Intrusionstätigkeit** war unbedeutend. Die vor der Orogenese, während des **Devons** gebildeten kleineren Granit-Körper in der Hirschberg-Gefeller Antiklinale und im Kern des Bergaer Antiklinoriums wurden wie die umgebenden Sedimentgesteine von der variszischen Orogenese erfasst und zu „Porphyroiden", teilweise sogar zu Serizitschiefern deformiert.

Der einzige größere, nach der Orogenese, während des Oberkarbons (vor 315 Mio. Jahren) intrudierte Granit-Pluton mit zonalem Kontakthof befindet sich bei Bergen an der Südostflanke des Vogtländischen Synklinoriums. Wie im Erzgebirge haben auch hier Granite im Untergrund eine wesentlich größere Verbreitung, die durch das Vorkommen von kontaktmetamorphen Gesteinen angezeigt wird. Kleinere granitische bis dioritische Intrusivkörper treten in der Frankenwald-Querzone auf. Sie bilden zusammen mit punktförmigen Kontakterscheinungen Hinweise auf noch nicht freigelegte Granite der herzynisch streichenden sog. Thüringischen Granit-Linie.

Der variszische Faltenbau wurde bereits während des Oberkarbons und Unterperms durch **Abtragung** eingeebnet. Davon zeugen Reste einer weit verbreiteten, mehr oder weniger intensiven

4

Rotverwitterung auf den Höhen des Schiefergebirges. Abgesehen von nur geringmächtigen Sedimenten und vereinzelten vulkanischen Gesteinen
fehlt das Rotliegende weitgehend. Lediglich im
Zentrum des Teuschnitzer Synklinoriums bei
Stockheim, an der Fränkischen Linie abgeschnitten, erreicht es größere Mächtigkeit (vgl. Kap. 6.1).
Am Nordrand des Schiefergebirges lagert der
oberpermische **Zechstein** dem variszischen Ge-
birgsbau großflächig diskordant auf. Die **Diskordanz** ist an der 700 m langen Wand des Bohlens
bei Saalfeld eindrucksvoll aufgeschlossen (Abb.
4.4-2). Zechstein, **Buntsandstein** und **Muschelkalk** haben ursprünglich große Teile des Thüringisch-Fränkisch-Vogtländischen Schiefergebirges
bedeckt. Davon zeugen **Abtragungsreste** von
Zechstein und Buntsandstein bei Scheibe-Alsbach
sowie von Muschelkalk nördlich Greiz. Im verkarsteten Muschelkalk sind dort auch Tone der
Oberkreide erhalten.

Die Heraushebung und Gestaltung der heutigen Hochfläche begann wahrscheinlich gegen
Ende des Mesozoikums. Bereits während des
Eozäns bestand eine geschlossene Hochlage im
Süden. Mit der episodischen Heraushebung während und vor allem am Ende des Tertiärs bis frühen Quartärs entwickelte sich das Flussnetz aus
weiten Talungen zu eingeschnittenen Tälern. Die
tertiären Verwitterungsbildungen auf der Hoch-

fläche wurden bereits vor den pleistozänen Kaltzeiten weitestgehend zerstört. Die Tiefenerosion
setzte sich während des Quartärs verstärkt fort.
Insbesondere auf den Hochflächen bildeten sich
periglaziale Schutte.

Nutzung der Lagerstätten und geologischen Ressourcen

Die Gesteine des Thüringisch-Fränkisch-Vogtländischen Schiefergebirges wurden früher vielfältig
genutzt. An erster Stelle sind die Eisenerz-, Uran-
erz- und die Schwerspat- Flussspat-Lagerstätten
zu nennen. Die sedimentär gebildeten oolithischen **Eisenerze** des Ordoviziums sind bei
Schmiedefeld (nahe Neuhaus a. Rennweg) und
Wittmannsgereuth bis 1972 bzw. 1971 abgebaut
und in Unterwellenborn bei Saalfeld verhüttet
worden. Die an den devonischen Vulkanismus
gebundenen Eisenerze vom Lahn-Dill-Typ im
Bereich des Bergaer Antiklinoriums standen bei
Schleiz-Pörmitz bis 1920 in Abbau. Andere kleinere Eisenerz-Lagerstätten bzw. -Vorkommen,
wie die Magnetit-Vererzungen der Schwarzen
Crux bei Schmiedefeld a. Rennsteig im Vesser-
Syklinorium, die Siderit-Ankerit-Gänge von
Lobenstein und die Brauneisen-Verwitterungs-

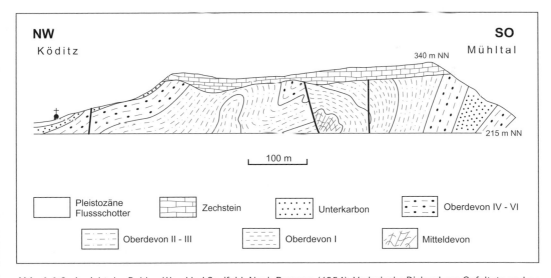

Abb. 4.4-2 Ansicht der Bohlen-Wand bei Saalfeld. Nach Pfeiffer (1954). Variszische Diskordanz: Gefaltete und an
Störungen versetzte Schiefer und untergeordnet Quarzite des Devons und Unterkarbons werden diskordant von
Karbonat-Gesteinen des Zechsteins überlagert.

krusten vom Hunsrück-Typ bei Göttengrün waren nur lokal und zeitweilig von Interesse.

Der **Uran**-Bergbau war auf „schichtförmige" Vererzungen in der stratigraphischen Abfolge vom jüngsten Ordovizium bis zum Unterkarbon des Ronneburger Reviers östlich Gera konzentriert, wo insgesamt geologische Vorräte von knapp 113.000 t Uran in Tagebauen und bis in nahezu 800 m Tiefe abgebaut worden sind. Das primär (syngenetisch) in silurischen Schwarzschiefern angereicherte Uran wurde durch Verwitterungsvorgänge in der Perm- und Kreide-Zeit (datiert auf 240 bzw. 90 Mio. Jahre) ausgelaugt und in der so genannten Zementationszone, vor allem im Lederschiefer sowie in Diabasen des Devons und im Ockerkalk, konzentriert. Die Förderung ist in den Lagerstätten Beerwalde-Drosen und Paitzdorf Ende 1990 eingestellt worden. Zur Einschränkung der Umweltbelastungen wurde 1998 die Flutung der Gruben in Gang gesetzt. Eine kleinere Lagerstätte des gleichen Typs befand sich bei Dittrichshütte südlich Saalfeld. Die Halden wurden schon vor längerer Zeit abgetragen.

Die für das Erzgebirge charakteristischen gangförmigen Uran-Lagerstätten treten auch im Vogtland in den Kontaktbereichen des Bergener und am Westrand des Eibenstocker Granits auf. Die Lagerstätten Zobes östlich Plauen und Schneckenstein nördlich Klingenthal (vgl. Kap. 3.4) haben 6.332 t Uran geliefert.

Größere **Fluorit**- und **Baryt**-Gangmineralisationen sind aus dem Vogtland bekannt. Die Flussspat-Lagerstätten Schönbrunn, Bösenbrunn und Ebersberg südlich Plauen haben vor allem nach dem 2. Weltkrieg wirtschaftliche Bedeutung erlangt. Eine ebenfalls wichtige Schwerspat-Lagerstätte befindet sich bei Brunndöbra nordwestlich Klingenthal. Die Gewinnung in Schönbrunn und Brunndöbra wurde 1990 aus Rentabilitätsgründen eingestellt, nachdem die anderen Gruben schon vor 1970 stillgelegt worden waren. Die übrigen zahlreichen kleinen Erzlagerstätten, wie z. B. die Kupfer-Silber-Gangerze von Saalfeld, das Kupfer-Blei-Selenid-Vorkommen Tannenglasbach, sind nur zeitweilig abgebaut worden und meistens ausgebeutet. Einzig die Antimonit-Quarzgänge von Oberböhmsdorf wurden längere Zeit in der Mitte des 19. und des 20. Jahrhunderts bebaut und von 1946 bis 1953 Erze mit einem Inhalt von etwa 600 t Antimon gefördert. Historisches Interesse verdienen die zumeist vor dem 30jährigen Krieg abgebauten **Gold-Quarzgänge**, deren bekannteste am Goldberg bei Reichmannsdorf bereits im 14. Jahrhundert erschöpft waren. Ab dem 16. Jahrhundert wurde dann Gold aus **Seifen** der Flussschotter, insbesondere im Schwarzatal gewonnen, dort auch von höher gelegenen Flussterrassen.

Typisch für das Schiefergebirge war die Gewinnung von **Schiefern**, die bereits im 13. Jahrhundert begonnen hat. Dunkle Dach- und Wandschiefer sowie Schreibtafeln wurden vor allem im 19. und bis in die Mitte des vorigen Jahrhunderts aus dem Dachschiefer-Horizont des Unterkarbons in großem Umfang hergestellt. Der Untertage-Bergbau in Unterloquitz-Arnsbach ist 1999 eingestellt worden. Der Abbau erfolgt noch bei Lehesten-Schmiedebach und Geroldsgrün über Tage. Für die dekorative Gestaltung der schieferverkleideten Wände sind auch die hellgrauen Phycoden-Dachschiefer des Ordoviziums bis 1960 bei Unterweißbach und Böhlscheiben im Schwarzatal gebrochen worden. Der Griffelschiefer des höheren Ordoviziums war bis 1968 wegen seines chakteristischen Zerfalls, der auf der annähernd senkrechten Durchkreuzung von Schichtung und Schieferung beruht, begehrtes Objekt für die Verarbeitung zu Schreibgriffeln bei Steinach. Heute dienen die Abfälle der Schieferprodukte zur Herstellung von Schiefermehl und -splitt sowie Blähtonen. Die an Pyrit reichen Schwarzschiefer, vor allem des Silurs, sind bis in die Mitte des 19. Jahrhunderts für die Gewinnung von Vitriol, Alaun und Farberden abgebaut worden.

Die Fruchtschiefer aus dem Kontakthof des Bergener Granits bei Theuma, der Ockerkalk von Volkmannsdorf südwestlich Saalfeld und die oberdevonischen Knotenkalke des Bergaer Antiklinoriums – der sog. „Thüringer Marmor" – sind als **Dekorationssteine** geschätzt. Aus den Graniten der Frankenwald-Querzone, Quarziten des Ordoviziums, Diabasen des Devons sowie unterkarbonischen Grauwacken werden **Zuschlagstoffe** sowie **Bettungsstoffe** für die Anlage von Verkehrswegen hergestellt.

Nicht unerwähnt bleiben sollen die **Talsperren** im oberen Saaletal. Die hintereinander gelegenen Bleiloch- und Hohenwarte-Talsperre bilden mit 215 bzw. 185 Mio. m³ Speichervolumen die größte Stauanlage Deutschlands. Sie dienen vorrangig dem Hochwasserschutz und der Wasserregulierung an den Unterläufen von Saale und Elbe.

Daneben wird das Wasser für die Erzeugung von Strom und für industrielle Zwecke genutzt.

4.5 Schiefergebirge der Elbezone

Die Elbezone (Abb. 4.5-1) ist eine **Nordwest–Südost** ausgerichtete, von Verwerfungen und Überschiebungen begrenzte **Struktur** zwischen dem Erzgebirge (vgl. Kap. 3.4) und dem Sächsischen Granulitgebirge (vgl. Kap. 3.5) im Südwesten sowie dem Lausitzer Bergland (vgl. Kap. 4.6) im Nordosten. Sie wird größtenteils von Ablagerungen der Oberkreide eingenommen (vgl. Kap. 8.4), welche dem Grundgebirge meistens direkt aufliegen. Das Rotliegende der Döhlener Senke (vgl.

Kap. 6.5) nimmt am Südwestrand eine kleinere Fläche ein. Im Nordwesten lagern Zechstein und Buntsandstein auf Grundgebirge und Rotliegendem. Sedimente des Quartärs und untergeordnet des Tertiärs verhüllen nordwestwärts zunehmend diese Baueinheiten der Elbezone.

Gesteine des Schiefergebirges kommen im Südwestteil in zwei, durch das Rotliegende getrennten Gebieten vor, dem **Nossen-Wilsdruffer Schiefergebirge** im Nordwesten und dem **Elbtal-Schiefergebirge** im Südosten. Im Nordwesten besteht ein Anschluss an den Schiefermantel des Granulitgebirges (vgl. Kap. 3.5) und das Schiefergebirge im Untergrund der Vorerzgebirgs-Senke (vgl. Kap. 6.4). Nossen-Wilsdruffer und Elbtal-Schiefergebirge bilden eine zusammenhängende Einheit. Sie wird aus variszisch gefalteten und geschieferten Sediment- und Effusivgesteinen kambrisch-ordovizischen bis unterkarbonischen Alters aufgebaut. Das Silur ist mit Kiesel- und

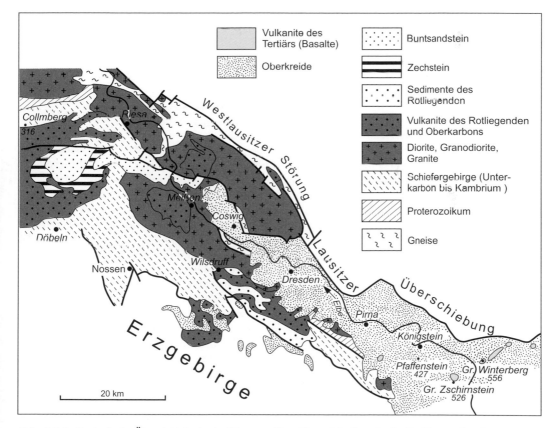

Abb. 4.5-1 Geologische Übersichtskarte der Elbezone (Quartär und Sedimente des Tertiärs entfernt).

4

Alaunschiefern, das Devon mit Diabasen, Tuffen und Kalken, das Unterkarbon mit Grauwacken, einem Kieselschiefer-Hornstein-Konglomerat und Olisthostromen vertreten. Fazielle Differenzierungen belegen das Nebeneinander von Thüringischer und Bayerischer Fazies (vgl. Kap. 4.4). Im Elbtal-Schiefergebirge sind die Gesteine besonders eng verfaltet, verschuppt und entlang der Mittelsächsischen Störung nach Südwesten auf das Erzgebirge überschoben. Die kambrischordovizischen Gesteine wurden außerdem phyllitisiert, eingeschaltete Vulkanite in Serizit- und Chloritgneise sowie Amphibolschiefer umgewandelt.

An das Paläozoikum des Elbtal-Schiefergebirges grenzt im Nordosten bei Dohna (westlich Pirna) ein Streifen proterozoischer Grauwacken mit einem Granodiorit an, der zu Beginn des Kambriums (vor 535 Mio. Jahren) in die Grauwacken intrudierte und diese kontaktmetamorph verändert hat.

An das Nossen-Wilsdruffer Schiefergebirge schließt nordostwärts das **Meißener Massiv** an, ein Intrusivkomplex von dioritischer bis granitischer Zusammensetzung. Er hat große Teile des Schiefergebirges einschließlich des Unterkarbons kontaktmetamorph verändert. Im Zentrum bei Meißen lagern vulkanische Gesteine wahrscheinlich des jüngsten Oberkarbons auf (vgl. Kap. 6.5). Die Intrusionen erfolgten vor 325 Mio. Jahren. Die Kerne einzelner Zirkone ergaben reliktische Alter zwischen 570 Mio. und 2,2 Mrd. Jahren; sie weisen auf entsprechende Alter der aufgeschmolzenen Kruste hin. Am Nordostrand wird das Massiv von proterozoischen phyllitischen Grauwacken und Gneisen begleitet.

Am nordwestlichen Ende der Elbezone, in der Umgebung von Oschatz und Riesa, tauchen aus dem Quartär als kleinere „Inseln" proterozoische sowie ordovizische bis devonische Gesteine des Schiefergebirges auf. Mit dem aus unterordovizischen Quarziten aufgebauten Collmberg (316 m) ragen sie 200 m über die flachwellige Moränen-Landschaft des nordsächsischen Tieflands. Der cadomische Laaser Granodiorit (530 Mio. Jahre) indrudiert am Nordrand im Gebiet von Dahlen das Proterozoikum, der frühvariszische Diorit von Gröba (355 Mio. Jahre) den gesamten Komplex am Nordostrand in der Umgebung von Riesa.

Nutzung der Lagerstätten und geologischen Ressourcen

Das **Grundgebirge** der Elbezone ist vergleichsweise arm an Rohstoffen. Von den sehr vielfältigen **Hartgesteinen** werden einige vor allem für die Herstellung von Schotter und Splitt, bei minderer Qualität als Straßenbaustoffe und Schüttmaterial genutzt, so die Magmatite des Meißener Massivs, Diabase, Diabastuffe und Kalksteine des Elbtal-Schiefergebirges sowie Chloritgneis und Quarzphyllit des Nossen-Wilsdruffer Schiefergebirges. Von den Gesteinen des Meißener Massivs finden die Diorite als Wasserbausteine und untergeordnet der farblich ansprechende Riesenstein-Granit als Werkstein Verwendung.

Von den Ablagerungen des **känozoischen Deckgebirges** werden die Tone und Lehme für die Herstellung von Ziegeln, die glazio-fluviatilen Sande und Kiessande sowie die fluviatilen Kiese der Elbe als Schüttmaterial und Mörtelsand bzw. Betonzuschlag- und Straßenbaustoffe verwendet.

4.6 Grundgebirge der Lausitz

Das Grundgebirge der Lausitz (Abb. 4.6-1) besteht aus petrographisch grundsätzlich verschiedenen Baueinheiten. Im Süden bilden Intrusivgesteine eines der großen Pluton-Gebiete im variszischen Gebirge Mitteleuropas, nordwärts folgt ein Schiefergebirgs-Areal. Im Südosten lagert mächtiges sedimentäres und vulkanisches Tertiär auf (vgl. Kap. 10.7 und 11.6). Nach Norden wird das Grundgebirge des Lausitzer Berglands (Oberlausitz) von zunehmend mächtigeren Sedimenten des Quartärs und auch des Tertiärs eingedeckt, die zur Niederlausitz überleiten (vgl. Kap. 10.6). Im Südwesten grenzt es an der Lausitzer Überschiebung und der Westlausitzer Störung an die Elbezone (vgl. Kap. 3.5 und 8.4); im Nordosten wird es ebenfalls von einer bedeutenden Verwerfung, dem Lausitzer Hauptabbruch begrenzt. Das Grundgebirge der Lausitz wurde wie das des Erzgebirges im Süden am stärksten herausgehoben. Deshalb finden wir dort mit fast 600 m Höhe die höchsten Berge.

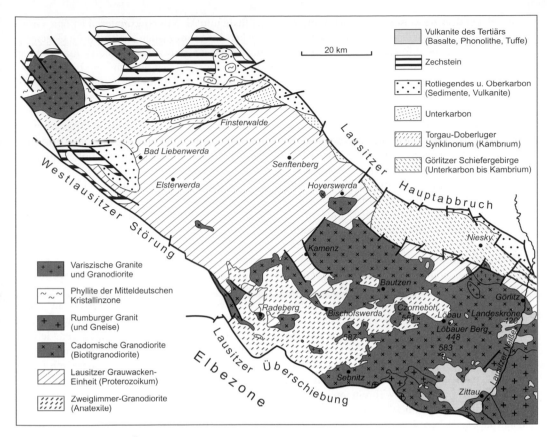

Abb. 4.6-1 Geologische Übersichtskarte der Lausitz (Quartär und Sedimente des Tertiärs entfernt).

Das **Schiefergebirge** ragt am Nordrand des Berglands nur sporadisch aus der känozoischen Überdeckung hervor. Im Nordwesten ist es die Lausitzer Grauwacken-Einheit zwischen Radeburg und Kamenz, eine wahrscheinlich mehrere Tausend Meter mächtige, lithologisch eintönige und schwer untergliederbare jungproterozoische Folge von Grauwacken und Grauwacken-Schiefern. Wie im Schwarzburger Antiklinorium des Thüringischen Schiefergebirges (vgl. Kap. 4.4.) sind Kieselschiefer, basische Vulkanite und saure Tuffe eingeschaltet. Radiometrische Datierungen der sauren Tuffe ergaben ein Alter von 560 Mio. Jahren. Die Grauwacken-Einheit wurde **cadomisch** zu der West–Ost orientierten **Niederlausitzer Antiklinalzone** gefaltet (Abb. A-4). Diese setzt sich über die Elbezone westwärts in die Umgebung von Leipzig fort (vgl. Kap. 6.3). Im Gegensatz zu gleich alten Serien des Erzgebirges (vgl. Kap. 3.4) wurden die Lausitzer und auch die nordwestsächsischen

Grauwacken – wie die im Schwarzburger Antiklinorium – aber nicht regionalmetamorphosiert. Dafür sind sie in direkter Nachbarschaft zu Intrusivkomplexen auf großer Breite kontaktmetamorph verändert.

Das **Görlitzer Schiefergebirge** im Nordosten ist hingegen mannigfaltiger aufgebaut. Außer proterozoischen Grauwacken kommen paläozoische Ablagerungen vor. Besonderes Interesse verdient das Unterkambrium mit seinen Kalksteinen und fossilführenden Schiefern. Das Ordovizium ist lückenhaft: Der unterordovizische Quarzit der Hohen Dubrau (307 m) liegt diskonform auf gefaltetem Proterozoikum; der oberordovizische Eichberg-Sandstein entspricht dem Döbra-Sandstein der Bayerischen Fazies im Frankenwald. Die Abfolge darüber setzt sich fast lückenlos bis zum Unterkarbon fort. Sie weist ebenfalls Merkmale der Bayerischen Fazies auf (vgl. Kap. 4.4). Das Paläozoikum ist wie in der Elbezone intensiv

4

variszisch gefaltet, teilweise sogar verschuppt; der Faltenbau streicht ebenfalls Nordwest-Südost.

Eine völlig andere Abfolge wurde weiter nordwestlich im **Torgau-Doberluger Synklinorium** erbohrt. Dort liegt nur schwach gefaltetes, über 1.000 m mächtiges Kambrium auf dem Proterozoikum. Die jungproterozoische Abfolge endet hier mit Kieselschiefern, Schwarzschiefern und basischen Vulkaniten. Im Rothsteiner Felsen nördlich Bad Liebenwerda treten die harten Kieselschiefer auch morphologisch in Erscheinung. Über dem Kambrium folgt mit **großer Schichtlücke** und Diskordanz bis 700 m mächtiges jüngeres Unterkarbon mit Kohlenflözen. Im Norden grenzen Phyllite der Mitteldeutschen Kristallinzone an, in welche vor 335–320 Mio. Jahren Granodiorite intrudierten.

Das Pluton-Gebiet in der südlichen Oberlausitz (Lausitzer Bergland) wird wegen der vorherrschenden Granodiorite als **Lausitzer Granodiorit-Komplex** bezeichnet. Er besteht aus mehreren Teilkörpern, die auf Grund von radiometrischen Altersbestimmungen zwischen 540 und 530 Mio. Jahren, also kurz nach der Faltung der Lausitzer Grauwacken intrudiert sind. Für ein **cadomisches** Alter sprechen auch die weit verbreiteten Kontakte in der Grauwacken-Einheit, während solche in den altpaläozoischen Gesteinen des Görlitzer Schiefergebirges im Allgemeinen fehlen. Im Intrusivkomplex nehmen Biotit-führende Typen die weitaus größte Fläche ein. Es handelt sich um die typischen Demitzer oder **Westlausitzer Granodiorite**. Im Ostteil des Massivs sind die Biotitgranodiorite teilweise schwach deformiert.

In diesen Seidenberger oder **Ostlausitzer Granodiorit** intrudierte während des frühen Ordoviziums (vor 490–480 Mio. Jahren) der **Rumburger Granit**, der ebenfalls in einzelnen Streifen schwach tektonisch beansprucht ist. Die **Deformation** nimmt ostwärts, vor allem jenseits der Neiße zu und dehnt sich flächenhaft aus, so dass ein Übergang zu den Gneisen des Iser-Gebirges/Góry Izerskie/Jizerské hory in Polen und in der Tschechischen Republik besteht. Die Deformation erfolgte während der **variszischen Orogenese**.

Im Verbreitungsgebiet des Westlausitzer Granodiorits taucht mehrfach inselförmig ein Zweiglimmer-Granodiorit auf, der sich auf den ersten Blick als **Anatexit** zu erkennen gibt. Darauf weisen die sehr zahlreichen, nicht aufgeschmolzenen Ein-

schlüsse hin. Als Ausgangsmaterial ist eine Grauwacken-Folge anzusehen, die aber – im Gegensatz zur Lausitzer Grauwacken-Einheit – mannigfaltig zusammengesetzt war. Ihr wird ein höheres Alter als den Lausitzer Grauwacken zugesprochen. Vor allem in den sicher intrudierten Anteilen des Zweiglimmer-Granodiorits wurden an Zirkonen, die aus den aufgeschmolzenen Ausgangsgesteinen stammen, sogar Alter bis 2,93 Mrd. Jahre ermittelt. Das ist ein Hinweis auf ein sehr hohes Alter der Gesteine im Liefergebiet für diese älteren Grauwacken. Nicht geklärt ist, ob und in welchen Umfang noch in situ entstandene Anatexite vorhanden sind oder ob alle Zweiglimmer-Granodiorite aus intrudierten Schmelzen entstanden. Die Anatexis ist mit Sicherheit älter als die Intrusion der Biotitgranodiorite. Sie wird mit einer intensiven Erwärmung zu Beginn der **cadomischen Orogenese** in Verbindung gebracht.

Ein wesentlich geringeres Alter als die cadomischen Granodiorite und der Rumburger Granit haben die nur lokal, im Königshainer Gebirge nordwestlich Görlitz und bei Stolpen vorkommenden **Stockgranite**. Sie sind **variszisch** in das Granodiorit-Massiv **intrudiert**. Von ihrer Kontaktmetamorphose wurden auch die Gesteine des Görlitzer Schiefergebirges bis zum Unterkarbon einschließlich betroffen. Radiometrische Datierungen an Zirkon-Kristallen des Königshainer Massivs ergaben ein Bildungsalter von 317 bzw. 304 Mio. Jahren. Im Lausitzer Bergland treten örtlich gehäuft basische Ganggesteine auf. Die ältesten **Lamprophyre** sind wie der Rumburger Granit 400 Mio. Jahre alt und auch teilweise von der Deformation erfasst worden. Eine andere Gruppe ist jünger als die Stockgranite, gehört aber noch an das Ende der variszischen Orogenese.

Dem Grundgebirge lagern am Nordostrand bei Görlitz und im Südwesten bei Weißig Sedimente des **Oberkarbons** bzw. **Rotliegenden** auf. Im Görlitzer Schiefergebirge sind in das Oberkarbon Vulkanite eingeschaltet.

Nutzung der Lagerstätten und geologischen Ressourcen

Die Lausitz ist fast frei von Vererzungen. Dafür liegt hier ein traditionelles Zentrum der Naturstein-Industrie. Sowohl die magmatischen als auch die sedimentären **Hartgesteine** fanden bzw. finden noch immer vielseitige Verwendung. Bekannt sind die Steinbrüche im **Westlausitzer Granodiorit** bei Demitz-Thumitz und Kamenz, wo Werk- und Dekorationssteine sowie Schotter und Splitt gewonnen werden. Das trifft ebenso für den **Stockgranit** von Königshain zu. Die **Lamprophyre** von zahlreichen Orten waren in der Grabsteinindustrie und als dunkle Dekorationssteine besonders geschätzt; heute werden sie – wie auch die **Anatexite** – zu Brechprodukten verarbeitet. Aus den **Lausitzer Grauwacken** werden am Koschenberg und bei Schwarzkollm zwischen Senftenberg und Hoyerswerda, bei Dubring und Ossling südlich Hoyerswerda, bei Bernbruch nahe Kamenz (Abb. A-4) sowie bei Großthiemig westlich Ortrand in großem Umfang Bahnschotter und Splitt für den Straßenbau hergestellt. Der Abbau der kambrischen Kalke bei Ludwigsdorf und Kunnersdorf ist seit längerem eingestellt.

Die unter warm-humiden Klimabedingungen während des Mesozoikums und Tertiärs aus Granodioriten und Grauwacken entstandenen **Kaoline** werden bei Caminau nördlich Königswartha sowie bei Wiesa und Cunnersdorf nahe Kamenz abgebaut, teilweise zusammen mit den auflagernden Tonen des Tertiärs. Wegen ihres hohen Weißgrads werden die Kaoline von Caminau vorwiegend als Füllstoff in der Papierindustrie, aber auch in der chemischen Industrie verwendet, diejenigen von Wiesa und Cunnersdorf vor allem in der keramischen, Feuerfest- und Bauindustrie sowie als Dichtbaustoff eingesetzt.

5 Oberkarbonische Steinkohlen-Gebiete

Im Anschluss an die variszische Orogenese bildeten sich während des Oberkarbons in Mitteleuropa **Rand- und Binnensenken** heraus, die mit meist fein- und mittelkörnigem Abtragungsmaterial gefüllt wurden. Es stammt zum größten Teil von benachbarten oder entfernteren Bereichen des aufgefalteten variszischen Gebirges, die Festland geworden waren. Nicht unwesentliche Sedimentmengen wurden auch von außerhalb gelegenen, heute nur schwer genau zu lokalisierenden Liefergebieten in die Randsenken transportiert. Charakteristisch für diese Oberkarbon-Becken ist, dass sich in ihnen – wie auch in vielen anderen Gegenden der Erde zu diesem Zeitabschnitt – Kohlenflöze bildeten. Gegen Ende des Oberkarbons wurden die Randsenken ebenfalls ausgefaltet und dem variszischen Gebirge als **Subvariszikum** angegliedert. Zur gleichen Zeit und/oder etwas später wurden die Ablagerungen der Binnensenken von den tektonischen Vorgängen erfasst, aber schwächer deformiert.

Zu den landschaftsprägenden oberkarbonischen Steinkohlen-Gebieten Deutschlands gehören das Ruhrgebiet mit seiner linksrheinischen Fortsetzung, dem Aachener Revier, ebenso wie die Aufbrüche bei Osnabrück sowie das Saargebiet (Abb. 5-1). Während das zuletzt genannte Teil einer größeren Binnensenke mit fluviatil-limnischer Füllung ist, entstanden das Ruhrkarbon und Aachener Karbon am Rande eines nördlich gelegenen Meeres in einer paralischen Randsenke oder Saumsenke. Weitere kleinere Kohlen führende Senken des Karbons finden sich im Osten Deutschlands (vgl. Kap. 6).

5.1 Ruhrgebiet und Osnabrück/Ibbenbüren

Das Ruhrkarbon (Abb. 5.1-1) ist ein Teil der **Randsenke**, in der sich vor dem südlich gelegenen variszischen Gebirge riesige Küstensümpfe erstreckten. Nur ihr südlicher Rand tritt im Ruhrgebiet in einem schmalen Streifen zu Tage, z. B. in Bochum und Witten. Nach Norden taucht das Ruhrkarbon insgesamt, also unabhängig von seinem inneren Faltenbau, mit 3–7° Neigung flach unter das Münstersche Kreide-Becken ab (Abb. 5.1-3; vgl. auch Kap. 8.5.2). Der Beginn der **Überlagerung** durch **Kreide** zeigt sich im Gelände an der Verflachung nördlich der Linie Essen–Bochum–Dortmund. Im Niederrhein-Gebiet schalten sich zwischen Oberkarbon und Kreide noch mehr als 500 m mächtiger Zechstein (vgl. Kap. 10.3) und Schichten des älteren Mesozoikums ein.

Im Bereich Osnabrück und Ibbenbüren treten die Oberkarbon-Schichten in den Aufbrüchen des Schafbergs, Piesbergs und Hüggels noch einmal zu Tage. Durch Bohrungen und geophysikalische Untersuchungen weiß man, dass das flözführende Oberkarbon an der Nordseeküste in 5–7 km Tiefe vorhanden ist und sich bis weit unter die südliche Nordsee hinzieht. Von hier aus hat zumindest zeitweilig eine Verbindung zu den mit Tiefbohrungen nachgewiesenen Steinkohlen-Vorkommen im Untergrund Vorpommerns (Inseln Hiddensee, Rügen, Usedom und benachbartes Festland) bestanden.

Die oberkarbonische Schichtenfolge beginnt mit rund 1.000 m tonigen und sandigen Sedimenten ohne Kohlenlagen, dem sog. **Flözleeren**, dem unteren Teil der Namur-Stufe (Abb. A-8). Darüber folgen, gebildet ab der höchsten Namur-Stufe, etwa 3.000 m **flözführendes Oberkarbon** (Abb.

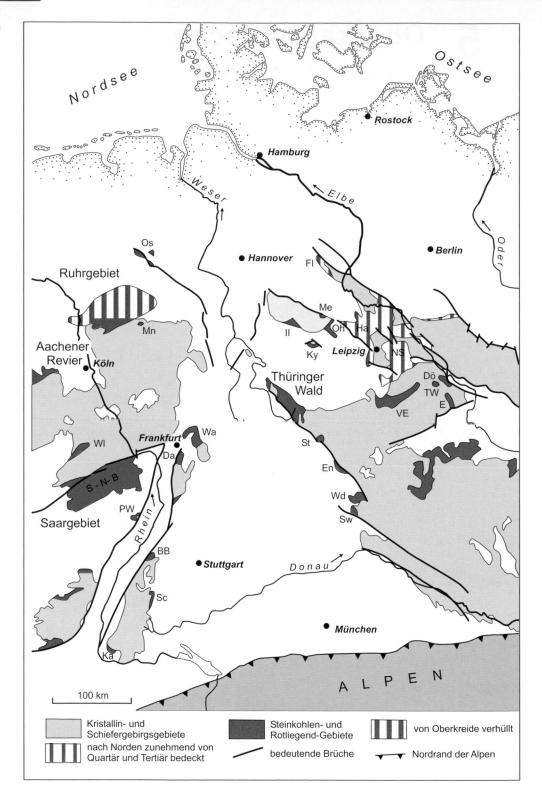

Kristallin- und Schiefergebirgsgebiete

nach Norden zunehmend von Quartär und Tertiär bedeckt

Steinkohlen- und Rotliegend-Gebiete

bedeutende Brüche

von Oberkreide verhüllt

Nordrand der Alpen

Abb. 5-1 Oberkarbonische Steinkohlen-Gebiete und Rotliegend-Gebiete. BB – Baden-Badener Senke, Da – Sprend-linger Horst bei Darmstadt, Dö – Döhlener Senke, E – Osterzgebirge, En – Erbendorf, Fl – Flechtinger Höhenzug, Ha – Hallescher Vulkanitkomplex, Il – Ilfelder Senke, Ka – Weitenauer Vorberge bei Kandern, Ky – Kyffhäuser, Me – Meisdorfer Senke, Mn – Menden, NS – Nordwestsächsischer Vulkanitkomplex, Oh – Ostharzrand, Os – Osnabrück, PW – Pfälzer Wald, S-N-B – Saar-Nahe-Becken, Sc – Schramberger Senke, St – Stockheimer Senke, Sw – Schwandorf, TW – Tharandter Wald, VE – Vorerzgebirgs-Senke, Wa – Wetterau, Wd – Weiden, Wl – Wittlicher Senke.

5.1-2), in dem die Kohlenlagen allerdings nur etwa 1,5% der Schichtenfolge ausmachen. Die mäch-tigsten Flöze erreichen bis 2,80 m Dicke, nur weni-ger als 50 sind bauwürdig. Diese Bewertung schwankt jedoch stark; derzeit stehen nur die besten Flöze mit annähernd horizontaler Lage-rung im Abbau, sodass viele Kohlenpartien jetzt als unbrauchbar angesehen werden, die vor eini-gen Jahren noch als abbauwürdig gegolten haben. Für die Beurteilung der Kohlen ist auch ihre Art (Zusammensetzung) wichtig. Wertvoll sind be-sonders die **Fettkohlen** mit einem mittleren Inkohlungsgrad, weil sie für die Herstellung von Koks am besten geeignet sind.

Im Ablagerungsraum des flözführenden Ober-karbons haben vorwiegend **limnisch-brackische** Bedingungen geherrscht. Nur etwa ein Sechstel der Schichtenfolge lässt Vorstöße vom Meer her erkennen. Diese **marinen Intervalle** nehmen in den jüngeren Schichten ab. Sie sind für die Paral-lelisierung der Flözfolgen im Ruhrgebiet selbst und mit denen im Gebiet von Aachen–Belgien und im Untergrund der südlichen Nordsee wich-tige Leithorizonte.

Typisch für die Kohle führenden Sedimente ist ihr **zyklischer Aufbau:** An der Basis der Einheiten liegen fluviatile Sande, darüber folgt ein Wurzel-boden, der einen zunehmenden Ausgleich des

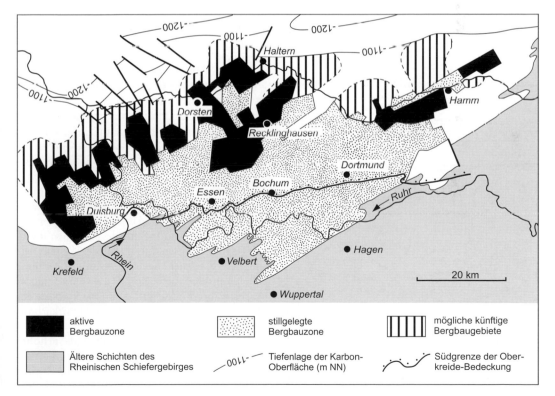

Abb. 5.1-1 Steinkohlen-Bergbau im flözführenden Oberkarbon (Namur C bis Westfal C) des Ruhrgebiets (Stand: 1993). Nach DROZDZEWSKI & WREDE (1994), etwas ergänzt.

5

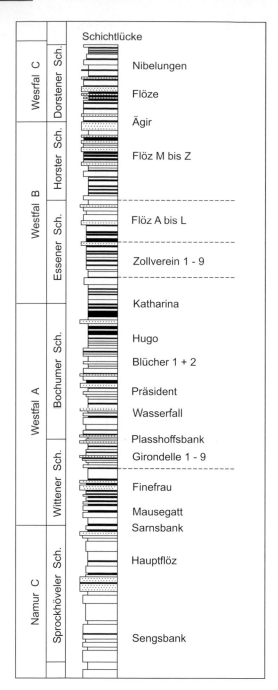

Abb. 5.1-2 Schematisches Schichtenprofil des flöz-führenden Oberkarbons im Ruhrgebiet. Schwarz – Steinkohlenflöze; punktiert – Sandsteine und Konglomerate; weiß – Tonsteine. Nach WUNDERLICH (1968).

Sedimentationsbeckens anzeigt. Er wird von dem eigentlichen Kohlenflöz überdeckt, das seinerseits von brackischen, teilweise auch marinen Tonsteinen überlagert wird. Die hieraus deutlich gewordene Absenkung mit nachfolgendem Meereseinbruch geht dann wieder zurück, sodass ein neuer Zyklus wiederum mit fluviatilen Ablagerungen beginnen kann. Naturgemäß sind die einzelnen Zyklen von sehr verschiedener Mächtigkeit (im Mittel etwa 5–10 Meter) und oft unvollständig ausgebildet. Im Ruhrkarbon sind etwa 450 solcher Zyklen vorhanden. Ihre Entstehung ist seit langem umstritten, von vielen Autoren werden Schwankungen im Verlauf von langanhaltenden und großflächigen, **epirogenetischen Senkungen** der Erdkruste angenommen, die durch zyklische Veränderungen der Erdbahnelemente ausgelöst wurden. Bei der Diskussion dieses Problems muss man berücksichtigen, dass zyklische Sedimentfolgen keineswegs nur auf das flözführende Oberkarbon in Europa und Nordamerika oder anderer Gebiete beschränkt sind, sondern auch in kalkigen und Grauwacken führenden Schichten ganz anderen Alters an vielen Stellen der Erde vorkommen.

Der Grad der **Inkohlung** und damit die Art der Steinkohle (am wenigsten inkohlt Gasflammkohle, am stärksten Anthrazitkohle) ist hauptsächlich von der Zunahme der Temperatur abhängig. Die tiefer liegenden und stärker verfalteten Flöze sind stärker inkohlt als die oberflächennahen und annähernd horizontal liegenden. Da das Ruhrkarbon seit seiner Ablagerung insgesamt nur um wenige tausend Meter abgesenkt worden ist, muss die Temperaturzunahme während des Karbons insgesamt 1 °C auf 15 m betragen haben – etwa das Doppelte des heutigen Werts. In Schichten der Westfal-B-Stufe an der unteren Lippe wurden Gerölle von Fett- und Esskohlen gefunden, die aus Flözen der Namur-Stufe des südlichen Ruhrgebiets stammen, wo sie während des Westfals teilweise schon wieder abgetragen wurden. Der hohe Inkohlungsgrad dieser Kohlen-Gerölle zeigt, dass bereits während des mittleren Oberkarbons ein wesentlicher Teil der Inkohlung des Ruhrkarbons abgeschlossen gewesen sein muss.

Der für diese Zeit anzunehmende **erhöhte Wärmefluss** kann durch Tiefengesteinskörper erklärt werden, die im Untergrund des Rheinischen Schiefergebirges aufgedrungen und dort stecken geblieben sind (vgl. Kap. 4.1), oder durch eine ehemals mächtige Auflage von Schichten des

Westfals und Stefans, die ab Ende Karbon wieder abgetragen wurde. Für den vergleichsweise höheren Inkohlungsgrad der Steinkohlen von Ibbenbüren bei Osnabrück, die vielfach anthrazitisch ausgebildet sind, wird dagegen das Bramscher Massiv verantwortlich gemacht, ein hypothetischer Plutonkörper, der möglicherweise in der Kreide-Zeit intrudiert ist (vgl. Kap. 8.5.2).

Die **Deformation** des Ruhrkarbons geht auf die Faltung gegen Ende des Oberkarbons zurück. Infolge der vielen Bergbau-Aufschlüsse ist der tektonische Baustil der Schichten sehr gut bekannt. Typisch sind oft spitzwinklig gebogene Sättel und breite Mulden mit erzgebirgischem Streichen. In tieferen Lagen und im Süden des Ruhrgebiets ist die Verfaltung in der Regel stärker als in höheren Lagen und im Norden (Abb. 5.1-3). Kennzeichnend für das Ruhrkarbon sind außerdem größere, teilweise mitgefaltete Überschiebungen (als „Wechsel" bezeichnet), an denen die Schichten teilweise bis 2 km nach Nordwesten transportiert worden sind, und große Querverwerfungen, welche die Schichtenfolge seitlich oder vertikal um viele hundert Meter versetzen.

Die Einzelfalten schließen sich zu größeren Sattel- und Muldenstrukturen zusammen. Von Nordwesten nach Südosten unterscheidet man Raesfelder, Lippe-, Lüdinghausener, Emscher-, Essener, Bochumer und Wittener Mulde mit jeweils dazwischenliegenden Sätteln. Infolge der nach-oberkarbonischen Abtragung sind im östlichen Teil des Ruhrkarbons nur noch die Schichten des Flözleeren erhalten; das Gebiet mit noch vorhandenen Flözen beginnt erst westlich Menden.

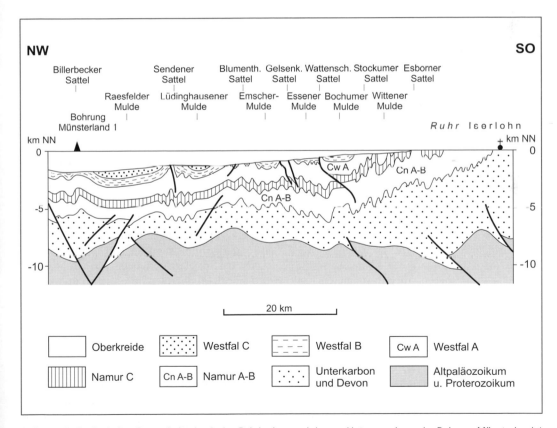

Abb. 5.1-3 Geologischer Querschnitt durch das Ruhrkarbon und dessen Untergrund von der Bohrung Münsterland 1 bis Iserlohn entlang dem tiefenseismischen Profil DEKORP 1-N (2fach überhöht). Nach DROZDZEWSKI et al. (1996), teilweise etwas vereinfacht.

5 Nutzung der Lagerstätten und geologischen Ressourcen

Die **Steinkohlen** des Ruhrgebiets werden mindestens seit dem 14. Jahrhundert bergmännisch gewonnen. Der Abbau begann an den zu Tage tretenden Flözen und verlagerte sich seitdem immer mehr in nördlicher Richtung. Der Schwerpunkt der Kohlengewinnung liegt heute zwischen Emscher und Lippe mit einer linksrheinischen Fortsetzung in das Gebiet um Moers und Kamp-Lintfort (nördlich Krefeld gelegen). Nachdem 1956 die Förderung des **Ruhrgebiets** in der Nachkriegszeit mit fast 151 Mio. Jahrestonnen Rohkohle einen Höhepunkt erreicht hatte, ist sie im Jahr 2001 auf rund 27 Mio. t zurückgegangen; in den letzten Jahren erzielte sie diesen Wert kaum noch (2007: 24 Mio. t). Das sind gut zwei Drittel der gesamten Steinkohlenförderung Deutschlands, die wiederum knapp 2% der Weltförderung ausmacht. Im Ruhrgebiet hauptsächlich abgebaut werden Gasflamm- bis Esskohlen. Die vorhandenen Vorräte, die nach den derzeitigen Bemessungsgrundlagen als abbauwürdig gelten, liegen bei mindestens 100 Mrd. m^3 schwefelarme Kohle. Damit bilden die Steinkohlen des Ruhrgebiets die wichtigste Energiereserve Deutschlands. Die weitere Entwicklung des Kohleabbaus ist schwer vorauszusagen, ebensowenig wie eine mögliche Förderung von sog. unkonventionellem Erdgas.

Am Schafberg bei Ibbenbüren, nahe **Osnabrück**, werden derzeit (2003) noch knapp 2 Mio. t Anthrazitkohle pro Jahr im Tiefbau gewonnen. Der Abbau am Piesberg musste wegen großer Schwierigkeiten mit der Wasserhaltung bereits 1898 eingestellt werden. Der nach dem 2. Weltkrieg wieder aufgenommene Abbau kam 1951 endgültig zum Erliegen. Auch die früheren Tagebaue sind längst eingestellt.

Versuche, das Flözgas Methan aus unverritzten Lagerstätten zu gewinnen, haben bisher noch keinen wirtschaftlichen Erfolge gehabt. Wichtiger ist bislang das Grubengas, das in aktiven und stillgelegten Bergbaubereichen anfällt und derzeit an etwa 40 Standorten in einer Gesamtmenge von etwa 120 Mio. m^3 pro Jahr gewonnen und anschließend verstromt wird.

Weniger bekannt ist, dass auf einigen Verwerfungen im Ruhrgebiet **Vererzungen** mit **Blei**- und **Zink**-Mineralen vorhanden sind. Der Abbau dieser Erze, der unabhängig von der Kohlenförderung vorgenommen werden musste, erfolgte in der Mitte des vorigen Jahrhunderts für einige Jahre auf zwei Gruben bei Essen und Marl. Er wurde wegen eines Verfalls der Metallpreise eingestellt.

Die Oberkarbon-Sandsteine waren früher ein regional wichtiges Baumaterial; sie werden gegenwärtig noch in einer Reihe von Steinbrüchen im Ruhrtal vorwiegend als Werkstein gewonnen. Seit mehr als 150 Jahren werden am Piesberg bei Osnabrück die feinkonglomeratischen Sandsteine aus der höheren Westfal-Stufe in einem der größten Steinbrüche Mitteleuropas abgebaut, um als verschiedenartige **Werk**- und **Bausteine** sowie als **Schotter, Splitt** und **Brechsand** für den Straßen- und Wasserbau Verwendung zu finden.

Für Bochum ist die Nutzung der **Erdwärme** nach dem HDR-Verfahren (vgl. Kap. 2) zur Beheizung von Räumen geplant, wobei mit Temperaturen von 115 °C in Grauwacken und Quarziten des Namur A in 4 km Tiefe gerechnet wird.

5.2 Aachener Steinkohlenrevier

Die Niederrheinische Bucht (vgl. Kap. 10.3) schneidet das Steinkohlengebiet von Aachen, mit seiner **Fortsetzung** in die Niederlande und nach Belgien, vom **Ruhrkarbon** ab. Das Aachener Oberkarbon wird in die südliche Inde-Mulde und die nördliche Wurm-Mulde unterteilt, die durch den erzgebirgisch verlaufenden Aachener Sattel, aus unterkarbonischem Kohlenkalk und oberdevonischen Schiefern bestehend, getrennt werden.

Diskordant über den devonischen und karbonischen Schichten liegen bei Aachen tonig-sandige und kalkige Sedimente der jüngeren Kreide-Zeit, die von einem aus Norden eindringenden Meer abgelagert wurden. Sie setzen sich in westlicher Richtung fort (besonders bekannt die Vorkommen in der Umgebung von Maastricht in den Niederlanden). Ursprünglich haben die oft fossilreichen Kreide-Ablagerungen auch das Hohe Venn überdeckt, wie dort vorkommende Lesedecken von Kreide-Feuersteinen beweisen.

Die in sich verfalteten und teilweise überschobenen Schichten des Devons und Karbons bei

Aachen werden durch große, Nordwest-Südost gerichtete Verwerfungen in einzelne Schollen zerlegt. Diese starke tektonische Deformation hat die Parallelisierung der Kohlenflöze und deren Abbau erheblich erschwert.

Nutzung der Lagerstätten und geologischen Ressourcen

In der Inde- und Wurm-Mulde werden keine **Steinkohlen** mehr gewonnen. Auch der noch weiter im Norden bei Erkelenz auf einem Horst, der durch den Rurtal-Graben vom eigentlichen Aachener Steinkohlengebiet getrennt wird, umgehende Bergbau wurde 1997 eingestellt. Aus dem Aachener Revier stammten zuletzt knapp 200.000 Jahrestonnen Rohkohle.

Heiße **Tiefenwässer** haben schon in der Römer-Zeit den Ruf Aachens als Heilbad begrün-

det. Heute sind sie (bei einer Temperatur von 68 °C) die Grundlage für den Kurbetrieb.

5.3 Saargebiet

Das Steinkohlen führende Oberkarbon des Saargebiets ist Teil einer großen **Binnensenke** im ehemaligen variszischen Gebirge, dem Saar-Nahe-Becken (Abb. 5.3-1). Nach Norden keilt das Oberkarbon unter den überdeckenden Schichten des Rotliegenden bald aus, der Südflügel des Beckens ist von mehr als 1.000 m mächtigen mesozoischen Ablagerungen verhüllt. Wie aus Bohrungen bekannt ist, reicht die Senke nach Südwesten unter ihrer Überdeckung über die Fortsetzung des Saargebiets – das Lothringer Kohlenrevier – hinaus bis Epinal an der Mosel. Die bei Saarbrücken niedergebrachte **Bohrung Saar 1**, die im Jahre 1966 eine Endteufe von 5.662 m

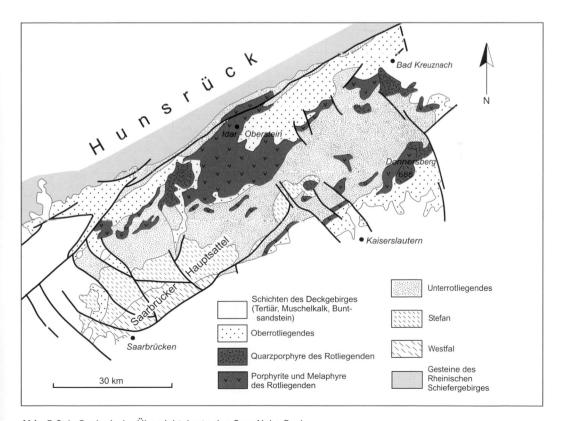

Abb. 5.3-1 Geologische Übersichtskarte des Saar-Nahe-Beckens.

5

erreichte, hat im Untergrund des Saar-Nahe-Beckens überraschend kaum deformierte marine Schichten des Unterkarbons und Devons angetroffen.

Das Steinkohlen führende Oberkarbon des Saargebiets mit insgesamt mehr als 4.000 m Mächtigkeit ist ungleichmäßiger ausgebildet als das paralisch entstandene des Ruhrgebiets und des Aachener Reviers. Die Flöze schwanken in ihrer Mächtigkeit stark, lokal können sie zu mehreren Metern anschwellen, dünnen aber auch sehr schnell wieder aus. Maximal 50 Flöze gelten als abbauwürdig. Insgesamt haben die Saar-Kohlen einen **höheren Aschengehalt** und **mehr flüchtige**

Bestandteile (infolge geringerer Inkohlung) als die Kohlen des Ruhrgebiets. Etwa die Hälfte der Förderung kann in besonderen Verfahren zu Koks verarbeitet werden.

Die Flöze des Saargebiets sind insgesamt etwas jünger als die des Ruhrkarbons (Tab. 5.3-1). Von der Stefan-Stufe ab treten nur noch wenige auf; die flözarmen Schichten gehen kontinuierlich in rote Schuttsedimente des Rotliegenden über. Dabei wölbte sich der **Saarbrücker Hauptsattel** empor und wurde auf den im Südosten anschließenden, randlichen Teil der oberkarbonischen Schichtenfolge überschoben (Abb. 5.3-2).

Tabelle 5.3-1 Altersstellung der Kohlenflöze in den verschiedenen Steinkohlengebieten Deutschlands.

		Ruhrgebiet	Osnabrück	Aachener Revier	Saargebiet	Thüringer Wald	Hallesches Porphyr-Gebiet	Vorerzgebirgs-Senke	Döhlener Senke
Rotliegendes (Autun-Stufe)					■	□			■
Oberkarbon (Siles) · Stefan-Stufe	C				■	□	■		
	B				■		■		
	A				■				
Westfal-Stufe	D		■		■			■	
	C	■			■			■	
	B	■		■					
	A	■		■					
Namur-Stufe	C	■							
	B			■					
	A								
Unterkarbon (Dinant) · Visé-Stufe	III							■	
	II								
Tournai-Stufe	I								

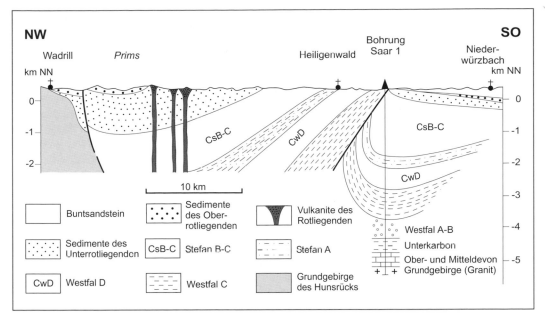

Abb. 5.3-2 Geologischer Querschnitt durch die aufgeschlossenen Schichten des Saar-Nahe-Beckens (3,3fach überhöht). Nach SCHÄFER (1989, ergänzt 1997), etwas verändert.

Nutzung der Lagerstätten und geologischen Ressourcen

Die **Steinkohlen**-Förderung des Saargebiets betrug im Jahr 2001 etwa 5 Mio. t, das war noch rund ein Fünftel der Gesamtförderung von Deutschland. Nach 2012 soll der Steinkohlen-Abbau eingestellt werden.

6 Rotliegend-Landschaften

In Süddeutschland und im südlichen Teil Ostdeutschlands gibt es mehrere verschieden große Gebiete, in denen die Landschaft durch oberflächlich anstehende Gesteine des älteren Perms, des Rotliegenden geprägt wird (Abb. 5-1). Insgesamt handelt es sich um **festländisch** gebildete **Schuttsedimente**, die in voneinander isolierten, meist in erzgebirgischer Richtung verlaufenden Binnensenken des variszischen Gebirges zusammengeschwemmt wurden. Es sind Konglomerate, Fanglomerate, Sandsteine, Arkosen und Tonsteine von brauner, rotbrauner oder violettroter Farbe. Helle, gelblich bis grau gefärbte Sandsteine kommen nur untergeordnet vor (Cornberger Sandstein in Nord-Hessen und Weißliegendes am Ostrand des Harzes), beide am Übergang vom Rotliegenden zum Zechstein (Tabelle 6-1), ebenso dunkelgraue Sedimente, gelegentlich mit Kohlen, im unteren Teil der Abfolgen. In der älteren Rotliegend-Zeit wurden außerdem SiO_2-arme, basische (Melaphyre) und SiO_2-reichere, intermediäre (Porphyrite) und saure (Porphyre) **vulkanische Gesteine** als Ergüsse und dazugehörige Tuffe sowie Schmelztuffe (Ignimbrite) gefördert, die mit den Schuttsedimenten wechsellagern bzw. sich mit ihnen verzahnen, teilweise auch in sie eindrangen.

6.1 Saar-Nahe-Becken und andere Rotliegend-Vorkommen in Süddeutschland

Das größte geschlossene Rotliegend-Gebiet Deutschlands ist das sich südöstlich an den Hunsrück anschließende **Saar-Nahe-Becken** (Abb. 5.3-1). Mit rund 100 km Länge und bis 40 km Breite handelt es sich um eine in Südwest-Nordost-Richtung gestreckte ehemalige jungpaläozoische intramontane Senkungszone. Über Schichten des Karbons, die vor allem im Südteil des Saar-Nahe-Gebiets, dem Saargebiet (vgl. Kap. 5.3), zu Tage treten, liegen mehr als 3.000 m mächtige Rotliegend-Sedimente, in die teilweise sehr große Körper von Vulkaniten eingeschaltet sind.

Zum älteren Rotliegenden (Autun) gehören fluviatile und limnische Konglomerate, Sandsteine, Arkosen und Tonsteine von roter, grauer und brauner Farbe. Diese mit dem ersten Auftreten des Leitfossils *Callipteris conferta* – einer Pflanze – beginnende Abfolge wird seit langem in die (von unten nach oben) **Kusel-**, **Lebach-** und **Tholey-Schichten** unterteilt und jetzt als **Glan-Subgruppe** ausgehalten. Die Schichten zeigen vielfach einen zyklischen Aufbau und können, vor allem im oberen Abschnitt der Kusel-Schichten, Kohlenflöze und bituminöse Kalksteine enthalten.

Im Zusammenhang mit tektonischen Bewegungen, vor allem Bruchbildungen, kam es gegen Ende des älteren Rotliegenden zum Aufdringen von Laven; sie bilden das so genannte **Grenzlager:** Teils intermediäre, teils mehr basische sowie saure vulkanische Gesteine und deren Tuffe wurden örtlich gefördert, d. h. sie flossen aus oder intrudierten in die Sedimente des Rotliegenden. Besonders große derartige Körper sind der Kuselit-Porphyrit(Andesit)-Komplex von Baumholder–Kirn–Idar-Oberstein im Südwesten und die stockförmig intrudierten Quarzporphyre (Rhyolithe) bei Bad Kreuznach, Kirchheimbolanden und Nohfelden im nordöstlichen Saar-Nahe-Gebiet mit bis zu 300 m hohen Steilwänden im Tal der Nahe: Bei Bad Münster am Stein-Ebernburg befinden sich mit dem Rotenstein und dem malerischen Rheingrafenstein (Abb. A-9) die höchsten Felswände außerhalb der Alpen. Von den Rotliegend-zeitlichen mehr basischeren Vulkaniten bei der Ort-

6

Tabelle 6-1 Vereinfachte Tabelle der Gesteinsfolge für die aus Rotliegend-Gesteinen und Buntsandstein bestehenden Gebiete zwischen Harz und Schwarzwald. Für die weiter verbreiteten Serien sind die ungefähren Mächtigkeiten angegeben. Schraffiert: Schichtlücken.

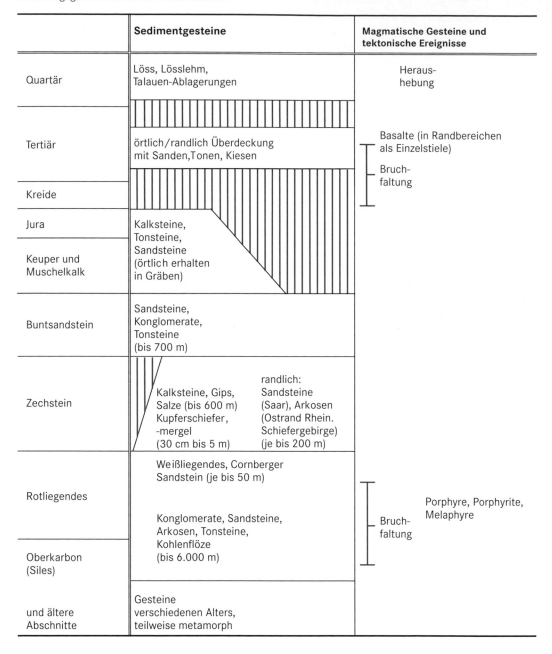

	Sedimentgesteine	Magmatische Gesteine und tektonische Ereignisse
Quartär	Löss, Lösslehm, Talauen-Ablagerungen	Heraus-hebung
Tertiär	örtlich/randlich Überdeckung mit Sanden, Tonen, Kiesen	Basalte (in Randbereichen als Einzelstiele) Bruch-faltung
Kreide		
Jura	Kalksteine, Tonsteine, Sandsteine (örtlich erhalten in Gräben)	
Keuper und Muschelkalk		
Buntsandstein	Sandsteine, Konglomerate, Tonsteine (bis 700 m)	
Zechstein	Kalksteine, Gips, Salze (bis 600 m) Kupferschiefer, -mergel (30 cm bis 5 m) randlich: Sandsteine (Saar), Arkosen (Ostrand Rhein. Schiefergebirge) (je bis 200 m)	
Rotliegendes	Weißliegendes, Cornberger Sandstein (je bis 50 m) Konglomerate, Sandsteine, Arkosen, Tonsteine, Kohlenflöze (bis 6.000 m)	Bruch-faltung · Porphyre, Porphyrite, Melaphyre
Oberkarbon (Siles)		
und ältere Abschnitte	Gesteine verschiedenen Alters, teilweise metamorph	

schaft Tholey im westlichen Saar-Nahe-Gebiet leitet sich die international übliche Bezeichnung **Tholeiit** für einen im ozeanischen Bereich vorherrschenden Basalt-Typ ab.

Über den Grenzlager-Gesteinen folgen meist rote Fanglomerate, Arkosen, Sandsteine und Tonsteine der **Wadern-Schichten** (Saxon), die teilweise schon reichlich Abtragungsprodukte der Grenzlager-Vulkanite enthalten. Die jüngsten Sandsteine des Rotliegenden, die bei Bad Kreuznach vorkommen und als **Kreuznach-Schichten** ausgegliedert werden, sind als Dünen-Bildungen entstanden. Sie leiten zum Zechstein des jüngeren Perms über. Grenzlager und hangende jüngere Schichten werden als **Nahe-Subgruppe** zusammengefasst.

Die Rotliegend-Gesteine des Saar-Nahe-Gebiets sind nur in geringem Maße verfaltet; mehrere weitspannige Sättel und Mulden lassen sich unterscheiden. Örtlich treten Verwerfungen auf, die häufig von Nordwest nach Südost verlaufen. Diese **Deformationen** sind überwiegend in der jüngeren Rotliegend-Zeit erfolgt.

Große Bedeutung hat die **Hunsrück-Südrand-Verwerfung** als nordwestliche Begrenzung des Saar-Nahe-Gebiets für die Absenkung und Füllung des Saar-Nahe Beckens. Die überwiegend nach Südosten einfallende Verwerfung lässt sich über mehr als 150 km Länge verfolgen. Nach Südosten erstreckt sie sich bei Verflachung des Einfallens weit im Untergrund des Saar-Nahe-Beckens (Abb. 5.3-2). Sie wurde vermutlich schon vor der Karbon-Zeit angelegt und war auch während dieser aktiv.

In nordöstlicher Fortsetzung des Saar-Nahe-Gebiets liegen die Rotliegend-Areale des **Sprendlinger Horsts** bei Darmstadt und der östlichen **Wetterau** (vgl. Kap. 3.6 und 3.7), in nordwestlicher Richtung die der **Wittlicher Senke** und bei **Trier** (vgl. Kap. 4.1). Reste von Trögen aus der Rotliegend-Zeit befinden sich außerdem im östlichen **Pfälzer Wald**, in den nördlichen **Vogesen**, an mehreren Stellen im **Schwarzwald** und an seiner Umrandung, z. B. bei Baden-Baden, Kandern und Schramberg (vgl. Kap. 3.1), weiter östlich im Becken von **Stockheim** am Frankenwald (vgl. Kap. 4.4) sowie am Südwestrand von **Fichtelgebirge** und **Böhmischer Masse** bei Erbendorf, Weiden und nördlich Schwandorf (vgl. Kap. 3.2 und 3.3) (Abb. 5-1).

Nutzung der Lagerstätten und geologischen Ressourcen

Im älteren Rotliegenden treten vereinzelt **Steinkohlen**-Flöze auf. Sie wurden im südlichen Saar-Nahe-Gebiet zwischen Bad Kreuznach und St. Wendel früher in vielen kleinen Abbauen gewonnen. Die letzten dieser Gruben sind einige Jahre nach dem Zweiten Weltkrieg aufgegeben worden. Im Becken von Stockheim wurde der Steinkohlen-Bergbau Ende der 60er Jahre des vorigen Jahrhunderts eingestellt.

Die **Kupfer**-Vererzung bei Imsbach, in der Nähe des Donnersbergs (686 m) ca. 20 km nordöstlich Kaiserslautern, am Südostrand des Saar-Nahe-Gebiets gelegen, wurde erneut untersucht, nachdem sie schon seit dem 15. Jahrhundert gelegentlich im Abbau gestanden hatte. Es handelt sich um eine Vererzung in rhyolithischen Vulkaniten und den sie begleitenden Schuttsedimenten des Rotliegenden. Eine ähnliche geologische Position hatten die **Quecksilber**-Erze, die bis zum Ende des 19. Jahrhunderts bei Kusel gewonnen wurden.

Die vulkanischen und subvulkanischen Gesteine des Saar-Nahe-Gebiets, vor allem die intermediären (Andesite) und basischen (Melaphyre), aber auch die sauren (Quarzporphyre), werden an zahlreichen Orten als Schotter-Material für den Straßen- und Eisenbahnbau seit langem in großen Steinbrüchen gewonnen. Quarzporphyre des Rotliegenden stehen auch bei Dossenheim und Weinheim im südlichen Odenwald (vgl. Kap. 3.6) sowie bei Sailauf am Nordrand des Spessarts (vgl. Kap. 3.7) im Abbau zur Gewinnung von **Schotter und Splitt**.

In Hohlräumen bzw. Blasen von basischen Ergussgesteinen (Mandelsteinen) kam es teilweise zu Abscheidungen von **Achaten** und **Amethysten**. Die ehemaligen Fundpunkte dieser Schmucksteine bei Idar-Oberstein bildeten den Ausgangspunkt für die dort ansässige Edelstein-verarbeitende Industrie. Im Bereich der oberen Nahe sind die rhyolithischen Ergussgesteine tiefgründig kaolinisiert. An mehreren Stellen (z. B. Türkismühle, Güdensweiler) werden diese Zersetzungsprodukte als Rohkaolin abgebaut, um in der **keramischen Industrie** verwendet zu werden.

6

6.2 Thüringer Wald

Der Thüringer Wald ist eine **Leistenscholle**, die in nordwestlicher Fortsetzung von Fichtelgebirge und Thüringisch-Fränkischem Schiefergebirge (vgl. Kap. 3.3 und 4.4) an der Fränkischen Linie herausgehoben und teilweise auf die Vorländer im Südwesten und Nordosten aufgeschoben bzw. überschoben wurde. Er besteht ganz überwiegend aus Ablagerungen des **Rotliegenden** und allerjüngsten **Oberkarbons** (oberes Stefan), welche zusammenfassend als Permosiles bezeichnet werden. Gebietsweise liegt das Grundgebirge großflächig frei, so im Ruhlaer Kristallin im Nordwesten (vgl. Kap. 3.8) sowie bei Zella-Mehlis–Suhl und Schmiedefeld im Südosten (Abb. 6.2-1). Als lang gestreckter, relativ schmaler Rücken überragt der Thüringer Wald bis zu 600 m die umgebenden Landschaften des Mesozoikums und trennt das Thüringer Becken (vgl. Kap. 8.3) vom Süddeutschen Schichtstufenland (vgl. Kap. 8.2). Der Übergang vom Thüringer Wald in das südöstliche Schiefergebirge vollzieht sich morphologisch fließend. Die geologische Grenze wird im Allgemeinen dort gezogen, wo das Permosiles endet.

Die **Unterlage** des Permosiles ist recht unterschiedlich aufgebaut. An das Ruhlaer Kristallin schließt südostwärts ein weites Areal aus Graniten, Granodioriten und Dioriten des Thüringer Hauptgranit-Massivs an, das ebenfalls zur Mitteldeutschen Kristallinzone gehört. Sie sind bereits vor Ablagerung des Permosiles tiefgründig verwittert (Vergrusung). Die durch junge Abtragung freigelegten Bereiche bilden deshalb tiefe Ausräumungswannen, wie z.B. in der Umgebung von Zella-Mehlis und Suhl. Mit einem ausgeprägten Kontakthof folgt dann weiter im Südosten, im Gebiet Schmiedefeld–Vesser und im Schleuse-Horst, das Altpaläozoikum und schließlich das Proterozoikum des Thüringischen Schiefergebirges.

Die weit über 1.000 m mächtige Abfolge des **Permosiles** ist sehr mannigfaltig zusammengesetzt. Es wechseln Abschnitte, die fast ausschließlich aus Sedimentgesteinen bestehen, mit solchen, in denen vulkanische Gesteine bei weitem überwiegen (Abb. 6.2-2). Diese aus Ergussgesteinen und Tuffen aufgebauten Profilabschnitte entsprechen Perioden intensiver vulkanischer Tätigkeit, in denen die Ablagerung von Sedimenten zwei

Mal weitgehend unterbrochen war. Die ältere Periode begann schon während des jüngsten Oberkarbons (Stefan) und dauerte bis in die älteste Rotliegend-Zeit. Die jüngere umfasste einen längeren Zeitraum gegen Ende des älteren Rotliegenden (Autun). Danach werden zwei **Vulkanit-Serien** ausgehalten: Die ältere entspricht den **Gehren-Schichten**, die zu etwa gleichen Anteilen aus Porphyriten und Porphyren bestehen. Die vulkanischen Lockerprodukte sind überwiegend als Brekzientuffe ausgebildet. Lokal kommen Ignimbrite vor. Die jüngere umfasst die **Oberhof-** und **Rotterode-Schichten;** in diesen treten fast ausschließlich saure Laven auf. Die Tuffe gehen mit zunehmender Entfernung von den Ausbruchszentren von Brekzien- in Aschentuffe über und verzahnen sich schließlich mit Sedimenten. Untergeordnet wurden auch Melaphyre und Porphyrite gefördert. Die untere Vulkanit-Serie enthält nur geringe sedimentäre Einschaltungen. Während der jüngeren Periode wechselten Zeiten intensiver mit solchen fast ruhender vulkanischer Aktivitäten, in denen mächtige Sedimentpakete gebildet wurden.

Neben den effusiven Formen magmatischer Tätigkeit kam es während beider Perioden zu **Intrusionen**. Zur jüngeren rechnen auch größere basische und saure Intrusivkörper – der mehrere Hundert Meter mächtige subvulkanische Körper des Höhenberg-Dolerits, welcher an der Westflanke der Oberhofer Mulde (s. unten) fast den gesamten Thüringer Wald in SSW-NNO-Richtung quert, die Jüngeren Granite im Grundgebirge, wie der Ruhlaer Granit im Ruhlaer Kristallin und der Schleuse-Granit im Schleuse-Horst sowie die zusammengesetzten Gänge im Ruhlaer Kristallin (vgl. Kap. 3.8).

Sedimentäre Abfolgen liegen unter, zwischen und über den Vulkanit-Serien. In ihnen ist das gesamte Korngrößenspektrum festländischer Sedimentgesteine von groben Konglomeraten bis hin zu Tonsteinen vertreten. Es dominieren rote Gesteinsfarben. Die selten wenig mehr als 100 m mächtigen **Basissedimente** der Gehren-Schichten führen vereinzelt geringmächtige Steinkohlen-Flöze. Die mehrere Hundert Meter mächtige mittlere Sediment-Serie kann vereinzelt Tuff-Bänke enthalten. Der untere Teil, die **Manebach-Schichten**, zeichnet sich durch das Überwiegen grauer Gesteinsfarben und das Vorkommen mehrerer Kohlenflöze mit zahlreichen Pflanzenfossilien

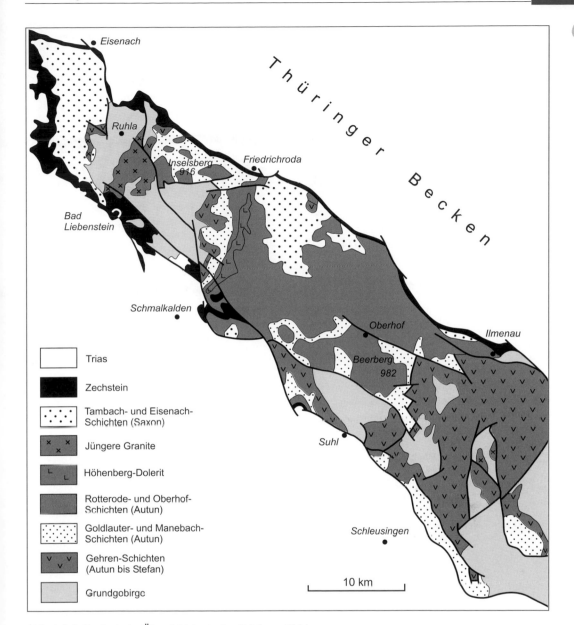

Abb. 6.2-1 Geologische Übersichtskarte des Thüringer Waldes.

aus. Während der Ablagerung dieser Sedimente wurden weite Bereiche von Sümpfen und flachen Seen eingenommen. Am südöstlichen Rand des ursprünglichen Ablagerungsgebiets gehen die relativ feinkörnigen Sedimente allerdings in grobe Konglomerate über. Im oberen Teil, den **Goldlauter-Schichten**, herrscht dann die charakteristische Rotfärbung. Vereinzelte graue Horizonte führen eine Fülle von Süßwasser- Faunen. Diese Acanthodes- und Protriton-Horizonte sind Zeugen abermaliger, allerdings nur vorübergehender Wasserbedeckung bis in die Zeit der jüngeren vulkanischen Periode.

Die obere, durchweg rotfarbene Sediment-Serie, die **Tambach-Schichten** bzw. **Eisenach-Schichten** im nordwestlichen Thüringer Wald,

6

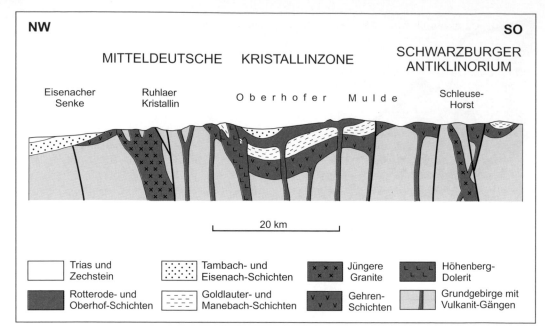

Abb. 6.2-2 Schematischer geologischer Längsschnitt durch den Thüringer Wald (5fach überhöht).

wird fast ausschließlich aus Konglomeraten und Sandsteinen zusammengesetzt. Sie liegt als jüngeres Rotliegendes (Saxon I) dem älteren diskordant auf. Diese Diskordanz entspricht der saalischen Phase im Typusgebiet bei Halle (vgl. Kap. 6.3).

Nach längerer Sedimentationsunterbrechung transgredierte das **Zechstein**-Meer über den größten Teil des Rotliegenden. Davon zeugen Relikte auf den Höhen des Thüringer Waldes, die in Verwerfungsspalten eingeklemmt und so der Abtragung entgangen sind.

Der Thüringer Wald wurde ab **jüngstem Mesozoikum** an alten, voroberkarbonisch angelegten Störungszonen herausgehoben. Die Hauptbewegungen erfolgten vor dem Paläozän, stärkere Hebungen noch am Ende des Pliozäns und zu Beginn des Pleistozäns, wie aus den Fluss-Aufschotterungen im nördlichen Vorland geschlossen werden kann (vgl. Kap. 8.3). Dabei wurde die Hochscholle intensiv erosiv zerschnitten. Es entstand ein Kammrücken-Gebirge mit weit vorgeschobenen Riedeln, die den ursprünglichen Rumpfflächen-Charakter andeuten. Besonders Porphyre und Konglomerate treten felsbildend in Erscheinung. Die Porphyre der jüngeren Eruptivperiode bauen als Härtlinge die höchsten Berge

– Großer Beerberg (983 m), Schneekopf (978 m), Großer Finsterberg (944 m) und Inselsberg (916 m) – auf.

Während des **Pleistozäns** war der Thüringer Wald nicht vergletschert. In den Kammlagen werden aber in beträchtlicher Ausdehnung und teilweise großer Mächtigkeit jungpleistozäne Schuttdecken angetroffen. In dieser Zeit bildeten sich auch die Blockmeere an den Nordhängen einzelner hochaufragender Berge (Mittlerer Höhenberg, Großer Hermannsberg).

Das in zwei getrennten Gebieten verbreitete Permosiles weist einen unterschiedlichen **tektonischen Bau** auf. Am Nordwestende des Thüringer Waldes, nordwestlich des Ruhlaer Kristallins, bildet das **Rotliegende von Eisenach** ein flaches Nordwest-Südost streichendes Gewölbe, das nach Nordwesten unter Zechstein und Buntsandstein abtaucht. Zwischen Ruhlaer Kristallin und Thüringischem Schiefergebirge zeigt das Permosiles eine muldenförmige Lagerung (Abb. 6.2-2). Die Achse dieser **Oberhofer Mulde** streicht Südwest-Nordost; deshalb treten überwiegend im Nordwesten und Südosten ältere Gesteine des Permosiles zu Tage. Mehrere Verwerfungen unterschiedlicher Richtung komplizieren den muldenförmigen Bau. Dadurch kommt es, dass auch im Zentrum der Mulde älteres Permosiles und sogar Gesteine des Grundgebirges freigelegt wurden. Im Übergang zum Thüringischen Schiefergebirge sind bei Masserberg und Crock andererseits zwei Schollen mit Permosiles an Verwerfungen in das Grundgebirge des Schwarzburger Antiklinoriums (vgl. Kap. 4.4) eingesunken.

Nutzung der Lagerstätten und geologischen Ressourcen

Von den Lagerstätten des Thüringer Waldes hatten bzw. haben in jüngster Zeit nur noch die Flussspat- und Schwerspat-Mineralisationen sowie die Festgesteine wirtschaftliche Bedeutung. Die zahlreichen übrigen sind entweder fast restlos abgebaut oder als Vorkommen lediglich hinsichtlich ihrer Entstehung interessant.

Die meistens an größere, herzynisch streichende Verwerfungssysteme an den Rändern des Thüringer Waldes gebundenen **Flussspat**- und **Schwerspat**-Gänge wurden im Schmalkaldener Revier bei Trusetal und Steinbach (vgl. Kap. 3.8) sowie bei Ilmenau und Gehren bis 1992 abgebaut. An beiden Orten wurde der Abbau vor kurzem wieder aufgenommen. Der Bergbau auf Eisen-Mangan-Erzgänge an verschiedenen Orten ist seit langem erloschen. Die **Mangan**-Erzgänge bei Elgersburg–Geraberg wurden noch nach dem Zweiten Weltkrieg bebaut. An Vererzungen sind weiterhin zu nennen sedimentäre Buntmetall-Anreicherungen in den *Acanthodes*-Horizonten, vor allem bei Goldlauter, sowie Buntmetall-Imprägnationen in der unteren Vulkanit-Serie bei Möhrenbach.

Von den **Steinkohlen**-Vorkommen verdienen die in den Manebach-Schichten hervorgehoben zu werden, welche bei Manebach, Gehlberg und Crock zeitweilig abgebaut wurden. Ein tektonisch stark gestörtes Flöz in den Basissedimenten ist lediglich in Zeiten wirtschaftlicher Not bei Ruhla, Tabarz und Zella-Mehlis beschürft worden. Der Bergbau kam 1950 endgültig zum Erliegen.

Hartgesteine werden an mehreren Orten vorrangig zu **Schotter und Splitt** gebrochen. Gegenwärtig konzentriert sich das Interesse auf den Höhenberg-Dolerit, der im Nesselgrund und Spittergrund ausgezeichnetes Schotter-Material

liefert, sowie auf Porphyre und Porphyrite bei Etterwinden, Tabarz, Gräfenhain, Frankenhain und Hirschbach. Als **Werksteine** stehen die roten Sandsteine des Saxon I vom Bromacker bei Tambach-Dietharz in Abbau.

Auf Grund der hohen Abflussspende der Niederschläge erlangt der Thüringer Wald zunehmend Bedeutung für die **Trinkwasserversorgung** in den niederschlagsarmen Landschaften im Nordosten und Südwesten. Davon zeugen außer der seit langem bestehenden Trinkwasser-Talsperre bei Tambach-Dietharz die in der zweiten Hälfte des vorigen Jahrhunderts gebauten Stauanlagen, die teilweise durch Stollensysteme miteinander verbunden sind. Im Herzbad Bad Liebenstein werden die auf der südwestlichen Randverwerfung des Thüringer Waldes aufsteigenden CO_2-haltigen Wässer für Heilzwecke genutzt.

6.3 Nordwestsächsisches Hügelland und Hallesches Porphyr-Gebiet

Südöstlich der Leipziger Tieflandsbucht (vgl. Kap. 10.6) dehnt sich bis zum Sächsischen Granulitgebirge (vgl. Kap. 3.5) ein Hügelland aus, in dem zwischen geringmächtigen tertiären und quartären Ablagerungen vulkanische Gesteine des Rotliegenden ausstreichen. Es sind vorherrschend saure Ergussgesteine und Ignimbrite des **Nordwestsächsischen Vulkanitkomplexes**, der sich unter den känozoischen Sedimenten nordwärts bis Taucha, Eilenburg, Mockrena und Torgau fortsetzt. Intermediäre und basische Laven sowie Sedimente und Tuffe haben einen geringeren Anteil am Aufbau. Deutlich sind zwei vulkanotektonische Senken zu erkennen. In der nördlichen, der Wurzener Senke, durchsetzen Granitporphyre als mehrere Kilometer breite Intrusivstöcke die gesamte Vulkanit-Abfolge (Abb. 6.3-1). Der beide Senken trennende Rücken des Grundgebirges (Ordovizium) tritt bei Deditz östlich Grimma zutage.

Im Süden und im Zentrum wird der Nordwestsächsische Vulkanitkomplex von ordovizischen bis devonischen, im Norden von proterozoischen Gesteinen des Schiefergebirges mit

6

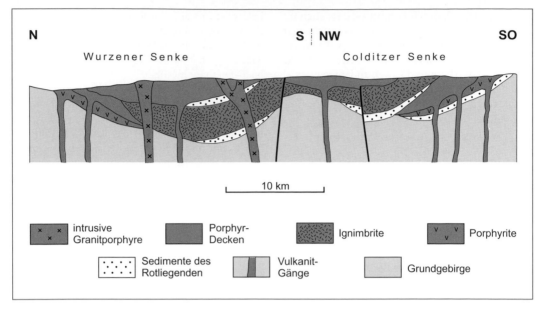

Abb. 6.3-1 Schematischer geologischer Schnitt durch den Nordwestsächsischen Vulkanitkomplex (5fach überhöht). Nach EISSMANN (1970), etwas verändert.

variszischen und cadomischen Intrusivkörpern unterlagert. An den Rändern im Süden (Sächsisches Granulitgebirge; vgl. Kap. 3.5), im Westen (Leipzig) und Osten (Oschatz–Riesa–Laas) treten sie zutage. Sie entsprechen den aus dem Schwarzburger Antiklinorium des Thüringischen Schiefergebirges besser bekannten Abfolgen (vgl. Kap. 4.4) und bilden das Bindeglied von dort zum Schiefergebirge in der nordwestlichen Elbezone (vgl. Kap. 4.5) bzw. der Lausitz (vgl. Kap. 4.6).

Am Westrand der Leipziger Tieflandsbucht liegt ein weiteres Areal mit Vulkaniten des Rotliegenden, die zumeist in Bergkuppen das von quartären Sedimenten eingenommene flache Land überragen. Es handelt sich um die teils effusiven, teils intrusiven Porphyre des **Halleschen Vulkanitkomplexes**. Sie lassen sich anhand ihres Gefüges gut unterscheiden: Die intrusiven, jüngeren Porphyre von Löbejün und Landsberg mit mikrogranitischer Grundmasse und großen Einsprenglingen besitzen auch eine sehr große Mächtigkeit (über 800 m), die effusiven, älteren Porphyre (einschließlich Ignimbrite) von Petersberg und Schwerz mit dichter Grundmasse und kleinen Einsprenglingen sind geringmächtiger. Lokal treten auch Porphyrite auf.

Die Vulkanit-Decken der Halleschen Porphyre nehmen das Zentrum der Saale-Senke ein, die sich von der Saale bei Halle nordostwärts bis über die Elbe bei Coswig zum Wittenberger Abbruch erstreckt. In dem auf den Südwestteil dieser Senke konzentrierten Vulkanitkomplex sind Sedimente und Tuffe nur untergeordnet am Aufbau beteiligt. In nordöstlicher Richtung treten die Vulkanite allerdings zurück, und es dominieren Sedimente. Im Gegensatz zum Nordwestsächsischen Vukanitkomplex wird das Rotliegende hier von mächtigem Oberkarbon (Westfal und Stefan) unterlagert, das im oberen Teil im Gebiet Plötz–Wettin Steinkohlen führt (Tab. 5.3-1). An den Rändern sind die Jüngeren Halleschen Porphyre in die gesamte Abfolge stockförmig intrudiert (Abb. 6.3-2).

Im Saaletal nordwestlich Halle liegen auf verschieden alten Gesteinen des älteren Rotliegenden (Autun) und des Stefans diskonform Konglomerate des jüngeren Rotliegenden (Saxon). Dies ist das Typusgebiet der **saalischen Diskordanz**.

An den Halleschen Vulkanitkomplex grenzt im Südosten bei Delitzsch–Bitterfeld eine Serie von unter- und mittelkambrischen feinklastischen Sedimenten, Marmoren und Vulkaniten. Sie liegt diskordant auf proterozoischen Grauwacken, Kie-

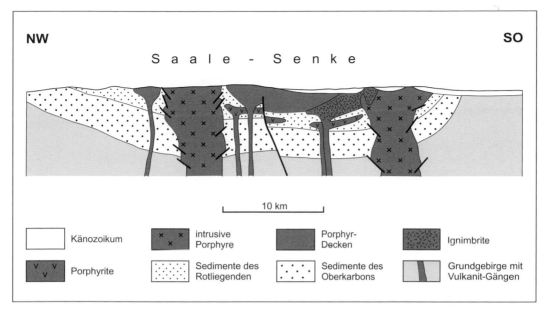

Abb. 6.3-2 Schematischer geologischer Schnitt durch den Halleschen Vulkanitkomplex (5fach überhöht). Nach KNOTH & SCHWAB (1970), etwas verändert.

selpeliten und Vulkaniten und wird von spät unterkarbonischen bis früh oberkarbonischen grobklastischen, teilweise kohligen Sedimenten und Vulkaniten der Klitzschmar-Schichten winkeldiskordant überlagert. Diese Abfolge gleicht derjenigen in der nordwestlichen Lausitz bei Doberlug (vgl. Kap. 4.6). Darüber folgen die Sedimente des Westfals. Im gesamten Gebiet sind kleine Intrusivkörper ultramafischer Lamprophyre und Karbonatite verbreitet, für die ein oberkretazisches Alter wahrscheinlich ist. Alle Gesteine werden von dem hier etwa 100 m mächtigen Känozoikum verhüllt. Im Nordwesten liegt der Hallesche Vulkanitkomplex mit dem unterlagerndem Oberkarbon auf Metamorphiten und Magmatiten der Mitteldeutschen Kristallinzone (vgl. Kap. 3.6 bis 3.8 und 12.1).

Nutzung der Lagerstätten und geologischen Ressourcen

Die **Hartgesteine** des **Nordwestsächsischen Vulkanitkomplexes** bieten verschiedene Nutzungs-

möglichkeiten. Besonders gefragt als **Bau- und Dekorationssteine** waren die polierfähigen, strukturell und farblich attraktiven Pyroxen-Granitporphyre, die bei Beucha seit langem in großen Blöcken gewonnen werden, z. B. zum Bau des Völkerschlacht-Denkmals bei Leipzig. Die poröse Varietät des ignimbritischen Rochlitzer Porphyrtuffs fand wegen seiner geringen Härte in der Bauindustrie vielseitige Verwendung, wurde aber auch für die Herstellung von Skulpturen genutzt. Die Pyroxen-Quarzporphyre liefern als harte, splittrig brechende Gesteine ausgezeichnete **Schotter, Splitt und Wasserbausteine**; sie sind die Grundlage für das bedeutendste Zentrum der Steinbruch-Industrie Sachsens im Raum Grimma–Wurzen–Hohburg sowie bei Wermsdorf und Dornreichenbach.

Unter warm-humiden (tropischen bis subtropischen) klimatischen Bedingungen wurden die Porphyre teilweise bis zu 60 m tief kaolinisiert. Derartige **Kaoline** sind weit verbreitet. Der Abbau erfolgt bei Kemmlitz westlich Mügeln als hochwertiger Rohstoff für die Porzellan- und Keramik-Industrie.

Die **Steinkohlen** des **Halleschen Vulkanitkomplexes** sind besonders am Nordwestrand bei

Plötz, Wettin und Löbejün abgebaut worden, zuletzt bei Plötz bis 1967. Die Gesamtförderung von ungefähr 7 Mill. Tonnen belegt die geringe wirtschaftliche Bedeutung dieses Kohlenreviers. Die **Porphyre** werden bei Löbejün und Schwerz sowie am Petersberg nördlich Halle zu **Schotter und Splitt** verarbeitet. Kaolinisierungen der Porphyre sind auch hier eine verbreitete Erscheinung. Die **Kaoline** werden derzeit bei Morl nördlich Halle abgebaut.

In den 70er Jahren des vorigen Jahrhunderts wurden bis dahin völlig unbekannte **polymetallische Mineralisationen** mit schwer abschätzbarem Rohstoffpotential im Raum Delitzsch–Brehna–Bitterfeld aufgefunden. Dazu gehören mehrere Vorkommen von Uran-Vererzungen, darunter die Uran-Thorium-Lagerstätte Kyhna-Schenkenberg (prognostische Vorräte 2.500 t Uran und Thorium) in den Klitzschmar-Schichten, sowie Wolfram-Molybdän- und Seltene Erden-Niob-Vererzungen südwestlich Delitzsch bzw. bei Storkwitz.

6.4 Vorerzgebirgs-Senke

In nordöstlicher Fortsetzung des Vogtländischen Synklinoriums (vgl. Kap. 4.4) befindet sich zwischen Erzgebirge und Granulitgebirge (vgl. Kap. 3.4 und 3.5) eine besonders schmale und kompliziert gebaute Synklinalzone des Grundgebirges (Abb. 5-1). Hier kommen bei **Wildenfels** und **Frankenberg** außerdem relativ kleine **Kristallinkomplexe** sowie mit diesen zusammen Ablagerungen des Devons und Unterkarbons in **Bayerischer Fazies** als tektonische Schuppen vor. Diese „Zwischengebirge" weisen in ihrer Gesteinsassoziation und teilweise auch Gesteinsausbildung große Ähnlichkeit mit der Münchberger Masse und deren Umgebung auf (vgl. Kap. 3.3). Hier liegt eine langlebige Tiefenbruch-artige Struktur vor, die auch als Zentralsächsisches Lineament bezeichnet wird.

Diese tektonisch aktive Zone zeichnet sich durch wiederholte Absenkung und damit verbundene Ablagerungen von Schuttsedimenten vom späten Unterkarbon bis gegen Ende des Rotliegenden in der so genannten Vorerzgebirgs-Senke aus. Konglomerate, Sandsteine und untergeordnet Tonsteine des jüngsten **Unterkarbons**, mittle-

ren **Oberkarbons** (Westfal) und **Rotliegenden** verhüllen das Grundgebirge weitgehend. Die Rotliegend-Sedimente füllen ein weitspanniges, das Landschaftsbild bestimmendes Becken aus, das sich wie die Grundgebirgsstruktur in Südwest-Nordost-Richtung von Werdau–Crimmitschau bis Hainichen erstreckt. In die oberkarbonischen und jüngeren Sedimentgesteine sind untergeordnet saure und basische Laven, bei Leukersdorf auch Tuffe (Ignimbrite) eingeschaltet. Steinkohlen treten vor allem in den karbonischen Ablagerungen auf (Tab. 5.3-1). Das ältere Rotliegende (Autun) enthält bei Chemnitz-Hilbersdorf in großer Menge verkieselte Baumstämme verschiedener Pflanzengruppen.

Die in einzelnen Etappen abgelagerten Abfolgen werden in der Regel durch Diskordanzen getrennt. Das jüngste Unterkarbon wurde zu Beginn des Oberkarbons in der **erzgebirgischen Phase** der variszischen Orogenese mäßig gefaltet. Die nächst jüngeren Sedimente liegen deshalb deutlich diskordant auf. Die Diskordanz zwischen Oberkarbon und Rotliegendem entspricht der **asturischen Phase**.

Nutzung der Lagerstätten und geologischen Ressourcen

Die **Steinkohlen** des Oberkarbons waren die wichtigsten Lagerstätten der Vorerzgebirgs-Senke. Bereits Mitte des 14. Jahrhunderts wurden sie in einem solchen Umfang in Schmieden verfeuert, dass ihre Benutzung wegen der damit verbundenen „Verpestung" der Luft verboten wurde. Nach dem 2. Weltkrieg wurden energetische Kohlen der Lagerstätte Lugau-Oelsnitz bis 1971 und Kokskohlen der Lagerstätte Zwickau bis 1978 gefördert, als die Vorräte des Zwickau-Oelsnitzer Reviers weitgehend erschöpft waren. Die in den Flözen und den Zwischenschichten enthaltenen Brotlaib-artigen Sphärosiderite (Eisenkarbonat) sind bei der Steinkohlen-Gewinnung zeitweise separiert und verhüttet worden.

Vorwiegend die **Tonsteine** des Rotliegenden bilden zusammen mit den auflagernden Quartärzeitlichen Lösslehmen und lokalen Beckentonen im östlichen Teil der Vorerzgebirgs-Senke die Rohstoffgrundlage für eines der modernsten **Ziegelwerke** Deutschlands in Hainichen. Diabase und Diabastuffe der „Zwischengebirge" sowie der **Ignimbrit** des Rotliegenden von Leukersdorf werden zu **Schotter und Splitt** verarbeitet.

6.5 Döhlener Senke, Meißener Vulkanit-Gebiet

Am Südwestrand der Elbezone verhüllen Ablagerungen des älteren Rotliegenden (Autun) das Grundgebirge (vgl. Kap. 4.5); jüngeres Rotliegendes (Saxon) ist nicht vorhanden. Die bis zu 600 m mächtige Abfolge von Konglomeraten, Sandsteinen und Tonsteinen der **Döhlener Senke** enthält im unteren Teil mehrere Steinkohlen-Flöze, im mittleren Mergel- und Kalkstein-Bänke. An der Basis treten Porphyrite und im oberen Teil Tuffe auf. Die Kalksteine haben bei Niederhäslich eine umfangreiche Tetrapoden-Fauna des Rotliegenden (Amphibien und Reptilien) geliefert.

Die Döhlener Senke ist im Gegensatz zum Saar-Nahe-Gebiet eine typische sekundäre Struktur. An Nordost fallenden Störungen ist das Rotliegende in Schollen zerlegt und treppenförmig eingesunken. Infolge der Versenkung nach Abschluss der Sedimentation blieb dieses Areal von der Abtragung verschont (Abb. 6.5-1). Das Rotliegende hat also ursprünglich eine wesentlich größere Verbreitung besessen. Darauf verweisen einzelne Vorkommen mit gleichartigen Gesteinen weiter nordöstlich unter der Kreide-Bedeckung. Es ist durchaus möglich, dass auch das Rotliegende von Weißig am Westrand der Lausitz (vgl. Kap. 4.6) noch zum ursprünglichen Verbreitungsgebiet gehörte.

Weiter nordwestlich bei **Meißen** werden die Hochflächen beiderseits der Elbe von Quarzporphyren und Pechsteinen des jüngsten Oberkarbons bis ältesten Rotliegenden eingenommen. Sie haben ursprünglich ein geschlossenes **Vulkanit-Gebiet** gebildet.

Nutzung der Lagerstätten und geologischen Ressourcen

Der Abbau der relativ aschereichen **Steinkohlen** der Lagerstätte Freital-Döhlen für die Energiegewinnung ist 1967 eingestellt worden. Nachdem schon bis 1955 neben der Kohle auch der Uran-

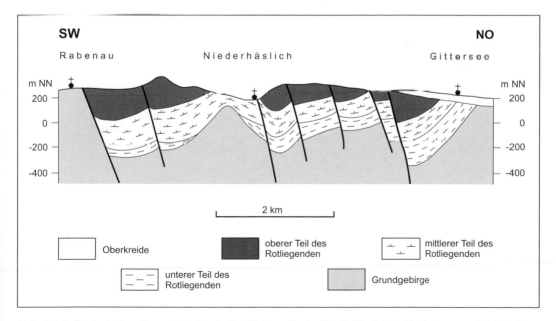

Abb. 6.5-1 Geologischer Querschnitt durch die Döhlener Senke (2fach überhöht). Nach Pietzsch (1961), etwas verändert.

6

Inhalt genutzt worden war, wurde die Lagerstätte dann bis 1989 ausschließlich auf das vor allem in den Kohlen enthaltene **Uran** bebaut. Infolge der feinen Verteilung der Erze waren die Produktionsverluste beträchtlich; von 3.700 t gefördertem dürften lediglich 2.800 t Uran gewonnen worden sein.

Die Gesteine des **Meißener Vulkanit-Gebiets** sind zum Teil tiefgründig kaolinisiert. Die besonders hochwertigen **Kaoline** werden seit langem bei Seilitz (ursprünglich für die Meißener Porzellan-Manufaktur) sowie bei Ockrilla abgebaut und als hochwertige Rohstoffe in der feinkeramische Industrie genutzt. Der von der Kaolinisierung weitgehend verschonte **Quarzporphyr** von Dobritz sowie **Andesite** der Döhlener Senke werden für die Herstellung von **Schotter**, **Splitt** und **Straßenbaustoffen** gewonnen.

6.6 Ostharzrand, Kyffhäuser, Ilfelder und Meisdorfer Senke

Am **östlichen Harzrand** mit dem nach Südosten anschließenden Hornburger Sattel streichen großflächig fossilarme Rotsedimente des jüngeren **Oberkarbons** (Stefan) und des **Rotliegenden** aus (Abb. 4.2-1). Vulkanite fehlen so gut wie völlig. Auf den metamorphen Gesteinen der Wippraer Zone (vgl. Kap. 4.2) liegen zunächst geringmächtige graue Sedimente mit einem wirtschaftlich unbedeutenden Steinkohlenflöz. Darüber folgt eine mächtige violettrote Serie des Oberkarbons von groben Konglomeraten im Wechsel mit sandig-tonigen Gesteinen und Sandsteinen. Sie werden schwach diskordant von Konglomeraten, Sandsteinen und Tonsteinen des Rotliegenden überlagert. Den Abschluss bildet ein geringmächtiges Porphyr-Konglomerat und ein als Sandstein-Schiefer bezeichnetes feinklastisches Gesteinspaket. Diese **Eisleben-Schichten** sind die jüngsten Ablagerungen des Rotliegenden (Saxon II), die man aus dem mittleren Bereich Deutschlands kennt. Sie setzen sich, von Zechstein und Trias verdeckt, nordwärts fort, treten im Flechtinger Höhenzug nochmals zu Tage (vgl. Kap. 6.7), um dann im Untergrund des Norddeutschen Tief-

lands eine riesige Fläche einzunehmen und enorme Mächtigkeiten zu erreichen (vgl. Kap. 12.1). Das einige Meter mächtige **Weißliegende** unmittelbar unterhalb des Kupferschiefers (vgl. Kap. 7) – ein vom Zechstein-Meer aufgearbeitetes festländisches Sediment – wird nach Übereinkunft noch dem Rotliegenden zugerechnet.

Eine ähnliche Abfolge kennt man vom **Kyffhäuser** (Abb. 4.2-1). Dies ist eine kleine, im Norden von Störungen begrenzte und demzufolge nach Süden abtauchende Pultscholle südlich des Harzes. Der Kyffhäuser hebt sich morphologisch deutlich von der umgebenden flachen Landschaft aus triassischen Gesteinen und quartären Sedimenten ab. Dem am Nordrand ausstreichenden Kristallin (Gneise, Anatexite) der Mitteldeutschen Kristallinzone (vgl. Kap. 3.8) lagert eine mehrere Hundert Meter mächtige Folge von konglomeratischen bzw. geröllführenden, meist roten Sandsteinen mit zwischengeschalteten Schiefertonen des höheren **Oberkarbons** (Stefan) auf. Sie enthält in großer Menge Kieselhölzer (verkieselte Baumstämme) von beträchtlicher Größe. Rotliegendes fehlt allerdings weitgehend. Nur im Ostteil kommt wenige Meter mächtiges **Rotliegendes** in Form des Porphyr-Konglomerats der Eisleben-Schichten vor (s. oben).

Weitere Rotliegend-Vorkommen befinden sich im Ostharz bei Ilfeld und Meisdorf (Abb. 4.2-1). Die Abfolgen in beiden Gebieten ähneln einander. Im Ostteil der **Ilfelder Senke** bestimmen jedoch Vulkanite den Aufbau, während in der **Meisdorfer Senke** lediglich Tuffe auf vulkanische Tätigkeit hinweisen.

Während des Rotliegenden entstanden auch die von der Ilfelder Senke aus nach Norden streichenden **Mittelharzer Eruptivgänge** und die Porphyr-Gänge und -Stöcke im südlichen Oberharz bei Bad Lauterberg (Kap. 4.2). Dazu gehört ebenfalls der etwas abseits gelegene Quarzporphyr des Auerbergs, der die Harz-Hochfläche überragt.

Nutzung der Lagerstätten und geologischen Ressourcen

Die **Sandsteine** des Oberkarbons und Rotliegenden am Ostharzrand sowie diejenigen des Oberkarbons am Kyffhäuser sind früher für verschiedene Bauzwecke genutzt worden. Die **Stein-**

kohlen der Ilfelder und Meisdorfer Senke wurden zeitweilig abgebaut, die von Ilfeld bis 1949. Auf eine Gewinnung der am Hornburger Sattel unmittelbar unter den Eisleben-Schichten weit verbreiteten feindispersen **Uran-Vererzungen** ist wegen zu geringer Gehalte (insgesamt 400 t Uran) verzichtet worden.

6.7 Flechtinger Höhenzug

In dem nordwestlich Magdeburg gelegenen Flechtinger Höhenzug treten, rings von quartären Lockersedimenten umgeben und nur teilweise sich von diesen morphologisch abhebend, paläozoische Gesteine zu Tage (Abb. 4.3-1). Auf variszisch gefalteten Grauwacken des jüngsten Unterkarbons bis ältesten Oberkarbons (vgl. Kap. 4.3) liegen diskordant Vulkanite und Sedimentgesteine des **Rotliegenden**, darüber Karbonate und Tonsteine des **Zechsteins** (Abb. 6.7-1).

Die **Vulkanit-Serie** des älteren Rotliegenden (Autun) besteht aus Porphyriten und Porphyren.

Die Porphyre wurden teils als Laven, teils als Schmelztuffe (Ignimbrite) gefördert. Geringmächtige Sedimente kommen verbreitet an der Basis sowie mit Tuffen zusammen als lokale Einschaltungen vor. Bunte Feinsandsteine und Tonsteine mit Kalksteinen und Tuffen folgen im Hangenden. Ein in den Grauwacken aufsetzender **Granit** von unterpermischem Alter ist an der Oberfläche durch schwache Kontaktmetamorphose der Grauwacken und Basalsedimente des Rotliegenden zu erkennen.

Mit einer geringen Diskordanz abgesetzt lagert auf der Vulkanit-Serie die **Sediment-Serie** des jüngeren Rotliegenden (Saxon I und II). In ihrem unteren Teil herrschen Konglomerate vor, im mittleren relativ reine Sandsteine. Bei diesen Bausandsteinen handelt es sich größtenteils um verfestigte und jetzt rot gefärbte Dünen, die gegen Ende der Saxon I-Zeit in der damaligen nördlichen Passat-Zone von Nordosten angeweht worden sind (Abb. A-11). Den Abschluss bilden feinerkörnige Sedimentgesteine mit nur wenigen grobsandigen Horizonten, die als Sandstein-Schiefer bezeichnet und mit den **Eisleben-Schichten** (Saxon II) am Ostharzrand (vgl. Kap. 6.6)

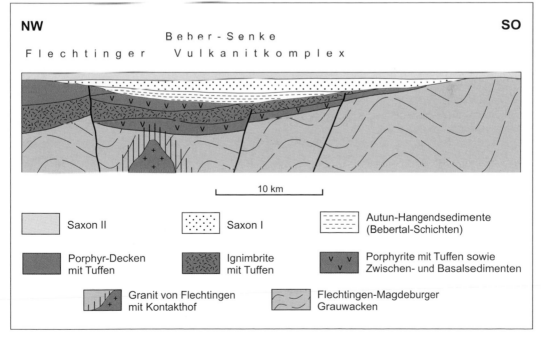

Abb. 6.7-1 Geologischer Schnitt durch das Schiefergebirge und das auflagernde Rotliegende des Flechtinger Höhenzugs.

6

korreliert werden. Sie nehmen eine vermittelnde Stellung zum Saxon II im Untergrund des Norddeutschen Tieflands ein (vgl. Kap. 12.1).

⚒ Nutzung der Lagerstätten und geologischen Ressourcen

Die Hartgesteine des Flechtinger Höhenzugs sind im Umkreis und darüber hinaus im Norddeut-

schen Tiefland gefragte Rohstoffe. **Porphyrite** und **Ignimbrite** werden in Großsteinbrüchen bei Bodendorf, Dönstedt/Eiche und Mammendorf bzw. im Holzmühlental bei Flechtingen abgebaut und zu hochwertigen **Schottern und Splitten** gebrochen. Die Bausandsteine liefern bei Emden in kleinen Mengen **Werk- und Dekorationssteine**.

7 Zechstein-Gebiete in der Umrandung der Mittelgebirge

Einige der deutschen Mittelgebirge werden von einem **schmalen Gürtel** aus Karbonat-, Sulfat- und Tongesteinen des Zechsteins umrahmt (Abb. 7-1). Das ist besonders in Nord-Hessen, Süd-Niedersachsen, dort mit Ausläufern bis in das Gebiet um Osnabrück, sowie in Thüringen und Sachsen-Anhalt der Fall, wo Zechstein-zeitliche Sedimentgesteine oft mit deutlicher Diskordanz auf den Schichten des Devons und Unterkarbons lagern. In der nordwestlichen Fortsetzung des Thüringer Waldes treten westlich der Werra Zechstein-Gesteine auch in größeren **Aufwölbungen** innerhalb des umgebenden Buntsandsteins zu Tage. Das Gebiet bei Witzenhausen–Eschwege wird als Unterwerra-Sattel bezeichnet. Dort liegt Zechstein direkt auf devonischen Gesteinen des Grundgebirges. In dem südlich davon gelegenen Richelsdorfer Gebirge ist unter den Zechstein-Schichten auch Rotliegendes vorhanden. Ähnliche, einseitig von Störungen begrenzte Aufragungen aus dem Buntsandstein sind der Kyffhäuser südlich des Harzes (vgl. Kap. 6.6) sowie der so genannte Kleine Thüringer Wald bei Schleusingen und der Gries bei Eisfeld in Südwest-Thüringen, wo metamorphes Grundgebirge mit Graniten bzw. Rotliegendes die Unterlage bildet.

Diese Ablagerungen des Zechsteins bestehen ursprünglich aus einer mächtigen, zyklisch aufgebauten Abfolge von Steinsalz, oft mit Kalisalzen, und Anhydriten mit eingeschalteten Karbonaten und Tonsteinen, die sich in einem abgeschnürten Meeresbecken während des jüngsten Perms unter überwiegend lagunären Bedingungen gebildet hat. Dieses Becken entstand durch eine großflächige Absenkung im nördlichen Mitteleuropa bereits gegen Ende der Rotliegend-Zeit (Saxon II) und nachfolgende Überflutung vom Zechstein-Meer aus Norden; zeitweise drang es über den Main nach Süden bis in den Bereich des Odenwalds und der nördlichen Vogesen vor. In den Zyklen folgen in der Regel Tongesteine, Karbonate, Anhydrite und Steinsalze mit Kalisalzen übereinander. Die Zyklen werden nach den Gebieten, in denen sie charakteristisch bzw. vollständig ausgebildet sind, vom Ältesten zum Jüngsten als Werra-, Staßfurt-, Leine-, Aller-, Ohre-, Friesland- und Mölln- (bzw. Fulda-)Folge bezeichnet.

Wo diese Gesteine an der Erdoberfläche ausstreichen oder nur von einer dünnen Schicht, teilweise auch von mehreren hundert Meter mächtigem Buntsandstein bedeckt sind, wurden die Salze vollständig und die Anhydrite teilweise durch eindringendes Oberflächenwasser gelöst. Die restlichen Anhydrite sind größtenteils in Gips umgewandelt. Die Zechstein-Profile in der Umrandung der Mittelgebirge werden demzufolge aus Karbonaten und den Rückständen der aufgelösten Salinargesteine, den so genannten **Letten** mit Gips-Linsen, aufgebaut. Markante Karbonat-Horizonte sind der weit verbreitete **Zechsteinkalk** der Werra-Folge dicht über der Basis des Zechsteins, sowie der **Plattendolomit** der Leine-Folge bzw. – am südwestlichen Harzrand und auf dem Unterwerra-Sattel – der **Hauptdolomit** der Staßfurt-Folge.

Typisch für diese Zechstein-Gesteine sind Verkarstungserscheinungen wie **Höhlen, Erdfälle**, und **Dolinen**. Eine der größten Gipskarst-Höhlen der Erde ist die bei Walkenried im Südharz gelegene Himmelreich-Höhle, ein 170 m langer, 85 m breiter und 15 m hoher riesiger Hohlraum, der 1868 beim Bau eines Eisenbahntunnels angetroffen wurde, sodass die Bahnlinie im Höhlenbereich mit einem Gewölbe überdeckt werden musste. Bekannt ist auch die an der Westseite des Kyffhäusers gelegene Barbarossa-Höhle. Erdfälle haben sich nicht selten durch Gesteine, die über den Schichten des Zechsteins liegen, hindurchgepaust, so im südlichen Niedersachsen, in Hessen und südwestlichen Thüringen durch mehrere Hunderte von Metern mächtigen Buntsandstein. Ein

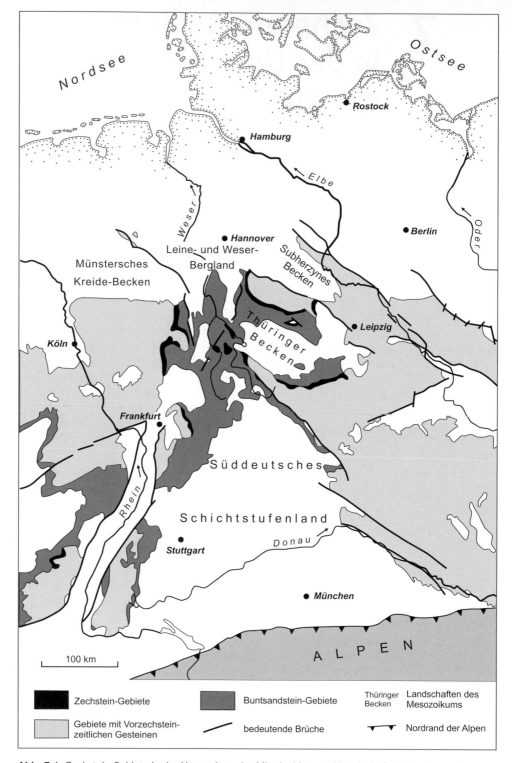

Abb. 7-1 Zechstein-Gebiete in der Umrandung der Mittelgebirge und Landschaften des Mesozoikums.

bekanntes Beispiel hierfür sind die im Jahr 1645 entstandenen beiden großen Erdfälle von Bad Pyrmont sowie der 2010 plötzlich in Schmalkalden aufgetretene riesige Erdfall.

Kennzeichnend für die Zechstein-Gebiete sind auch die nicht selten vorkommenden **Auslaugungssenken**. Über den undurchlässigen Tonen am Boden der Hohlformen sammelt sich oft Wasser (Abb. A-12). Zu den größeren Bildungen dieser Art gehören z. B. der Süße See bei Eisleben im östlichen Harzvorland und der Seeburger See im Eichsfeld östlich Göttingen. Lang gestreckte, den Gebirgsrändern parallele Auslaugungssenken findet man beiderseits des Thüringer Waldes, im Nordosten bei Elgersburg und im Südwesten nördlich Bad Salzungen. Im Moorgrund bei Bad Salzungen und in anderen oft kesselartigen Senken zwischen Thüringer Wald und Rhön wurden pleistozäne Schotter angehäuft. Im Gebiet des Geiseltals westlich Halle bildete sich während des älteren Tertiärs bei kontinuierlicher Absenkung infolge Auslaugung ein über 100 m mächtiges Braunkohlen-Flöz (vgl. Kap. 10.5).

Im ehemaligen Zechstein-Meer wuchsen zu Beginn unter noch normal-marinen Bedingungen an den Küsten und um Inseln **Kalkriffe**. Vor allem Kalkalgen, so genannte Stromarien, und Bryozoen haben einen großen Anteil am Aufbau. Auf Grund ihrer größeren Härte gegenüber den umgebenden Gesteinen wurden die meisten dolomitisierten Riff-Gesteine bei der Verwitterung oft annähernd in ihrer ursprünglichen Form freigelegt. Sie prägen das Landschaftsbild, so in Ost-Thüringen in der Umgebung von Pößneck sowie an den Rändern des nordwestlichen Thüringer Waldes bei Thal und Bad Liebenstein.

Von den Tongesteinen ist der an der Basis des Zechsteins auftretende **Kupferschiefer** von Interesse. Dieser nur wenige Dezimeter dicke schwarze, feingeschichtete Tonmergel führt zahlreiche Fossilien (Reste von Fischen, Pflanzen u. a.). An ihn sind außerdem Erz-Anreicherungen, insbesondere von Kupfer, Blei und Zink, daneben auch von Silber, Nickel, Kobalt u. a. gebunden.

Am Rand und außerhalb des Zechstein-Meers, so in Ost-Thüringen südlich Gera und in West-Sachsen, wurden zumeist rot gefärbte **festländische** klastische **Sedimente** – Konglomerate, Sandsteine und Tonsteine – abgelagert. Zechsteinzeitliche, teils marine, teils festländische Fanglomerate, Tonsteine und Arkosen, die denen der Rotliegend-Zeit gleichen, bildeten sich auch am Ostrand des Rheinischen Schiefergebirges zwischen Kellerwald und Gießen sowie an der Saar (Tabelle 6-1).

Nutzung der Lagerstätten und geologischen Ressourcen

Die größte wirtschaftliche Bedeutung haben die **Kalisalze**, die meist unter mächtigem mesozoischen Deckgebirge in einiger Entfernung von den Ausstrichgebieten vorkommen. Sie werden bzw. wurden in mehreren Revieren in Hessen, Thüringen, Sachsen-Anhalt und Niedersachsen in Tiefen bis 1.000 m abgebaut (vgl. Kap. 8.1, 8.3 und 8.5).

Der Bergbau auf **Kupferschiefer** hat bereits im frühen Mittelalter, im Gebiet um Mansfeld nachweislich 1199 begonnen und war ursprünglich ausgedehnt. In den meisten Gebieten ist er schon seit längerem erloschen. Dazu gehören die Reviere an den Rändern des Thüringer Waldes bei Ilmenau und Gumpelstadt–Schweina. Bei Spremberg in der Lausitz kam es ab 2009 zu neuen Erkundungsversuchen. Ähnlich wie in Thüringen wurde früher auch in Hessen örtlich Kupferschiefer abgebaut (z. B. bei Sontra im Richelsdorfer Gebirge). In der Umgebung von Korbach und Frankenberg liegen die erzführenden Schichten als **Kupfermergel** vor. Nach dem Zweiten Weltkrieg war der Bergbau auf die Mansfelder Mulde (bis 1969) und auf die Sangerhäuser Mulde (bis 1990) am **Ostharzrand** beschränkt. Aus dem Kupferschiefer wurden dort von 1945 bis 1990 etwa 850.000 t Kupfer und 4.300 t Silber gewonnen, weiterhin in geringen Mengen Blei, Selen, Vanadium, Kobalt, Molybdän, Nickel, Germanium, Rhenium und Gold.

Die Kalksteine des Zechsteins enthalten an verschiedenen Stellen **Eisenerze**. Aufsteigende hydrothermale Lösungen führten zur Bildung von Spateisenstein (Siderit), der durch Verwitterung und Oxidation in Brauneisenerz umgewandelt wurde. Am Schafberg und Hüggel bei Osnabrück wurden diese Lagerstätten bis nach dem Ersten Weltkrieg abgebaut. Sie waren die Grundlage der dort ansässigen Eisenverhüttungen (Georgsmarienhütte). Im Schmalkaldener Lagerstätten-Revier am Südwestrand des Thüringer Waldes standen Mangan-reiche Eisenerze seit dem 12.

7

Jahrhundert in Abbau. Zusammen mit den Eisen-Mangan-Erzgängen im Permosiles (vgl. Kap. 6.2) bildeten sie die Basis für die Entwicklung der historischen Schmalkaldener Eisenindustrie. Nachdem die Vorräte weitgehend erschöpft waren, wurde die Grube Stahlberg bei Seligenthal 1971 als letzte geschlossen. Eisenerz ist noch bis 1984 als Nebenprodukt der Aufbereitung von Schwerspat in Trusetal angefallen. Bei Kamsdorf in Ostthüringen wurden **Eisenkalksteine** gewonnen und in der nahe gelegenen Maxhütte Unterwellenborn bei der Verhüttung von Eisenerzen zugesetzt.

Auch die festländischen Zechstein-Ablagerungen weisen Vererzungen auf. Das trifft insbesondere für die grau gefärbten fluviatil-lagunären Sandsteine, Schiefertone und Dolomite zu, in denen inkohlte Pflanzenreste gehäuft auftreten. An diese waren südöstlich Gera, im Gebiet Sorge–Culmitzsch–Gauern, **Uran-Vererzungen** gebunden. Die in einem Halbgraben auf dem Bergaer Antiklinorium (vgl. Kap. 4.4) erhaltenen Sedimente haben von 1951 bis 1965 aus Tagebauen ca. 12.000 t Uran geliefert.

Mit den Eisenerzen des Schmalkaldener Reviers verbunden, und mit diesen teilweise eng verwachsen, kommt **Schwerspat** vor. Er wurde bis 1982 im Tagebau bei Trusetal gefördert. Auch anderenorts sitzen Schwerspat-Gänge in den Kalksteinen auf, wie bei Könitz westlich Saalfeld (Abbau 1962 eingestellt).

Gipse und Anhydrite des Zechsteins sind seit langem für die Baustoff- bzw. die chemische Industrie von Bedeutung. Die Hauptvorkommen liegen in den Zechstein-Gürteln am Südrand des Harzes bei Osterode, nordwestlich und östlich Nordhausen (Appenrode, Woffleben, Ellrich, Niedersachswerfen bzw. Rottleberode) im südlichen Niedersachsen bei Stadtoldendorf sowie am Nordrand des Thüringischen Schiefergebirges bei Krölpa.

Abgebaut werden auch die **Kalke** (Zechsteinkalk) und **Dolomite** (Hauptdolomit, Plattendolomit) in der Hessischen Senke (in der Nähe von Rotenburg und Eschwege), am südwestlichen Harzrand (bei Bad Sachsa und Bad Lauterberg), am Nordrand des Thüringischen Schiefergebirges (Kamsdorf bei Saalfeld und Caaschwitz bei Gera) sowie am Südrand der Mügelner Senke (bei Ostrau-Pulsitz südwestlich Riesa). Der sehr reine Plattendolomit von Caaschwitz wird als Sinterdolomit in der Feuerfest-Industrie eingesetzt.

8 Landschaften des Mesozoikums

8.1 Buntsandstein-Landschaften in Süd-Niedersachsen, Hessen und Südwest-Deutschland

Zwischen Hannover im Norden und Basel im Süden erstreckt sich in etwa rheinischer Richtung ein Gebiet, in dem die Landschaft von meist flach lagernden sandigen Gesteinen des **Buntsandsteins** (Untere Trias) geprägt wird (Abb. 7-1). Dazu gehören auch kleine Flächen in der Eifel und in Thüringen (vgl. Kap. 4.1 und 8.3). Es handelt sich um Sandsteine, untergeordnet auch Tonsteine und Konglomerate, die meist eine gelblich-rote Färbung aufweisen. Im Gegensatz zu den Rotliegend-Ablagerungen, die zumeist an Einzelsenken gebunden sind, wurden die Sedimente der Buntsandstein-Zeit flächenhaft in einem festländischen Becken abgelagert, das als **Germanisches Becken** große Teile von Mitteleuropa bedeckte und sich erst im Gebiet der Nordsee an das Weltmeer anschloss.

Während der Untere Buntsandstein oft stark tonig ausgebildet ist, herrschen im Mittleren Buntsandstein feste Sandsteine mit einzelnen Konglomerat-Lagen vor. Im Oberen Buntsandstein (Röt) dominieren Tonsteine. Unterer und Mittlerer Buntsandstein sind **zyklisch gegliedert** in (von unten nach oben) Calvörde- und Bernburg-Folge sowie Volpriehausen-, Detfurth-, Hardegsen- und Solling-Folge. Die Sandsteine haben – wenn sie an der Oberfläche aufgeschlossen sind – meist ein toniges oder kieseliges, seltener auch karbonatisches Bindemittel. Widerstandsfähige Bänke vor allem des Mittleren Buntsandsteins bilden im Gelände Stufen oder Steilhänge; im Pfälzer Bergland, in der Umgebung von Dahn, hat die Verwitterung zahlreiche malerische Einzelfelsen herauspräpariert (z. B. den sog. Teufelstisch bei Hinterweidenthal).

Auffällig sind die Gebiete, in denen der Buntsandstein sekundär **entfärbt**, teilweise auch **kaolinisiert** wurde und heute weiß erscheint, z. B. bei Bad Bergzabern und Bad Dürkheim am Ostrand des Pfälzer Waldes, am Westrand des ostbayerischen Kristallins (weitere Umgebung von Kulmbach), östlich Göttingen, nördlich Marburg, bei Ortenberg am Südrand des Vogelsbergs oder nahe Wrexen vor der Nordostecke des Rheinischen Schiefergebirges. Bei den beiden zuletzt genannten Orten ist der entfärbte Sandstein teilweise so aufgelockert, dass er als Bausand abgebaut werden kann. Zumeist lässt sich die Entfärbung durch mineralisierte Lösungen erklären, die an Verwerfungen aufgestiegen sind (aszendente Lösungen), wie etwa bei den genannten Vorkommen am Rande des Pfälzer Waldes neben der Hauptverwerfung des Oberrhein-Grabens. Bei anderen Vorkommen ist auch eine Entfärbung durch von oben einsickernde (deszendente) Lösungen möglich.

Große Verbreitung hat der Buntsandstein, vor allem der Mittlere, im Solling und in anderen Teilen des Weser-Gebirges, in der Rhön, an den Ostabdachungen von Spessart, Odenwald und Schwarzwald sowie im Pfälzer Wald und den nördlichen und westlichen Vogesen. In der Hessischen Senke werden die insgesamt mehrere Hundert Meter mächtigen Buntsandstein-Schichten von kleinen Aufragungen meist devonischer Gesteine durchbrochen (vgl. Kap. 4.1).

Neben den Aufbrüchen älterer Gesteine ist im Verbreitungsgebiet des südniedersächsisch-nordhessischen Buntsandsteins eine Vielzahl von **saxonischen Gräben** (vgl. Kap. 2) vorhanden. In ihnen haben sich die Schichten des Muschelkalks, z. T. auch des Keupers und Unteren Juras erhalten; andere sind mit tertiären Sanden und Tonen gefüllt (Tabelle 6-1). In einem Streifen, der von Kassel bis Gießen reicht, werden die Buntsand-

8

stein-Schichten von Tertiär-zeitlichen Sanden, Tonen und Braunkohlen der **Hessischen Senke** im engeren Sinne (vgl. Kap. 10.4) überlagert. Ebenfalls über dem Sockel aus Buntsandstein erheben sich die hessischen **Basalt-Gebiete** Vogelsberg, Rhön, Knüllgebirge, Habichtswald und andere kleinere Vorkommen (vgl. Kap. 11.1 und 11.4).

Abgesehen von den Teilbereichen mit Aufbrüchen und Gräben zeigen die Buntsandstein-Gebiete ein einheitliches landschaftliches Bild. Auf den Sandsteinen, vor allem des Mittleren Buntsandsteins, entwickelten sich in der Regel **magere Böden**, sodass sie zumeist landwirtschaftlich nicht genutzt werden und mit Wald bestanden sind. Diese Tatsache hat vor vielen Jahrzehnten unter Geologen zum Ausspruch geführt, der Buntsandstein sei das „nationale Unglück Deutschlands". In der heutigen Zeit, in der Erholungsgebiete als ebenso wichtig angesehen werden wie landwirtschaftlich genutzte Flächen, kann man den Buntsandstein und die auf ihm stehenden ausgedehnten Waldgebiete mit ihrer Bedeutung für die Wasserspeicherung und die Reinigung der Luft eher als Glück für Deutschland ansehen.

Die Buntsandstein-Schichten sind nur gebietsweise starker zerbrochen und verstellt, in großen Bereichen liegen sie nahezu horizontal. Die typische Landschaftsform dieser Gebiete sind deswegen **Kasten-** oder **Tafelberge**.

Nutzung der Lagerstätten und geologischen Ressourcen

Bei Mechernich und Maubach am Rand der Nordeifel sind die Sandsteine und Konglomerate des Mittleren Buntsandsteins mit **Blei-**, **Zink-** und **Kupfererzen** imprägniert. Die Entstehung dieser beiden Lagerstätten, in denen der Bergbau vor vielen Jahren eingestellt wurde, erfolgte postvariszisch durch aufsteigende hydrothermale Lösungen. Sie steht mit der gangförmigen Vererzung im Aachen-Stolberger Bezirk (vgl. Kap. 5.2) in Zusammenhang.

Der Abbau von Buntsandstein als **Werk-** und **Ornamentstein** hatte in früheren Jahren eine erhebliche Bedeutung. Der Baustil mancher Städte, wie die Altstädte z. B. von Heidelberg, Büdingen und Marburg, wird weitgehend von Gebäuden aus Buntsandstein geprägt. Weserplatten oder Sollingplatten waren bekannte Bezeichnungen für Werksteine, die in der weiteren Umgebung von Karlshafen an der Weser gebrochen wurden. Die Gewinnung von Bausteinen ist in allen Buntsandstein-Gebieten stark zurückgegangen oder ganz zum Erliegen gekommen. Nennenswert sind die in Betrieb befindlichen Steinbrüche am nördlichen Rand des Sollings (z. B. bei Arholzen), die jetzt unter der Bezeichnung Weser-Sandsteine vertrieben werden. Rote und gelbliche Sandsteine werden auch noch südlich des Mains an den östlichen Abdachungen von Odenwald und Schwarzwald sowie in den Vorbergen des letzteren abgebaut.

Verwitterte Sandsteine werden überwiegend als Bettungssande, untergeordnet als Putz- und Mauersande gewonnen. **Kaolinisierte Arkosen** des Mittleren Buntsandsteins stehen im ostbayerischen Schollenland bei Hirschau–Schnaittenbach nordöstlich Amberg als Rohstoffe für die keramische sowie Glas- und Papier-Industrie im Abbau (Abb. A-13).

In Ost-Hessen, bei Heringen/Werra und Neuhof-Ellers südlich Fulda, werden unter dem Buntsandstein aus der Werra-Folge des Zechsteins **Kalisalze** abgebaut. Das hessische Kalisalz-Revier setzt sich nach Südwest-Thüringen fort (Merkers, Dorndorf-Springen, Unterbreizbach, Dippach); dort wurden aber nach 1989 alle Kaligruben bis auf Unterbreizbach stillgelegt. Steinsalz wird bei Philippsthal gewonnen. Im südlichen Niedersachsen befindet sich unter dem Buntsandstein des Sollings – durch Bohrungen und Altbergbau nachgewiesen – die größte perspektivische Salz-Lagerstätte Deutschlands mit hochwertigen Kaliumchlorid- und Magnesiumsulfat-Salzen.

In den Salzen der Werra-Folge des hessischen Reviers wurden bei Reckrod **Erdgas-Kavernenspeicher** angelegt; weitere sind bei Wölf geplant bzw. im Bau.

8.2 Süddeutsches Schichtstufenland

Das Gebiet zwischen Rhön und Donau, das landschaftlich den größten Teil Frankens und Schwabens sowie Südwest-Thüringen umfasst, wird von zumeist flach nach Osten bis Südosten einfallenden Sedimentgesteinen eingenommen, in denen Verwitterung und Abtragung örtlich typische **Schichtstufen** erzeugt haben (Abb. 8.2-2). Diese sind am eindrucksvollsten an der Nordwest- bzw. Westseite der **Schwäbischen** und **Fränkischen Alb**, den beiden beherrschenden Bergzügen des Süddeutschen Schichtstufenlands, ausgebildet. Das Alter der vorwiegend tonigen und kalkigen,

seltener auch sandigen Gesteine, aus denen es aufgebaut ist, reicht vom **Muschelkalk** bis zum **jüngsten Jura** (Abb. 8.2-1).

Die über den roten Sandsteinen der Buntsandstein-Zeit liegenden Ablagerungen des **Muschelkalks** sind durchweg grau gefärbt. Der Untere ebenso wie der Obere Muschelkalk besteht aus **Kalksteinen**, während der Mittlere Muschelkalk Dolomite, Tonsteine und Gipse sowie Steinsalz

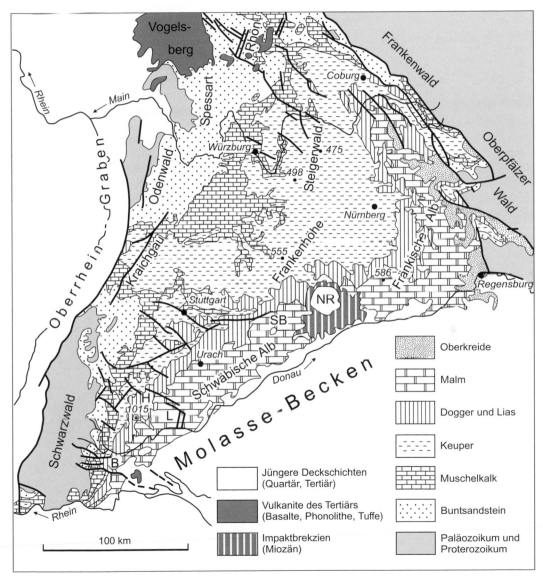

Abb. 8.2-1 Geologische Übersichtskarte des Süddeutschen Schichtstufenlands. B – Bonndorfer Graben-Zone, H – Hohenzollern-Graben, L – Lauchert-Graben, NR – Nördlinger Ries, SB – Steinheimer Becken.

8

umfasst, das durch die oberflächennahe Verwitterung allerdings schon vielfach ausgelaugt ist. Auf dem Muschelkalk, besonders wenn er mit Löss und Lösslehm überdeckt ist, haben sich fruchtbare Böden herausgebildet. Das vom Kraichgau (zwischen Odenwald und Schwarzwald) in nordöstlicher Richtung bis zum Südrand der Rhön reichende, intensiv ackerbaulich genutzte Löss-Muschelkalk-Gebiet mit den oft tief eingeschnittenen Tälern von Main, Jagst und Tauber mit ihren Nebenflüssen wird als **Gäuland** bezeichnet.

Die nächst jüngeren Ablagerungen des **Keupers** bestehen vorwiegend aus Tonsteinen, denen Mergel, Gipse und einzelne Sandstein-Horizonte zwischengeschaltet sind. In Franken haben diese eine größere Mächtigkeit und Verbreitung als in Schwaben, deswegen sind auch die Schichtstufen an den härteren Sandstein-Bänken in der Frankenhöhe und im Steigerwald besonders ausgeprägt. Keuper-Gesteine nehmen im Süddeutschen Schichtstufenland die größte Fläche ein. Besonders die Sandstein-Gebiete sind durch Böden minderer Qualität gekennzeichnet; Waldgebiete sind häufig, die Besiedlungsdichte ist insgesamt gering.

Die über dem Keuper folgenden Schichten der **Jura**-Zeit sind in Franken weniger als 400 m, in Schwaben mehr als 800 m mächtig. Ihr Reichtum an Versteinerungen, besonders Ammoniten, hat schon früh eine detaillierte Untergliederung der einzelnen Schichtglieder ermöglicht. Der süddeutsche Jura ist eines der klassischen Gebiete der deutschen Geologie.

Der Untere Jura, als Schwarzer Jura oder **Lias** bezeichnet, besteht hauptsächlich aus dunklen Tonsteinen. Sehr bekannt ist der bitumenreiche **Posidonienschiefer** des Lias α, ein feinschichtiger Mergelstein, der oft Reste der Muschel-Gattungen *Steinmannia* und *Positra* enthält, die früher als *Posidonia* zusammengefasst wurden. In der Gegend von Holzmaden, südöstlich Stuttgart, wurden – im Zusammenhang mit dem Abbau von Mergelstein-Zwischenlagen, die als Werksteine Verwendung finden – zahlreiche Fossilreste gefunden, von denen besonders die Fischsaurier (Ichthyosaurier) bekannt geworden sind. Die erstmals von B. HAUFF meisterhaft präparierten Stücke kann man in fast allen naturkundlichen Museen der Welt antreffen. Zahlreiche Versteinerungen aus dem Posidonienschiefer können im **Urwelt-Museum** Hauff besichtigt werden, das

sich in **Holzmaden** nahe an der Autobahn Stuttgart–Ulm befindet. Auf den tonigen und mergeligen Lias-Schichten des Alb-Vorlands haben sich tiefgründige Böden von großer Fruchtbarkeit, die so genannten **Filder** herausgebildet.

Über dem Lias folgt der **Dogger** oder Braune Jura, der tonig-sandig ausgebildet und durch Einlagerungen von Brauneisen-Oolithen in seinen oberen Horizonten gekennzeichnet ist. Dogger-Gebiete werden als Wiesen genutzt, wenn der Untergrund tonig ist; in den sandigen Partien herrschen Ackerflächen und an steilen Hängen Obstbaum-Kulturen vor.

Schichten des Weißen Juras oder **Malms** ragen im Süddeutschen Schichtstufenland am weitesten heraus. Es sind vor allem Kalksteine, die wegen ihrer Verwitterungsbeständigkeit eine Steilstufe, den so genannten **Albtrauf** bilden. In den etwa schichtparallel mit etwa 5–15° flach nach Südosten bzw. Osten einfallenden, kuppigen Hochflächen der Schwäbischen und Fränkischen Alb haben sie eine weite Verbreitung. Die gebankten, teilweise dolomitisierten Kalksteine vor allem des jüngeren Malms werden von größeren ungeschichteten **Stotzen** durchsetzt. Es handelt sich um ehemalige Riffe, die aus Algen und Kieselschwämmen im Malm-zeitlichen Meer gebildet worden sind.

Die nördlichen und westlichen **Schichtstufen-Ränder** der Schwäbischen und Fränkischen Alb bilden keine gerade Linie. Sie sind durch viele Täler **zergliedert** und eingebuchtet. Vor dem Albrand hat die Verwitterung einzelne **Zeugenberge** als Vorposten stehen gelassen. Der steile Albtrauf ist meist bewaldet, die Alb-Hochflächen werden teilweise auch landwirtschaftlich genutzt, sind aber insgesamt dünn besiedelt. Die im Malm ε Frankens tief eingeschnittenen Täler mit malerischen Felsbildungen, besonders im Wiesent- und Püttlach-Tal, werden als **Fränkische Schweiz** bezeichnet.

Die Malm-Kalksteine weisen häufig **Verkarstungs**-Erscheinungen auf: Schlotten, Spalten und Dolinen (Abb. A-14), in denen Knochen und Zähne von Landwirbeltieren, Bohnerze oder Süßwasser-Ablagerungen aus der Kreide- oder Tertiär-Zeit vorkommen können, sind ebenso häufig wie Trockentäler und Höhlen mit sehenswerten Tropfsteinbildungen. Wasserläufe versickern in Schwinden oder treten in Karstquellen plötzlich wieder zu Tage. Bekannt ist die **Donau-Versicke-**

rung bei Immendingen, Tuttlingen und Fridingen, wo diese einen Teil ihres Wassers verliert, das nach einigen Tagen im 12 km südlich gelegenen **Aachtopf** bei Aach, nördlich Singen, wieder herauskommt und nun über den Bodensee dem Rhein zufließt. Mit einer Schüttung bis 20.000 Litern pro Sekunde ist der Aachtopf die größte Quelle Deutschlands. Bei Beuron hat die Donau ein bis zu 200 m tiefes Tal, auch bei Regensburg durchbricht die Donau auf etwa 5 km Länge die Kalksteine des oberen Malms. In dieser so genannten Weltenburger Enge ragen die Felswände an den Donau-Ufern fast 100 m empor.

Bemerkenswert ist der Platten-Kalk oder sog. **Lithographen-Schiefer** des Malm ε von Solnhofen in der südlichen Fränkischen Alb, der eher als feinschichtiger Kalkstein bezeichnet werden sollte. Wegen seines gleichmäßigen schichtigen Gefüges und seiner Feinkörnigkeit wird er als Farbträger beim Steindruck verwendet. Berühmt wurde er, weil neben anderen Versteinerungen in ihm Reste des Urvogels *Archaeopteryx* gefunden wurden (bisher zehn Skelette bzw. Skelett-Reste).

Auf der Ostflanke der Fränkischen Alb werden die Malm-Kalksteine von tonig-sandigen Schichten der **Kreide**-Zeit überlagert, die sich von Regensburg fast 100 km nach Norden erstrecken. Die Jura-Ablagerungen der Schwäbischen Alb tauchen mit Annäherung an das Tal der Donau unter den **Tertiär**-Sedimenten des **Molasse-Beckens** (Kap. 10.2) unter, die ihrerseits vielerorts von quartärem Lockermaterial überdeckt werden. Im Südwestzipfel der Schwäbischen Alb (westlich Sigmaringen), ebenso wie weiter flussabwärts bei Neuburg, bildet die Donau nicht die Südbegrenzung der Schwäbischen Alb. Hier schneidet sich der Fluss in romantischen Felsentälern tief durch die Kalksteine der Malm-Stufe. Am Südrand der Schwäbischen Alb haben sich an einigen Stellen (z. B. Heldenfingen, Dischingen) Reste der früheren **Steilküste** des Meeres aus der Miozän-Zeit des Tertiärs erhalten, das von Südosten an die Malm-Kalksteine brandete. Ein Knick im Gelände und Löcher von Bohrmuscheln in Felsen und Geröllen aus Malm-Kalksteinen markieren die ehemalige Kliff-Linie, die nördlich der Donau in Südwest–Nordost-Richtung etwa über Tuttlingen–Münsingen zur Lech-Mündung verlaufen ist.

Bei Regensburg reicht ein schmaler Ausläufer der tertiären Sedimente vom Molasse-Becken nach Norden bis in das Gebiet der mesozoischen Gesteine des Schichtstufenlands hinein. Es sind die **Braunkohlen** führenden Sande und Tone von Schwandorf und Nabburg am Rand des Bayerischen und Oberpfälzer Waldes.

Etwa in der Mitte der Schwäbischen Alb werden bei Bad Urach die Jura-Gesteine von mehr als 350 **Tuffschloten** und einigen **Maaren** durchschlagen, die in der Tertiär-Zeit (Miozän) entstanden sind. Einige liegen vor dem heutigen Rand der Alb. Wenige (z. B. der Jusi) sind von der Verwitterung herauspräpariert, weil die Tuffe Einlagerungen von härteren Basalten und reichlich Brocken von festen Malm-Kalksteinen enthalten (vgl. Kap. 11.5).

Westlich Coburg, in den Haßbergen und nach Thüringen hinüberstreichend, sitzen den Keuper-Schichten zahlreiche Stiele und in rheinischer Richtung angeordnete Gänge von ebenfalls tertiären Basalten auf, die als **Heldburger Gangschar** bezeichnet werden (vgl. Kap. 11.4).

An der Grenze zwischen Schwäbischer und Fränkischer Alb liegt das **Nördlinger Ries**, eine Senke von gut 20 km Durchmesser, die mit See-Ablagerungen der Tertiär-Zeit und quartärem Löss gefüllt ist. Am Rand der Senke sind die Jura-Gesteine stark deformiert und zerschert. Zertrümmerte Auswürflinge von kristallinen und sedimentären Gesteinen des Untergrunds sind im Ries und um dieses herum bis zu einer Entfernung von 25 km überall verstreut. Mit Bohrungen im Ries hat man festgestellt, dass in ihm die Gesteine bis zu einer Tiefe von mehr als 600 m zerbrochen und gestört sind. Erst relativ spät hat sich die Erkenntnis durchgesetzt, dass es sich beim Ries um den Krater eines **Meteoriten** handelt, der vor etwa 15 Mio. Jahren (jüngeres Miozän) eingeschlagen ist. Beweis für diese Entstehung sind die im sog. **Suevit**, der im Nördlinger Ries verbreiteten, bunt zusammengesetzten Impakt-Brekzie, vorhandenen Minerale **Coesit** und **Stishovit**. Hierbei handelt es sich um Minerale der Quarz-Familie mit ungewöhnlich hoher Dichte, die an der Erdoberfläche nur beim Aufprall von Meteoriten entstehen können. Das Ries ist einer der größten und gut erhaltenen Meteoritenkrater der Welt. Seine Entstehung wird im Rieskrater-Museum der Stadt Nördlingen eindrucksvoll dargestellt.

Etwa 20 km weiter westlich liegt bei Heidenheim das 3–4 km große **Steinheimer Becken**, das nahezu zur gleichen Zeit wie das Ries ebenfalls

8

durch einen Meteoriten-Einschlag entstanden ist. Ob es weitere derartige **Astrobleme** wie z. B. den Chiemgau-Kometen im süddeutschen Raum gibt, ist umstritten.

Neben Würm-, teilweise auch Riss-zeitlichem **Löss** und **Lösslehm**, die an vielen Stellen in Mächtigkeiten von wenigen Dezimetern bis Metern die Gesteine des Schichtstufenlands überdecken, sind als Ablagerung des **Quartärs** noch **Flug-** und **Dünensande** zu nennen, die z. B. in der Umgebung des Regnitztals bei Bamberg und Erlangen–Nürnberg verbreitet sind.

Die Trias- und Jura-Tafeln des Süddeutschen Schichtstufenlands sind nur wenig durch größere Verwerfungen zerstückelt. Eine Ausnahme bildet das **Ostbayerische Schollenland** zwischen Fränkischer Alb einerseits und dem Fichtelgebirge, Oberpfälzer und Bayerischen Wald andererseits, in dem die Trias-, Jura- und Kreide-zeitlichen Sedimentgesteine durch große, hauptsächlich herzynisch gerichtete Störungen zerlegt werden. Bohrungen in diesem Gebiet haben gezeigt, dass meist schon in Tiefen von 500–1.000 m die mesozoischen Gesteine des Süddeutschen Schichtstufenlands von paläozoischen Sedimentgesteinen (vergleichbar denen des Frankenwalds) und/oder Graniten, Gneisen und Glimmerschiefern (vergleichbar denen in Spessart, Fichtelgebirge und Böhmischer Masse) unterlagert werden. Dieses Bruchschollen-Gebiet setzt sich nordwestwärts nach Südwest-Thüringen im Vorland von Thürin-

gisch-Fränkischem Schiefergebirge und Thüringer Wald fort.

Zwei weitere Bruchzonen befinden sich in der südwestlichen Schwäbischen Alb mit der **Bonndorfer Graben-Zone**, die in herzynischer Richtung aus dem Schwarzwald herüberstreicht und sich zum Bodensee erstreckt, und dem **Hohenzollern-Graben** bei Hechingen. Dieser verläuft ebenfalls in herzynischer Richtung, biegt an seinem südöstlichen Ende dann aber zum rheinisch gerichteten **Lauchert-Graben** um, der bei Sigmaringen an der Donau endet. Das Nordwest-Ende des Hohenzollern-Grabens mit der Burg Hohenzollern ist durch die Verwitterung gegenüber seiner Umgebung herauspräpariert und zeigt damit eine Reliefumkehr. Der Graben liegt im Zentrum eines jungen Erdbebengebiets (vgl. Kap. 2).

Die charakteristischen **Schichtstufen** an der Westseite der Fränkischen und Nordwestseite der Schwäbischen Alb haben sich vielleicht schon in der Kreide- oder Tertiär-Zeit herausgebildet (Abb. 8.2-2). Seitdem sind sie weiter in östlicher bzw. südlicher Richtung verlagert worden. Das leichte Einfallen der Schichten nach Osten und Südosten in den Alb-Bergen ist das Ergebnis einer **Kippung** während des Pliozäns.

Ein wichtiges landschaftsgestaltendes Ereignis in der Westecke der Schwäbischen Alb war die **Wutach-Anzapfung** während der Würm-Vereisung: Die vom Feldberg-Gebiet in östlicher Richtung zur Donau abfließende Ur-Wutach wurde

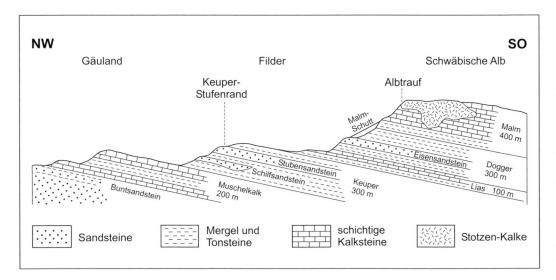

Abb. 8.2-2 Schematischer geologischer Schnitt durch das Süddeutsche Schichtstufenland (stark überhöht).

durch einen vom Rhein her rückschreitend erodierenden Bach angezapft und nach Süden abgezogen. Das dadurch wesentlich steiler gewordene Gefälle bewirkte, dass sich die Wutach seit der Ablenkung vor etwa 40.000 Jahren auf etwa 20 km Länge in einer tiefen Schlucht in flachliegende Sedimentgesteine der Trias- und Jura-Zeit eingeschnitten hat.

Wo die Kalksteine des Muschelkalks und des Oberen Juras verbreitet sind, ist die **Wasserversorgung** der Städte und Gemeinden oft schwierig, weil in den stark zerklüfteten und verkarsteten Gesteinen Niederschlags- und Oberflächenwasser schnell versickert und dabei nur schlecht filtriert wird, sodass nur wenige brauchbare Quellen und Grundwasserhorizonte zur Verfügung stehen. Auch die **Baugrundgeologie** ist im Süddeutschen Schichtstufenland teilweise recht problematisch: Einmal sind es die Mergel und Gipse des Mittleren Keupers und Mittleren Muschelkalks, über denen Absenktrichter und Erdfälle mit mächtigen Füllungen weicher Sedimente verbreitet sind, zum anderen tonige Zwischenlagen, die zu Rutschungen an Hängen, Böschungen und Einschnitten führen (besonders Tone und Tonsteine des Lias und Doggers).

Nutzung der Lagerstätten und geologischen Ressourcen

Die oolithischen **Eisenerze** der Dogger-Stufe wurden früher an verschiedenen Stellen bergmännisch gewonnen (im Dogger β, z. B. bei Geislingen a. d. Steige, im oberen Dogger bei Gutmadingen und Blumberg). Trümmereisenerze der jüngeren Kreide-Zeit, die durch Aufarbeitung von in der Nähe befindlichen Dogger-Schichten entstanden sind, wurden bei Sulzbach-Rosenberg und Auerbach nordöstlich Nürnberg bis 1987 abgebaut. **Blei-**, **Zink-** und **Kupfererze**, die in Kalksteinen des Unteren Muschelkalks und in Dolomiten des Mittleren Keupers vorkommen, sind nicht bauwürdig, auch nicht die früher genutzten **Bohnerze** (körnige Brauneisenerze) in Schlotten des Malm-Kalks der westlichen Schwäbischen Alb oder die kohligen Anreicherungen im Unteren Keuper, dem Lettenkohlen-Keuper. In Sandsteinen des Mittleren Keupers (Stubensandstein, Burgsand-

stein) wurden gebietsweise **Uranerze** entdeckt, die für einen späteren Abbau in Frage kommen.

Salze des Mittleren Muschelkalks werden bei Heilbronn und Stetten südwestlich Tübingen für die Produktion von Industrie-, Auftau- und Speisesalz bergmännisch gewonnen, außerdem bei Bad Wimpfen nordwestlich Heilbronn für die balneologische Nutzung in verschiedenen Heilbädern als Sole herausgelöst.

Von den Lagerstätten des Sektors **Steine und Erden** sind besonders die **Gipse** des Keupers zu nennen, die an vielen Stellen Main-Frankens für verschiedene Zwecke der Bauindustrie abgebaut werden, weiterhin Sulfat-Gesteine des Mittleren Muschelkalks, die nur untertägig gewonnen werden können, so in Europas größtem Gips- und Anhydrit-Bergwerk bei Obrigheim. Große Bedeutung haben die weit verbreiteten **Kalksteine** und **Kalkmergelsteine** des Muschelkalks und Malms für die Herstellung vor allem von Straßenschotter, Baukalk und Zement. Die Gewinnung von Werk- und Ornamentsteinen, für die Kalksteine des Oberen Muschelkalks, im Posidonienschiefer (sog. Fleins) und des Malms, Sandsteine des Keupers (Schilfsandstein, Stubensandstein) sowie die verwitterungsbeständigen Süßwasserkalke (Travertine) des Tertiärs und Quartars in Frage kommen, spielt nur noch eine geringe Rolle; sie sind aber teilweise für die Restaurierung von Baudenkmälern (Weltkulturerbe Kloster Maulbronn, Ulmer Münster, Kölner Dom) wieder verstärkt gefragt. Viele in Franken vorhandene alte Bauwerke bestehen aus braunen Sandsteinen des Mittleren Keupers, so z. B. in Bamberg, Coburg und vor allem in dem noch erhaltenen mittelalterlichen Stadtbild von Nürnberg. Wichtig ist in der südlichen Fränkischen Alb auch der Abbau von Kalksteinen des Malm δ, die im Handel vielfach als „Treuchtlinger Marmor" oder „Deutsch Gelb" bezeichnet und in Form von dünn geschnittenen Platten gern für Fensterbänke oder Treppenstufen verwendet werden.

Bei Neuburg a. d. Donau westlich Ingolstadt wird auf dem Südhang der Fränkischen Alb die Neuburger **Kieselerde** gewonnen. Sie besteht aus lockeren Sanden, die reich an Quarz und kieseligen Organismenresten (besonders Nadeln von Kieselschwämmen) sind. Es handelt sich um eine Strandbildung aus der jüngeren Kreide-Zeit, die als Füllung von Dolinen in den Malm-Kalksteinen vor der Abtragung bewahrt wurde.

8

Von den Energie-Rohstoffen werden die Öl-schiefer im **Posidonienschiefer** (Lias ε) traditionell zuerst genannt. Bei Mächtigkeiten von wenigen Metern und einem Gehalt an organischer Substanz bis knapp 10% stellen sie eine mögliche Reserve für die Produktion von Kohlenwasserstoffen dar. Seit der 2. Hälfte des 19. Jahrhunderts sind mehrfach Versuche unternommen worden, aus ihnen durch Verschwelen Öl zu gewinnen. Bei Dotternhausen nahe Balingen werden in einem großen Werk Energie- und Mineralinhalt der Ölschiefer gemeinsam als Rohstoff für die Herstellung von Portland-Zement genutzt. Aus den Deckschichten über den Schichtstufen-Gesteinen wurden bei Schwandorf nördlich Regensburg Tertiäre **Braunkohlen** in sehr geringem Umfang (2004: 23.000 t) abgebaut; **Tone** ebenfalls aus den tertiären Deckschichten werden in der weiteren Umgebung von Schwandorf an mehreren Stellen für die keramische Industrie gewonnen.

Bei Eschenfelden nordwestlich Amberg befindet sich in 600 m Tiefe in Gesteinen des Keupers und Muschelkalks der einzige **Erdgas-Porenspeicher** des Süddeutschen Schichtstufenlands.

Die Erschließung des **geothermischen Potentials** auf der Schwäbischen Alb (vgl. Kap. 2) steht noch am Anfang. Nachdem bei Soultz-sous-Forêts am Westrand des Oberrhein-Grabens – jenseits der Grenze zu Frankreich – über einen längeren Zeitraum (seit 1987) Versuche für die Durchführung des so genannten **Hot-Dry-Rock**(HDR)-Verfahrens erfolgreich abgeschlossen wurden (vgl. Kap. 10.1), soll nach entsprechenden Vorarbeiten bei Bad Urach ebenfalls ein Kraftwerk zur geothermischen Stromerzeugung errichtet werden. Mit der Bohrung Urach 3 wurde in ca. 4,4 km Tiefe eine Gesteinstemperatur von 170 °C angetroffen, und es wurde von ihr ausgehend ein Kluftsystem für die Zirkulation von zu injizierendem Wasser erzeugt. Hier sowie in Staffelstein und Weiden werden **Tiefenwässer** mit Temperaturen von 25–60 °C in Thermalbädern und für die Beheizung von Räumen gewonnen.

Das Süddeutsche Schichtstufenland ist besonders reich an natürlichen, größtenteils aber erbohrten **Mineralquellen**, die sehr verschiedenen Gesteinen entspringen und deswegen sehr vielfältig in ihrer Zusammensetzung und ihren therapeutischen Anwendungsbereichen sind. Die Mineralbrunnen von Bad Cannstatt, die aus Ge-steinen des Muschelkalks stammen, gelten als die ergiebigsten in Deutschland.

8.3 Thüringer Becken

Zwischen Thüringer Wald, Thüringischem Schiefergebirge und Harz dehnt sich eine **weite Beckenlandschaft** aus, die von Ablagerungen der **Trias** eingenommen wird (Abb. 8.3-1). Darunter folgen teilweise mächtige salinare Ablagerungen des Zechsteins sowie gebietsweise Sedimente, lokal auch Vulkanite des Rotliegenden und Oberkarbons. An den Rändern sind die Steinsalze vollständig, die Anhydrite teilweise abgelaugt (vgl. Kap. 7). Hier ist außerdem häufig die Diskordanz zum Grundgebirge aufgeschlossen (Abb. 4.4-2). Der tiefere Untergrund besteht überwiegend aus metamorphen Gesteinen des Variszikums (Mitteldeutsche Kristallinzone), im Nordwest- und Südostteil auch aus Gesteinen des Schiefergebirges. Lokal sind Reste des Unteren Juras (Lias) und der älteren Oberkreide (Cenoman) als Hinweise auf das Vorhandensein jüngerer Meeresgebiete zumindest zu diesen Zeiten in Thüringen erhalten (Tabelle 8.3-1). Auch Sedimente des Tertiärs haben nur eine geringe Verbreitung (vgl. Kap. 10.5). Im Zentrum lagert der Trias zum Teil mächtiger Löss auf, der nach dem Rückschmelzen des pleistozänen Inlandeises angeweht wurde. Auf Talterrassen und in weiten Tälern finden sich verbreitet sowie in Auslaugungssenken eher lokal überwiegend pleistozäne Schotter, die vor allem von Flüssen aus dem Thüringer Wald und untergeordnet aus dem Harz herantransportiert worden sind. Diese Beckenlandschaft dehnt sich nordostwärts in das östliche Vorland des Harzes aus, ostwärts erfolgt der Übergang in die Leipziger Tieflandsbucht (vgl. Kap. 10.6).

Die triassischen Ablagerungen bilden eine **weitgespannte Mulde**. Deshalb streichen an den Rändern Gesteine des Buntsandsteins, im Zentrum solche des Keupers aus (Abb. 8.3-1). Die **Trias** zeigt den aus anderen Teilen Deutschlands bekannten Aufbau:

Der unter überwiegend festländischen Bedingungen abgelagerte **Untere** und **Mittlere Buntsandstein** besteht aus zyklisch aufgebauten Sandstein-Tonstein-Folgen (vgl. Kap. 8.1), wobei im

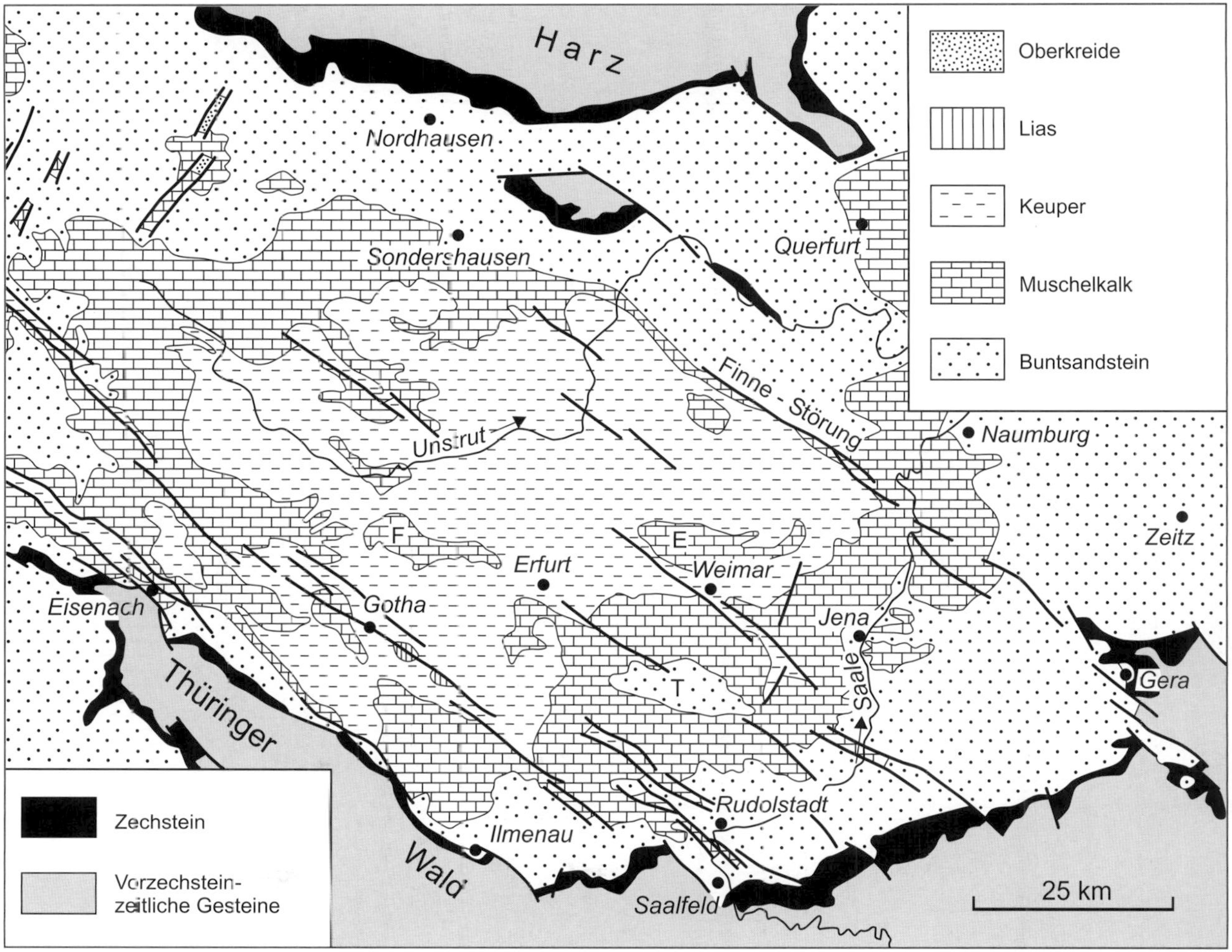

Abb. 8.3-1 Geologische Übersichtskarte des Thüringer Beckens (Quartär und Tertiär entfernt). E – Ettersberg-Gewölbe, F – Gewölbe der Fahner Höhe, T – Tannrodaer Gewölbe.

Tabelle 8.3-1 Vereinfachte Tabelle der Gesteinsfolge und geologischen Entwicklung im Thüringer Becken. Schraffiert: Schichtlücken.

	Sedimentgesteine	Magmatische und tektonische Ereignisse
Quartär	Löss, Flussschotter, Travertin	
Tertiär	Kiese, Sande, Tone; Quarzit	
Kreide	Sandsteine, Tone, Mergel	Bruch-tektonik
Jura	Tone, Mergel, Sandsteine	
Keuper	Tonsteine und Sandsteine; Kalksteine, Dolomite, Anhydrit, Steinsalz; Kohlenflözchen	
Muschelkalk	Kalke, Mergelkalke, Tonsteine	
	Dolomite, Steinsalz, Anhydrit	
	Wellenkalk mit Leitbänken	
Buntsandstein	Tonsteine, Mergel, Anhydrit, Steinsalz	
	Sandsteine, teilweise Feldspat bzw. Gerölle führend; Tonsteine; Rogensteine (randlich)	
Zechstein	Steinsalze, Anhydrite, Karbonate, Tonsteine, Kalisalze; Riffkalksteine (randlich)	
Rotliegendes und Oberkarbon (Siles)	Rote Konglomerate und Sandsteine, untergeordnet Tonsteine	intermediärer und saurer Vulkanismus — Bruch-tektonik; Granit-Intrusionen
Unterkarbon (Dinant) bis Proterozoikum	Glimmerschiefer, Grauwacken, Gneise, Tonschiefer, Migmatite Quarzite	Faltung Schieferung Metamorphose; Granit-Intrusionen (heute: Orthogneise)

Unteren tonige Gesteine einen höheren Anteil haben, während sie im Mittleren zurücktreten. Gerölle führende Sandsteine und Konglomerate im Südosten weisen auf ein in dieser Richtung zu suchendes Liefergebiet hin. In den Unteren Buntsandstein sind besonders im Nordosten Rogensteine eingeschaltet, Anzeichen für eine zeitweilig lagunäre Fazies im Übergang zu dem in Norddeutschland gelegenen marinen Zentrum des Sedimentationsraums. Im Nordwesten, auf der **Eichsfeld-Schwelle**, wurde die Hardegsen-Folge (vgl. Kap. 8.1) infolge zwischenzeitlicher tektonischer Hebungen teilweise vollständig abgetragen. Die Solling-Folge mit dem **Chirotherien-Sandstein** greift auf verschieden alte Schichten über.

Der **Obere Buntsandstein** (Röt) ist vorwiegend tonig-siltig ausgebildet mit eingeschalteten marinen Karbonaten und Evaporiten. Die häufigen marinen Überflutungen mit charakteristischer Fauna *(Beneckeia)* kamen von Norden. An der Basis liegt das **Röt-Salinar**, eine bis über 60 m mächtige Folge von Anhydrit bzw. Gips mit Steinsalz und wenig Mergeln. Es handelt sich um lagunäre Bildungen eines abgeschnürten Meeresbeckens. Die Gipse sind zumeist mehr oder weniger intensiv verfaltet.

Im höchsten Teil leiten die mergelig-kalkigen **Myophorien-Schichten** zum marinen **Muschelkalk** über. Der untere, als **Wellenkalk** bezeichnete Abschnitt bildet die landschaftlich charakteristischen Kalkhänge. In diesem treten in drei Niveaus unter extrem flachmarinen Bedingungen sedimentierte härtere Kalk-Bänke auf, die **Oolith-, Terebratel-** und **Schaumkalk-Bänke** (von unten nach oben), von denen sich die Terabratel-Bänke an den Felshängen deutlich abheben, während die Schaumkalk-Bänke das Steilprofil beenden, an welches sich die Verebnung des **Mittleren Muschelkalks** anschließt. Dieser besteht aus dolomitischen Karbonaten mit Anhydriten. Im Zentrum des Beckens, in der Umgebung von Erfurt, führt er Steinsalz.

Der **Trochiten-Kalk** an der Basis des **Oberen Muschelkalks** gibt sich häufig durch eine kleine Steilstufe zu erkennen. Darüber folgt eine weitere von den **Ceratiten- Schichten** gebildete Verebnung, bevor die sanftwellige Keuper-Landschaft beginnt. Dieses Schichtstufen-Profil vom Röt bis zum höchsten Muschelkalk kann man westlich Jena recht gut verfolgen. Während Unterer und Mittlerer Muschelkalk unter flachmarinen bzw.

lagunären Bedingungen abgelagert worden sind, zeigen die Ceratiten führenden Kalk-Ton-Wechselfolgen des Oberen Muschelkalks eine Vertiefung des Sedimentationsraums an.

Der **Keuper** (Abb. A-15) ist mannigfaltiger zusammengesetzt als Buntsandstein und Muschelkalk. Die überwiegend tonig-siltigen Gesteine führen Sandsteine, Kalksteine, Dolomite, Anhydrite bzw. Gipse und Steinsalz. Im Unteren Keuper sind durch Anreicherung von Pflanzenhäcksel kohlige Gesteine und Kohlenflözchen entstanden (Lettenkohlen-Keuper). Im Mittleren Keuper (Steinmergel-Keuper) bildet der **Schilfsandstein** ein weit verzweigtes Geflecht sandgefüllter Rinnen eines riesigen Delta-Systems von Flüssen, die von dem weit im Norden gelegenen Fennoskandischen Land Sand in das Germanische Becken transportierten. Im Oberen Keuper (Rät) herrschen Sandsteine vor. Die Ablagerung erfolgte unter überwiegend festländischen, fluviatil-ästuarinen, untergeordnet brackisch-lagunären Bedingungen. Die zu Beginn häufigen, dann selteneren marinen Überflutungen kamen zunächst aus Süden, später aus Nordwesten.

Der **Untere Jura** ist vor allem durch fossilreiche dunkle Mergel und Tone mit Einlagerungen von Kalksteinen und Sandsteinen vertreten. Gebietsweise häufen sich aber auch Sandsteine. Die Sedimente wurden in einem flachen Meer abgelagert, das schon während des Räts zeitweilig bestanden hatte.

Mit der Meerestransgression zu Beginn der **Oberkreide**-Zeit wurden Teile von Thüringen abermals überflutet. In den Gräben des Eichsfelds sind von den dabei gebildeten Sedimenten teils sandige und sandig-tonige, teils kalkige und mergelige Gesteine des Cenoman von knapp 50 m Mächtigkeit erhalten geblieben.

Die **Struktur** des Thüringer Beckens (Abb. 8.3-1) ist durch die bereits erwähnte muldenförmige Lagerung der triassischen Gesteine gekennzeichnet, die sich im Wesentlichen während des jüngeren Mesozoikums herausgebildet hat. Hinzu kommen zahlreiche Verwerfungen und Antiklinalen. Am auffälligsten sind **Störungszonen**, die sich in Nordwest–Südost-Richtung durch die Mulde erstrecken und diese in leistenförmige Schollen zerlegen. Dabei handelt es sich teils um Grabenbrüche, teils um Auf- und Überschiebungen. Oft werden Mischformen beobachtet, d. h. durch Dehnung entstandene Ausweit-

8

ungsstrukturen, die später durch Pressung überformt wurden.

Die sich von **Eichenberg** über **Gotha** und **Arnstadt** bis **Saalfeld** auf 120 km Länge im Südwesten der Mulde hinziehende **Störungszone** ist die bedeutendste. Sie lässt in Teilabschnitten besonders gut die zeitliche Abfolge von Zerrung und Pressung erkennen. Bei Arnstadt wird der in der Wachsenburg-Mulde infolge Dehnung eingesunkene Keuper beiderseits von kompliziert gebauten Störungen begrenzt, in denen Muschelkalk teilweise unter Mitwirkung von Zechstein-Salz aufgepresst worden ist. Im Zentrum der Thüringer Mulde liegen von Nordwesten nach Südosten hintereinander Schlotheimer, Ilmtal-Magdalaer und Leuchtenburg-Graben, in denen durch endogene Pressung entstandene Formen zurücktreten, aber nicht völlig fehlen. Der **Leuchtenburg-Graben** ist ein schönes Beispiel für Reliefumkehr: Der zwischen weicheren Sedimenten des Buntsandsteins eingesunkene Muschelkalk wurde als Härtling herauspräpariert. An der **Finne-Störung** im Nordosten der Mulde herrscht Pressung vor. Nach vorangegangener Dehnung und Bildung von Grabenstrukturen erfolgten weite Überschiebungen nach Südwesten.

Außer diesen herzynisch streichenden Störungszonen kommen rheinisch orientierte vor, so im Eichsfeld am Nordwestrand der Mulde. Hier handelt es sich um Gräben, in die Sedimente der Oberkreide eingesunken und so von der Erosion verschont geblieben sind. Die den **Holunger Graben** begrenzenden Störungen konvergieren nach unten zu einer Abschiebung.

Zechstein-Salze haben dort, wo sie in nicht zu geringer Mächtigkeit vorhanden sind, die Ausformung tektonischer Strukturen nachhaltig beeinflusst. Das gilt für die Störungszonen, ganz besonders aber für die **Antiklinalen**, die so genannten Gewölbe. Das sind flache, elliptische, oft unsymmetrische Antiklinalen. Sie heben sich teilweise auch morphologisch ab, so der Ettersberg bei Weimar und die Fahner Höhe zwischen Erfurt und Langensalza, wo der harte Obere Muschelkalk der Abtragung Widerstand leistet. Im Tannrodaer Gewölbe hat die Erosion den schützenden Muschelkalk durchschnitten und die weicheren Schichten des Buntsandsteins großflächig freigelegt. Ein ringförmiger Wall aus Muschelkalk umgibt die morphologische Senke. Die Bildung dieser durch seitliche Einengung entstandenen Antiklinalen ist ohne Mitwirkung von Salzen im Untergrund schwer vorstellbar. Hinweise auf halokinetische Eigenbewegungen der Zechstein-Salze gibt es im Thüringer Becken allerdings nicht.

Nutzung der Lagerstätten und geologischen Ressourcen

Die **Kalisalze** des Zechsteins waren zweifelsohne die wichtigsten Rohstoffe des Thüringer Beckens. Im Südharz-Revier bei Bischofferode, Bleicherode, Sollstedt, Volkenroda und Sondershausen sowie im Unstrut-Revier weiter östlich bei Roßleben wurden Carnallitite (ca. 10% K_2O) und Hartsalze (12 bis 20% K_2O) des Kaliflözes Staßfurt abgebaut. Alle Gruben sind 1990 bis 1993 stillgelegt worden, wobei teilweise ein Verzicht auf hochwertige sulfathaltige Vorräte für mehrere Jahrzehnte Förderung in Kauf genommen wurde. Der Bergbau war teilweise durch Stickstoff- und Methan-Gase gefährdet, die aus dem unterlagernden Rotliegenden bzw. dem 80 m unter dem Kaliflöz gelegenen bituminösen Hauptdolomit der Staßfurt-Folge stammen. Große Flözmächtigkeiten und relativ hohe Kali Gehalte wirkten sich günstig aus. Vertaubungen und tektonische Strukturen im Südharz-Revier komplizierten andererseits den Abbau.

Steinsalz des Zechsteins wurde noch bis 1999 bei Stadtilm soltechnisch aus der Werra-Folge gewonnen; in Bad Frankenhausen und Bad Sulza finden Solen aus der Staßfurt- bzw. Leine-Folge (vgl. Kap. 7) im Kurbetrieb Anwendung. Die meisten Salinen, die auch Steinsalz des Mittleren Muschelkalks und Oberen Buntsandsteins genutzt haben, wurden schon vor längerer Zeit stillgelegt. Das trifft auch für die Steinsalz-Bergwerke bei Erfurt und Gotha zu, die aus dem Mittleren Muschelkalk förderten, sowie den Schacht Angersdorf bei Teutschenthal, der 1962 stillgelegt worden ist.

Die **Erdgase** der kleinen, zumeist ausgebeuteten Lagerstätten kommen aus dem Hauptdolomit bzw. Stinkschiefer der Staßfurt-Folge. Sie sind bzw. waren entweder an diesen selbst oder an die Sandsteine des Mittleren Buntsandsteins bzw. an klüftige Konglomerate des Rotliegenden gebunden. Erdgas wird derzeit noch aus den Lagerstätten Fahner Höhe, Kichheilingen, Langensalza-

Nord und Mühlhausen gefördert (2004: knapp 50 Mio. m³). **Erdöl** wurde vor allem in den 30er-Jahren des vorigen Jahrhunderts aus dem Kali-Schacht Volkenroda-Pöthen gewonnen, wo es durch Druckentlastung des Hauptdolomits infolge des Kalisalz-Abbaus 1930 zu einem spektakulären Erdöl-Ausbruch gekommen war. Bisher sind insgesamt 6 Mrd. m³ (V_n) Erdgas, 50.000 t Erdöl und 18 Mio. m³ (V_n) Erdölgas gefördert worden.

Die ausgebeuteten Gasfelder Bad Lauchstädt, Kirchheilingen und Allmenhausen werden für die **Untertagespeicherung** von Importgas genutzt. In Salzen des Zechsteins wurden Kavernenspeicher für Erdgas bei Bad Lauchstädt und im ehemaligen Bergwerk Burggraf-Bernsdorf angelegt, solche für Ethylen und Propylen bei Teutschenthal.

Gesteine der Trias sind früher in großem Umfang als **Werk-** und **Dekorationssteine** gewonnen worden. Das betrifft vor allem die Sandsteine des Buntsandsteins und Keupers (Schilfsandstein, Rätsandstein) sowie die kristallinen Kalksteine des Unteren und Oberen Muschelkalks und die jungpleistozänen **Travertine**. Heute werden außer den Travertinen von Bad Langensalza und Weimar-Ehringsdorf die harten Kalk-Bänke im Wellenkalk von Oberdorla nordwestlich Bad Langensalza, bei Jena sowie von Obermöllern und Nebra, weiterhin der Rät-Sandstein des Großen Seebergs östlich Gotha als Werk- und Dekorationssteine genutzt. Es besteht aber wieder wachsendes Interesse an der Nutzung eingekieselter Sandsteine des Unteren und Mittleren Buntsandsteins als Werkstein.

Wellenkalk und Röt bilden die Grundlage für die Herstellung von **Portland-Zement** im Eichsfeld südwestlich Bleicherode und im Nordostteil des Beckens bei Karsdorf. Die **feldspatreichen Sandsteine** des Buntsandsteins waren Ausgangspunkt für die Entwicklung der Porzellanindustrie in Thüringen; sie wurden bis vor kurzem bei Altendorf nördlich Kahla und Langenorla bei Pößneck genutzt. Zu **Kaolin** verwitterte Arkosen des Mittleren Buntsandsteins im Nordostteil des Beckens werden im Stedten-Etzdorfer Feld abgebaut. **Mürbe Sandsteine** des Unteren und Mittleren Buntsandsteins sowie untergeordnet des Unteren Keupers werden heute vor allem als Bettungssande, untergeordnet in der Bauindustrie und im Straßenbau verwendet.

Tone und **Tonsteine** des Buntsandsteins, Keupers und Lias sowie des Tertiärs und Quartärs sind die Rohstoffbasis für die Herstellung von Ziegeln. In großem Umfang werden die **Kalksteine** des Unteren Muschelkalks als Zuschlag- bzw. Bettungsstoff in der Bauindustrie und für den Straßenbau sowie für die Herstellung von Dünge- und Futterkalk gewonnen. **Gipse** des Keupers bei Elxleben nahe Erfurt wurden bis 1978 für die lokale Baustoff-Industrie abgebaut. Wegen des hohen Reinheitsgrads waren die schwach verfestigten holozänen **Süßwasserkalke** ein begehrter Rohstoff für die chemische, pharmazeutische, Glas- und Porzellan-Industrie.

Die im Thüringer Becken weit verbreiteten fluviatilen **Kiessande** des **Quartärs** sowie des **Tertiärs** im Ostteil werden nach Aufbereitung im Wesentlichen als Beton-Zuschlagstoffe und für den Straßenbau eingesetzt. Die bei der Aufbereitung gewonnenen Sande sind Rohstoffe für die Herstellung von Kalksandsteinen. Nicht aufbereitete Kiessande stehen als Schütt- und Verfüllmassen zur Verfügung. Die **Sande** des Quartärs werden als Bettungssande sowie untergeordnet als Putz- und Mauersande verwendet.

8.4 Elbsandstein-Gebirge

Ablagerungen der älteren **Oberkreide** nehmen im Südostteil der Elbezone (vgl. Kap. 4.4) eine große Fläche ein. Von Pirna bis über Bad Schandau hinaus bauen widerstandsfähige, bis zu 400 m mächtige **Quadersandsteine** die reizvolle Landschaft des Elbsandstein-Gebirges auf (Abb. A-16). Die charakteristischen quaderförmigen Felsformen der Sächsischen Schweiz kommen durch bevorzugte Verwitterung entlang von Schichtung sowie sich etwa unter 90° kreuzenden Klüften zu Stande, die mehr oder weniger senkrecht auf den Schichtflächen stehen. Sie bilden neben den Felspartien auch geschlossene Tafelberge, wie Lilienstein, Königstein, Gohrischstein, sowie andererseits einzelne freistehende Felstürme, von denen die Barbarine am Pfaffenstein der bekannteste ist.

Die Sandsteine setzen sich südostwärts in Nordböhmen und entlang der Lausitzer Überschiebung im **Zittauer Gebirge** fort. Sie wurden in einem Meeresarm abgelagert, der zwischen den Festlandsgebieten des heutigen Erzgebirges und Lausitzer Berglands das norddeutsche mit dem

8

böhmischen und mährischen Sedimentations-becken in Nordwest–Südost-Richtung verband. Sie überlagern nicht nur die verschiedenen Gesteine der Elbezone, sondern auch die angrenzenden Gebiete im Südwesten und Nordosten. Oft ist eine Rotlehm-Verwitterungszone zwischenge-schaltet, die sich während der älteren Kreide-Zeit unter subtropischem Klima gebildet hatte.

An der Basis liegen Ablagerungen von Flüssen und Ästuaren. Das sind Konglomerate, Sandsteine und Tone mit pflanzlichen Fossilresten. Dazu gesellen sich durch Winde aufgewehte Sande. Darüber folgen die vorherrschend sandigen Schichten mit zahlreichen marinen Fossilien. Nordwestwärts, in Richtung auf Dresden und Meißen, gehen die Sandsteine in kalkig-tonige Sedimente, den sog. **Pläner** über, der nicht mehr felsbildend in Erscheinung tritt und zumeist von quartären Schichten überlagert wird.

Schon vor dem Oberkreide-Meer hatte während der jüngeren **Jura**-Zeit in der Elbezone eine Meeresverbindung vom norddeutschen zum böhmischen Sedimentationsraum bestanden. Ablagerungsreste aus dieser Zeit sind ausschließlich als eingeklemmte Schollen an der Lausitzer Überschiebung (vgl. Kap. 4.6) erhalten geblieben.

Nutzung der Lagerstätten und geologischen Ressourcen

Die für das Gebiet namengebenden Sandsteine der Oberkreide („Elbsandstein") werden seit Jahrhunderten im Elbtal und in dessen Nebentälern als **Werk- und Dekorationssteine** gebrochen. Die Bauwerke des Dresdner Barocks sind beredtes Zeugnis ihrer Verwendung. Selbst der massenhaft anfallende Bruch wurde noch genutzt, so bei der Uferbefestigung der Elbe, auch sehr weit flussabwärts. Die an mehreren Stellen abgebauten, unter den Handelsnamen Cottaer, Postaer und Reinhardtsdorfer bekannten Sandsteine sind geschätzte Bausteine für Verkleidungen an und in Bauwerken, Stufen- und Bodenbelege im Außenbereich sowie Sockelmauerwerke. Der sehr feinkörnige und marmorierte Cottaer Sandstein war und ist für Bildhauer- und Steinmetzarbeiten besonders geeignet.

Bis 1990 sind **uranhaltige** fluviatil-lakustrische und flachmarine **Basalsedimente** der Ober-

kreide in der Lagerstätte Königstein abgebaut worden. Nach dem klassischen Kammer-Pfeiler-Abbau am Anfang wurde die Gewinnung auf die Untertage-Kammer-Laugung umgestellt. Diese Lagerstätte hat ca. 19.500 t Uran geliefert. Bei der Reinigung der Grubenwässer fallen noch immer geringe Mengen Uran an (2007: 60 t).

8.5 Südrand des Norddeutschen Tieflands

Das Bergland im Süden des Norddeutschen Tieflands besteht aus mehreren, unterschiedlich großen **Bergzügen** und dazwischen liegenden **Senken**. Sie sind überwiegend aus Sedimentgesteinen des **Mesozoikums** aufgebaut. Den mittleren Bereich kann man als Leine- und Weser-Bergland, den westlichen als Münstersches Kreide-Becken mit randlichen Bergzügen zusammenfassen. Der hügelige Bereich im Norden des Harzes wird als Subherzynes Becken bezeichnet (Abb. 8.5-1).

Die mesozoischen Schichten des Berglands im Süden des Norddeutschen Tieflands werden unterlagert von Gesteinen des Paläozoikums. In diesen stecken möglicherweise in etwa 4–6 km Tiefe mehrere große Pluton-Körper, die in der mittleren Kreide-Zeit aufgedrungen sein müssten. Derartige Bereiche, die durch eine starke Aufheizung der Schichten während der Kreide-Zeit gekennzeichnet sind und neuerdings durch tiefe Versenkung und rasche Inversion der Gesteine erklärt werden, sind bekannt von Bramsche bei Osnabrück („Bramscher Massiv"), Vlotho und Uchte-Loccum (nördlich Minden), auch für ein solches im Bereich des Sollings gibt es Hinweise.

8.5.1 Leine- und Weser-Bergland

Die Schichten im Leine- und Weser-Bergland gleichen denen des Süddeutschen Schichtstufenlands (Tabelle 8.5-1). Über den rot gefärbten, meist sandigen Gesteinen des Buntsandsteins liegen die grauen Kalksteine des **Muschelkalks**. Dieser ist in seinem mittleren Teil meist tonig-mergelig ausgebildet. Die nächstfolgenden **Keuper**-Sedimente

8

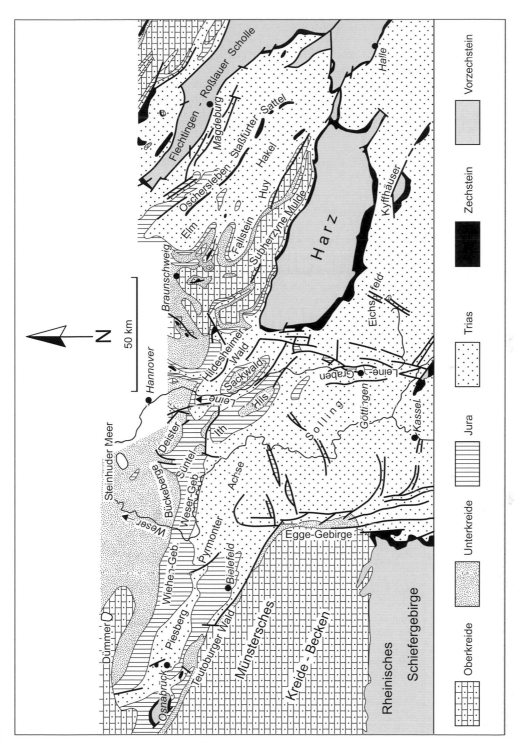

Abb. 8.5-1 Geologische Übersichtskarte des Berglands am Südrand des Norddeutschen Tieflands (Quartär und Tertiär entfernt).

bestehen im unteren und oberen Abschnitt vorwiegend aus gelblichen bis braunen Sandsteinen, während im Mittleren Keuper verschiedenfarbige Tonsteine und Mergelsteine vorherrschen.

Der Untere Jura, der **Lias**, erreicht teilweise mehr als 300 m Mächtigkeit. Er umfasst überwiegend dunkle Tonsteine und Mergelsteine, die in der Umgebung des Harzes stellenweise Eisen-

Oolithe enthalten. Die tonig-sandigen Schichten der **Dogger**-Stufe zeigen weniger Eisen-Anreicherungen als in Süddeutschland. Solche sind stattdessen in der Gegend von Salzgitter und im Weser-Gebirge in die mächtigen grauen Kalksteine des **Korallenooliths** eingeschaltet, der für den unteren **Malm** charakteristisch ist. In westlicher Richtung gehen die Kalksteine in Sandsteine über

Tabelle 8.5-1 Vereinfachte Tabelle der Schichtenfolge im Leine- und Weser-Bergland sowie im Subherzynen Becken. Schraffiert: Schichtlücken.

	Sedimentgesteine	Tektonische Ereignisse
Quartär	Löss, Lösslehm, Talauen-Ablagerungen	Heraushebung
Tertiär	örtlich/randlich Tone und Sande mit Braunkohlen	
Oberkreide	Plänerkalke, Schreibkreide, Sandsteine (z.T. mit Eisen-Trümmererzen) (bis 700 m)	Bruchfaltung
Unterkreide	Tonsteine, Sandsteine, (z.T. mit Eisen-Trümmererzen) (bis 1.000 m)	
	Wealden-Tonsteine und Sandsteine mit Kohlenflözen (bis 250 m)	
Malm	Korallenoolith mit Eisenerz-Horizont, Sandsteine, Salze (bis 700 m)	
Dogger	Tonsteine, Sandsteine, z.T. mit Eisen-Oolithen = Portaerz (bis 300 m)	
Lias	Ton- und Mergelsteine, z.T. mit Eisen-Oolithen (bis 400 m)	
Keuper	Sandsteine, Quarzite, Mergelsteine (bis 350 m)	
Muschelkalk	Kalk- und Mergelsteine, selten Gips (bis 200 m)	
Buntsandstein	Sandsteine, Konglomerate und Tonsteine (bis 700 m)	
Perm und älter	Verschiedenartige Gesteine, u.a. Salze der Zechstein-Zeit, die meist aufgestiegen sind	

8

(Wiehengebirgs-Quarzit). Jüngerer Malm in Form von Mergeln, Kalksteinen und teilweise auch Salzen ist nur im westlichen Niedersachsen vorhanden. Am Übergang zwischen den Ablagerungen des Oberen Juras und der Unteren Kreide stehen die tonig-sandigen Schichten der **Wealden**-Fazies, die bis etwa 250 m mächtig werden können und deswegen bemerkenswert sind, weil in ihnen einige, bis fast 1 m mächtige Flöze von Steinkohlen vorkommen.

Die Sedimente der **älteren Kreide**-Zeit bestehen ebenfalls aus Tonsteinen und Sandsteinen, bekannt sind aus ihnen die Saurierfährten von Münchehagen. Bei Salzgitter sind ihnen oolithische Brauneisen-Trümmererze eingeschaltet.

Die Ablagerungen der **Oberkreide** sind meist kalkig entwickelt, vorherrschend in Form der unregelmäßig-plattig spaltenden Plänerkalke, im Raum Hannover auch als Kalkmergel, die zur Schreibkreide überleiten, wie sie im Untergrund des Norddeutschen Tieflands verbreitet ist (vgl. Kap. 12.1). Bei Peine–Ilsede enthalten die Oberkreide-Ablagerungen, die in nordöstlicher Richtung immer sandiger werden, wiederum Trümmererze. Die Art und Mächtigkeit der Ablagerungen aus der Jura- und Kreide-Zeit wird im niedersächsisch-ostwestfälischen Raum gebietsweise durch die **Zechstein**-Salze im Untergrund beeinflusst. In diesen kam es zu Aufbeulungen oder Abwanderungen, die in darüber liegenden Sedimentationsbecken zur Bildung von Schwellen mit geringerer oder Senken mit vergrößerter Mächtigkeit führten.

Den mesozoischen Schichten aufgelagert sind stellenweise Tone und Sande des **Tertiärs**. Es handelt sich um eng begrenzte Vorkommen, die Erosionsreste von ehemaligen kleinen Binnensenken darstellen. Etwa an der Linie Osnabrück–Hannover–Braunschweig taucht das Leine- und Weser-Bergland nach Norden unter den pleistozänen Lockersedimenten des Norddeutschen Tieflands unter. In südlicher Richtung sind die Talflanken des Berglands zunehmend mit Löss und Lösslehm bedeckt, der im **Pleistozän** angeweht wurde. Teilweise erreicht der Löss über 2 m Mächtigkeit. Zu den Quartär-zeitlichen Sedimenten innerhalb der Täler im Leine- und Weser-Bergland gehören auch die meist kleineren Vorkommen von Sinterkalken, die vor allem während der pleistozänen und holozänen Warmzeiten gebildet wurden.

Der Wechsel von festeren und weicheren Gesteinen hat zur Herausbildung von **Schichtsstufen** innerhalb der Bergzüge geführt. Als Geländerippen herauspräpariert sind besonders die Schichten des Oberen Muschelkalks, des Korallenooliths (Unterer Malm), des Wealden-Sandsteins und des Hils- und Osning-Sandsteins (Untere Kreide).

Die **Deformation** der im Gebiet von Niedersachsen und Ost-Westfalen abgelagerten Schichten erfolgte in mehreren Schüben vom jüngeren Jura ab bis in die Tertiär-Zeit. Dabei kam es zu einem typischen **Schollenbau**. Die meist nur wenig verfalteten Gesteine sind durch zahlreiche Störungen und Verwerfungen zerbrochen. Man bezeichnet diesen Baustil, der im Leine- und Weser-Bergland in klassischer Weise ausgebildet ist, als **Bruchfaltengebirge**. Wenn Schichtverstellungen dabei in Zusammenhang mit Salzen der Zechstein-Zeit stehen, deren Aufstieg teils ruckartig, teils kontinuierlich verlief und z. T. sich bis heute fortsetzt, spricht man von **saxonischer Tektonik**. Es ist durchaus fraglich, ob der Salzaufstieg als Ursache oder eher als Folge der Verstellungen der benachbarten Schichten anzusehen ist. Es hat sich herausgestellt, dass die Bedeutung der Salze für die Schichtverstellung und Deformation bisher eher unterschätzt worden ist.

Bei den **Geländeformen** stimmen geologische Struktur und morphologisches Bild nicht immer überein. Über Salzsätteln oder -achsen gibt es Aufwölbungen, wie z. B. den Hildesheimer Wald, aber auch Einbruchsgräben, wie den Leine-Graben bei Göttingen. Geologische Mulden zeigen teilweise **Reliefumkehr** und sind als Erhebung herauspräpariert, wie die Hils-Mulde und die Mulde des Sackwalds, welche die Leine bei Alfeld begleiten (Abb. 8.5-2).

Schollenzerstückelung, Salzauftrieb und unterschiedliche Abtragung haben dazu geführt, dass die wichtigsten Bergzüge des Leine- und Weser-Berglands aus sehr verschiedenen Gesteinen aufgebaut sind: Wesentlich aus Buntsandstein besteht der Hildesheimer Wald, aus Schichten des Doggers und Malms das Weser-Gebirge und seine nordwestliche Fortsetzung, das Wiehen-Gebirge, aus Schichten des Malms und der Unterkreide der Deister, Osterwald, Süntel, Ith, Hils und die Rehburger Berge (an der Westseite des Steinhuder Meers), aus Tonsteinen und Sandsteinen vorwiegend des Wealden die Bückeberge sowie aus Kalk-

8

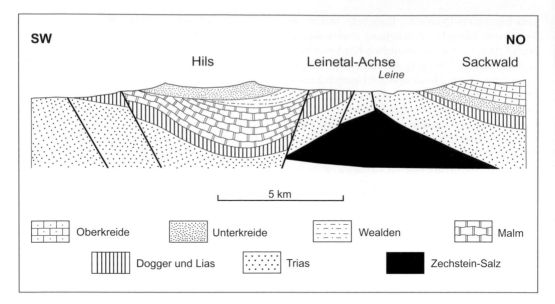

Abb. 8.5-2 Schematischer geologischer Schnitt durch den Hils, die Leinetal-Achse und den westlichen Sackwald (überhöht). Nach HERRMANN (1965) und BRÜNING et al. (1987).

steinen und Mergeln der Unter- und Oberkreide der Sackwald. Mergelsteine der Oberkreide treten in dem zwischen Dümmer und Wiehengebirge gelegenen Aufbruch der Stemmer Berge zu Tage. Im Lippischen Bergland zwischen Weser und Teutoburger Wald sind die Gesteine des Keupers flächenhaft verbreitet, im Gebiet zwischen Braunschweig und dem Harz die Ablagerungen der Kreide-Zeit. Insgesamt wird die Vielfalt der geologischen und tektonischen Strukturen des Leine- und Weser-Berglands von zwei verschiedenen Elementen beherrscht: **herzynisch** gerichteten **Bergzügen** und **rheinisch** gerichteten **Zerrungsgräben**.

⚒ Nutzung der Lagerstätten und geologischen Ressourcen

Wo die weit verbreiteten **Salze** des Zechsteins in Form von Stöcken und Kissen bis oder nahe an die Oberfläche reichen, wurden früher in großem Umfang die Kalisalze, untergeordnet auch das Steinsalz gewonnen. Das Salz-Abbaugebiet lag teils im Bereich des Berglands, teils unter dem Norddeutschen Tiefland. Der als Grundstoff für die **Kali-Industrie** wichtige Sylvin (Kalium-

chlorid KCl) und der damit vergesellschaftete, in letzter Zeit ökonomisch zunehmend bedeutsame Kieserit (Magnesiumsulfat $MgSO_4 \times H_2O$) sind aufgrund der technischen Anforderungen (Vorkommen in bergmännisch erreichbaren Tiefen, Mächtigkeit und Reinheit) heute nur noch gebietsweise bauwürdig. Deshalb ist der Kali-Bergbau auf den Raum Hannover konzentriert. Im Jahr 2002 wurden hier 2,8 Mio. t Kali- und Magnesiumsalze gefördert und verarbeitet. Die im internationalen Vergleich besonders an Magnesiumsulfat reichen Lagerstätten begünstigen die führende Stellung der deutschen Kali-Industrie am Weltmarkt für Spezialdünger. Das zur Zeit ruhende Reservebergwerk im Salzstock Sarstedt bei Hildesheim kann bei Bedarf wieder in Förderung genommen werden.

In den Salzen der Staßfurt-Folge sind bei Empelde südwestlich Hannover **Erdgas-Kavernenspeicher** angelegt worden.

Von den Lagerstätten in den mesozoischen Schichten des Berglands selbst sind besonders die **Eisenerze** zu nennen: Oolithische Erze der Lias-Zeit wurden vor Jahrzehnten bei Bad Harzburg, Lenglern bei Göttingen und Echte abgebaut. Ähnliche Erze aus dem unteren Malm (Korallenoolith) hat man früher am Nordrand des Weser-Gebirges in der Grube Nammen bei Porta

Westfalica (Portaerz) und bis 1976 bei Salzgitter (Schacht Konrad; heute in Diskussion als mögliches Endlager für radioaktive Abfälle) gewonnen. In der Grube Nammen werden die Oolithe derzeit noch als Beton-Zuschlagsmaterial abgebaut. Trümmereisenerze in Sedimenten der Unterkreide, die vor allem aus eisenreichen Konkretionen bestehen, wurden bei Salzgitter (Grube Haverlahwiese) abgebaut. Andere Trümmererze, diesmal in Oberkreide-Ablagerungen, waren die Grundlage der inzwischen geschlossenen Eisenerz-Gruben bei Bülten und Lengede nahe Peine. Die Eisenerze werden wegen der Konkurrenz zu preisgünstigeren importierten Erzen nicht mehr abgebaut. Die noch vorhandenen, mengenmäßig nicht unbeträchtlichen Vorkommen stellen eine bedeutende Reserve für die Zukunft dar.

Das **Erdöl-Erdgas**-Gebiet zwischen Elbe und Weser erstreckt sich vom Untergrund des Norddeutschen Tieflands (vgl. Kap. 12.1) bis in die Senken zwischen den niedersächsischen Bergzügen. Die vor allem an den Gifhorner Trog im östlichen Teil des Leine- und Weser-Berglands gebundenen Erdöl-Lagerstätten sind weitgehend erschöpft. In Förderung standen Ölheim-Süd und Eddesse-Nord östlich Hannover sowie Rühme bei Braunschweig, die im Jahr 2004 noch ca. 50.000 t Erdöl und 2,7 Mrd. m^3 (V$_n$) Erdölgas erbrachten. Die Förderung erfolgte zumeist aus verschiedenen Sandstein-Horizonten des Mesozoikums. Auch die Erdgas-Lagerstätte Alfeld-Elze an der Leine südlich Hannover ist aufgelassen. In der ehemaligen Erdöl-Lagerstätte Lehrte werden die Gesteine des Doggers (Cornbrash) als **Erdgas-Porenspeicher** genutzt.

Möglicherweise gibt es im tieferen Untergrund noch Erdgas-Anreicherungen in Kalksteinen des Mitteldevons und Unterkarbons. Zum Auffinden und zur Gewinnung dieser vermuteten Vorkommen sind Bohrungen mit sehr großen Teufen (5–7 km und mehr) erforderlich, bei deren Ausführung erhebliche technische Schwierigkeiten nicht ausgeschlossen werden können.

Die **bitumenreichen Schiefer** (Ölschiefer) des Lias ε bei Schandelah-Flechtorf und Hondelage-Wendhausen östlich Braunschweig stellen mit einem Vorrat von 2,0 bis 2,5 Mrd. t möglicherweise eine Reserve zur Gewinnung von Erdöl-Produkten durch Verschwelungen dar. Beide Lagerstätten enthalten 150 bis 180 Mio. t zwar technisch, aber nicht unter wirtschaftlichen Ge-

sichtspunkten gewinnbares Schieferöl. Der Abbau blieb bisher auf kleine Teilbereiche der Lagerstätte Schandelah-Flechtorf in den beiden Weltkriegen beschränkt.

Mit **Asphalt** imprägnierte Kalksteine des Malms werden bei Holzen im Ith in der einzigen untertägigen Grube Europas seit Anfang des vorigen Jahrhunderts abgebaut. Derzeit beträgt die durch Nachfrage bedingte sporadische Förderung etwa 10.000 t Asphalt-Kalkstein mit einem Gehalt von ca. 2% Bitumen pro Jahr, die zu besonders verschleißfesten Fußbodenplatten verarbeitet werden.

Die im Leine- und Weser-Bergland weit verbreitete aschereiche **Steinkohle** der Wealden-Schichten ist an zahlreichen Stellen vom Nordrand des Teutoburger Waldes bis zum Osterwald bis in die 60er des vorigen Jahrhunderts abgebaut worden. Diese Kohlen zeigen von Südosten nach Nordwesten eine zunehmende Inkohlung: Im Gebiet des Hils liegen sie noch als Braunkohle vor, während sie bei Osnabrück anthrazitartig werden. Ursache hierfür ist eine Aufheizung durch das Bramscher Massiv (s. oben). Der letzte Gewinnungsbetrieb wurde 1963 bei Borgloh stillgelegt.

Für die Gewinnung von **Schotter und Splitt** für den **Straßenbau** sind die Kalksteine (Korallenoolith) und Sandsteine (Wiehengebirgs-Quarzit) des Malms sowie die Sandsteine der Unterkreide (Wealden-Sandstein) von erheblicher Bedeutung. Im Weser-Gebirge und Süntel sowie am westlichen Ende des Wiehen-Gebirges bei Ueffeln und am Nordhang der Bückeberge bei Liekwegen werden sie in großen Steinbrüchen gewonnen. Weiterhin werden Kalksteine des Unteren Muschelkalks an zahlreichen Stellen abgebaut und zu hochwertigem Material für den Straßenbau aufbereitet.

Stark zurückgegangen ist der Abbau von **Werk- und Ornamentsteinen**. Davon ausgenommen sind die weit über die Grenzen Niedersachsens hinaus als Werksteine geschätzten Wealden-Sandsteine (Obernkirchener und Bentheimer Sandstein) sowie die Kalksteine des Juras bei Thüste.

Von den für die Herstellung von Zement besonders geeigneten **Kalkmergelsteinen** werden nur noch diejenigen der Oberkreide im Raum Hannover genutzt. **Kalksteine** des Unteren Muschelkalks, des Malms und der Oberkreide stehen an verschiedenen Stellen für die Bauindustrie, chemische Industrie und Landwirtschaft in Ab-

8

bau. Die dolomitisierten Kalksteine des Juras (Koralloolith) von Salzhemmendorf werden fast ausschließlich für die Herstellung von Eisen und Stahl verwendet. **Gipse** des Mittleren Muschelkalks werden seit 1999 bei Bodenwerder im Tiefbau gewonnen; der untertägige Abbau im Oberen Buntsandstein bei Stadtoldendorf wurde 2001 stillgelegt. **Tone und Tonsteine** aus dem Jura und der Unterkreide werden südlich Hannover und Braunschweig an mehreren Stellen zur Herstellung von Ziegelei-Erzeugnissen abgebaut.

Im Zusammenhang mit den zahlreichen Verwerfungen einerseits und den Salzen – vor allem des Zechsteins – im Untergrund andererseits stehen die zahlreichen **Sol-** und **Heilquellen**, die sich im Niedersächsisch-Ostwestfälischen Bergland befinden (z. B. Bad Pyrmont, Bad Oeynhausen, Bad Eilsen, Bad Nenndorf).

Die direkte Nutzung der **Erdwärme** ist in Hannover für die Raumheizung vorgesehen, wobei auf Störungen aufsteigende Tiefenwässer mit einer erwarteten Temperatur von 135 °C gefördert werden sollen. Für dieses Projekt werden im Testobjekt Horstberg in der Lüneburger Heide vorbereitende Untersuchungen durchgeführt.

8.5.2 Münstersches Kreide-Becken mit randlichen Bergzügen

In Westfalen werden die in Schollen zerlegten Schichten der Trias- und Jura-Zeit von flachliegenden Ablagerungen vor allem der **Oberkreide**-Zeit überdeckt. Diese wie ein Satz sehr **flacher Schüsseln** übereinander liegenden Sedimentgesteine mit insgesamt fast 2.000 m Mächtigkeit bilden das Münstersche Kreide-Becken. Im Westen taucht es unter dem Tertiär und Quartär der Niederrheinischen Bucht unter. An seiner Nordwestseite treten zwischen Bentheim und Bocholt am herausgehobenen **Rand** des Kreide-Beckens neben Unterkreide-Gesteinen (z. B. Bentheimer und Gildehäuser Sandstein) Schichten der Unterlage, also Trias- und Jura-Gesteine, örtlich an oder bis nahe an die Oberfläche. Im Nordosten und Osten ist der Rand des Beckens einschließlich der unterlagernden Trias- und Jura-Gesteine besonders deutlich aufgebogen und teilweise auch über-

kippt; er bildet den Kamm des **Teutoburger Waldes** – dessen Mittelteil als **Osning** bezeichnet wird – und des sich südlich anschließenden **Egge-Gebirges** (Abb. 8.5-3).

Eine wichtige Struktur nordöstlich vom Rand des Münsterschen Kreide-Beckens ist die zwischen dem Teutoburger Wald und dem Wiehen- und Weser-Gebirge gelegene **Piesberg-Pyrmonter Achse**: Im Zuge dieser Aufwölbung treten im Piesberg, Schafberg und Hüggel bei Osnabrück Schichten des Oberkarbons und Zechsteins zu Tage (vgl. Kap. 5.1 und 7). Vor allem im mittleren Teil der Achse sind auf und neben ihrem Scheitel Senken ausgebildet, die teilweise durch Auslaugung von tiefergelegenen Salinar-Gesteinen, vermutlich des Zechsteins, entstanden sind. In diesen Senken haben sich tertiäre Sedimente erhalten (z. B. Doberg bei Bünde, Dörentrup bei Lemgo, Fürstenau nahe Osnabrück).

Der **Untergrund** des Münsterschen Kreide-Beckens besteht im Südteil aus Schichten des Karbons, die diskordant überlagert werden (z. B. bei Bochum), in der Mitte und im Westen aus Trias- und Jura-Sedimenten. Im Gebiet von Soest–Lippstadt–Gütersloh tritt mit dem **Lippstädter Gewölbe** ein nördlicher Ausläufer des Rheinischen Schiefergebirges auf: Mehrere Bohrungen haben hier unter geringmächtiger Kreide sogleich Schichten des Mittel- und Oberdevons angetroffen; das diese üblicherweise überlagernde Karbon fehlt zumeist.

Die **Abfolge** des Beckens selbst beginnt im Osten mit dem bis über 300 m mächtigen unterkretazischen Osning-Sandstein, der wegen seiner Härte an vielen Stellen des Teutoburger Waldes herausragt (z. B. Externsteine). Darüber schließen sich Ablagerungen der **Oberkreide** an, die im mittleren und westlichen Becken die Basis der Schichtenfolge bilden. Hauptsächlich sind es Kalksteine und Mergelsteine (Plänerkalke), in denen im Bereich Paderborn eine deutliche Verkarstung ausgebildet ist. An der Südwestseite des Beckens gehen die Plänerkalke in grüne, Glaukonit führende Kalksandsteine über (so genannte Rüthener, Soester, Essener und Bochumer Grünsande und der als Baustein bekannte Baumberger Sandstein westlich Münster). Diese haben sich im küstennahen Bereich des früheren Ablagerungsraums gebildet, worauf z. B. Lagen mit Muscheltrümmern und Strandbrekzien hinweisen, die bei Mühlheim a. d. Ruhr gefunden werden.

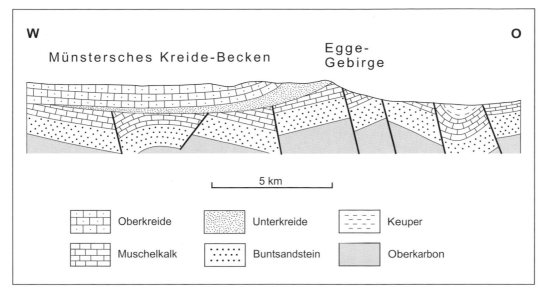

Abb. 8.5-3 Schematischer geologischer Schnitt durch das östliche Münstersche Kreide-Becken und das Egge-Gebirge (überhöht).

Eine ähnliche sandige Einschaltung kommt weiter zur Beckenmitte bei Haltern vor (Halterner Sande), die teilweise infolge einer wohl Tertiär-zeitlichen Verwitterung gebleicht und entfestigt sind, weil sich hier während der Oberkreide-Zeit Inseln oder Untiefen herausgehoben hatten, von denen Sande in das Becken mit einer sonst kalkigen Sedimentation geschüttet wurden. Die Kalksteine der jüngeren Oberkreide, die in der Gegend von Halle in Westfalen und Beckum eindrucksvolle Rutschungsstrukturen zeigen, sind von der nachkretazischen Abtragung teilweise schon erfasst worden; sie sind deswegen nur noch in der Mitte des Kreide-Beckens erhalten.

An vielen Stellen werden im Münsterschen Becken die Kreide-Gesteine von **quartären Lockersedimenten** (im Nordosten vor allem Schmelzwassersande, im Zentralteil besonders Saale-zeitliche Geschiebemergel und -lehme, im Süden Löss und Lösslehm) bedeckt. Diese können bis zu 30 m mächtig werden. Bemerkenswert ist der Münsterländer Hauptkieszug, der mit einer Gesamtlänge von rund 80 km in Nordwest–Südost-Richtung durch das Münstersche Becken verläuft. Es handelt sich um ein in der Drenthe-Zeit der Saale-Vereisung durch Schmelzwässer gebildetes so genanntes Os (Wallberg).

Die mesozoischen **Schichten** im Münsterschen Becken selbst **lagern** verhältnismäßig **ungestört**, wenn sich auch zahlreiche Brüche offenbar aus dem variszischen Untergrund bis in die Kreide-Gesteine hinein durchpausen. Wichtige Verwerfungen und Verbiegungen sind vor allem im westlichen Teil des Münsterschen Beckens mit Annäherung an die stark zerbrochene Kölner Bucht festzustellen. Ungleich **komplizierterer** ist dagegen der Baustil von **Teutoburger Wald** und dem sich anschließenden **Egge-Gebirge**, vor allem bei den Ablagerungen der Trias- und Jura-Zeit, die vom unterkretazischen Osning-Sandstein überlagert werden. Die von Rutschmassen durchsetzten Schichten sind stark zerbrochen und zerstückelt, im Osning teilweise auch an der Osning-Überschiebung nach Südwesten überschoben (besonders Trias-Gesteine über Tonsteine des Räts, also der obersten Trias). Die Osning-Überschiebung ist Teil des im präpermischen Sockel wurzelnden Osning-Lineaments. Der engräumige Wechsel von verschiedenartigen Gesteinen hat dazu geführt, dass der Teutoburger Wald abschnittsweise in mehrere parallel verlaufende Kämme zergliedert ist, die nach Nordwesten flacher werden.

8 ⊠ Nutzung der Lagerstätten und geologischen Ressourcen

Von den **Erdöl**- und **Erdgas**-Feldern im Untergrund des Norddeutschen Tieflands ragt aus dem Gebiet der Ems ein Zipfel bis in das Münstersche Kreide-Becken hinein. Es handelt sich um das ehemals große Erdgasfeld Bentheim (Förderung 2004: knapp 14 Mio. m^3 [V_n]; bisher insgesamt 3,5 Mrd. m^3 [V_n]) und das etwas weiter südlich gelegene Feld Ochtrup (Förderung 2004: etwa 2 Mio. m^3 [V_n]; bisher insgesamt ungefähr 250 Mio. m^3 [V_n]). Bis zum Ende des 19. Jahrhunderts wurde bei Sieringhoek nahe Bad Bentheim fast reiner **Asphaltit** bergmännisch abgebaut, der aus Erdöl hervorgegangen ist. Er durchsetzt die Unterkreide-Gesteine in mehreren unregelmäßigen Gängen. **Steinkohle** wird am Schafberg bei Ibbenbüren abgebaut (vgl. Kap. 5.1).

Im Mittleren Muschelkalk des Teutoburger Waldes kommen **Gipse** vor, die bei Bielefeld im Tiefbau gewonnen wurden. Ähnlich ist es in den südlichsten Ausläufern des Egge-Gebirges, wo Gips aus dem Mittleren Muschelkalk bei Lamerden nahe Warburg abgebaut wird. Bei Epe sind in Salzen der Werra-Folge zahlreiche **Kavernenspeicher** für Erdgas und Mineralöl-Produkte angelegt worden.

Die Kalksteine und Mergelsteine der Oberkreide sind ein wichtiger Rohstoff für die **Zementwerke**, die an mehreren Stellen des Münsterschen Beckens konzentriert sind (Lengerich im Nordteil, Beckum–Neubeckum-Ennigerloh in der Mitte und Erwitte–Büren–Paderborn am Südrand). Die farblich sehr ansprechenden grünen (weil Glaukonit-reichen) karbonatischen Sandsteine sind als **Werk- und Ornamentstein** nur noch von geringer Bedeutung (Abbau besonders bei Anröchte).

8.5.3 Subherzynes Becken

An das Leine- und Weser-Bergland schließt ostwärts ohne scharfe Grenze das nördliche Harzvorland an. Dieses als Subherzyn bezeichnete Gebiet bildet eine weite **Beckenlandschaft** mit kleinen **Hügelzügen**, in der Schichten des **Mesozoikums** ausstreichen, insbesondere der Trias und Kreide. Kleinere Vorkommen von Jura finden sich nur im Nordwesten. Gelegentlich sind Salze des **Zechsteins** bis zur Erdoberfläche empor gedrungen. Lokal kommen Tone und Sande des **Tertiärs** vor; größere Verbreitung haben diese nur in der Umgebung von Helmstedt sowie in den Gebieten um Aschersleben und Bernburg (vgl. Kap. 10.5). Große Flächen werden von **Quartär**, zumeist Löss, bedeckt. Pleistozäne Schotter der aus dem Harz kommenden Flüsse findet man vor allem direkt vor dem Harzrand. Auf dem Bergrücken des Huy befindet sich zwischen den Ortschaften Athenstedt und Neinstedt in rund 300 m Höhe ein eindrucksvoller Gletschertopf in Kalksteinen des Muschelkalks, der zeigt, wie mächtig ehemals die von Skandinavien kommende pleistozäne Eisdecke noch an ihrem südlichen Rand gewesen ist.

Auch hier sind die Schichten im Zeitraum vom jüngsten Jura bis zum Tertiär unter Mitwirkung der Zechstein-Salze verformt worden. Charakteristisch ist das herzynische Streichen der Strukturen. Das Subherzyne Becken zeigt wie das Thüringer Becken eine Gliederung in Nordwest–Südost streichende **Leistenschollen**, wobei die Schichten insgesamt nach Südwesten abtauchen. So kommt es, dass im Nordosten, auf der Weferlingen-Schönebecker Scholle, Gesteine der Trias zu Tage treten, während im Südwesten, in der Halberstädter und Blankenburger Mulde, durch den Quedlinburger Sattel getrennt, und in der Subherzynen Mulde Oberkreide ausstreicht.

Den überwiegend tonig-kalkigen Schichten der Kreide sind festere Sandsteine, wie Neokom-, *Involutus*- und Heidelberg-Sandstein, sowie Kalksteine eingeschaltet. Sie heben sich in der Landschaft deutlich ab und formen sogar markante **Felsrippen**, wie die Teufelsmauer bei Blankenburg und bei Neinstedt nahe Quedlinburg (Abb. A-18). Am Harzrand sind alle Schichten steil aufgerichtet bis überkippt (Abb. 4.2-3 und A-17). Eine Schichtlücke zwischen Lias und der Unterkreide und die übergreifende Lagerung der Oberkreide bis zum Muschelkalk belegen tektonische Aktivitäten zu verschiedenen Zeiten.

Eine weitere herzynisch streichende Struktur ist der morphologisch nicht hervortretende lang gestreckte **Oschersleben-Staßfurter Sattel**, der durch den Aufstieg von Zechstein-Salzen in einer schmalen Zone über einer Störung im Untergrund entstanden ist. Auf beiden Seiten sind die Schichten durch Abwanderung der Salze eingemuldet. Außer diesem und anderen Schmalsätteln, wie der Asse und dem Vienenburger Sattel, gibt es flachere und breite Gewölbe, wie z. B. Elm, Fallstein, Huy und Hakel. Sie erheben sich als Muschelkalk-Rücken aus der flachen Landschaft des Subherzynen Beckens.

Der **Aller-Graben** ist ebenfalls eine Nordwest–Südost orientierte Struktur. In ihr sind Sedimente der höheren Trias und des Lias grabenartig eingesunken. Von unten drangen gleichzeitig Salze des Zechsteins als Spaltenintrusion in die Zerrüttungszone ein.

Nutzung der Lagerstätten und geologischen Ressourcen

Kalisalze und **Steinsalz** des Zechsteins waren lange Zeit die wirtschaftlich bedeutendsten nutzbaren Rohstoffe im Subherzynen Becken. In Staßfurt hat 1861 die erste Fabrik der Erde die Produktion von Kalidünger aufgenommen, nachdem zuvor die bei der Gewinnung von Steinsalz anfallenden Kalisalze als „Abraumsalze" auf Halde oder untertägig deponiert worden waren. In der zweiten Hälfte des 19. Jahrhunderts entwickelte sich Staßfurt zum Zentrum des Kalibergbaus weltweit mit einer Spitzenförderung von 450.000 t pro Jahr (1873), wodurch allerdings beträchtliche Bergschäden entstanden. Die Förderung von Steinsalz wurde hier 1968, die von Kalisalzen 1972 eingestellt. Steinsalz wird jetzt in großem Umfang in der Umgebung von Helmstedt abgebaut sowie bei Grasleben, Staßfurt und Gnetsch (südöstlich Köthen) durch Solung gewonnen. Das bergmännisch geförderte Steinsalz wird vor allem zu Gewerbe- und Industriesalzen sowie Auftausalz verarbeitet, die Sole zur Herstellung von Soda verwendet. Im Jahr 2002 wurden bei Helmstedt 666.000 t Steinsalz gefördert und verarbeitet.

Aufgrund der günstigen, abdichtenden Eigenschaften sind die mächtigen Salze des Zechsteins für den Deponie- und Speicher-Bergbau besonders geeignet. Die auflässige Kaligrube Asse II bei Wolfenbüttel dient deshalb als **Endlager** für **radioaktive Abfälle,** während der dafür bereits genutzte Schacht Morsleben des ehemaligen Kali- und Steinsalz-Bergwerks Bartensleben im Aller-Graben (eingestellt 1951) wegen der Gefährdung durch eintretende Sickerwässer an Störungen aufgegeben werden musste. In den Salzen der Staßfurt-Folge wurden bei Bernburg, Staßfurt und Gnetsch **Kavernenspeicher** angelegt.

Brauneisenerze des Lias sind in der Mitte des vorigen Jahrhunderts bei Badeleben und Sommerschenburg abgebaut worden. Wegen der niedrigen Gehalte und der ungünstigen Vorratslage wurde zuletzt der Tagebau Sommerschenburg 1964 geschlossen. Ebenfalls wegen zu niedriger Gehalte sind die nicht unerheblichen Vorräte von Eisenerzen an der Basis der Unterkreide, die in den 60er Jahren des vorigen Jahrhunderts am Kleinen Fallstein erkundet wurden, wirtschaftlich nicht nutzbar.

Hochwertige **Quarzsande** der Oberkreide werden vor allem bei Walbeck-Weferlingen sowie Quedlinburg, Warnstedt und Ermsleben gewonnen (Abb. A-22). Die **Tonsteine** bzw. **Tone** des Buntsandsteins, des Lias und der Oberkreide sind geschätzte Rohstoffe für die Grobkeramik und die Herstellung von Ziegeln. Die **Kalke** und **Kalkmergel** des Unteren Muschelkalks werden an zahlreichen Stellen fast ausschließlich zu Schotter und Splitt für den Straßenbau aufbereitet sowie für die Herstellung von Zement, Soda sowie Bau- und Düngekalk genutzt. In den Städten des nördlichen Harzvorlands sind – ebenso wie im östlichen Thüringer Becken – vielfach die in diesen Gebieten vorkommenden Rogensteine des Unteren Buntsandsteins (Sandsteine mit großen Kalk-Ooiden) zumeist für Kleinpflaster verwendet worden. Sie wurden im Raum Bernburg auch als **Dekorations- und Werksteine** abgebaut. Sandsteine des Oberen Keupers standen bis 2002 bei Velpke im Abbau.

Die **Lockersedimente** des Tertiärs und Quartärs (Kiessande, Sande, Tone) finden vielseitige Verwendung. Die Flussschotter der spätpleistozänen (bis frühholozänen) Niederterrassen der Bode und anderer aus dem Harz kommender Flüsse werden bevorzugt als Beton-Zuschlagstoffe eingesetzt. Der **Torf** des Helsunger Bruchs bei Blankenburg wird für klinische Zwecke abgebaut.

9 Deutsche Alpen

Die Deutschen Alpen sind ein Teil der **Nördlichen Kalkalpen**. Sie bilden zwischen Bodensee und Salzburg einen schmalen Streifen, der nur im Westen bei Oberstdorf, in der Mitte bei Garmisch-Partenkirchen sowie im Osten bei Berchtesgaden jeweils auf etwa 30 km verbreitert ist und tiefer in das Alpengebirge hineinreicht. Die Bergzüge zwischen Bodensee und Lech bezeichnet man als **Allgäuer Alpen**, die östlich des Lechs bis zur Salzach als **Bayerische Alpen** (Abb. 9-1).

Die Gesteine, aus denen die Deutschen Alpen aufgebaut werden, sind wie die der übrigen Alpen aus dem **alpidischen Ablagerungsraum** hervorgegangen. Dieses Sedimentationsbecken, das in mehrere Teiltröge oder auch Ablagerungsbereiche untergliedert war, zwischen denen es Fazies-übergänge gegeben hat, entwickelte sich über einen Zeitraum von mehr als 200 Mio. Jahren. Danach wurden die vorher abgelagerten Schichten in mehreren Etappen intensiv verfaltet und im Verlauf der Kollision zwischen der Europäischen und der Afrika nördlich vorgelagerten Adria-Platte vielfach weit über andere Gesteinspakete nach Norden **überschoben**. Deshalb liegen alle Gesteine in den Deutschen Alpen heute mehr oder weniger weit nördlich von ihrem ehemaligen Bildungsort entfernt; für die Gesteine der Kalkalpen selbst muss ein Transport über mehrere Hundert Kilometer angenommen werden, der mehr als 100 Mio. Jahre gedauert hat. Wenn man Bau und Entstehung der Alpen verstehen will, müssen Verfaltung und Überschiebungen zunächst gedanklich wieder zurückgedreht und die Ablagerungen der einzelnen Teilbereiche gesondert betrachtet werden (vgl. Kap. 1).

Die Gesteine der Nördlichen Kalkalpen sind Sedimente eines Meeres, das ursprünglich ein weites Areal auf dem südlichen **Schelf** der Europäischen Platte eingenommen hat. Die Ablagerungen in diesem Gebiet, das zum ostalpinen Faziesbereich gehört, begannen am Ende des Paläozoikums (Tabelle 9-1). Bis in die Trias-Zeit hinein bildeten sich vorwiegend mächtige Flachwasser-Karbonatgesteine. In der Jura- und Kreide-Zeit wurde diese Karbonat-Plattform im Zusammenhang mit plattentektonischen Bewegungen zerrissen; große Teile wanderten weit nach Süden und bildeten den Nordrand der Adriatischen Platte. Zwischen diesem und dem europäischen Kontinent kam es zur Ablagerung von stark differenzierten Sedimenten in unterschiedlich tiefen Meeresbereichen.

Die ältesten Gesteine der Deutschen Alpen kommen bei Berchtesgaden nahe an der Grenze zu Österreich vor. Es sind die Schichten des **oberpermischen Haselgebirges**, das aus stark zerquetschten und innig miteinander vermengten Tonen, Gipsen, Dolomiten und Salzen besteht. Diese Abfolge setzt sich nach Osten im österreichischen Salzkammergut bis in die Umgebung von Bad Aussee fort. Es sind Salzstöcke mit mehr als einem Kilometer Durchmesser bekannt. Weiter südlich, im westlichen Salzburg und östlichen Tirol, liegen als älteste Bildungen die ungefähr gleich alten Konglomerate und Arkosen des **Verrucano** auf dem variszischen Grundgebirge der Grauwacken-Zone.

Darüber folgen der festländische **Alpine Buntsandstein** und der marine **Alpine Muschelkalk** der **Unteren** bzw. **Mittleren Trias**. Nach Osten wird der Buntsandstein von den flach marinen tonig-mergelig-kalkigen **Werfener Schichten** abgelöst.

Das auffälligste Gestein der Mittleren Trias ist der **Wetterstein-Kalk**, ein oft sekundär dolomitisierter und verkarsteter, aber relativ harter und verwitterungsfester ehemaliger Riffkalk. In seinen nördlichsten Vorkommen ist er etwa 250 m, weiter südlich mehr als 1.000 m mächtig. Der Wetterstein-Kalk baut die Zugspitze, den mit 2.962 m höchsten Gipfel in den Deutschen Alpen, sowie den Wendelstein, große Teile des Kaiser-Gebirges

9

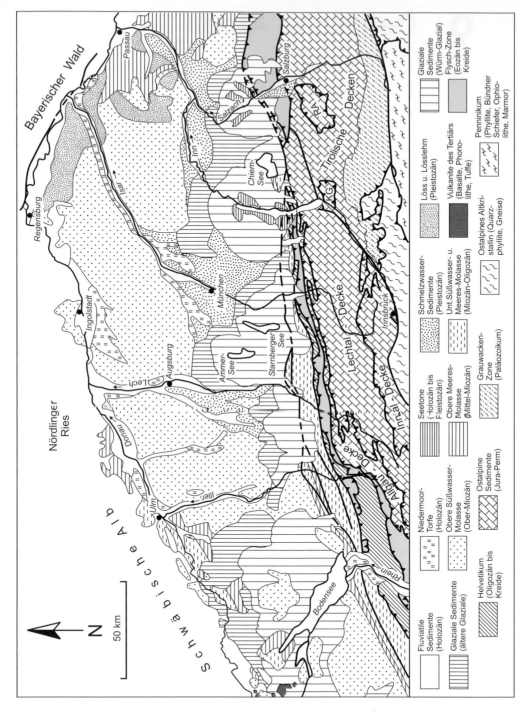

Abb. 9-1 Geologische Übersichtskarte der Alpen und des Molasse-Beckens. KG – Kaisergebirgs-Scholle, RA – Reiteralm-Schubmasse.

Tabelle 9-1 Vereinfachte Tabelle der Gesteinsfolge in den Deutschen Alpen. Schraffiert: Schichtlücken.

	Sedimentgesteine	Tektonik
Quartär	Moränen, Staubecken-Tone, Schotter (besonders in übertieften Tälern)	⊢ Heraushebung
Tertiär		⊢ Faltung von Helvetikum und Flysch-Trog, Überschiebungen
Oberkreide	Kalk-, Ton- und Sandsteine des Helvetikums (bis 1.500 m) / Flysch: Ton-, Sand- und Mergelsteine (bis 2.000 m) / Mergel- und Kalksteine / Gosau Schichten (zusammen bis 2.000 m)	⊢ Hauptfaltung der Kalkalpen, Überschiebungen
Unterkreide und Jura	Rutschmassen, Radiolarite, Kalk- und Tonsteine (zusammen bis 1.600 m)	Beginn der Über-Schiebungen und Faltung
Obertrias	Hauptdolomit (mehr als 1.000 m) Dachstein-Kalk (bis 1.000 m)	
Mitteltrias	Sandsteine mit Gips und Anhydrit = Raibler Schichten (bis 2.000 m)	
	Wetterstein-Kalk (bis 1.000 m) Ramsau-Dolomit (800 m)	
	Kalksteine = Alpiner Muschelkalk (300 m)	
Untertrias	Sandsteine = Alpiner Buntsandstein (250 m)	
Perm	Tonsteine, Dolomite, Salze = Haselgebirge (bis 500 m)	

und viele andere herausragende Berge und Wände der Kalkalpen auf. Nach Osten verzahnt sich der Wetterstein-Kalk mit dem **Ramsau-Dolomit** und schließlich dieser mit dem **Hallstätter Kalk** in den Berchtesgadener Alpen.

Lagen von Gips, Anhydrit und Kohlenschmitzen in den nächst jüngeren, bis 500 m mächtigen **Raibler Schichten** bezeugen, dass am Beginn der **jüngeren Trias** der ostalpine Ablagerungsraum sehr flach war. Danach bildete sich unter lagunären Bedingungen der **Hauptdolomit**, in seiner Mächtigkeit dem Wetterstein-Kalk vergleichbar und, fast so hart wie dieser, ebenfalls ein Haupt-Gipfelbildner. In den Salzburger und Berchtesgadener Alpen geht der Hauptdolomit in den marinen **Dachstein-Kalk** über, der auf deutschem Gebiet z. B. die Bergmassive des Watzmanns und des Kehlsteins aufbaut (Abb. A-20).

Aus der **Jura**- und **älteren Kreide**-Zeit stammen kieselige, kalkige und tonige Gesteine (Abb. A-21), in die vor allem in der Umgebung von Berchtesgaden mehrfach Rutschkörper und -massen eingeschaltet sind. Sie waren an übersteilten untermeerischen Hängen abgeglitten.

Am Ende der älteren Kreide-Zeit begannen sich die weit reichenden Überschiebungen und Decken zu bilden, die den Baustil der Alpen insgesamt prägen. In der **jüngeren Kreide**-Zeit wurden vor allem Brekzien und Konglomerate abgelagert, die gebietsweise den Schichten der Jura- und Trias-Zeit direkt aufliegen, weil alle dazwischenliegenden Sedimente abgetragen wurden. In der späten Oberkreide-Zeit und während des **Alttertiärs** fand dann die Hauptfaltung bzw. -deformation der Kalkalpen statt. Infolge der Kollision der südlich gelegenen Adria-Platte mit der im Norden befindlichen Europäischen Platte wurden die Gesteine der Nördlichen Kalkalpen weit nach Norden bis in ihre heutige Lage überschoben.

Eine Sonderentwicklung stellen die kalkig-sandig-konglomeratischen **Gosau-Schichten** dar, die sich von der Oberkreide- bis in die Alttertiär-Zeit in einem Bereich bildeten, der ursprünglich im Osten des Ablagerungsraums der Kalkalpen gelegen hat. Sie reichen von Österreich her bis in das Gebiet von Berchtesgaden hinein.

Mehr als 1.500 m Mächtigkeit erreichen die **Flysch**-Gesteine, die in einem Teiltrog abgelagert wurden, der sich nördlich des ehemaligen Kalkalpen-Beckens, also vermutlich etwa 100 km südlich des heutigen Verbreitungsgebiets der Flysch-Ge-

steine befunden hat. Es sind Tiefwasser-Bildungen mit einer typischen Wechselfolge von tonig-mergeligen und sandig-kalkigen Bänken. Der Flysch-Trog hatte sich im Verlaufe der Orogenese während der älteren Kreide-Zeit eingetieft. Er bestand bis in das ältere Tertiär hinein, bevor die in ihm abgelagerten Gesteine ausgefaltet und ebenfalls nach Norden überschoben wurden, wobei man eine obere und eine untere Teildecke unterscheiden kann.

In einem anderen Teiltrog, der wiederum weiter im Norden – nicht viel von dem heutigen Verbreitungsgebiet der in ihm entstandenen Schichten entfernt – sich auf der Europäischen Platte ebenfalls in der Kreide-Zeit abgetrennt hatte, bildeten sich bis zum Alttertiär meist kalkige und sandige Sedimentgesteine der **Helvetischen Fazies** (Helvetikum). Diese von der Schweiz herüberreichenden Schichten sind vielfach reich an Versteinerungen, z. B. Nummuliten (Großforaminiferen). Die Sedimente sind oft Flachwasser-Bildungen, die sich deutlich von denen des etwa gleich alten Flyschs unterscheiden. Zur Schweiz hin erreichen die helvetischen Gesteine bis zu 1.500 m Mächtigkeit, nach Osten keilen sie in der Gegend von Salzburg aus. Auch der helvetische Trog wurde in der Tertiär-Zeit ausgefaltet, die in ihm gebildeten Gesteine tektonisch abgeschert und nach Norden über die Molasse überschoben (vgl. Kap. 10.2).

Bemerkenswert für die Abfolge in den Deutschen Alpen ist, dass in ihr **kaum vulkanische Gesteine** auftreten. Die wenigen derartigen Vorkommen sind mengenmäßig unbedeutend, wenn auch für die Geologen und Petrographen interessant: Dunkle Ganggesteine aus dem Oberen Jura, die als Ehrwaldite bezeichnet werden, gibt es im Wetterstein-Massiv, außerdem Trias-Diabase auf österreichischem Gebiet bei Lech in Vorarlberg.

Durch die Überschiebungen wurden die Gesteinspakete seit der Kreide-Zeit, also im Verlauf von etwa 100 Mio. Jahren, bis zu mehreren Hundert Kilometern nach Norden verfrachtet. Trotz dieser großen Schubweite ist festzuhalten, dass die Transportbewegung so langsam verlaufen ist, dass sie nach menschlichen Begriffen als unmerklich bezeichnet werden muss. Die **Schichtpakete** aus den einzelnen Teiltrögen wurden **aufeinander gestapelt** (Abb. 9-2), die Baueinheiten bilden etwa westsüdwest–ostnordöstlich verlaufende Streifen (Abb. 9-1). Zuunterst liegen die Schichten des

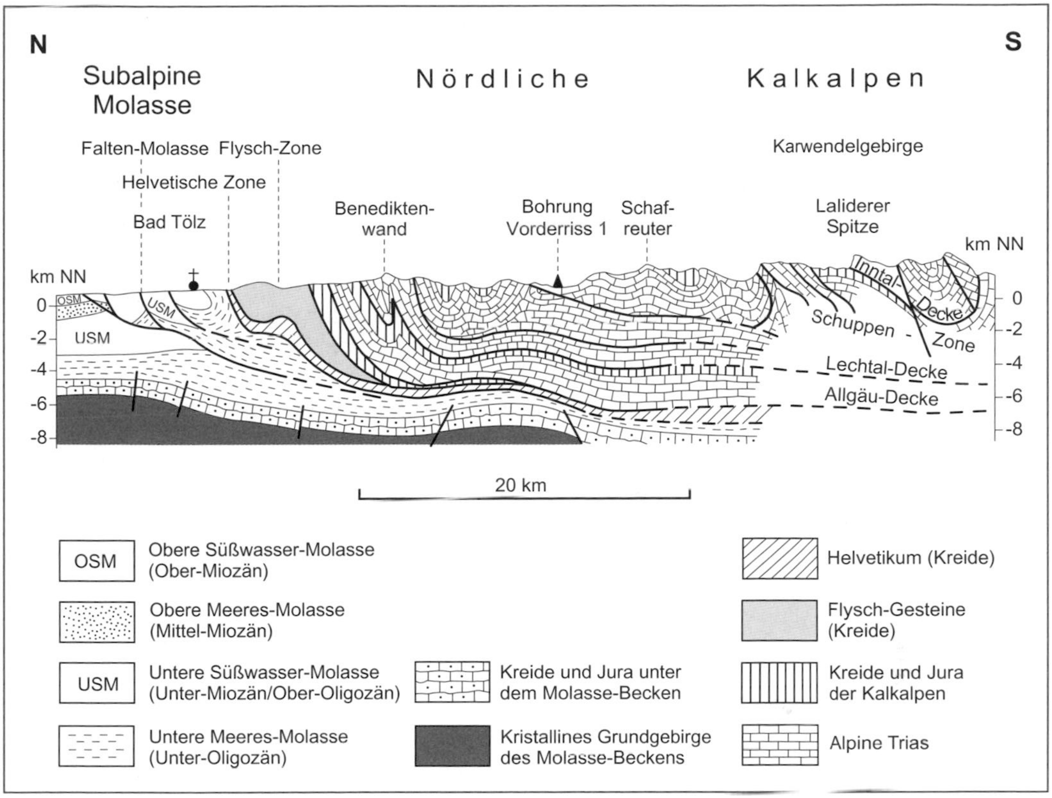

Abb. 9-2 Geologischer Querschnitt durch die Nördlichen Kalkalpen und die Falten-Molasse. Nach DOBEN & SCHWERD (1996), etwas vereinfacht.

Helvetikums, darüber die der Flysch-Zone. Der Komplex der Kalkalpen lässt sich in mehrere **Teil-schuppen** bzw. **-decken** untergliedern, die auch in sich noch verfaltet und verschuppt sind (Abb. A-21). Der nördliche Streifen, die **Allgäu-Decke,** hat nur eine geringe oberflächliche Verbreitung, weil er von der **Lechtal-Decke** überlagert wird. Zu dieser gehört der größte Teil der Deutschen Kalk-alpen. Nach Süden lagert über der Lechtal-Decke die **Inntal-Decke,** nach Osten wird die Lechtal-Decke von den **Tirolischen Decken** ersetzt bzw. verdeckt. Darüber befindet sich als oberste Einheit die **Reiteralm-Schubmasse,** die tektonisch der weiter im Osten liegenden Dachstein-Decke entspricht.

Nicht überall sind die Deckenpakete streng nach diesem Bauschema angeordnet. In den west-lichen Allgäuer Alpen reicht z. B. die Flysch-Zone über das Helvetikum hinaus; in den Bayerischen Alpen südlich des Chiemsees tritt weder Helveti-

kum noch Flysch zu Tage; die Kalkalpen stoßen hier bis an die tertiäre Vorland-Molasse.

Die Deckenüberschiebungen in Verbindung mit den Verfaltungen haben bewirkt, dass heute die Gesteine der Alpen auf weniger als die Hälfte der Ausdehnung zusammengedrückt worden sind, die sie in ihren ehemaligen Ablagerungsräu-men besessen hatten.

Die **Heraushebung** des Alpenkörpers hat wäh-rend des Jungtertiärs begonnen. Rumpf- und Ver-ebnungsflächen, die in mehreren verschiedenen Höhenlagen vorhanden sind, zeigen an, dass diese Hebungen in einzelnen Abschnitten mit langen Unterbrechungen erfolgten. Zu Beginn des Pleis-tozäns müssen die Alpen schon ein **Hochgebirge** gewesen sein. Moränen, die manchmal auch Geschiebe aus dem Bereich der Zentralalpen ent-halten, sowie örtlich auftretende Hangschutt-Brekzien, Delta-Schotter und Staubecken-Tone sowie gelegentlich vorhandene Gletscherschliffe

9

sind meist Zeugen der jüngsten **Vereisung**, weil alt- und mittelpleistozäne Bildungen weitgehend abgetragen worden sind. Die Austiefung der Alpentäler durch Gletscherzungen führte zur Bildung von typischen U-förmigen Tal-Querschnitten. In vielen von ihnen gibt es vom Eis ausgehobelte, so genannte übertiefte Becken oder Wannen, deren Böden z. T. mehr als 500 m unter das heutige Niveau der Täler hinunterreichen. Von den Alpentälern erstrecken sich mehrere übertiefte Täler und Zungenbecken bis in das Alpenvorland, wo sie heute meist in unterschiedlichem Ausmaß durch Lockersedimente verfüllt oder als Seen ausgebildet sind (z. B. Ammer-, Forggen- oder Chiemsee). Die Tal-Übertiefungen fanden offenbar vor allem während der Riss-Vereisung statt. Seit Beginn des Holozäns blieben die Kalkalpen überwiegend eisfrei, die Größe der Gletscher entsprach etwa der heutigen. Der größte Gletscher der Deutschen Alpen ist der im südwestlichen Bereich des Zugspitz-Massivs gelegene Schneeferner. Bei Geographen gut bekannt ist die so genannte Gipfelflur, d. h. das Phänomen, dass benachbarte Berge in weiten Bereichen der Kalkalpen etwa gleich hoch sind.

Morphologisch bilden die Gesteine des Helvetikums die Voralpen-Berge. Der Alpenrand wird durch die mäßig hohen Berge der Flysch-Zone, die weiche Formen aufweisen und meist bewaldet sind, markiert. Dahinter steigen dann die schroffen Felsformen der eigentlichen Kalkalpen auf (Abb. A-19). Kleinere Verwerfungen, die quer zum Alpenrand verlaufen, bewirken, dass dieser gebietsweise staffelartig vor- bzw. zurückspringt, so besonders in den westlichen Bayerischen Alpen in der Umgebung des Kochelsees bei Murnau.

Nutzung der Lagerstätten und geologischen Ressourcen

Die Deutschen Alpen sind verhältnismäßig arm an Mineral-Lagerstätten. Östlich Füssen, im Ammergebirge, wurde früher im geringen Maße **Brauneisen** abgebaut, das im Wetterstein-Kalk vorkommt. Aus Salzen des Haselgebirges wird bei Berchtesgaden und in Bad Reichenhall bergmännisch durch Sinkwerke bzw. durch Aussolung mit Hilfe von Tiefbohrungen **Steinsalz** gewonnen

und zu Streusalz bzw. Siedesalz verarbeitet. Mit einer Jahresproduktion von mehr als 200.000 t Siedesalz gehört die Saline in Bad Reichenhall zu den größten in Deutschland.

Dagegen bieten die in den Allgäuer und Bayerischen Alpen weit verbreiteten Kalksteine und Dolomitsteine sowie auch die Sandsteine gute Möglichkeiten der Nutzung. Die **Kalksteine** der alpinen Trias werden an mehreren Stellen als Zement-Rohstoff sowie für die Herstellung von Schotter und Splitt, daneben auch als Werksteine abgebaut. Von den Kalksteinen, die als Werksteine genutzt werden, ist vor allem der Untersberger „Marmor" bekannt. Es handelt sich um einen Trümmerkalkstein aus den oberkretazischen Gosau-Schichten, der seit langem am Nordhang des Unterbergs zwischen Salzburg und Berchtesgaden gebrochen wird. Der Lithothamnien-Kalk des Tertiärs im Helvetikum der Voralpen – wegen seiner körnigen Beschaffenheit als „Granitmarmor" bezeichnet und früher als Werkstein verwendet – wird jetzt als Zuschlagstoff für die Produktion von Zement genutzt. Von den **Dolomitsteinen** der alpinen Trias zeichnet sich der Ramsau-Dolomit im Berchtesgadener Raum durch einen hohen Reinheitsgrad aus; er wird deshalb überwiegend in der chemischen und pharmazeutischen Industrie zur Herstellung von Kunststoffen, Glas, Putzmitteln, Düngemitteln und Papier gewonnen. Kalkige **Sandsteine** der oberen Unterkreide zeichnen sich durch besondere Zähigkeit aus und sind deshalb als widerstandsfähige Gesteine im Bauwesen geschätzt; seit langem werden sie am Murnauer Moos abgebaut und jetzt vor allem zu Gleisbettungsschotter verarbeitet.

Südlich Bad Tölz ist die Isar im Sylvenstein-Stausee aufgestaut, der zu den größten **Talsperren**-Becken Deutschlands gehört. Es dient hauptsächlich der Wasserregulierung der abwärtigen Isar und nur in zweiter Linie der Gewinnung von elektrischer Energie.

Es besteht durchaus noch Hoffnung, später in den Randbereichen der Alpen selbst Vorkommen von **Erdgas** zu finden. Erkundungsbohrungen (z. B. Vorderriss 1 mit 6.468 m Endteufe, 1977/78 niedergebracht) brachten wesentliche neue Erkenntnisse über den Bau der Nördlichen Kalkalpen.

10 Tertiär-Senken

In verschiedenen Teilen Deutschlands bildeten sich in der Tertiär-Zeit Senken heraus, die mit teils **marinen**, teils **festländischen** tonig-sandigen, seltener kalkigen **Ablagerungen** gefüllt wurden. In vielen Fällen enthalten sie **Braunkohlen**-Flöze. Die tertiären Becken-Sedimente werden in unterschiedlichem Ausmaß von oft mehrere Dekameter mächtigen quartären Lockergesteinen verhüllt.

In dieser Gruppe werden folgende Gebiete zusammengefasst: Der Oberrhein-Graben mit dem Mainzer Becken, das Molasse-Becken im Voralpenland, die Kölner oder Niederrheinische Bucht, die Nordhessisch-Südniedersächsischen Senken, das Thüringer und Subherzyne Becken mit dem östlichen Harzvorland, die Leipziger Tieflandsbucht sowie die Niederlausitz und die Oberlausitz (Abb. 10-1).

10.1 Oberrhein-Graben

Der Oberrhein-Graben ist eine klar umgrenzte Struktur von fast 300 km Länge und bis 35 km Breite. An seinem nordwestlichen Ende bildet das **Mainzer Becken** eine randliche Ausbuchtung. Unter einer unterschiedlich dicken Decke von Flusssanden und -kiesen, Löss sowie Flugsanden – diese vor allem im Nordteil des Grabens zwischen Frankfurt und Heidelberg – des **Quartärs** sind Lockersedimente und Sedimentgesteine des **Tertiärs** angehäuft, die im südlichen Grabenteil bis 2 km, im nördlichen bei Mannheim sogar bis 3 km mächtig werden (Abb. 10.1-1). Diese unterschiedliche Ausbildung erklärt sich dadurch, dass der Untergrund des Oberrhein-Grabens in viele **Einzelschollen** zerstückelt ist, die sich während der Füllung des Grabens zum Teil unterschiedlich abgesenkt haben. Im südlichen Grabenteil liegen unter dem Tertiär Schichten der Jura-Zeit, im mittleren solche der Trias- und Jura-Zeit und im nördlichen solche des Rotliegenden.

Die **tertiäre Abfolge** ihrerseits beginnt mit den in Bohrungen angetroffenen fossilreichen Süßwasser-Ablagerungen der mittleren Eozän-Stufe, vor allem bekannt durch das östlich vom eigentlichen Graben – innerhalb der Rotliegend-Scholle des Sprendlinger Horsts (vgl. Kap. 6.1) – gelegene Vorkommen von feinblättrigen, bitumen- und fossilreichen Tonschiefern in der Ölschiefer-Grube Messel in der Nähe von Darmstadt, das wahrscheinlich ehemals ein Maar war. Die Grube Messel steht als Weltnaturerbe-Stätte unter dem besonderen Schutz der UNESCO. Neben sensationellen Säugetier-Funden sind bisher über 100 Pflanzen-Familien, zahlreiche Vogel-Arten und Arten wirbelloser Tiere sowie mehrere Fisch-, Amphibien- und Reptilien-Arten nachgewiesen worden. Weitere neue Arten werden bei den laufenden Untersuchungen und den Ausgrabungen in den tiefer gelegenen Schichten der Grube erwartet. Über dem Eozän folgt eine tonig-sandige, seltener auch konglomeratische oder kalkige Serie, die von der Oligozän- bis zur Pliozän-Zeit unter teils marinen, teils auch limnischen Bedingungen abgelagert wurde. Im Mainzer Becken, wo die Schichten an der Oberfläche anstehen und zugänglich sind, ist die tertiäre Schichtenfolge durch relativ geringe Mächtigkeit und Reichtum an Versteinerungen (besonders Schnecken und Muscheln) gekennzeichnet.

Die Entstehung und **Entwicklung** des Oberrhein-Grabens hat seit langem die Geologen beschäftigt. Er ist Teil einer großen Nahtlinie, die Mitteleuropa in Nordnordost–Südsüdwest-Richtung durchzieht. Nach ihren beiden Endpunkten bezeichnet man sie als **Mittelmeer-Mjösen-Zone** (nach dem Mjösa-See im Gebiet von Oslo). Ein Seitenast zweigt nach Westen in den Zentral-Graben der Nordsee und dessen Fortsetzung, den westlich von Norwegen gelegenen Viking-Graben

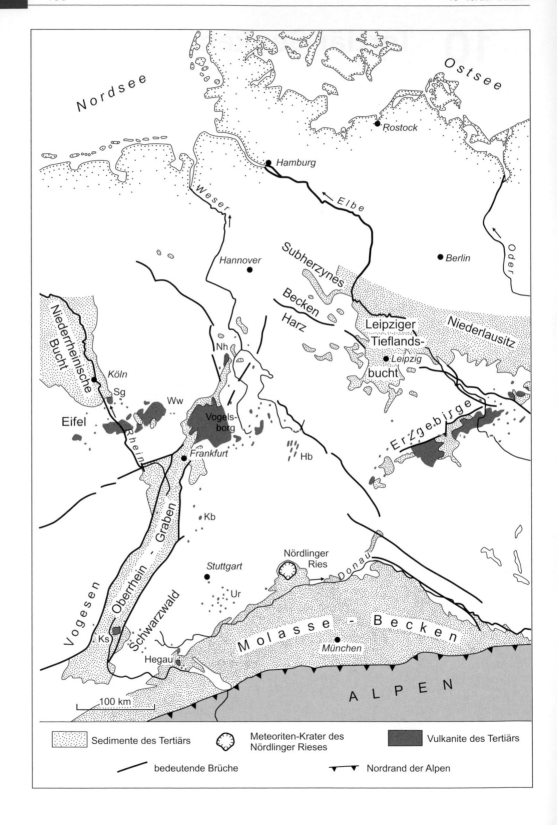

Sedimente des Tertiärs

Meteoriten-Krater des
Nördlinger Rieses

Vulkanite des Tertiärs

bedeutende Brüche

Nordrand der Alpen

Abb. 10-1 Tertiär-Senken und junge Vulkangebiete. Hb – Heldburger Gangschar, Kb – Katzenbuckel, Ks – Kaiserstuhl, Nh – Nordhessische Basalt-Gebiete, Sg – Siebengebirge, Ur – Urach-Kirchheimer Vulkangebiet, Ww – Westerwald. Das Tertiär der Niederrheinischen Bucht, der Leipziger Tieflandsbucht und der Niederlausitz setzt sich – von Quartär verdeckt – nordwärts im Norddeutschen Tiefland fort.

◄ ──

ab. Erste Anzeichen von Bewegungen im Sockel des Oberrhein-Grabens gibt es schon im Karbon, als Hinweis auf eine Einsenkung des Oberrhein-Grabens kann man die am Ende der Kreide-Zeit einsetzende Vulkantätigkeit am Ostrand des späteren Grabens ansehen (Kap. 11.5). Die eigentliche Grabenbildung begann dann während des älteren Tertiärs (Eozän); sie wurde dadurch relativ verstärkt, dass während des jüngeren Tertiärs die den Graben begleitenden Mittelgebirge intensiv herausgehoben wurden.

Der Gesamt-**Verwerfungsbetrag** zwischen Grabenfüllung und Grabenflanke beträgt an der östlichen Grabenseite bis 4 km, an der westlichen – bedingt durch eine geringere Herausfebung von Vogesen und Pfälzer Wald – bis 3 km. In horizontaler Richtung sind die **Grabenflanken** etwa 4–5 km **auseinander gedriftet**, wobei sich die Westflanke nach Südwesten, die Ostflanke nach Nordosten bewegt hat. Die Einsenkung des Grabens ist heute wahrscheinlich noch nicht abgeschlossen. Geodätische Feinnivellements, die im Abstand von einigen Jahrzehnten an verschiedenen Stellen des Oberrhein-Gebiets durchgeführt wurden, haben gezeigt, dass einzelne Teilstücke des Grabens bis 0,7 mm pro Jahr absinken. Wenn

diese Bewegungen nicht auf Setzungen infolge Kompaktion oder Baumaßnahmen zurückgehen (wie es teilweise angenommen wird), entsprechen sie durchaus dem Gesamttempo der bisherigen Senkung, für die man einen Zeitraum von etwa 60 Mio. Jahren zu Grunde legen muss. Die im Kap. 2 für den Oberrhein-Graben dargestellte Erdbebenhäufigkeit und die überdurchschnittlich hohe Temperaturzunahme zur Tiefe hin ergänzen das Bild von einer noch **aktiven Bruchzone**.

Der Baustil des Oberrhein-Grabens wird dadurch gekennzeichnet, dass an den seitlichen Begrenzungen außer den so genannten **Hauptverwerfungen** – die z. T. aus mehrere Meter breiten Brekzienzonen bestehen – etwa parallel angeordnete Störungslinien verlaufen, die an den Grabenseiten zur Herausbildung von **Schollentreppen** geführt haben. Bekannt ist die Vorbergzone des Schwarzwalds mit den Emmendinger Vorbergen und anderen Bergrücken. Nördlich des Schwarzwalds (Abb. 3.1-1) liegt das Schollengebiet des Kraichgaus, das sein Gegenstück im Zaberner Bruchfeld am Nordende der Vogesen findet.

Am Südende des Oberrhein-Grabens nimmt die Sprunghöhe der Hauptverwerfungen ab, in der Nähe von Basel etwa gehen die Störungen in

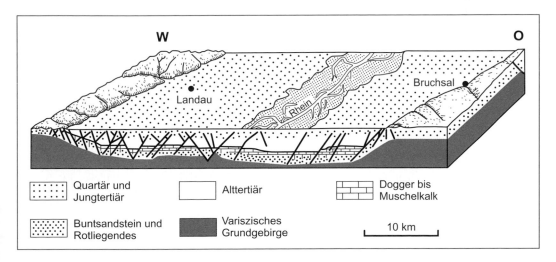

	Quartär und Jungtertiär		Alttertiär		Dogger bis Muschelkalk
	Buntsandstein und Rotliegendes		Variszisches Grundgebirge	10 km	

Abb. 10.1-1 Blockbild des Oberrhein-Grabens nördlich Karlsruhe. Nach Illies (1963).

10

Flexuren über. Im anschließenden Schweizer Faltenjura zerschlägt sich die einheitliche große Grabenstruktur zu einer Vielzahl von kleineren Teilgräben und Verwerfungen. Ebenso findet der Oberrhein-Graben an seiner Nordseite bei Wiesbaden–Frankfurt sein Ende. Hauptbegrenzungslinie ist hier die Verwerfung am Südostrand des Taunus. Eine nordwestliche Fortsetzung des Oberrhein-Grabens kann durch den Verlauf von kleineren Grabenbrüchen und Verwerfungen bis zur Kölner Bucht markiert werden; ein nordöstlicher Ast setzt sich in der Wetterau und den Hessischen Gräben fort.

⚒ Nutzung der Lagerstätten und geologischen Ressourcen

Aus den alttertiären Schichten der Oberrheingraben-Füllung, teilweise auch aus darunter lagernden Sandsteinen des Mesozoikums, wurden in Tiefen bis 3 km bisher insgesamt 2,2 Mio. t **Erdöl** und 88 Mio. m^3 (V_n) **Erdölgas** sowie 1 Mrd. m^3 (V_n) **Erdgas** gewonnen. Die aufgegebenen Felder befinden sich vor allem im nördlichen Oberrhein-Graben nahe Darmstadt, bei Ludwigshafen und in der westlichen Umgebung von Heidelberg. Erdöl und Erdölgas werden derzeit noch aus den Lagerstätten Eich-Königsgarten, Landau und Rülzheim gefördert (2004: 50.000 t bzw. 1,4 Mio. m^3 [V_n]). Die gewinnbaren Vorräte an Erdöl belaufen sich auf 0,34 Mio. t. Poröse Speichergesteine der ausgebeuteten Erdöl- und Erdgas-Lagerstätten Stockstadt, Hähnlein, Frankenthal und Sandhausen werden als **Untertagespeicher** für importiertes Erdgas genutzt (vgl. Kap. 10.2).

Von den eozänen **Ölschiefern** der Grube Messel wurden im Zeitraum von 1886 bis 1971 20 Mio. t abgebaut und daraus ca. 1 Mio. t Schwelöl und mehrere hunderttausend Tonnen chemische Produkte (Ammoniumsulfat, Paraffin u. a.) gewonnen.

Die **Kalisalze**, die den alttertiären Ablagerungen des südlichen Oberrhein-Grabens eingelagert sind, werden noch bei Mühlhausen/Mulhouse im Elsass gewonnen; der Bergbau bei Buggingen auf deutscher Seite wurde vor mehreren Jahren eingestellt.

Tertiäre **Kalk- und Mergelsteine** werden bei Wiesbaden und Mainz in großem Maße zur Herstellung von Zement abgebaut. Die weit verbreiteten und bis zu 140 m mächtigen quartären **Schotter** und eingeschalteten **Sande**, die vom früheren Rhein und einigen seiner Nebenflüsse abgelagert wurden, bestehen infolge des weiten Transports aus den Alpen ganz überwiegend aus verwitterungsbeständigem Material. Sie werden an vielen Stellen zur Gewinnung von hochwertigem Baukies und Bausand benutzt. Die relativ reinen Quarzsande des Pliozäns werden beim Abbau mitgewonnen. Darüber hinaus stellen die quartären Ablagerungen bedeutende **Grundwasserspeicher** dar. Das aus der Dichtung bekannte Rheingold wurde früher in geringen Mengen vor allem bei Kehl aus Rhein-Sanden herausgewaschen. Bemerkenswert ist die Vielzahl der **Mineralquellen** und **Heilbäder**, die vor allem entlang den Hauptverwerfungen, welche als Leit- oder Aufstiegsbahnen für die Wässer dienen, an beiden Seiten des Oberrhein-Grabens aufgereiht sind. Thermalbäder in Wiesbaden und Baden-Baden nutzen die aufsteigenden Wässer auch für die Raumheizung. Für Weinheim ist ein Thermalbad geplant.

Aufgrund der raschen Temperaturzunahme zur Tiefe bietet der Oberrhein-Graben vor allem im Nordteil die besten Voraussetzungen für die wirtschaftliche Nutzung der **Erdwärme** nach dem **Hot-Dry-Rock(HDR)-Verfahren** (vgl. Kap. 2). Deshalb wurde das europäische geothermische HDR-Pilotprojekt zur Gewinnung von Energie aus dem heißen Kristallin im Untergrund bereits 1987 in Soultz-sous-Forêts dicht jenseits der Grenze im Elsaß im Bereich der geothermischen Anomalie Landau (Temperaturzunahme 110 °C/km) mit deutscher Beteiligung begonnen. Drei Bohrungen haben unter 1,4 km Sedimentgesteinen das kristalline Grundgebirge in Form von Graniten bis etwa 5 km Tiefe aufgeschlossen und dort Temperaturen über 200 °C angetroffen. Von ihnen ausgehend wurde ein Kluftsystem erzeugt, auf dem das mit einer Bohrung injizierte kalte Wasser zirkulieren und sich erhitzen kann, um dann mit den beiden anderen Bohrungen zutage gefördert zu werden. Ende 2005 soll eine Pilotanlage in Betrieb genommen werden, die bei Wasser-Temperaturen von mehr als 180 °C etwa 50 MW thermische und 6 MW elektrische Leistung produzieren wird.

Ebenfalls im nördlichen Oberrhein-Graben sollen in den vier laufenden Projekten Bruchsal,

10

Offenbach an der Queich, Landau und Speyer die vorhandenen **heißen Tiefenwässer** sowohl für die Erzeugung von Strom als auch – teilweise (Speyer und Landau) – für die Wärmeversorgung erschlossen werden; aufgrund der hohen Mineralisationen sind Reinjektionen der abgekühlten Wässer erforderlich. In Bruchsal wurde in 2,5 km Tiefe in Kluftspeichern des Rotliegenden und Buntsandsteins 135 °C heiße Thermalsole angetroffen und mit Temperaturen von 115–120 °C sowie einer Ergiebigkeit von 20 l/sec gefördert; unter diesen Bedingungen werden von einer Förderbohrung 1,7 MW thermische und mindestens 260 kW elektrische Leistung erwartet. In Speyer werden unter den gleichen geologischen Bedingungen und ähnlichen Tiefen, aber besseren Ergiebigkeiten der Speicherhorizonte und einer kalkulierten Temperatur von 150 °C aus fünf Förderbohrungen Leistungen von 13,7 MW$_{th}$ und 5,2 MW$_{el}$ erhofft. Das Projekt Offenbach ist auf Thermalsole im Muschelkalk ausgerichtet.

10.2 Molasse-Becken im Voralpenland

Das Molasse-Becken ist ein Teil des ausgedehnten Schutttrogs, der den Alpen im Norden vorgelagert ist. Westlich vom Bodensee schließt sich an das deutsche Molasse-Becken die Schweizer Molasse an, im Osten leitet es nach der Verengung am Südrand der Böhmischen Masse zum Wiener Becken über (Abb. 9-1). Der Name Molasse stammt aus der Schweiz. Es ist eine mittelalterliche Bezeichnung für weiche Sandsteine, die vermutlich vom lateinischen molere (= mahlen) abzuleiten ist.

Das Molasse-Becken ist **asymmetrisch** gebaut. Die Mächtigkeit der tertiären Schichten nimmt von wenigen hundert Metern im Nordteil auf 5 km am Alpenrand zu (Abb. 10.2-1). In der gleichen Richtung steigt das Ausmaß der Schichtenverstellung: Die nicht bis wenig gefalteten Gesteine der **Vorlands-Molasse**, die den größten Teil des Beckens aufbauen, gehen etwa 10–20 km vor dem Alpenrand in die verfaltete und verschuppte **Subalpine** oder **Falten-Molasse** über. Diese reicht ihrerseits weit nach Süden unter die Flysch-Gesteine hinunter, welche überschoben

sind; sie lässt sich sogar bis unter die Nördlichen Kalkalpen verfolgen (Abb. 9-2).

Ursprünglich hat das Molasse-Becken sowohl nach Norden als auch nach Süden über seine heutige Begrenzung hinausgereicht. Das zeigen der bis in die Böhmische Masse hineinreichende Zipfel von Braunkohle führenden Tertiär-Sedimenten nördlich Regensburg (vgl. Kap. 8.2) ebenso wie Hinweise auf Relikte von Molasse-Ablagerungen in den zentralen Schweizer Alpen. Nördlich vom Molasse-Becken hat man in der Umgebung des Nördlinger Rieses mehr als 300 m mächtige tertiäre See-Ablagerungen erbohrt, die sich nach dem Ries-Einschlag (vgl. Kap. 8.2) im jüngeren Miozän gebildet haben, als der Ries-Bereich für 1–2 Mio. Jahre von einem See bedeckt war.

Der **Untergrund** des Molasse-Beckens ist durch zahlreiche Bohrungen bekannt. Zwischen Bodensee und Bayerischem Wald sind an ca. 60 Stellen kristalline Gesteine, ganz überwiegend Granite, Paragneise und Migmatite, angetroffen worden. In das Kristallin sind stellenweise mit Oberkarbon und Rotliegendem gefüllte Tröge eingesenkt. Über diese Unterlage greift von Nordwesten nach Südosten fortschreitend die Abfolge vom Buntsandstein bis zum Malm hinweg. Infolge der Meeresregression an der Wende Jura/Kreide ist der Malm tiefgründig verkarstet. Östlich München und nordwärts bis in die Fränkische Alb (vgl. Kap. 8.2) wird er von Oberkreide, gebietsweise auch von geringmächtiger Unterkreide überlagert.

Darüber folgt eine teils marine, teils limnisch-brackische Folge von lockeren, manchmal auch verfestigten tonigen, sandigen, konglomeratischen, selten kalkigen Sedimenten des **Tertiärs**. Sie beginnt im Grenzbereich Eozän/Oligozän, setzt mit dem mittleren Oligozän überall ein und reicht bis zum oberen Miozän. Entsprechend den jeweils vorherrschenden Bildungsbedingungen untergliedert man die Abfolge vom Älteren zum Jüngeren in die anfangs noch Flysch-artig ausgebildete **Untere Meeres-Molasse** (UMM), die Bunte oder **Untere Süßwasser-Molasse** (USM), die **Obere Meeres-Molasse** (OMM) und die **Obere Süßwasser-Molasse** (OSM); die nur im Westteil des Beckens ausgebildete Untere Süßwasser-Molasse verzahnt sich mit der jüngeren Unteren Meeres-Molasse im Ostteil des Beckens. Es handelt sich überwiegend um Schuttsedimente, die vom südlich aufsteigenden Alpenkörper

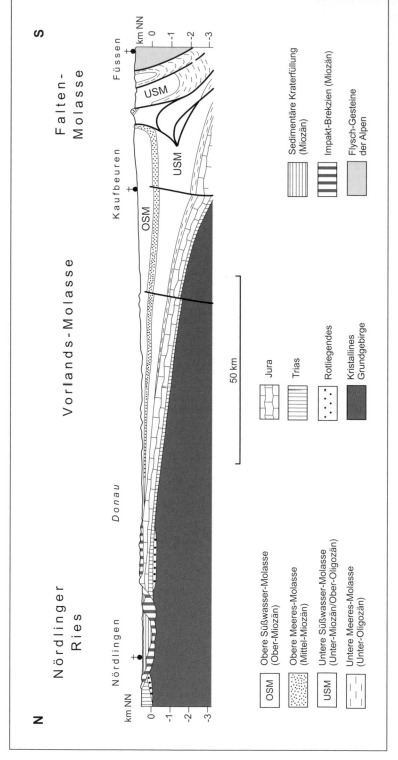

Abb. 10.2-1 Vereinfachter geologischer Querschnitt durch das Molasse-Becken im Alpenvorland vom Nördlinger Ries zum Ammergebirge (5fach überhöht). Nach BAY-ERISCHES GEOLOGISCHES LANDESAMT (1996a). Am Nördlinger Ries liegt das Grundgebirge so hoch, dass es vom aufprallenden Meteoriten zertrümmert worden ist. Süd-wärts sinkt es mit zunehmender Mächtigkeit der Molassen auf mehr als 5 km Tiefe ab. In gleicher Richtung wird die flach lagernde Vorlands-Molasse von der verfal-teten und verschuppten Subalpinen Molasse abgelöst, welche vom Flysch überschoben ist.

stammen, untergeordnet auch von der Schwäbischen und Fränkischen Alb oder der Böhmischen Masse. Typische Gesteine sind durch Karbonat betonartig verkittete Konglomerate, die als **Nagelfluh** bezeichnet werden. Sie stellen Schotterkörper von ehemaligen Flüssen dar, die in das Molasse-Becken einmündeten und hier anfangs (USM) nach Osten, später (OSM) nach Westen abflossen. Im Gelände sind die Schotter der Oberen Süßwasser-Molasse vielfach als Rippen oder Höhen herauspräpariert.

Die weitgehend horizontal liegenden Schichten im Bereich der Vorlands-Molasse sind von einzelnen großen Verwerfungen durchzogen, die im Untergrund einige deutliche Hochschollen (z. B. Landshut-Neuöttinger Hoch) hervortreten lassen. Der Südrand der ungefalteten Molasse ist aufgebogen. Die **Falten-Molasse** besteht aus mehreren weitspannigen **Mulden**, zwischen denen die Sättel an Überschiebungen meist reduziert sind (Abb. 10.2-1). Innerhalb der Falten-Molasse nimmt das Ausmaß der tektonischen Deformation von Westen nach Osten ab, die **Überschiebungen** treten zurück, die Falten haben einen geringeren Tiefgang. Die Südgrenze der Subalpinen Molasse gegen die aufgeschobenen Pakete des Helvetikums oder des Flyschs und damit gegen die Alpen ist scharf (Abb. 9-2). Die Ausfaltung des Molasse-Beckens erfolgte während des jüngeren Miozäns; sie steht ursächlich im Zusammenhang mit der Deformation des Alpenkörpers und dessen Druck auf sein Vorland.

Die Tertiär-Schichten des Molasse-Beckens werden von Ablagerungen des **Pleistozäns** bedeckt, die über 150 m mächtig werden können. Von den Alpenhöhen mehrfach vorstoßende Gletscher haben Moränen hinterlassen, die vielfach nach außen in flach nach Norden geneigte Schotter- und Schmelzwassersand-Ebenen übergehen.

Die schon sehr früh in Angriff genommene **Gliederung** der pleistozänen Ablagerungen hat das Alpenvorland durch die Arbeiten von A. PENCK und E. BRÜCKNER am Anfang des vorigen Jahrhunderts zu einem der klassischen Gebiete der Pleistozän-Geologie werden lassen, wobei die Einstufungen und Korrelierungen teilweise unterschiedlich vorgenommen werden. Die von Flüssen des Alpenvorlands abgeleiteten Bezeichnungen Würm, Riss, Mindel und Günz für einzelne Eisvorstöße (jeweils von den jüngeren zu den älteren) sind in die internationale Literatur eingegangen. Bestimmte Schotter-Vorkommen im Bereich der Iller- und Lech-Platten werden als Zeugen der noch älteren Donau- und Biber-Glaziale angesehen, entsprechende Moränen sind bisher nicht bekannt. Einige Autoren nehmen an, dass es zwischen dem Günz- und Mindel-Glazial sowie zwischen dem Mindel- und Riss-Glazial weitere eigenständige Vereisungen gegeben hat (Tabelle 12.2-1).

Die Riss-Gletscher hatten die größte Ausdehnung, sie reichten nach Norden bis fast zur Mitte des Molasse-Beckens. Die Moränen aus dieser Zeit sind, ebenso wie die nur in kleinen Bereichen oberflächlich aufgeschlossenen Mindel-Moränen, schon stark abgetragen und eingeebnet; landschaftlich handelt es sich um ein flachwelliges **Altmoränen-Gebiet**. Im weiter südlich gelegenen Bereich der Würm-zeitlichen **Jungmoränen** haben sich die kuppig-hügeligen Formen besser erhalten.

Die Würm-zeitlichen Gletscher haben viele große Findlinge und erratische Blöcke hinterlassen. Der wohl größte ist der vom ehemaligen Rhein-Gletscher herantransportierte, ursprünglich etwa 4.000 m³ große Klotz aus Trias-Hauptdolomit im Ellhofer Moor bei Weiler-Simmerberg nahe Lindenberg im Allgäu. Die zu den jeweiligen Eisvorstößen gehörenden Schotterkörper sind ebenfalls je nach ihrem Alter unterschiedlich ausgebildet: Die Würm-Schotter sind frisch und seltener verfestigt, die der Riss-Vereisung zunehmend karbonatisch verkittet und die Einzelgerölle stärker zersetzt. Mindel-zeitliche und noch ältere Schotter sind kaum erhalten.

Die zahlreichen **Seen** des Alpenvorlands (z. B. Ammersee, Starnberger See, Chiemsee u. a.) verdanken ihre Entstehung ebenfalls der Würm-zeitlichen Vergletscherung. Es sind meist durch Gletscherzungen ausgeräumte Becken (vgl. Kap. 9), selten auch Hohlformen, die entstanden, nachdem riesige Toteis-Blöcke liegen geblieben waren und sich Senken bildeten, als sie mit erheblicher Verzögerung abtauten. Beim größten deutschen See, dem am Westrand des Molasse-Beckens liegenden **Bodensee**, ist die Entstehung komplizierter: Örtlich starkes Einschneiden des Rheins und seiner Nebenflüsse, Ausfurchung durch den Rhein-Gletscher während der Riss- und Würm-Vereisung sowie tektonische Absenkung haben zusammen ein Becken entstehen lassen, das teilweise um mehr als 500 m eingetieft ist. Hiervon

10

ist rund die Hälfte wieder durch Moränen und See-Ablagerungen verfüllt (heutige Wassertiefe bis 250 m).

Im nördlichen Teil des Molasse-Beckens – außerhalb des Moränen-Gebiets – sind größere zusammenhängende Löss- und Lösslehm-Flächen verbreitet, besonders südlich der Donau zwischen Regensburg und Passau.

Das Molasse-Becken ist insgesamt flach nach Norden geneigt. Infolge dieses Gefälles kommt es am Nordrand flächenhaft zu Austritten des Grundwassers, die eine Bildung von großen **Sumpf-** und **Moor-Gebieten** (als Moos bezeichnet) in der Nähe des Donautals zur Folge haben, z. B. das Donau-Moos bei Ingolstadt. Die Stadt München liegt auf einer ebenfalls nach Norden geneigten riesigen Schotter-Ebene; hier sind an deren Nordrand und im sich anschließenden Isartal große Moore wie das Dachauer und Erdinger Moos entstanden.

Nutzung der Lagerstätten und geologischen Ressourcen

Fast ausschließlich aus dem älteren Tertiär der Vorlands-Molasse wurden seit Mitte des vorigen Jahrhunderts bis heute an zahlreichen Stellen bis in 4,4 km Tiefe 12,9 Mio. t **Erdöl**, 2,46 Mrd. m^3 (V_n) **Erdölgas** sowie 17,45 Mrd. m^3 (V_n) **Erdgas** gefördert, die jeweils nur wenig mehr als 2% der gesamten bisherigen Förderung Deutschlands ausmachen. Bis auf die Erdöl-Lagerstätten Aitingen und Hebertshausen sowie die Erdgas-Lagerstätte Inzenham-West, die 2004 32.700 t Erdöl und 2,2 Mio. m^3 (V_n) Erdölgas sowie 11 Mio. m^3 (V_n) Erdgas lieferten, sind alle wirtschaftlich erschöpft, wobei die Ausbeute allerdings bei Erdöl nur knapp 30% und bei Erdgas ca. 70% beträgt. Beim Umfang der gegenwärtigen Förderung reichen die Vorräte (0,74 Mio. t Erdöl und 0,32 Mrd. m^3 [V_n] Erdgas) noch einige Jahrzehnte. Die Exploration auf neue Lagerstätten ist angelaufen. Von der Entwicklung des Preises für Rohöl hängt auch die Bewertung der gewinnbaren noch vorhandenen Vorräte aus den bekannten Erdöl-Lagerstätten ab. Die ausgeförderten Lagerstätten werden teilweise als **Erdgas-Speicher** genutzt, so Bierwang, Breitbrunn-Eggstätt, Inzenham-West, Wolfersberg und Schmidhausen im östlichen so-

wie Fronhofen-Illmensee im westlichen Molasse-Becken, bzw. dafür vorbereitet (Albaching-Rechtmehring) oder auf ihre Eignung geprüft.

Das Molasse-Becken ist eines der bedeutendsten Reservoire Mitteleuropas für die Nutzung der **Erdwärme** in Form der vorhandenen Tiefenwässer. Der nahezu flächendeckend verbreitete und nach Süden in große Tiefen absinkende Malm-Karst enthält große Mengen extrem gering mineralisierter und ausreichend hochtemperierter Wässer. Besonders günstig sind natürlich positive geothermische Anomalien, wie bei Haimhausen nahe Dachau und bei Altdorf in der Nähe von Landshut, wo schon in 500 m Tiefe Temperaturen von mehr als 60 °C erreicht werden. Gegenwärtig (2005) werden im östlichen Molasse-Becken in Simbach (gemeinsam mit der österreichischen Stadt Braunau), Erding, Straubing, Birnbach und Bad Endorf **Tiefenwässer** von 35–80 °C bei Ergiebigkeiten von maximal 75 l/s in nennenswertem Umfang überwiegend wärmeenergetisch genutzt; daneben sind hier Bad Füssing und Bad Griesbach zu erwähnen. Im westlichen Molasse-Becken werden Tiefenwässer mit Temperaturen von 30–50 °C bei Fließraten bis maximal 40 l/s für Thermalbäder in Biberach, Bad Buchau, Neu-Ulm, Konstanz und Bad Waldsee gewonnen, in den beiden erstgenannten Orten bei besseren Ergiebigkeiten vor allem aber wärmeenergetisch verwendet. Mehrere im Malm-Karst fündige Projekte sind noch nicht in Betrieb, wie Isar-Süd (München), Unterhaching, Unterschleißheim und München-Riem im östlichen Becken. Das im Jahr 2004 in Unterhaching in mehr als 3,4 km Teufe angetroffene Wasser mit einer Temperatur von 122 °C und einer Ergiebigkeit von 120 l/s ermöglicht die Erzeugung von Strom und die nachfolgende Nutzung für die Wärmeversorgung, ebenso wie das in Isar-Süd. Um den Wasserhaushalt nicht nachhaltig zu stören, müssen die abgekühlten Wässer mittels Reinjektion in den Speicherhorizont verbracht werden.

In Schichten der Unteren Süßwasser-Molasse kommen bei Penzberg–Peißenberg, südwestlich München, stark gepresste **Braunkohlen** (so genannte Pechkohlen) vor, deren Abbau am Ende der 60er Jahre des vorigen Jahrhunderts eingestellt wurde, weil er unwirtschaftlich geworden war.

Keramische Tone aus den tertiären Schichten der Molasse-Sedimente werden an verschiedenen Stellen gegraben (z. B. in der Umgebung von

Mainburg und Landshut). Im Gebiet von Mainburg–Moosburg–Landshut werden außerdem **Bentonit-Tone** gewonnen, die nach spezieller Aufbereitung ein hohes Quell- und Absorptionsvermögen besitzen. Derartige Tone entstanden aus verwitterten glasreichen Gesteinsstäuben, die in der jüngeren Miozän-Zeit angeweht worden sind. Ihre Herkunft ist umstritten: Entweder stammen sie aus Vulkankratern, die im Molasse-Gebiet selbst gelegen haben, oder sie wurden beim Einschlag des Ries-Meteoriten (vgl. Kap. 8.2) herausgeschleudert.

Kiese und Sande des Quartärs und Tertiärs werden an zahlreichen Stellen abgebaut. Frische, unverfestigte und deshalb hochwertige Kiese kommen auf den jungquartären (Riss- und Würm-zeitlichen) Terrassen, Schotter-Ebenen, in den Tälern der Donau und ihren Nebenflüssen sowie den zum Rhein bzw. Bodensee entwässernden Rinnen bzw. Flüssen vor. Allerdings sind sie häufig mit Wasser erfüllt, weshalb ein Nass-Abbau erfolgen muss, woraus sich Konflikte hinsichtlich der Versorgung mit Trinkwasser ergeben können. Ältere Terrassen scheiden wegen der fortgeschrittenen Verwitterung und teilweisen Verfestigung weitgehend für eine Nutzung aus. Gewonnen werden auch die von Schmelzwässern abgelagerten, von jüngeren Moränen überdeckten mächtigen „Vorstoßschotter" sowie die Kiese und Sande im Bodensee, wo sie vor allem an der Einmündung der Argen ausgebaggert werden.

Von den Ablagerungen der Tertiärs bieten vor allem die unverwitterten Grobschotter im östlichen Teil des Molasse-Beckens günstige Bedingungen für die Nutzung. Den Hauptanteil stellen die Landshuter Schotter beiderseits des unteren Isartals. Hinzu kommen die gleichwertigen Peracher Schotter in einer alten Rinnenfüllung, die an den Hängen des Inntals und dessen Nebenflüssen zutage treten, sowie lokale Schotter-Vorkommen in der weiteren Umgebung von Passau. Begrenzt nutzbar sind die Sand-Kies-Gemische an den Rändern der Grobschotter-Verbreitung, noch weniger die Feinsande. Im westlichen Molasse-Becken stehen Quarzsande der Graupensand-Rinne unmittelbar südlich der Schwäbischen Alb westlich Ulm (Grimmelfinger Graupensande) und des Grobsand-Zugs der Oberen Meeres-Molasse in Abbau.

10.3 Niederrheinische Bucht

Die Niederrheinische oder Kölner Bucht ist ein nach Südosten spitz zulaufendes **Becken**, das in das Rheinische Schiefergebirge eingebrochen ist (Abb. 10.3-1). Nach Norden lässt es sich unter der Bedeckung mit pliozänen und quartären Lockersedimenten mindestens bis an die Waal, einen der Mündungsflüsse des Rheins, verfolgen. Erste Anzeichen einer **Einsenkung** der Niederrheinischen Bucht gibt es bereits aus dem jüngeren Paläozoikum, als sich an ihrem Südwestende, in der Fortsetzung der Nord-Süd-Zone der Eifel (vgl. Kap. 4.1; Abb. 4.1-3), Rotliegend-Konglomerate bei Golbach, Rissdorf und Dahlem bildeten. Senkungen während des Mesozoikums lassen sich ableiten aus den Trias-Ablagerungen der Mechernicher Bucht (Buntsandstein, dazu wenig Muschelkalk und Keuper) sowie den Vorkommen von Sedimentgesteinen des Lias (erbohrt zwischen Düren und Zülpich) und der Kreide (bei Irnich, nahe Schwerfen, ca. 6 km südlich Zülpich; als östlicher Ausläufer des Oberkreide-Gebiets von Aachen anzusehen).

Der Haupteinbruch der Niederrheinischen Bucht erfolgte dann in der Tertiär-Zeit. Während des **Paläozäns** und **Eozäns** drangen Ausläufer des im Norden liegenden Meeres vor. Danach, während des **Oligozäns** und **Miozäns**, wurden zumeist limnische Sedimente abgelagert. Die Gesamtmächtigkeit der tertiären Bildungen, die über Gesteinen des Mesozoikums, z. T. auch des Paläozoikums lagern, erreicht im Nordwesten der Niederrheinischen Bucht, wo die Schollen am tiefsten abgesunken sind, bis 600 m. In der Umgebung von Krefeld ragt im Untergrund das **Krefelder Gewölbe** empor, in dem die Schichten des Devons schon in rund 200 m Tiefe erbohrt worden sind, also die Tertiär-Bedeckung nur geringere Mächtigkeit aufweist.

Kennzeichnend für die Tertiär-Sedimente der Niederrheinischen Bucht sind die **Braunkohlen**, die sich in ausgedehnten Küstensümpfen vor einem ehemals im Süden liegenden Land gebildet haben. Das wichtigste Hauptflöz aus der Miozän-Zeit hatte bei Bergheim eine Mächtigkeit von fast 100 m; in westlicher Richtung spaltet es auf und keilt nordwestlich Mönchengladbach aus. In an-

10

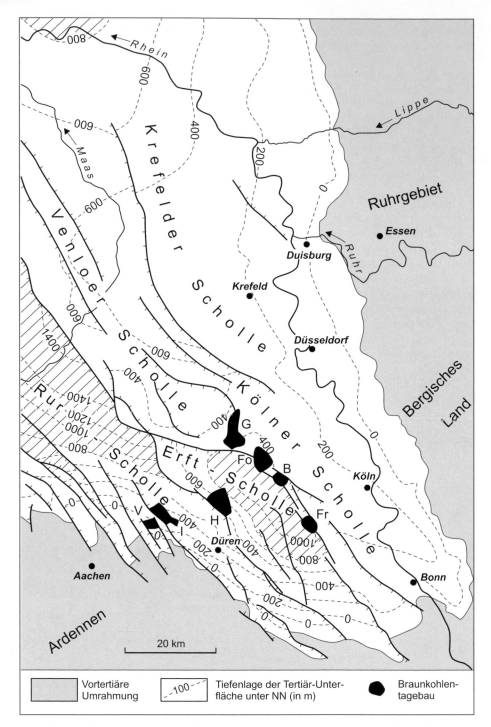

Abb. 10.3-1 Wichtige Verwerfungen (Abschiebungen) und Bruchschollen im Tertiär der Niederrheinischen Bucht, umrandet von mesozoischen und paläozoischen Gesteinen (Quartär entfernt), mit Braunkohlen-Tagebauen: B – Bergheim, Fo – Fortuna-Garsdorf, Fr – Frechen, G – Garzweiler I, H – Hambach, I – Inden, V – Ville. Nach GEOLO-GISCHES LANDESAMT NORDRHEIN-WESTFALEN (1988), vereinfacht und ergänzt.

10

deren Richtungen wird es ebenfalls bald unbauwürdig.

Die Braunkohle führenden Tertiär-Schichten werden von Sedimenten des Pliozäns und Quartärs überdeckt. An der Oberfläche anstehend finden sich Sedimente des Miozäns und älteren Tertiärs nur in dem durch hügelige Geländeformen gekennzeichneten westlichen und südlichen Teil der Niederrheinischen Bucht.

Die **Pliozän**-Ablagerungen sind vor allem im Westteil der Niederrheinischen Bucht verbreitet; an ihrer östlichen Seite sind sie inzwischen schon wieder abgetragen. Es handelt sich um helle Sande und Kiese, die fast nur aus Quarzkörnern bestehen, sowie um bunte Tone. Weil in den Quarzkiesen vereinzelt Gerölle von ehemals oolithischen Kalksteinen auftreten, die heute völlig silifiziert sind, wird dieser Teil der pliozänen Sedimente auch als **Kieseloolith-Serie** bezeichnet.

Bei den **quartären Sedimenten** lassen sich unterscheiden: Schmelzwasser- und Gletscher-Ablagerungen der Saale-Vereisung nordöstlich der Linie Düsseldorf–Krefeld, Sande und Schotter in Terrassenflächen in der weiteren Umgebung des Rheintals sowie Löss und Flugsande, die bis 20 m mächtig werden können. Die zahlreichen Böden in den Lössen ermöglichen eine subtile Gliederung des jüngeren Pleistozäns im Periglazialgebiet des Niederrheins. In der südlichen Niederrheinischen Bucht zeigen die Terrassen noch das Schema von Flussterrassen des Berglandes: Die ältesten liegen am höchsten am Berghang, die jüngsten am niedrigsten in der Talaue. In nordwestlicher Richtung wird der Höhenunterschied zwischen den Terrassenkörpern des vorzeitlichen Rheins immer geringer, bis sie sich dann im Grenzgebiet zu den Niederlanden kreuzen und noch weiter nördlich an der Rhein-Mündung, einem Gebiet mit lange andauernder Senkungstendenz, eine umgekehrte Abfolge zeigen: Die älteren Fluss-Ablagerungen werden von den jeweils jüngeren normal überlagert.

Der **tektonische Bau** der Niederrheinischen Bucht wird durch große, Nordwest–Südost verlaufende Verwerfungen gekennzeichnet (Abb. 10.3-1). Sie haben die Schichtenfolge in zahlreiche Schollen zerlegt, die horstartig herausgehoben oder grabenartig eingebrochen sind. Die Einzelschollen sind zumeist wenig nach Nordwesten geneigt und dabei leicht nach Osten eingekippt. In der westlichen Niederrheinischen Bucht sind sie insgesamt stärker eingesunken als in der östlichen (Abb. 10.3-2). Am bekanntesten ist die im westlichen Teil der Kölner Scholle gelegene Ville, die als Vorgebirge (bezogen auf die dahinter liegende Eifel) bezeichnet wird.

Viele Verwerfungen der Niederrheinischen Bucht sind heute noch aktiv. Das zeigen mehrere leichte **Erdbeben**, die sich in den letzten Jahrhunderten bis in die jüngste Zeit hinein im Gebiet der Niederrheinischen Bucht ereigneten. Ihre Herde liegen zumeist unmittelbar an großen Brüchen. Feinnivellements haben außerdem gezeigt, dass die Rur-Scholle und die Erft-Scholle sich in den letzten Jahrzehnten um 2–4 cm abgesenkt haben.

Nutzung der Lagerstätten und geologischen Ressourcen

In der Niederrheinischen Bucht befindet sich die bedeutendste **Braunkohlen**-Lagerstätte Europas mit bauwürdigen, d. h. wirtschaftlich gewinnbaren **Vorräten** von 35 Mrd. t (2004). In dem herausgehobenen Bereich der Ville-Scholle war die Überdeckung am geringsten, dort wurde der Abbau der Braunkohlen in der Mitte des 19. Jahrhunderts begonnen und wird er auch bald beendet sein. Weitere Reviere liegen am Westrand der Rur-Scholle bei Eschweiler und in der Erft-Scholle zwischen Rur-Scholle und Vorgebirge. Hier haben die Deckschichten Mächtigkeiten von 150 bis 500 m, was zur Vorbereitung und Durchführung des Kohle-Abbaus gewaltige Erdbewegungen und aufwändige Wasserhaltungsmaßnahmen erforderlich macht. Der seit 1983 in Förderung stehende Tagebau Hambach (Abb. A-23) wird einmal eine Tiefe von 470 m erreichen. Die auf die Auskohlungen folgenden Rekultivierungen erfolgen im Rheinischen Braunkohlen-Revier seit vielen Jahrzehnten in sorgfältig geplanter Weise.

Die Braunkohlen-**Förderung** aus den Tagebauen Garzweiler I, Hambach und Inden liegt gegenwärtig (2004) bei 100 Mio. t, das ist mehr als die Hälfte (55%) der Gesamtförderung Deutschlands. Etwa 90% der geförderten niederrheinischen Braunkohlen werden zur Strom- und Fernwärme-Erzeugung verwendet, womit ein beträchtlicher Teil des Strombedarfs im westlichen Deutschland gedeckt werden kann. Für die nächsten Jahre ist – insbesondere mit dem Aus-

10

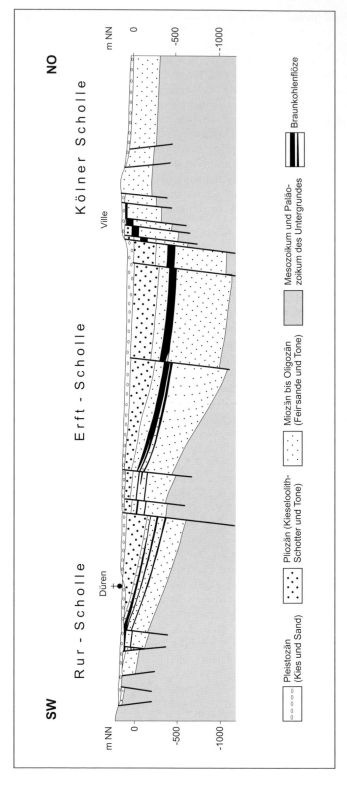

Abb. 10.3-2 Geologischer Querschnitt durch die Niederrheinische Bucht (etwa 5fach überhöht). Nach GEOLOGISCHES LANDESAMT NORDRHEIN-WESTFALEN (1988), etwas vereinfacht.

laufen des Tagebaus Garzweiler I im Jahr 2006 – eine Verlagerung der Abbaue in westlicher Richtung geplant (Garzweiler II).

Die Niederrheinische Bucht ist außerdem für ihre Vorkommen von **Tonen, Sanden und Kiesen** bekannt. Keramische Tone des mittleren Tertiärs werden z. B. bei Euskirchen, Alfter nahe Bonn und vor allem bei Frechen abgebaut, wo sie die Grundlage der dort ansässigen Steinzeugindustrie bilden. Quarzkiese und Quarzsande der Pliozän-Zeit werden ebenfalls vor allem bei Frechen gewonnen. Rhein-Sande und -Kiese des Pleistozäns haben seit langem einen guten Namen im Baugewerbe; sie werden in der Talniederung des Rheins an vielen Stellen herausgebaggert.

Von der Schichtenfolge im **tieferen Untergrund** bieten die **Salze des Zechsteins** in der nördlichen Rheinischen Bucht günstige Voraussetzungen für eine Nutzung. In Rheinberg-Borth wird aus ihnen bergmännisch Steinsalz gewonnen, und bei Xanten wurden darin Kavernen für die Untergrundspeicherung von Erdgas angelegt.

10.4 Nordhessisch-Südniedersächsische Tertiär-Senken

Vom nordöstlichen Ende des Oberrhein-Grabens erstreckt sich durch Hessen und Süd-Niedersachsen (von hier teilweise nach Ost-Westfalen hineinreichend, vgl. Kap. 8.5) bis etwa an den Westrand des Harzes eine **Kette** von **einzelnen Senken**, die mit Lockersedimenten des Tertiärs gefüllt sind (Abb. 10.4-1). Die meisten dieser Senken stellen **Erosionsreste** von ehemals größeren Ablagerungsgebieten dar; mehrere von ihnen sind teilweise von quartären Deckschichten (besonders Löss) verhüllt und deswegen in ihrem oberflächlichen Ausstrich verkleinert. Viele Tertiär-Senken sind ganz oder zum überwiegenden Teil durch **Einbruchsgräben** entstanden, so z. B. das Nordende der Wetterau (Horloff-Graben) und die Einbruchsenken nördlich Kassel. Im südlichen Niedersachsen gibt es außerdem Tertiär-Vorkommen, die infolge einer Absenkung über einem darunter liegenden, teilweise **ausgelaugten Salzstock**

entstanden sind (z. B. Wallensen–Duingen am Hils; Bornhausen am Westrand des Harzes).

Die Sedimentfüllungen der Tertiär-Becken sind im Einzelnen unterschiedlich ausgebildet. Aus dem oberen Eozän und unteren Oligozän stammen unter limnisch-festländischen Bedingungen abgelagerte Sande und Tone, die in Nord-Hessen als **Ältere Sand- und Tonserie** bezeichnet werden. Darüber folgt der – nach einem Fluss in Belgien benannte – **Rupelton**, der sich ebenfalls während des älteren Oligozäns unter marinen Bedingungen bildete, als der Oberrhein-Graben durch eine über die Hessische Senke zum damaligen Nordmeer verlaufende Meeresstraße verbunden war. Der Rupelton ist ein wichtiger Leithorizont, wenn er auch nicht in allen Tertiär-Vorkommen vorhanden oder aufgeschlossen ist. Über dem Rupelton liegt eine teils festländische, im unteren Abschnitt örtlich auch marin beeinflusste Serie von Sanden und Tonen, die bis in die Miozän-, gebietsweise auch in die Pliozän-Zeit hineinreicht, die **Jüngere Sand- und Tonserie**.

Die sandig-tonigen Schichten in vielen Tertiär-Becken enthalten **Braunkohlen**-Einlagerungen von unterschiedlichem Alter. Sie sind über eine Zeitspanne vom Eozän bis zum Pliozän verteilt.

Innerhalb der Sande der Jüngeren Sand- und Tonserie kam es schon während der Tertiär-Zeit gebietsweise zu Einkieselungen von ganzen Lagen oder Bänken; im Verlauf einer starken oberflächennahen Verwitterung wurde Silika gelöst und in tieferen Horizonten am Grundwasserspiegel wieder ausgefällt. Es entstanden die sehr harten und festen **Tertiär-** oder **Braunkohlen-Quarzite**. Einzelne Blöcke von ihnen findet man heute vielfach noch in einiger Entfernung von den eigentlichen Tertiär-Gebieten; sie stellen Erosionsreste einer ehemals einheitlichen Decke dar und zeigen deren ursprünglich größere Ausdehnung an.

Die Schichtmächtigkeit in den einzelnen tertiären Becken Nord-Hessens und Süd-Niedersachsens beträgt üblicherweise mehrere Dekameter, höchstens einige Hundert Meter.

Nutzung der Lagerstätten und geologischen Ressourcen

Die **Braunkohlen** der Tertiär-Senken sind früher an vielen Stellen in oft kleineren Abbauen gewon-

10

nen worden, so z. B. am Westrand des Vogelsbergs und in der weiteren Umgebung von Kassel. In den südniedersächsischen Vorkommen Wallensen–Duingen am Hils (Pliozän-Kohlen), Allershausen (Pliozän-Kohlen) und Delliehausen bei Uslar (Miozän-Kohlen) sowie Bornhausen (Miozän-Kohlen) wurde der Abbau nach dem Zweiten Weltkrieg nur für einige Jahre betrieben. Die

großen Gruben bei Borken (nahe Fritzlar) und Wölfersheim (Wetterau) wurden 1991 geschlossen. Der Abbau von Braunkohle – teilweise auch untertage – war zuletzt auf die Zeche Hirschberg bei Großalmerode beschränkt, wo die Förderung 2003 und damit die Gewinnung in allen Nordhessisch-Südniedersächsischen Tertiär-Senken dauerhaft eingestellt worden ist.

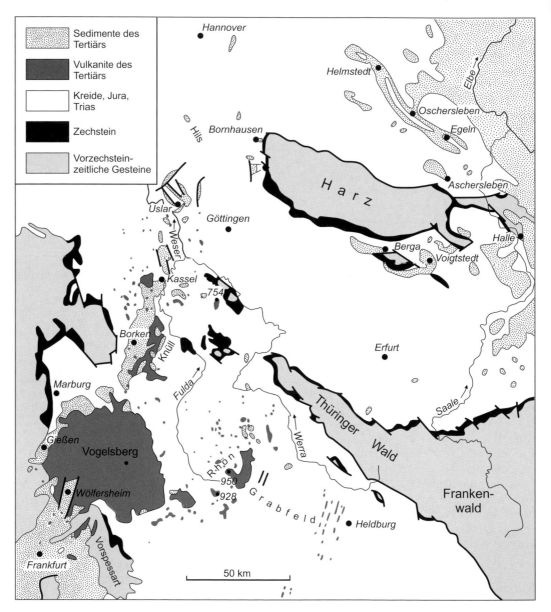

Sedimente des Tertiärs

Vulkanite des Tertiärs

Kreide, Jura, Trias

Zechstein

Vorzechstein-zeitliche Gesteine

Abb. 10.4-1 Verbreitung der Tertiär-Vorkommen von der Hessischen Senke bis zum östlichen Harzvorland.

An vielen Stellen werden die tertiären **Sande** für verschiedene Bereiche des Bausektors genutzt. Bei Duingen in Süd-Niedersachsen enthalten sie Lagen von reinen Quarzsanden, die als Rohstoff für die Glasfabrikation Verwendung finden. **Tone** werden an mehreren Stellen zur Herstellung von Ziegeln und feinkeramischen Produkten gewonnen (z. B. bei Gießen und Fredelsloh). **Tertiär-Quarzite** baut man seit längerem an einigen Orten ab, um daraus hochfeuerfeste Silika-Steine zu brennen (z. B. Mainzlar bei Gießen).

10.5 Tertiär-Vorkommen im Subherzynen und Thüringer Becken sowie östlichen Harzvorland

Im Thüringer Becken sowie in der nördlichen und östlichen Umgebung des Harzes liegen mehrere isolierte Tertiär-Vorkommen (Abb. 10.4-1). Ihre Entstehung hängt einerseits mit der **Abwanderung** von Zechstein-zeitlichen **Salzen**, andererseits mit deren **Ablaugung** bzw. **Auslaugung im Untergrund** zusammen. Beide Vorgänge sind durch tektonische Ereignisse am Ende der Kreide-Zeit und während des älteren Tertiärs ausgelöst worden. Ablaugungen haben noch am Ende des Tertiärs stattgefunden. Die dadurch bedingten Absenkungen wurden durch die Ablagerung von fast ausschließlich festländischen Sedimenten (Kiesen, Sanden und Tonen) ausgeglichen. Aus den in Mooren angehäuften pflanzlichen Resten bildeten sich Braunkohlen.

Charakteristisch für all diese Vorkommen ist ihre vergleichsweise hohe Mächtigkeit bei nur geringer Ausdehnung. Oft sind es Ausfüllungen kleiner kesselartiger Hohlformen. Zu den durch Salzabwanderung im **Subherzynen Becken** gebildeten Senken gehören die **Doppelmulden** von **Helmstedt**, **Oschersleben** und **Egeln**, die den Oschersleben-Stassfurter Sattel (vgl. Kap. 8.5.3) auf mehr als 70 km Länge begleiten, sowie die Mulden beiderseits des Aschersleber Sattels. Die bis 250 m mächtigen Sedimente, die örtlich bis in die jüngste Oberkreide hinabreichen, gehören zumeist in das ältere Tertiär. Sie enthalten mehrere Flözgruppen mit Einzelflözen bis 20 m Stärke. Spät-eozäne und früh-miozäne Meeresvorstöße reichten bis in dieses Gebiet. In den Egelner Mulden liegt eine nahezu komplette Abfolge vom Unter-Paläozän bis zum Mittel-Oligozän vor. Eine terrestrische Folge mit neun Flöz-Horizonten von einer Gesamtmächtigkeit bis 60 m wird von marinen höherem Eozän bis mittleren Oligozän überlagert.

Im **östlichen Harzvorland** entwickelte sich südlich des Teutschenthaler Sattels durch Salzabwanderung vom Mittel-Eozän bis zum Unter-Oligozän die **Oberröblinger Senke**. Den Typ der Salzablaugungssenke vertritt die bekannte Braunkohlen-Lagerstätte des **Geiseltals** südlich Halle (Abb. 10.6-1). Hier kam es zu einer besonders intensiven Absenkung, die nur zeitweilig an den Rändern mit klastischen Sedimenten ausgeglichen wurde. Im Zentrum entwickelte sich während des gesamten mittleren **Eozäns** ein Sumpfgebiet, dem wir nicht nur die Bildung eines 60–80 m, stellenweise sogar über 100 m mächtigen Braunkohlenflözes, sondern auch die Überlieferung einer reichen Wirbeltier-Fauna aus dieser Zeit verdanken.

Ungefähr gleichzeitig und ebenso entstandene kleinere Senken kennen wir aus der weiteren Umgebung des Geiseltals und aus **Ostthüringen**, westlich des Weißelster-Beckens (vgl. Kap. 8.3). In diesen dauerte die Absenkung teilweise bis zum Ende der Eozän-Zeit an. Danach (Oligozän bis Miozän) breiteten sich in Ostthüringen flächenhaft grobe Fluss-Ablagerungen von geringer Mächtigkeit auf der Einebnungsfläche aus Buntsandstein und Muschelkalk aus. Nur dort, wo sie Karst-Hohlformen im Muschelkalk ausfüllen, werden sie etwas mächtiger.

Während des jüngeren Oligozäns wurde das Ablaugungsbecken von **Bad Frankenhausen–Voigtstedt** südlich und östlich des Kyffhäusers abgesenkt. Oligozäne Meeresvorstöße erreichten auch diese Gegend. Das mächtige Hauptflöz ist durch nachträgliche Absenkung erheblich gestört. Gegen Ende des Tertiärs bildeten sich extrem kleine, dolinenartige Vorkommen in den Tälern von Gera und Ilm im Südteil des Thüringer Beckens. Am Südrand des Harzes, westlich des Kyffhäusers, führte die fortschreitende Salzablaugung zur Absenkung des Bergaer Beckens.

10

Nutzung der Lagerstätten und geologischen Ressourcen

Die **Braunkohlen** sind mit Abstand die wichtigsten Rohstoffe in diesen Tertiär-Senken. Der Wert der Kohlen liegt im hohen Anteil bitumenreicher Extraktionskohlen in mehreren Lagerstätten, die seit Anfang des vorigen Jahrhunderts die Grundlage für die Erzeugung von Rohmontanwachs waren bzw. noch sind, wie z. B. in der Oberröblinger Senke. Auf Grund des schon lange währenden Abbaus gelten allerdings die meisten Lagerstätten als erschöpft (Nachterstedt und Königsaue am Ascherslebener Sattel, Mücheln im Geiseltal), oder ihre weitere Erschließung bereitet, wie in den Oscherslebener und Egelner Mulden, geotechnische und hydrogeologische Probleme. Deshalb ist hier die **Förderung** 1989 ausgelaufen. Sie ist auf das Helmstedter Revier und die Oberröblinger Senke beschränkt.

Im Helmstedter Revier wird lediglich in der Südmulde bei Schöningen noch in nennenswertem Umfang (2004: 2,4 Mio. t) Braunkohle – ausschließlich für die Stromerzeugung – abgebaut. In der Nordmulde wurde 2002 der Tagebau Helmstedt als letzter stillgelegt. Das aus der bitumenreichen Braunkohle des Tagebau Amsdorfs der Oberröblinger Senke hergestellte Rohmontanwachs wird in über 55 Staaten der Erde exportiert und deckt 90% des Weltmarkt-Bedarfs. Die bauwürdigen, ausbringbaren **Vorräte** im Helmstedter Revier betragen 36 Mio. t; sie werden im Jahr 2017 ausgekohlt sein. Auch die seit mehr als 320 Jahren bebaute Oberröblinger Lagerstätte besitzt nur noch geringe Vorräte von etwa 10 Mio. t, die für eine Förderung bis zum Jahr 2025 ausreichen.

Für den früheren großen Braunkohlen-Tagebau im Geiseltal gibt es Pläne, wonach er mit Wasser aus der einige Kilometer entfernten Saale gefüllt werden soll. Nach einigen Jahren könnte so einer der größten künstlichen Seen Deutschlands entstehen.

10.6 Leipziger Tieflandsbucht und Niederlausitz

Das Tertiär der Leipziger Tieflandsbucht und der Niederlausitz (Abb. 10.6-1) ist im **Übergangsbereich** zwischen der überwiegend von Meeren eingenommenen **Norddeutschen Senke** und dem Böhmisch-Mitteldeutschen **Festlandsgebiet** abgelagert worden. Hier haben sich festländische bis ästuarine Schuttfächer von Süden nach Norden erstreckt und teilweise mit marinen Sedimenten verzahnt. Im südlichen Randgebiet wurden diese Schuttfächer bereits während des Tertiärs und danach durch Abtragung teilweise zerstört. Während des Quartärs schoben sich die Eismassen weit nach Süden vor und **überdeckten** die tertiären Sedimente fast überall mit **glazialen Ablagerungen**. Sie prägten das ursprünglich ebene bis flachwellige, heute durch den Braunkohlen-Bergbau größtenteils umgestaltete Landschaftsbild. Das Tertiär tritt deshalb nur vereinzelt zu Tage, am häufigsten an den Rändern der Leipziger Tieflandsbucht, wenn man von den künstlichen Aufschlüssen der zahlreichen Tagebaue absieht.

Epirogenetische Bewegungen, also großflächige Hebungen und Senkungen, bestimmten die Ablagerung des Tertiärs in diesem Übergangsbereich. Durch Hebung zentraler Teile des Festlandsgebiets entwickelten sich **Schuttfächer** während des jüngeren Eozäns (Älterer Nordwestsächsischer Schwemmfächer) und Miozäns (Jüngerer Nordwestsächsischer bzw. Älterer Lausitzer und Jüngerer Lausitzer Schwemmfächer). Zu Beginn des Oligozäns führten ausgedehnte Hebungen zu einer generellen Sedimentationsunterbrechung und zu Abtragungen. Während der nachfolgenden **Meeresüberflutungen** (mittleres und jüngeres Oligozän) wurden zunächst die Rupel-Schichten, nach abermaliger Sedimentationsunterbrechung Glaukonit-Sande abgelagert. In begrenzten Gebieten, vor allem in der südlichen Leipziger Tieflandsbucht, wo Zechstein-zeitliche Anhydrite verbreitet vorkommen, bildeten sich tiefe **Auslaugungskessel**.

Im Verlaufe des Tertiärs **verlagerte** sich die **Sedimentation** generell von Westen nach Osten, in der Leipziger Tieflandsbucht außerdem von Süden nach Norden So kommt es, dass in der Leip-

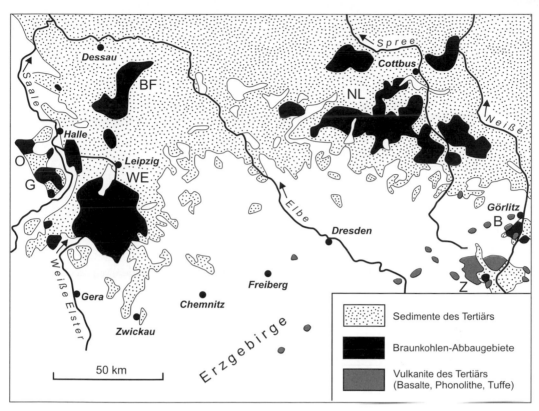

Abb. 10.6-1 Verbreitung des Tertiärs und der Braunkohlen-Abbaugebiete in der Leipziger Tieflandsbucht und der Lausitz. B – Berzdorfer Becken, BF – Bitterfelder Lagerstättenbezirk, G – Geiseltal, NL – Niederlausitz, O – Ober-röblingcr Senke, WE – Weißelster-Becken, Z – Zittauer Becken.

ziger Tieflandsbucht die Abfolge den Zeitraum vom jüngeren Eozän (im Süden) bis zum älteren Miozän (im Norden), in der Niederlausitz den vom mittleren Oligozän bis zum jüngeren Miozän umfasst. Entsprechend haben sich die Bedingungen für die Bildung von Braunkohlen verschoben (Tab. 10.6-1). Danach werden drei große Gebiete (Lagerstättenbezirke) unterschieden: Das Weißelster-Becken südlich Leipzig, die Region um Halle–Delitzsch–Bitterfeld–Gräfenhainichen (Bitterfelder Lagerstättenbezirk) nordwestlich und nördlich Leipzig sowie die Niederlausitz nördlich des zutage tretenden Lausitzer Grundgebirges zwischen Elbe und Lausitzer Neiße (vgl. Kap. 4.6).

Die maximalen Mächtigkeiten der tertiären **Abfolgen** betragen 150–200 m. Die festländischen Abschnitte sind oft zyklisch aufgebaut mit der Folge Sande und Kiese – Schluffe und Tone –

Flöz (Abb. A-24). Die marinen Abschnitte unterscheiden sich von den festländischen durch ihren Reichtum an Fossilien (Mollusken, Reste von Wirbeltieren) und den Glaukonit-Gehalt. Im Allgemeinen weisen die Braunkohlen-Flöze eine große Ausdehnung bei relativ konstanten Mächtigkeiten von einigen bis über zehn Meter auf. Größere Mächtigkeitsanschwellungen gehen auf Bewegungen im Untergrund zurück. So wird das Unterflöz des so genannten Subrosionskomplexes in Auslaugungskesseln des Weißelster-Beckens bis über 50 m mächtig (Abb. 10.6-2). Die Auslaugung wiederholte sich mehrfach, besonders zu den Zeiten, in denen nicht abgelagert oder sogar abgetragen wurde bzw. während der Flözbildung. In der Niederlausitz haben auch tektonische Bewegungen an Verwerfungen die Absenkung und Sedimentation und damit die Flözbildung in einem gewissen Umfang beeinflusst.

Tabelle 10.6-1 Altersstellung der Braunkohlen im östlichen Deutschland.

Periode		Subherzynes Becken	Harzvorland	Geiseltal	Weißelster-Becken	Halle-Bitterfeld	Niederlausitz	Oberlausitz
Pliozän								
Miozän	Ober-							
Miozän	Mittel-						■⚒	
Miozän							■⚒	
Miozän	Unter-					=	■	■⚒
Miozän					■	■⚒	■	
Oligozän	Ober-		■⚒					
Oligozän			■⚒					—
Oligozän	Unter-				=	■		
Oligozän					■⚒	=⚒	—	
Eozän	Ober-		⚒		■⚒	=		
Eozän					■⚒	■⚒		
Eozän	Mittel-	■⚒	■	■⚒	■⚒	■⚒	—	
Eozän					—	—		
Eozän	Unter-	■	⚒					
Paläozän		■	■		—			

Die tertiären Schichten waren nach ihrer Ablagerung während des Pleistozäns innerhalb und außerhalb der **Eisbedeckung** unterschiedlichen Einwirkungen ausgesetzt. Während der Elster- und Saale-Kaltzeiten wurden sie durch das von Norden anrückende Inlandeis mehrfach überfahren und dabei hochgradig deformiert. In der Niederlausitz kam es unter der Auflast und dem Schub des mehrere Hundert Meter mächtigen Eises zu Stauchungen und Faltungen, im oberen Teil auch zu Verschuppungen, Überschiebungen und Abscherungen, die entsprechend der Bewegungsrichtung des Eises nach Süden gerichtet sind (Abb. 10.6-3). Zur Tiefe nimmt die Beanspruchung ab. Bekannt sind die **glazigenen Deformationen** des Muskauer Faltenbogens nördlich Weißwasser. Unter der Eisbedeckung, vor allem während der Elster-Vereisung, erfolgte auch eine intensive **erosive Zerschneidung** der tertiären Ablagerungen. Davon war wiederum die Niederlausitz, weniger die Leipziger Tieflandsbucht betroffen. Auch außerhalb der Inlandeis-Bedeckung, im Periglazial-Gebiet, wirkte sich die Temperaturerniedrigung aus. Infolge des vielfachen Gefrierens und Auftauens bildeten sich oberflächennah bis in zwei Meter Tiefe verschiedenartige

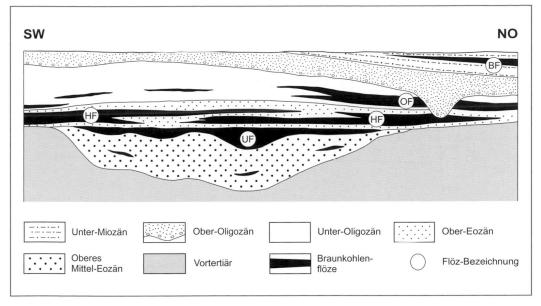

Abb. 10.6-2 Schematischer Schnitt durch die Schichtenfolge des Tertiärs im Weißelster-Becken. In Anlehnung an DOLL (1984), BAUMANN & VULPIUS (1991) und EISSMANN (1994). BF – Bitterfelder Flöz, HF – Bornaer Hauptflöz, OF – Böhlener Oberflöz, UF – Sächsisch-Thüringisches Unterflöz.

Strukturen (Taschenböden u. a.). Der tiefgründig auftauende **Dauerfrostboden** bot günstige Bedingungen für die Entstehung größerer Deformationsstrukturen. Weiche, wassergesättigte Kohlen drangen wie Diapire in die darüber liegenden Schichten ein. Durch die fortschreitende Salzauslaugung sackten die tertiären Schichten lochförmig ein und verstürzten teilweise.

Interessant sind die Funde von **Tektiten** im jüngsten Tertiär der Nieder- und Oberlausitz, so genannte Glasmeteoriten aus sehr schwer schmelzbaren sauren Gläsern, die wahrscheinlich durch Gesteinsaufschmelzung beim Aufschlag großer Meteoriten gebildet werden. Sie wurden zwar geringfügig umgelagert, können aber insgesamt mit dem Ries-Impakt (vgl. Kap. 8.2) in Zusammenhang gebracht werden, ebenso wie die aus Böhmen, Mähren und Niederösterreich. Sie gehören allerdings zu einem eigenständigen Streufeld in 350–400 km Entfernung vom Nördlinger Ries.

Die dem Tertiär auflagernden Schichten des **Pleistozäns** bestehen aus Geschiebemergeln, glazial-fluviatilen Sanden, glazial-limnischen Tonen und Flussschottern. Ihre Mächtigkeit nimmt nordwärts generell zu und erreicht vor allem in den schon erwähnten Rinnen mehr als 100 m Mächtigkeit. Im Südteil der Leipziger Tieflandsbucht werden große Flächen von Löss überdeckt.

Nutzung der Lagerstätten und geologischen Ressourcen

In der Leipziger Tieflandsbucht (mit Weißelster-Becken und Bitterfelder Lagerstättenbezirk) und in der Niederlausitz befinden sich die wirtschaftlich bedeutendsten ostdeutschen Lagerstätten tertiärer **Weichbraunkohlen**. Beide Reviere hatten 1989 ein Förderaufkommen von ca. 290 Mio. Tonnen aus 37 Tagebauen, das waren mehr als 95% der Gesamtfördermenge Ostdeutschlands. Damit wurden 70% des Primärenergie-Bedarfs und 80% des Elektroenergie-Bedarfs der DDR gedeckt. Der Schwerpunkt der Förderung lag zunächst in der Leipziger Tieflandsbucht; ab 1969 hat er sich in die Niederlausitz verschoben.

Im **Weißelster-Becken** sind die bauwürdigen Flöze auf drei stratigraphische Niveaus vom Mittel-Eozän bis Unter-Oligozän konzentriert, aber regional unterschiedlich bauwürdig ausge-

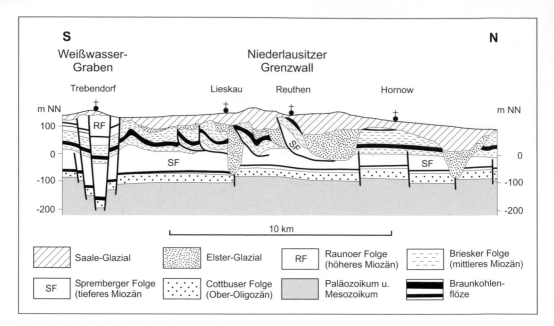

Abb. 10.6-3 Geologischer Schnitt durch die Lagerungsstörungen im Tertiär der Niederlausitz mit endogen-tekto-nischen Brüchen, glazial-tektonischen Auf- und Überschiebungen und Elster-zeitlichen Erosionsrinnen (12fach überhöht). Nach NOWEL et al. (1994), vereinfacht.

bildet (Abb. 10.6-2): (1) das in Auslaugungskes-seln (z. B. Profen) bis 60 m, sonst nur 2–4 m mächtige Sächsisch-Thüringische Unterflöz im Südwesten, (2) das Thüringer bzw. Bornaer Hauptflöz im Westen und Osten, (3) das Böhlener Oberflöz im Norden des Beckens. Haupt- und Oberflöz erreichen in den zentralen Bereichen jeweils etwa 15 bzw. 10 m Mächtigkeit, ersteres in Gebieten der Salzauslaugung auch 20–30 m. Bemerkenswert sind verkieselte Hölzer (Xylite) aus dem Oberflöz. Die bitumenreichen Anteile aller Flöze waren für mehr als 140 Jahre die Roh-stoffbasis für die Braunkohlen-Verschwelung und Teergewinnung in diesem Gebiet. Die Braunkoh-len-Förderung betrug 1989 knapp 75 Mio. Ton-nen, davon allein 15% Schwelkohle.

Im **Bitterfelder Lagerstättenbezirk** stand das 10–14 m mächtige unter-miozäne Bitterfelder Flöz in Abbau. Die Förderung erreichte hier 1989 um 22 Mio. Tonnen.

Im maximal 250 m mächtigen Tertiär-Profil der **Niederlausitz** treten Flöze in fünf Niveaus auf. Wirtschaftliche Bedeutung haben nur die beiden oberen, der 1. und 2. Lausitzer Flözhorizont (Lau-sitzer Oberflöz und Unterflöz) des oberen und

unteren Mittel-Miozäns. Das Oberflöz ist weitge-hend abgebaut. Das 10–14 m Mächtigkeit errei-chende Unterflöz lieferte 1989 180 Mio. Tonnen Braunkohle. Die Flöze sind im Süden generell mächtiger und einheitlicher, d. h. nicht oder kaum durch Flözmittel aufgespalten. Sie tauchen nach Norden ab. Dadurch ist ein Fortschreiten des Bergbaus von Süden nach Norden bis in das Baruther Urstromtal zu verzeichnen, verbunden mit einer beträchtlichen Zunahme der Deck-schichten, die als Abraum entfernt werden müs-sen. Der 30–60 m unter dem Unterflöz gelegene, auch über 10 m mächtige 4. Lausitzer Flözhori-zont (ein Äquivalent des Bitterfelder Flözes) ist aus diesem Grund nicht für den Abbau vorgese-hen. Die relativ asche- und schwefelarmen Braun-kohlen der Niederlausitz waren die Grundlage für die Hochtemperaturverkokung.

Die **Förderung** ist seit 1989 in beiden ostdeut-schen Revieren beträchtlich gesunken. Sie hat sich seit 2002 bei knapp 80 Mio. Tonnen stabilisiert, wobei der Schwerpunkt mit Dreiviertel des Auf-kommens in der Niederlausitz liegt – 59 Mio. t gegenüber 20 Mio. t im Mitteldeutschen Revier 2004. Das sind 32% bzw. 11% der gesamten Förderung in Deutschland. Im Weißelster-Becken werden noch zwei (Profen, Vereinigtes Schleenhain), in der östlichen Niederlausitz vier Tagebaue (Nochten, Jänschwalde, Cottbus-Nord, Welzow-Süd) betrieben; der seit 1999 gestundete Tagebau Reichwalde südöstlich Nochten soll nach 2011 wieder angefahren werden. In der westlichen Niederlausitz, in der Umgebung von Senftenberg, ist mit der Schließung des Tagebaus Meuro im Jahr 1999 der Braunkohlenbergbau nach 150 Jahren zu Ende gegangen. Die Förderung im Bitterfelder Lagerstättenbezirk ist ebenfalls ausgelaufen. Die bauwürdigen, d. h. wirtschaftlich gewinnbaren **Vorräte** betragen im Weißelster-Becken 2,1 Mrd. t, in der Niederlausitz 3,9 Mrd. t; sie reichen noch für mehrere Jahrzehnte. Die Rohbraunkohle wird fast ausschließlich (95 %) in Kraftwerken zur Erzeugung von Strom eingesetzt und kaum noch brikettiert oder anderweitig veredelt.

Hinter den Braunkohlen tritt die Bedeutung der die Flöze **begleitenden** und **überlagernden Sedimente** (Tone, Kiessande, Geschiebemergel) weit zurück. Heute steht die Nutzung der tertiären und vor allem der pleistozänen Kiessande außerhalb der Braunkohlentagebaue im Vordergrund. Entsprechend den stofflichen Unterschieden von sehr Quarz-reichen bis zu polymikten Sedimenten ergeben sich unterschiedliche Einsatzmöglichkeiten, so als Beton-Zuschlagstoffe oder Füllmaterial. Sie bilden auch wichtige **Grundwasserleiter**. Genutzt werden weiterhin Tone und Lehme, auch in Verbindung mit dem Braunkohlen-Abbau, für die Herstellung feuerfester Erzeugnisse (z. B. Stahlformschamotte) sowie die Klinker- und Dachziegelproduktion, weiterhin beim Ausbau von Deponiestandorten als Deckschichten und Basisabdichtungen. Zur Nutzung kommen auch die oligozänen Feinsande des Weißelster-Beckens als Formsande. Mit den Lausitzer **Glassanden** (z. B. von Hohenbocka-Leippe) kann ein großer Teil des Bedarfs der Glasindustrie gedeckt werden. Quarz-Sande werden aber auch bei der Aufbereitung von Quarz-Kiesen und Kaolinen gewonnen. Findlinge und Geschiebe werden zu Dekorationssteinen verarbeitet.

Besonderes Interesse verdienen **Bernsteine**, die im Ober-Oligozän des Bitterfelder Lagerstättenbezirks als Begleitrohstoffe vorkommen. Im Tagebau Goitsche sind von 1976 bis 1993 aus dem Liegenden des Flözes 425 t Bernstein gewonnen worden.

Für die **Wiederurbarmachung** der stillgelegten Tagebaue und ihres Umfelds in der Leipziger Tieflandsbucht und in der Lausitz werden sehr beträchtliche finanzielle Mittel (bisher mehrere Mrd. €) eingesetzt. An erster Stelle steht die Wiederherstellung eines ausgeglichenen Wasserhaushalts und die Flutung von Tagebau-Restlöchern unter Berücksichtigung der erforderlichen Wasserqualität. Ziel ist es, eine vielfältig nutzbare Bergbau-Folgelandschaft zu schaffen. Die Arbeiten umfassen die Rekultivierung von Böden für die land- und forstwirtschaftliche Nutzung, die morphologische Gestaltung von Landschaftsbauwerken sowie wasserbauliche Maßnahmen, wobei die Ausformung von Wasserläufen Vorrang hat.

10.7 Oberlausitz

In der Oberlausitz befinden sich drei Tertiär-Vorkommen im Grenzgebiet zur Tschechischen Republik und zu Polen. Es sind schüsselförmige Senken im Fundament des Lausitzer Berglands (vgl. Kap. 4.6):

Bei **Seifhennersdorf** besteht die nur 50 m mächtige ober-oligozäne Beckenfüllung aus basaltischen Tuffen in Wechsellagerung mit bituminösen Diatomeen-Gesteinen (Polierschiefer), Tonsteinen, Arkosen und Braunkohle. Die Abfolge wird von Basalten (vgl. Kap. 11.6) unter- und überlagert. Die Polierschiefer führen neben den massenhaften Süßwasser-Diatomeen zahlreiche gut erhaltene Wirbeltier-Reste.

Zittauer und **Berzdorfer Becken** sind nach den Basalt-Eruptionen während des Unter-Miozäns auf relativ begrenzten Flächen tief eingesunken. Das geschah offensichtlich im Zusammenhang mit tektonischen Vorgängen im Eger-Graben Nordböhmens, in dessen nordöstlicher Fortsetzung sie liegen. Die Abfolgen werden im Zittauer Becken 300 m, im Berzdorfer Becken über 150 m mächtig. Sie bestehen im Wesentlichen aus Tonen und Braunkohlen. Die Braunkohlen bilden mächtige, durch tonige Zwischenlagen mehr oder weniger gegliederte Flözkörper. Im Berzdorfer Becken ist ein bis 80 m mächtiger Flözkörper ausgebildet. Im Zittauer Becken werden drei Flözgruppen durch mächtigere Tone

10

getrennt, von denen die obere ebenfalls bis 70, die mittlere bis 30 m Mächtigkeit erreicht.

⚒ Nutzung der Lagerstätten und geologischen Ressourcen

In der Oberlausitz wurden aus den Tagebauen Olbersdorf bei Zittau und Berzdorf 1989 knapp 12 Mio. t **Braunkohle** fast ausschließlich für die Elektroenergie-Erzeugung gefördert. Im Tagebau Olbersdorf ist der Abbau 1990 ausgelaufen. Mit der Einstellung der Förderung im Tagebau Berzdorf ging 1997 der mehr als 150 Jahre während Braunkohlen-Bergbau in der Oberlausitz zu Ende. In dieser Zeit sind insgesamt 340 Mio. t Kohle gefördert worden. Die bituminösen **Polierschiefer** von Seifhennersdorf wurden im 19. Jahrhundert für die Destillation von Teer gewonnen.

11 Junge Vulkangebiete

Das mittlere Deutschland wird von einem etwa West–Ost verlaufenden Gürtel jüngerer vulkanischer Gesteine durchzogen, die gebietsweise eine größere Ausdehnung und Mächtigkeit erreichen und infolge ihrer Verwitterungsresistenz oft das Landschaftsbild entscheidend prägen (Abb. 10-1).

Die vulkanischen Bildungen beginnen im Westen in der Vulkan-Eifel und setzten sich im Neuwieder Becken, Siebengebirge, Westerwald, Vogelsberg, Knüllgebirge, in der Basalt-Rhön, im Erzgebirge und in der Lausitz fort; nördlich vom Knüllgebirge schließen sich Meißner und Habichtswald bei Kassel an. Noch weiter in nördlicher Richtung gehen die geschlossenen Gebiete mit vulkanischen Gesteinen in Einzelvorkommen über, die bis nach Süd-Niedersachsen und Westfalen hineinreichen. Im Südosten der Rhön gibt es bei Gerolzhofen in Franken und sich über die Haßberge fortsetzend nach Thüringen ebenfalls Gangfüllungen und Stiele von Basalten, die als Heldburger Gangschar bezeichnet werden. Weitere vulkanische Gesteine treten dann in Form kleiner Vorkommen von Basalten und Tuffen bei Coburg und Bamberg, bei Kemnath an der Fränkischen Linie (vgl. Kap. 4.3) und im östlichen Fichtelgebirge sowie in der Oberpfalz auf. Dort sind es ebenfalls Einzelvorkommen von Basalten und Basalttuffen, die im Gebiet von Marktredwitz und Weiden die kristallinen Gesteine des Paläozoikums und Proterozoikums teils durchschlagen, teils überdecken. Diese Vulkanit-Vorkommen sind als südwestliche, die im Erzgebirge und in der Lausitz als nördliche bzw. östliche Ausläufer des Nordböhmischen Vulkan-Gürtels im Eger-Graben anzusehen.

Südlich des Mains haben die vulkanischen Gesteine eine geringere Verbreitung. Im Odenwald und seiner Umgebung (vgl. Kap. 3.6) gibt es Einzelvorkommen (Gebiet von Groß-Umstadt am Nordostrand, Otzberg im Zentralteil und Katzenbuckel im südöstlichen Buntsandstein-Oden-wald). Auf der Bruchzone zwischen Oberrhein-Graben und Bodensee, deren wichtigstes Teilstück der Bonndorfer Graben ist, liegen der Kaiserstuhl und der Hegau. Bei Bad Urach–Kirchheim unter Teck sind zahlreiche Schlotröhren konzentriert. Tuffe und Gesteinsgläser, die im Nördlinger Ries und dessen Umgebung vorkommen, hat man früher als vulkanische Bildungen angesehen; heute werden sie ausschließlich auf den Einschlag eines Meteoriten zurückgeführt (vgl. Kap. 8.2).

Die in den Vulkan-Gebieten vorherrschenden Gesteine sind **Basalte** und Basalt-ähnliche, **alkalireiche Vulkanite**, die je nach ihrer Zusammensetzung mit verschiedenen Namen bezeichnet werden (z. B. Phonolithe, Tephrite, Nephelinite u. a.). Silika-reichere vulkanische Gesteine, wie **Trachyte**, treten gegenüber den Basalten zurück. **Tuffe** sind an der Oberfläche meist nur noch in kleinen Resten vorhanden, etwa als Mantel um Basalt-Stiele oder Einschaltungen zwischen Basalt-**Decken**. Sie haben ursprünglich sicher eine größere Verbreitung und Mächtigkeit gehabt, wurden aber wegen ihrer meist geringen Härte schnell abgetragen. Besonders in der Quartär-Zeit sind vulkanische Tuffe und **Aschen** mehrfach über Mitteleuropa verweht worden. Als Folge finden sich in vielen Böden sowie See- und Fluss-Ablagerungen des Quartärs häufig reichlich Minerale vulkanischer Herkunft.

Weil die Basalte und die anderen vulkanischen Festgesteine meist härter als ihre Nebengesteine sind, wurden sie durch die Verwitterung herauspräpariert. **Schlot- und Gangfüllungen** bilden oft den Kern eines Einzelbergs, der äußerlich zwar wie ein typischer Vulkan aussieht, aber keiner ist. Viele derartige Basalt-Berge, vor allem in Hessen, sind mit Burgen oder Burgruinen besetzt, sodass man diese geradezu als Hinweise auf einen darunter steckenden Basalt-Stiel ansehen kann.

Zu den vulkanischen Bildungen gehören weiterhin durch Gase oder Tuffe geschaffene **Durch-**

11

bruchsröhren, die im Gegensatz zu den Basalt-Bergen im Gelände überwiegend als Hohlformen ausgebildet sind. Es handelt sich vor allem um die **Maare** der Eifel und die Tuffröhren und Maare von Bad Urach–Kirchheim am Rand der Schwäbischen Alb, die auch unter der Bezeichnung Schwäbische Vulkane zusammengefasst werden.

In Verbindung mit den vulkanischen Bildungen stehen schließlich auch die Austritte von CO_2 („Kohlensäure"), das aus tiefergelegenen Magmaherden stammt. Selten tritt es als Gas direkt aus, meist wird es von Grundwässern aufgenommen, die als Quellen an die Oberfläche kommen oder erbohrt worden sind und dann als Sprudel bzw. Säuerling Verwendung finden. Gelegentlich wurde dieses vulkanische **Kohlendioxid** zusammen mit Methan-reichen Gasen, die aus Schichten des jüngeren Paläozoikums stammen, in Erdgas-Lagerstätten angesammelt. Ausnahmsweise bildeten sich auch eigenständige Lagerstätten aus reinem CO_2.

Altersmäßig gehören die hier zusammengefassten vulkanischen Gesteine und Bildungen, die als Intraplatten-Vulkanismus in größerer Entfernung vom Alpen-Gürtel anzusehen sind, überwiegend in das Tertiär. Erste Förderungen begannen schon in der **Kreide**-Zeit (z. B. Basalt-Vorkommen am Ostrand des Oberrhein-Grabens im Sprendlinger Horst und Kraichgau sowie in der Wittlicher Senke). Andere Basalte stammen aus dem älteren **Tertiär**. Hauptergüsse erfolgten während des späten Oligozäns und Miozäns. Nachzügler reichen bis in das Pliozän hinein (z. B. im Westerwald, in der Rhön und im Hegau). Während des **Quartärs** war der Vulkanismus nur noch in der Eifel, im westlichen Westerwald und im Neuwieder Becken aktiv; weitere quartäre Vulkanite findet man im Gürtel vulkanischer Gesteine erst wieder außerhalb Deutschlands (z. B. bei Eger/Cheb in Nordböhmen).

11.1 Vogelsberg, Westerwald und Nord-Hessen

Mit einer Fläche von etwa 2.500 km² und einem maximalen Durchmesser von 60 km gehört der **Vogelsberg** (Abb. 10.4-1) zu den größten geschlossenen Basalt-Gebieten Mitteleuropas. Er besteht aus einer Vielzahl von übereinandergestapelten Decken aus basaltischen und seltener auch trachytischen vulkanischen Gesteinen sowie verschiedenartigen Tuffen, die zumeist während des mittleren **Miozäns** aufdrangen bzw. gefördert wurden (Abb. A-25). Sie stellen teils Oberflächen-Ergüsse dar, teils sind sie als dicht unter der damaligen Erdoberfläche in weiche Tuffe oder auch tertiäre Sande erfolgte Intrusionen anzusehen. Der Vogelsberg erhebt sich über einem schollenartig zerbrochenem Sockel aus Schichten der Trias, im Südwesten auch solchen des Devons und Perms sowie des Tertiärs bis zu einer Höhe von 774 m (Taufstein). Die Herausehebung des Vogelsbergs, die teilweise an Bruchlinien erfolgt ist, hat bewirkt, dass im Gebirge mehrere Verebnungsflächen ausgebildet sind. Sie sind konzentrisch angeordnet und führen treppenartig vom Hohen Vogelsberg (Oberwald) zu seinen Rändern herab.

Offenbar sind im Zentrum des Vogelsbergs auch die Basalt-Gesteine mit den zwischengeschalteten Tuffen besonders mächtig. Bohrungen haben sie dort in fast 500 Metern Mächtigkeit angetroffen, ohne ihren Untergrund zu erreichen. Stark zerschnittene oder voneinander isolierte Vorkommen basaltischer Gesteine am südwestlichen, südlichen und südöstlichen Rand des Vogelsbergs zeigen, dass er zumindest in diesem Bereich ursprünglich eine größere Ausdehnung gehabt hat.

Im nächstgroßen Vulkan-Gebiet, dem **Westerwald** (Fuchskaute 656 m), treten neben den Basalt-Gesteinen des Oligozäns und **Miozäns** (bis Pliozäns und Pleistozäns) immer wieder Sedimente des devonischen und tertiären Untergrundes zu Tage. Die Basalt-Scheiben und -Decken erreichen Dicken von höchstens 200 m.

Ähnlich wie im Vogelsberg und Westerwald sind die Gesteine im Knüllgebirge (634 m), Meißner (754 m) und den nördlich folgenden Vorkommen des **Nordhessischen Basalt-Gebiets** ausgebildet. Dabei weist der Habichtswald (Hohes Gras 615 m) vergleichsweise viele vulkanische Lockergesteine auf. Die nördlichsten an der Oberfläche aufgeschlossenen Basalt-Vorkommen Deutschlands sind die Bramburg am Südrand des Sollings und die Schlotfüllung von Sandebeck im Egge-Gebirge (Westfalen), die durch viele Einschlüsse von Muschelkalk-Brocken gekennzeichnet ist.

Nutzung der Lagerstätten und geologischen Ressourcen

Die **Basalte** des **Vogelsbergs** werden schon seit langem als Baumaterial an vielen Stellen gebrochen, heute hauptsächlich als **Schotter und Splitt** für den Straßenbau. Im westlichen Vogelsberg kommen außerdem Eisen- und Aluminiumerze vor: Die **Eisenerze** sind im Verlauf der jungtertiären Verwitterung aus sich zersetzendem Basalt entstanden. Die erdigen oder schalig-krustigen Erze wurden schon im frühen Mittelalter abgegraben und bei Hungen und nördlich Laubach noch bis 1968 in Tagebauen gewonnen. Die **Aluminiumerze** bestehen aus bauxitischen Anreicherungen in Roterden, die sich durch eine Kombination von tertiärer Verwitterung und vulkanischer Tätigkeit gebildet haben. Örtlich wurden sie noch in geringem Maße bis in die 60er des vorigen Jahrhunderts abgebaut.

Im **Westerwald** sind große Steinbrüche, in denen **Basalte** gebrochen und zu **Schotter und Splitt** für den Straßen- und Gleisbau verarbeitet werden, vielfach schon seit vielen Jahrzehnten in Betrieb. Tertiäre **Tone** unter und neben den Basalten werden für die keramische Industrie abgebaut, **Tertiär-Quarzite** – ähnlich wie am Rande des Vogelsbergs in der Hessischen Senke – als Rohstoff für die Herstellung von Feuerfest-Material. Die Vorkommen dieser beiden Rohstoffe werden in wenigen Jahren erschöpft sein.

In der **nördlichen Hessischen Senke** werden **Basalte** an verschiedenen Stellen abgebaut. In der Lagerstätte Bramburg bei Adelebsen ist er großflächig erschlossen; es sind noch bedeutende Vorräte vorhanden.

11.2 Siebengebirge

Das Siebengebirge besteht vorwiegend aus Trachyttuffen, die von intrusiven **Alkalibasalten** und **Trachyten** durchsetzt werden (subvulkanische Quellkuppen). Einzelvorkommen dieser Gesteine befinden sich linksrheinisch im Süden von Bonn auch außerhalb des eigentlichen geographischen Siebengebirges. Der Vulkanismus war auf das jüngere **Oligozän** konzentriert, dau-

erte aber mit Basalt-Ausbrüchen noch bis zum mittleren **Miozän**.

Nutzung der Lagerstätten und geologischen Ressourcen

Trachyte des Siebengebirges wurden früher an mehreren Stellen als **Baumaterial** gewonnen, besonders für den Kölner Dom, wo sich das Gestein aber meist als wenig verwitterungsbeständig erwiesen hat. Seit 1900 ist das gesamte Siebengebirge **Naturschutzgebiet**. Alle Steinbrüche, die teilweise das Landschaftsbild zu zerstören drohten, sind aufgelassen. Durch den früheren Baustein-Abbau besonders betroffen ist der **Drachenfels**, von dem Trachyte mit großen, meist in Zwillingsform zusammengewachsenen Sanidin-Einsprenglingen stammen, die man in den gesteinskundlichen Sammlungen der ganzen Welt findet. Durch komplizierte und aufwändige Verankerungen konnte verhindert werden, dass die für den Tourismus wichtige Ruine Drachenfels vom zerbröckelnden Felsen abstürzen würde. Basalt wird noch in der Nähe von Königswinter abgebaut.

11.3 Vulkanische Eifel

In der Eifel sind die vulkanischen Gesteine des **Tertiärs** vor allem in der **Hocheifel** konzentriert. Es handelt sich um mehr als 300, oft sehr kleine Einzelstiele von Trachyt, Andesit und Alkalibasalt, wie z. B. den der Hohen Acht (mit 747 m der höchste Gipfel der Eifel) und den der Nürburg bei Adenau (Abb. 4.1-3). Bereits im **Eozän** wurde das wegen seines Fossilreichtums bekannte Eckfelder Maar (nahe Manderscheid) gebildet. Zwei südliche Vorposten der Vulkan-Eifel, die bei Neuerburg in der Wittlicher Senke (vgl. Kap. 6.1) gelegenen Basalt-Vorkommen, sind schon in der älteren **Kreide-Zeit** aufgedrungen. Die in ihrer Fläche weit ausgedehnteren vulkanischen Gesteine und Bildungen des **Quartärs** haben in der **Osteifel** ihre Hauptverbreitung in der Umgebung des Laacher Sees und im anschließenden Neuwieder Becken zwischen Koblenz und Andernach. Nördlichster Ausläufer ist der Schlacken-Vulkan des Rodderbergs im Süden von Bonn.

11

Bemerkenswert ist die **Vielfalt** der vulkanischen Gesteine im Gebiet des Laacher Sees. Einmal sind es **Basalt-Schlacken**, daneben kommen **Alkalibasalte** vor, zu denen z. B. die bekannte feinporöse Mühlstein-Lava von Niedermendig gehört. Nach ihrer mineralogischen Zusammensetzung müssen zu den alkalibasaltischen Gesteinen außerdem **Tuffe** gerechnet werden, die graugelb gefärbt und teilweise stark verfestigt sind. Zu den quartären Eifel-Tuffen gehören auch die bekannten **Bims**-Schichten von Kärlich im Neuwieder Becken, die vor etwa 700–500 tausend Jahren abgelagert wurden. Die jüngsten vulkanischen Gesteine des Laacher-See-Gebiets sind phonolithische **Bimstuffe**, die in mehreren Schüben vor ca. 11.200 Jahren ausgeworfen wurden (Abb. A-27). Als Ergebnis dieser Eruptionen brach der Kessel des **Laacher Sees** ein. Die **Aschen** sind im Gebiet um Niedermendig und im Neuwieder Becken in mehreren Metern Mächtigkeit flächenhaft verbreitet, wurden aber auch über weite Teile von Nord-, West- und Süddeutschland verdriftet. Hier sind in Einzelvorkommen dünne Bimslagen erhalten, die dann einen wichtigen Leithorizont für die darunter und darüber liegenden Schichten des Quartärs bilden. Tuffe des Laacher-See-Gebiets, die mit Wasserdampf und Wasser vermischt als Schlammströme im Brohl- und Nettetal abgelagert wurden, bezeichnet man als **Trass**.

Ein kleines, geschlossenes Verbreitungsgebiet von vulkanischen Gesteinen befindet sich weiterhin in der **Südeifel** bei Bad Bertrich, wo Gangfüllungen, Schlackenkegel und Tuffe mit sehr frischen Formen erhalten sind.

Einzelvorkommen von Tuffen und Basalten gibt es außerdem in der Nachbarschaft einiger **Maare**, von denen mehr als 50 in der **Westeifel** vorhanden sind. Diese runden, heute meist mit Wasser gefüllten Hohlformen entstanden während des jüngeren Quartärs in Tälern, in denen an Spalten aufdringende Schmelzen in Kontakt mit dem Grundwasser kamen. Gas-Explosionen waren die Folge. Das Ulmener Maar in der südlichen Vulkan-Eifel, das sich vor rund 9.500 Jahren gebildet hat, ist die bisher bekannte jüngste vulkanische Eruption in ganz Deutschland. Ob sie auch das Ende der Vulkantätigkeit der Eifel überhaupt – die über einen Zeitraum von insgesamt mindestens 40 Mio. Jahren immer wieder aufgelebt ist – darstellt, ist durchaus ungewiss. Möglicherweise kann die derzeit feststellbare geringe Heraus-

hebung der Vulkan-Eifel auf eine magmatisch-vulkanische Aufwölbung zurückgeführt werden. Sollte in absehbarer Zeit ein erneuter Ausbruch von Tuffen wie im Laacher-See-Gebiet erfolgen, würde das zweifelsohne katastrophale Folgen für die Bevölkerung in weiten Teilen Deutschlands haben.

Nutzung der Lagerstätten und geologischen Ressourcen

Die **Basalt-Tuffe** und **Basalt-Schlacken** werden in starkem Maße sowohl in der Umgebung des Laacher Sees als auch in der Westeifel zur Herstellung von **Schotter und Splitt** abgebaut. Die alkalibasaltische **Mühlstein-Lava** wurde früher, in weit größerem Maße als heute, nicht nur zur Herstellung von Mühlsteinen, sondern auch als **Bau- und Ornamentstein** in Stollen gebrochen. Die dadurch entstandenen unterirdischen Gewölbe dienten vor der Erfindung und Herstellung von Kühlmaschinen (um 1880) als Lagerraum für Bier. In Niedermendig gab es damals 28 Brauereien. Heute werden die dichten **Alkalibasalte** für die Herstellung von Schotter und Splitt, die porösen Alkalibasalte insbesondere bei Wassenach nördlich des Laacher Sees als Werkstein verwendet.

Bei Weibern und Ettringen werden die **Tuffe** als **Fundament- und Mauerstein** herausgesägt (so genannter Tuffstein), heute allerdings nur noch in geringer Menge. Bestimmte Lagen aus den **Bims-Aschen** werden in der Gegend von Andernach und Niedermendig abgegraben, um daraus Leichtbausteine herzustellen. Die Vorräte geeigneter Aschen in diesen Gebieten werden vermutlich in einigen Jahrzehnten erschöpft sein. Der **Trass** wurde schon in der Römerzeit als Mörtel und Rohstoff für Ziegel abgebaut; heute verwendet man ihn u. a. als Zusatz zu Zement, damit dieser widerstandsfähiger gegen angreifende Wässer wird.

11.4 Rhön und Grabfeld

Das Vulkanit-Gebiet der **Rhön** (Abb. 10.4-1) erstreckt sich von der westlichen oder Kuppigen

Rhön (Milseburg 835 m) über die Hohe oder Lange Rhön (Wasserkuppe 950 m, Heidelstein 926 m) ost- und nordwärts bis in die ebenfalls durch Basalt-Kuppen geprägte Landschaft der Vorderrhön (Pleß 644 m). Ausläufer findet man noch bis nördlich des Thüringer Waldes bei Hörschel und im Südwesten bis in das Abbaugebiet der Zechstein-zeitlichen Kalisalze südlich Fulda (vgl. Kap. 6.1). Es handelt sich um Abtragungsrelikte ehemaliger Vulkanbauten.

Am auffälligsten sind die Reste von **Lavadecken**, die in der Hohen Rhön große Flächen einnehmen und viele der Bergkuppen bilden. Auf den Hochflächen der Hohen Rhön entstanden infolge der reichlichen Niederschläge über den tonig verwitterten Basaltgesteinen das Rote und das Schwarze Moor. Gelegentlich kann man Übergänge von den Lavadecken in die ehemaligen Förderschlote erkennen. An den Gipfelhängen vieler Basalt-Berge gibt es ausgedehnte **Block- und Felsmeere**, die in der Quartär-Zeit unter periglazialen Bedingungen entstanden sind.

Hinter den verbreiteten Lavadecken der Hohen Rhön haben **Durchbruchsröhren** mit rundlichem Querschnitt zwar flächenmäßig einen geringeren Anteil, treten aber als kegelförmige Härtlinge in der Landschaft besonders in Erscheinung und verleihen ihr das charakteristische Bild der Kuppigen Rhön. Mit ihren gelegentlich gestreckten Formen wird angedeutet, dass die Röhren nach der Tiefe in **Gänge** übergehen. Solche sind im Untergrund weit verbreitet, wie man aus geomagnetischen Vermessungen weiß, denn die Basalte in der Tiefe werden durch kräftige positive magnetische Anomalien angezeigt. In den Kalirevieren an Fulda und Werra werden die Salze des Zechsteins von zahlreichen millimeter- bis meterstarken, bis zu mehrere Kilometer langen, fast senkrecht stehenden Nord–Süd streichenden Basalt-Gängen durchsetzt. Sie können sich in den besonders mobilen Kalisalzen verbreitern. Die Durchbruchsröhren werden als embryonale Vulkanbauten angesehen, deren zugehörige Gänge in der Tiefe, in den Salzen des Zechsteins, stecken geblieben sind.

Die vulkanischen Gesteine der östlichen Rhön sind vorwiegend **Basalte**. In der westlichen Rhön mit den bekannten Bergen Wasserkuppe und Milseburg herrschen dagegen **Phonolithe** (Abb. A-26) und andere **Alkalibasalte** vor. In den Durchbruchsröhren kommen rand-

lich um Basalt-Schlote oder diese völlig ausfüllend **Schlotbrekzien** unterschiedlichster Zusammensetzung vor. Es überwiegen Bruchstücke aus dem durchbrochenen Nebengestein (Buntsandstein, Muschelkalk), die durch explosive Gase nach oben transportiert wurden oder aber auch nach der Eruption von oben in den offenen Schlot gestürzt sind. Daneben finden sich auch vulkanische Produkte, wie Bomben, Lapilli und Aschen, gelegentlich auch Frühausscheidungen der Laven, wie die Minerale Augit und Hornblende.

Die Eruptionen fanden alle im frühen **Miozän** statt. Das ergibt sich aus der Ablagerung auf Sedimenten des Miozäns und dem Auftreten von Tuffen in diesen. Sie erlangten ihren Höhepunkt während des älteren **Pliozäns**.

Das mit und nach der vulkanischen Tätigkeit freigesetzte **Kohlendioxid** wurde großenteils in Zechstein-Salzen gebunden. So kam es beim Salzabbau im nördlichen Vorland der Rhön des Öfteren zu CO_2-Ausbrüchen, wobei sich in den Salzen tiefe Aushöhlungen, die so genannten **Racheln**, bildeten. Südwestlich Bad Salzungen hat sich Kohlendioxid aber auch unterhalb des Werra-Steinsalzes in den basalen Schichten des Zechsteins und dem darunter folgenden Rotliegenden in Kluftzonen angesammelt. Südöstlich der Rhön, in den Haßbergen und in der Umgebung von Heldburg, reichen die vulkanischen Gänge bis zur heutigen Erdoberfläche. Sie bilden in diesem Gebiet, das landschaftlich als Grabfeld bezeichnet wird, ein recht auffälliges System Nordnordost–Südsüdwest streichender, oft nur Dezimeter bis Meter starker Spaltenfüllungen, die über mehrere Kilometer zu verfolgen sind. Die nördlichsten Ausläufer dieser **Heldburger Gangschar** erstrecken sich bis nahe an den Thüringer Wald. Auch hier zeigen die Gänge schlotförmige Erweiterungen, wie an den Gleichbergen (679 m) östlich Römhild. Ein isoliertes Basalt-Vorkommen zwischen dem Vulkangebiet der Rhön und der Heldburger Gangschar ist der Dolmar (739 m) nordöstlich Meiningen. Kleiner Gleichberg und Dolmar waren Siedlungszentren der Kelten 500 Jahre vor der Zeitenwende.

Magmatische Herde werden auch im Untergrund des **Thüringer Beckens** vermutet. Darauf verweisen die beträchtlichen CO_2-Gehalte in den kleinen Erdgas-Lagerstätten im Süd- und Westteil (vgl. Kap. 8.3) sowie ein Kohlendioxid-Ausbruch

11

aus der Bohrung Sondra dicht nördlich vom Thüringer Wald gegen Ende des 19. Jahrhunderts.

⚒ Nutzung der Lagerstätten und geologischen Ressourcen

Neben den Kalisalzen im tieferen Untergrund (vgl. Kap. 8.1) war das in Verbindung mit dem Vulkanismus zugeführte **Kohlendioxid** ein sehr begehrter Rohstoff. Diese nahezu reinen CO_2-Gase sind entsprechend den Druck- und Temperatur-Bedingungen in überkritischem, flüssigem oder gasförmigem Zustand akkumuliert. Von 1971 bis Anfang der 90er Jahre des vorigen Jahrhunderts wurden bei Leimbach westlich Bad Salzungen und weiter südwärts in der Vorderrhön für die chemische Industrie und vor allem für die Getränkewirtschaft schätzungsweise mehr als 300 Mio. m^3 (V_n) Kohlendioxid abgebaut. Die Bohrung Sondra nördlich des Thüringer Waldes hat von 1887 bis 1902 ca. 6.000 t CO_2 geliefert.

Die **Vulkanite** der Rhön werden an mehreren Stellen in Hesssen, Bayern und Thüringen, die der Heldburger Gangschar bei Maroldsweisach in Franken abgebaut.

11.5 Vulkanische Gesteine südlich des Mains

Interessant ist der **Katzenbuckel** (626 m) an der Südostecke des Buntsandstein-Odenwalds (Abb. 3.6-1). Es handelt sich um eine während des **älteren Tertiärs** (im Paläozän) aufgedrungene Schlotfüllung aus Alkalibasalten und wenigen **Tuffen**, in denen Brocken von Gesteinen des Keupers, Lias und unteren Doggers vorkommen, davon einige mit Fossilresten. Offensichtlich sind diese Sedimentgesteine während der Förderung der vulkanischen Gesteine von den umgebenden Wänden in den Schlot hineingefallen. Daraus ergibt sich, dass diese Schichten während des frühen Tertiärs noch über dem Mittleren und Oberen Buntsandstein, der heute die Oberfläche bildet, vorhanden gewesen sein müssen. Die Abtragung seit dem Beginn des Tertiärs hat demnach ein Gesteinspaket von 600–700 m Mächtigkeit entfernt.

Der **Kaiserstuhl** im Oberrhein-Graben (Abb. 3.1-1) besteht aus Laven und Tuffen von Alkalibasalten, die hauptsächlich während des mittleren **Miozäns** gefördert wurden. Sie enthalten im zentralen Teil des Bergrückens **Karbonatite** in Form von unregelmäßigen Körpern, Gängen und Brekzien. Karbonatite sind sehr selten auftretende, marmorartige Kalkgesteine, die sich aus karbonatischem Magma bilden. Besonders im Nordosten des Kaiserstuhls ist darüber hinaus die ungleichmäßige Bedeckung mit **Löss** und **Lösslehm** aus dem Pleistozän bemerkenswert. An einigen Talhängen erreicht sie Mächtigkeiten von mehr als 40 m. In der östlichen und südöstlichen Umgebung des Kaiserstuhls gibt es einzelne kleine Vorkommen von alkalibasaltischen **Schlot- und Tuffröhren** (bei Emmendingen, Buggingen und Kandern).

Der **Hegau** am westlichen Ende des Molasse-Beckens im Voralpenland wird aus Körpern von Basalten und Alkalibasalten (besonders Phonolithen) gebildet, die nordwestlich Singen durch Lagen von oft lockeren Tuffen verbunden werden. Sie entstanden während des jüngeren **Miozäns** und älteren **Pliozäns**. Die malerische Form der Einzelberge (Hohenhöwen 846 m) ist durch Abtragung und Erosion der ehemaligen Förderschlote entstanden; es handelt sich hier nicht um ehemalige Vulkankegel (Abb. 11.5-1 und A-28).

Die mehr als 300 **Tuffröhren** des **Miozäns** im Gebiet von Bad Urach am Rand der **Schwäbischen Alb**, zu denen auch einige Maare gehören, wurden bereits in Kap. 8.2 genannt.

Nutzung der Lagerstätten und geologischen Ressourcen ⚒

Von diesen Tertiär-zeitlichen Vulkaniten werden **Phonolithe** des **Kaiserstuhls** bei Bötzingen nur noch in geringen Mengen für den Verkehrswegebau gewonnen. Bedeutung haben sie für die Herstellung hochwertiger Produkte für die Umwelttechnik, Medizin und Tierernährung, die Land- und Forstwirtschaft sowie die Glas- und Baustoff-Industrie.

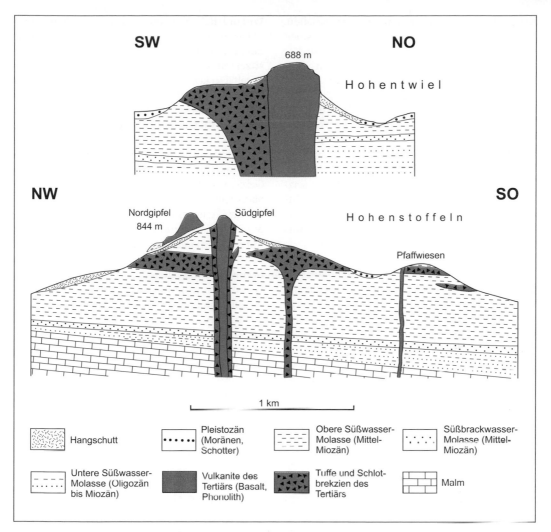

Abb. 11.5-1 Geologische Schnitte durch Hohentwiel und Hohenstoffeln im Hegau. Nach SCHREINER (1991). Ein Beispiel für Schlotfüllungen, die durch Verwitterung herauspräpariert worden sind.

11.6 Vulkanische Gesteine der Oberpfalz, des Vogtlands und Erzgebirges sowie der Lausitz

Im Südosten Deutschlands kommen junge vulkanische Bildungen von der Oberpfalz über das Fichtelgebirge und Vogtland bis in die südliche Lausitz vor. Es sind die Ausläufer der zum Eger-Graben gehörenden Vulkanite des Duppauer Gebirges/Doupovské hory in Nordböhmen bzw. die Fortsetzung der vulkanischen Gesteine des Böhmischen Mittelgebirges/České středohoří nach Osten. Auch hier handelt es sich um basaltische und phonolithische Gesteine, die zumeist **Schlotfüllungen** oder **Quellkuppen** bilden. Seltener sind Gänge. Deckenergüsse mit zwischengeschalteten Tuffen kennt man aus der Lausitz.

In der **Oberpfalz** und im östlichen Fichtelgebirge gibt es zwischen den Orten Selb im Norden und Weiden im Süden (Abb. 3.2-1) mehr als 20

11

meist kleinere Einzelvorkommen von Basalten. Die größte geschlossene Verbreitung erreichen sie zwischen Marktredwitz und Mitterteich im Bereich Tertiär-zeitlicher Senkungsgebiete in westlicher Fortsetzung des Eger-Grabens (vgl. Kap. 3.4). Häufig sind nur noch die Schlotfüllungen erhalten, wie am Rauhen Kulm und bei Kulmain-Zinst nordöstlich Kemnath. Einige der Vorkommen befinden sich westlich der Fränkischen Linie (vgl. Kap. 4.4), also außerhalb bzw. vor dem Fichtelgebirge (z. B. Parkstein nordwestlich Weiden). Das Gebiet junger Vulkanite der Oberpfalz setzt sich nordostwärts über das nordwestlichste Böhmen (Umgebung von Asch/Aš) mit einzelnen Vorkommen im Elstergebirge des oberen **Vogtlands** (Gebiet Markneukirchen–Klingenthal) fort.

Im **Erzgebirge** liegen oft Erosionsreste von Basalt-Strömen vor, die auf der während des frühen Tertiärs entstandenen Fastebene in flache und weite Flusstäler ausgeflossen waren. Als Tafelberge herauspräpariert, heben sie sich von den Geländeformen aus kristallinen Gesteinen ab (vgl. Kap. 3.4), wie Pöhlberg (832 m), Scheibenberg (807 m) und Bärenstein (898 m) südlich Annaberg (Abb. 3.4-1). Daneben kommen Schlot- und Gangfüllungen vor. Der in schönen vertikalen Säulen („Orgelpfeifen") abgesonderte Basalt des **Scheibenbergs** hat im ausgehenden 18. Jahrhundert beim Streit der Neptunisten und Plutonisten eine Rolle gespielt. Die Zersetzungserscheinungen an der Basis infolge stauender Wässer über tertiären Sedimenten und der scheinbare Übergang zwischen beiden waren ein gewichtiges Argument A. G. WERNERs für die Entstehung vulkanischer Gesteine aus wässrigem Medium.

Auch innerhalb und in der Umgebung der **Elbezone** treten Basalt-Vorkommen morphologisch in Erscheinung, so der Geising-Berg (823 m) im östlichen Erzgebirge, der Große Winterberg (556 m) im Elbsandstein-Gebirge und der Burgberg von Stolpen am Westrand des Lausitzer Berglands.

Landschaftlich noch auffälliger sind die Basalt- und Phonolith-Kuppen im **Zittauer Gebirge** (Lausche 793 m, Hochwald 749 m) und in dessen Vorland. Bei Löbau erhebt sich der Löbauer Berg (448 m) und bei Görlitz die Landeskrone (420 m) über die einheitliche Granit-Landschaft des **Lausitzer Berglands** (vgl. Kap. 4.6). Ausgedehnte Basalt-Decken und Tuffe sind in der südöstlichen Oberlausitz westlich und nördlich Zittau verbreitet. Die Vorkommen setzen nordwärts als isolierte Deckenreste, teilweise um die ehemaligen Schlote, bis in die Umgebung von Niesky fort. Wegen der Häufung vulkanischer Gesteine westlich Zittau wird mit einem Eruptionszentrum in diesem Gebiet gerechnet. In den festen Kreide-zeitlichen Sandsteinen des Zittauer Gebirges sind die vulkanischen Ganggesteine oft zu „Felsengassen" ausgewittert. Bei Baruth in der Oberlausitz wurde ein mit jungtertiären See-Sedimenten gefülltes und von diesen verhülltes Maar mittels Bohrungen nachgewiesen. Weitere tertiäre Maare sind kürzlich durch geophysikalische Messungen in der Gegend von Bautzen entdeckt worden.

Für den jungen Vulkanismus von der Oberpfalz bis in die Lausitz ist, in Analogie zu den Verhältnissen in Nordböhmen, ein ganz überwiegend **jung-oligozänes Alter** anzunehmen. Damit sind einzelne jüngere Eruptionen, insbesondere im Vogtland, nicht völlig ausgeschlossen. Die CO_2-reichen **Mineralquellen** von Bad Elster im Vogtland stellen Nachwirkungen des jungpleistozänen Vulkanismus im südlich angrenzenden Egerland dar.

Nutzung der Lagerstätten und geologischen Ressourcen

Der Abbau von **Basalt** erfolgt an mehreren Orten in der Oberpfalz, der von **Phonolith** im westlichen Erzgebirge bei Hammerunterwiesenthal. **Alkalibasalte** werden in der Oberlausitz nur noch bei Baruth nordöstlich Bautzen und Mittelherwigsdorf nordwestlich Zittau gewonnen. Bisher nicht genutzt werden die aus Tuffen hervorgegangenen **Bentonite** in der südöstlichen Oberlausitz.

12 Norddeutsches Tiefland

Das den Mittelgebirgen vorgelagerte Norddeutsche Tiefland beginnt etwa an der Linie Rheine–Hannover–Braunschweig–Magdeburg–Köthen–Leipzig–Riesa–Görlitz (Abb. 12-1). Es ist im Allgemeinen durch **geringe Reliefunterschiede** gekennzeichnet. Das gilt besonders für den westlichen Teil, das **Flachland**, in dem Gebiete an der Nordseeküste örtlich fast drei Meter unter dem Meeresspiegel liegen (Umgebung von Emden in Ostfriesland; Senken im Küstenbereich südlich der Elbe zwischen Cuxhaven und Hamburg).

Ostwärts, ab der Lüneburger Heide, schließt eine abwechslungsreiche Landschaft mit welligen Höhenzügen, Talungen, weiten Ebenen und Seen an. Sie wird in Nordwest–Südost-Richtung von zwei Landrücken gequert, in denen häufig Höhen über 150 m NN erreicht werden: Der **Nördliche Landrücken** wird von Moränen-Zügen des Weichsel-Glazials gebildet. Er erstreckt sich nordöstlich der unteren Elbe von Ost-Holstein (Bungsberg 167 m) durch Nordwest- und Ost-Mecklenburg (Hohe Burg bei Bützow 144 m, Helpter Berge 179 m) sowie Nordost-Brandenburg. Der **Südliche Landrücken** baut sich aus Moränen des jüngeren Saale-Glazials auf; er verläuft nordöstlich der Aller und mittleren Elbe von der Lüneburger Heide (Wilseder Berg 169 m) durch die Altmark (Hellberge 160 m) und Süd-Brandenburg (Hagelberg im Hohen Fläming 201 m, Golmberg im Niederen Fläming 178 m, Kesselberg im Niederlausitzer Grenzwall 161 m; Abb. 12.2-1). Zwischen den Landrücken erreichen die Ruhner Berge in der Prignitz 178 m, der Semmelberg im Barnim 158 m, der Hutberg bei Eisenhüttenstadt 162 m, weiter südlich der Hohe Gieck in der Dübener Heide 191 m, im Norden auf Rügen der Piekberg in der Stubbenkammer 161 m. Dort findet man mit dem Königstuhl (122 m) an der Steilküste von Jasmund auch den größten Höhenunterschied auf kürzeste Entfernung im Norddeutschen Tiefland.

Verantwortlich für das nur sanft gegliederte Relief im Norddeutschen Tiefland ist eine Decke von **quartären Lockersedimenten**, die stellenweise bis 500 m, an anderen nur wenige Meter mächtig ist. Mit Annäherung an die Mittelgebirge nimmt die Dicke der Quartär-Schichten meist ab.

12.1 Untergrund des Norddeutschen Tieflands

Welche Schichten im Norddeutschen Tiefland sich unter der Quartär-Decke befinden, war bis etwa 1930 vor allem durch die **Aufbrüche** von Salzstrukturen und die an ihnen aufgewolbten und empor geschleppten Gesteine aus dem Mesozoikum und Paläozoikum bekannt (Abb. 12.2-1). Es sind dies folgende Vorkommen: Segeberg („Kalkberg" aus Zechstein-Anhydrit und -Gips), Lieth bei Elmshorn (Tonsteine des Rotliegenden und kalkig-tonige Sedimente des Zechsteins) und Lägerdorf (Schreibkreide [= mergelige Kalksteine] der Oberkreide) in Schleswig-Holstein; Stade (Tonsteine des Rotliegenden), Hemmoor nordwestlich Stade (Schreibkreide) und Lüneburg („Kalkberg" aus Zechstein-Gips und -Anhydrit, dazu Schichten des Muschelkalks, Keupers und der Kreide) in Niedersachsen; Lübtheen („Gipshut" des Zechsteins) in Mecklenburg; Altmersleben (Muschelkalk) in der Altmark; Rüdersdorf (Muschelkalk und Röt) und Sperenberg (Gips und Anhydrit des Zechsteins) in Brandenburg.

Die über einem Salzkissen aufgewölbten Kalkberge von **Rüdersdorf,** 25 km östlich vom Zentrum Berlins gelegen, haben auch wissenschaftshistorisch Bedeutung: Hier begründete der schwedische Geologe O. TORELL im Jahr 1875 anhand der Gletscherschrammen auf dem Muschel-

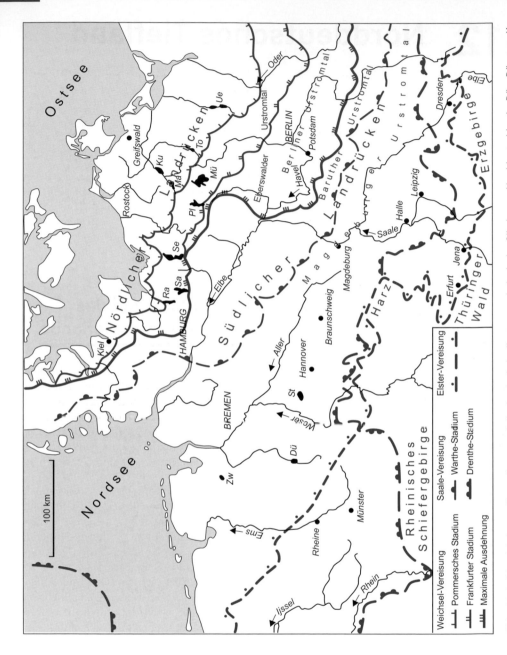

Abb. 12-1 Die wichtigsten Eisrandlagen und die durch sie bedingte morphologische Gliederung Norddeutschlands. Dü – Dümmer, Ku – Kummerower See, Ma – Malchiner See, Mü – Müritz, Pl – Plauer See, Ra – Ratzeburger See, Sa – Schaalsee, Se – Schweriner See, St – Steinhuder Meer, To – Tollensesee, Ue – Uecker-Seen, Zw – Zwischenahner Meer.

12

kalk die Vorstellung der von Skandinavien ausgehenden Inland-Vereisung für das Norddeutsche Tiefland.

Auch die in markanten roten Felsen der Insel **Helgoland** zutage tretenden Schichten des Buntsandsteins (Umschlag-Abbildung) sind durch ein Salzkissen hochgedrückt worden. Bis etwa zum Jahr 1700 bestand die Insel noch zusätzlich aus einem großen Komplex von Kalksteinen und Gipsen des Muschelkalks ("Wittekliff"), die Jahrhunderte lang als Baumaterial vor allem für Hamburg gebrochen wurden. Der durch diesen Steinbruchbetrieb aufgelockerte Muschelkalk-Teil wurde von Sturmfluten in den Jahren 1711 und 1721 völlig abgetragen; Reste sind bei niedrigem Wasserstand vor der heutigen Düne zu sehen. Gesteine des Mesozoikums befinden sich ebenfalls im flacheren Wasser vor der Insel; sie alle bilden das Dach des darunter liegenden Salzkissens, das man 1938 mit einer Bohrung in einigen Hundert Metern Tiefe angetroffen hat.

Außer diesen Aufbrüchen von Gesteinen des älteren Untergrunds gibt es an mehreren Stellen in Schleswig-Holstein (z. B. Sylt, Heiligenhafen) sowie besonders in Niedersachsen und Mecklenburg-Vorpommern **Schollen** von vorquartären Gesteinen, die durch das Inlandeis in der Nähe von Aufragungen des Untergrunds abgeschürft und in die quartären Deckschichten eingeschuppt worden sind. Dabei handelt es sich vorwiegend um Ablagerungen aus der Tertiär-Zeit: Häufig sind es marine Tone aus dem Alttertiär (Septarien- bzw. Rupel-Ton), ferner fossilreiche Sande aus dem Paläozän und Oligozän ("Sternberger Kuchen") sowie miozäne Sande und Braunkohlen. Die Kreide-zeitlichen Ablagerungen, die im Nordosten von Mecklenburg-Vorpommern aufragen, zeigen sich an den Steilufern bzw. Kreide-Felsen von **Jasmund** (Abb. A-29) und **Arkona** im Nordosten Rügens durch Eisdruck in große Schuppen zerlegt. Schichten der Jura-Zeit, die ebenfalls als Schollen innerhalb der Quartär-zeitlichen Ablagerungen auftreten, sind durch die schwarzen, fossilreichen Lias-Tone von **Dobbertin** und **Grimmen** vertreten.

Wesentlich detailliertere Kenntnisse über den vorquartären Untergrund von Norddeutschland hat man vor allem in der Zeit nach dem Zweiten Weltkrieg durch zahlreiche **Tiefbohrungen** auf Erdöl, Erdölgas und Erdgas sowie die Ergebnisse von geophysikalischen Untersuchungen, die zu ihrer Vorbereitung durchgeführt worden sind, gewonnen.

Danach bilden die von der Insel Bornholm und aus Südschweden bekannten metamorphen und magmatischen mesoproterozoischen Gesteine des Fennoskandischen Schilds (Alter 1,46 Mrd. Jahre) in einer Tiefe von mehreren Kilometern das Fundament am Nordostrand des Norddeutschen Tieflands. Sie sind in der Bohrung G14-1 in der **Ostsee** nordöstlich der Insel Rügen angetroffen worden. Es gilt als sicher, dass sie sich nach Süden fortsetzen. Wie auf Bornholm liegen über diesem **Kristallin** tektonisch kaum gestörte Sedimente des **Altpaläozoikums** (Kambrium, Ordovizium, Silur), die überwiegend in einem Flachmeer in größerer Entfernung von der Küste abgelagert wurden und hier ca. 750 m mächtig sind.

Bereits wenig südlich, im Norden der Insel **Rügen** und der ostwärts angrenzenden Ostsee, erreichen altpaläozoische Schichten eine wesentlich größere Mächtigkeit. Auf Nord-Rügen (Bohrung Rügen 5) wurde ein über 3.000 m mächtiger Stapel tektonisch verschuppter, teilweise auch gefalteter und geschieferter Sandsteine, Tonsteine und Grauwacken des **Ordoviziums** sowie Schiefer des **jüngeren Proterozoikums** erbohrt. Die Verbreitung dieser schwach deformierten Gesteine reicht noch weiter nach Süden; im Küstengebiet Vorpommerns östlich Greifswald liegen sie aber schon in fast 7 km Tiefe. Hier hat die Bohrung Loissin 1 unter dem Unterkarbon direkt Sandsteine und Schiefer des jüngeren Proterozoikums angetroffen. Ähnliche Sedimentgesteine kennt man aus tiefen Bohrungen im nördlichen **Schleswig** (Bohrungen Westerland Z1 auf Sylt und Flensburg Z1).

Das Ordovizium Rügens umfasst Ablagerungen, die ursprünglich weitab, vor dem im Süden gelegenen Superkontinent Gondwana am Rand eines ozeanischen Beckens sedimentiert worden sind. Wahrscheinlich zusammen mit dem von Gondwana abgerissenen Krustenfragment (Terran) Avalonia wurden sie bei plattentektonischen Bewegungen nordwärts verfrachtet und dann, während des jüngeren Ordoviziums und Silurs, infolge Kollision Avalonias mit dem Kontinent Baltica auf dessen Südrand – den heutigen Fennoskandischen Schild – aufgeschoben (Abb. 12.1-1). Der als **Rügen-Kaledoniden** bezeichnete Schuppenstapel gehört zur äußeren Zone eines im Untergrund des Norddeutschen Tieflands wahr-

12

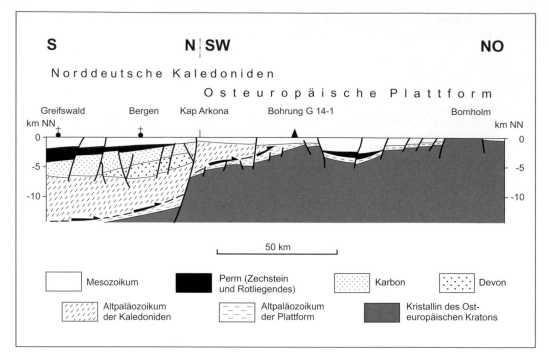

Abb. 12.1-1 Geologischer Schnitt durch den tieferen Untergrund am Nordostrand des Norddeutschen Tieflands vom deutschen Festland bis zur Insel Bornholm (2,5fach überhöht). Über dem Devon und Karbon hat sich ab dem jüngeren Perm die Norddeutsche Senke herausgebildet.

scheinlich weit verbreiteten kaledonischen Faltungsgebiets – den **Mitteleuropäischen Kaledoniden** (vgl. Kap. 1).

Gebietsweise liegen auf den Rügen-Kaledoniden Sedimente des **Devons**. Auf Mittel-Rügen und Usedom sowie in der angrenzenden Ostsee sind es zuunterst überwiegend festländische Sandsteine und Tonsteine des Mitteldevons. Sie entsprechen dem Old Red der Nordwesteuropäischen Kaledoniden. Darüber folgen marine Mergelsteine, Dolomite, Kalksteine sowie Tonsteine und Sandsteine des Oberdevons. Das Devon wird insgesamt annähernd 3.000 m mächtig.

Das **Unterkarbon** (Dinant) ist weiter verbreitet als das Devon. Im Küstengebiet **Vorpommerns** und auf den vorgelagerten Inseln wurden in Bohrungen bis zu 2.000 m mächtige Mergelsteine und Kalksteine mit Tonsteinen angetroffen. Es sind Äquivalente des Kohlenkalks am Ostrand des Brabanter Massivs in Belgien und im Aachener Gebiet (vgl. Kap. 4.1). Eine Sonderfazies in Form von vorherrschenden Tonmergel- und Tonsteinen wurde auf Hiddensee erbohrt.

Das **Oberkarbon** (Siles) hat im Untergrund des Norddeutschen Tieflands eine weite Verbreitung. Im Westen, im **Emsland** nördlich des Münsterschen Kreide-Beckens (vgl. Kap. 8.5.2), entspricht es weitgehend der von dort und aus dem Ruhrkarbon (vgl. Kap. 5.1) bekannten flözführenden Abfolge. Oberkarbon in ähnlicher, aber wesentlich flözärmerer bis fast flözfreier Ausbildung haben Bohrungen am **Unterlauf der Elbe** (Boizenburg 1) und in **Südwest-Mecklenburg** (Parchim 1) angetroffen. Im Küstengebiet **Vorpommerns** sowie auf den Inseln Rügen, Hiddensee und Usedom liegt es mit einer Schichtlücke auf dem Unterkarbon bzw. jüngerem Proterozoikum. Die im Wesentlichen festländische Abfolge umfasst Tonsteine und Sandsteine mit Konglomeraten und wenigen extrem geringmächtigen Steinkohlenflözen im tiefsten Teil.

Ganz anders sind die Verhältnisse im Südostteil des Norddeutschen Tieflands von der **Altmark** bis **Ost-Brandenburg**. Dort setzt sich die Mitteldeutsche Kristallinzone (vgl. Kap. 3.8) bis in den Untergrund der Niederlausitz fort. Nordwärts

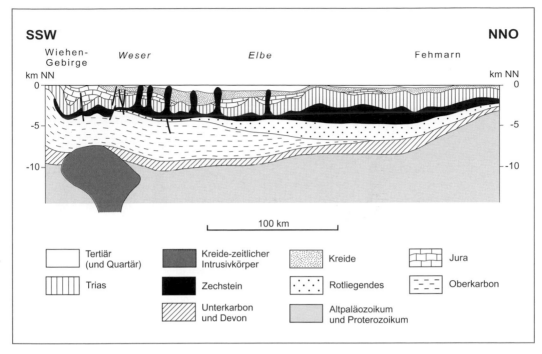

Abb. 12.1-2 Schematischer geologischer Süd–Nord-Schnitt durch den Untergrund des Norddeutschen Tieflands (überhöht). In Anlehnung an PLEIN (1985), NODOP (1971) und STADLER & TEICHMÜLLER (1971).

schließen zunächst Gesteine an, die den aus dem Harz bekannten sowie denen der Flechtingen-Roßlauer Scholle (vgl. Kap. 4.2 und 4.3) gleichen (Tonschiefer, Quarzite, Olisthostrome, Diabase). Dann folgen auf großer Fläche bis weit nördlich Berlin gefaltete und teilweise verschuppte Grauwacken und Tonschiefer bzw. Tonsteine aus dem Grenzbereich vom Unter- zum Oberkarbon, die den Flechtingen-Magedeburger Grauwacken (vgl. Kap. 4.3) entsprechen.

Ab der **Wende Karbon/Perm** liegen im Untergrund des Norddeutschen Tieflands recht **einheitliche Ausbildungen** vor, die weitestgehend mit denen im südlich anschließenden Teil Deutschlands übereinstimmen (vgl. Kap. 6 bis 8 und 10). Das untere **Rotliegende** (Autun) ist durch vulkanische Gesteine (Laven, Ignimbrite, untergeordnet Tuffe) mit nur wenigen Sedimentgesteinen vertreten. Sie bilden Vulkanitkomplexe bis 2.000 m Mächtigkeit und mehr, wobei gebietsweise saure bis intermediäre (Ost-Niedersachsen–Altmark, Vorpommern, West-Brandenburg) oder basische (Ost-Brandenburg) Vulkanite vorherrschen.

Nach den vulkanischen Aktivitäten bildete sich – mit größerem zeitlichen Abstand – ein großes, relativ einheitliches und über einen langen Zeitraum bis in die Tertiär-Zeit beständiges Sedimentationsbecken heraus, dessen Zentrum mit besonders starker Absenkung beiderseits der unteren Elbe und in der Deutschen Bucht lag. In dieser **Norddeutschen Senke** (Abb. 12.1-2) – als Teil der Mitteleuropäischen Senke (vgl. Kap. 1) – wurde zuerst das jüngere Oberrotliegende (Saxon II) abgelagert. Es umfasst eine bis mehr als 2.000 m mächtige Serie von feinklastischen Rotsedimenten, in welche im Zentrum (Unterelbe-Trog) dicke Steinsalz-Pakete eingeschaltet sind. Zum Südrand des Beckens und nach Osten verzahnt sie sich – bei Abnahme der Mächtigkeit – mit Sandsteinen, die ursprünglich von Flüssen abgelagert oder als Dünen angeweht worden sind.

Der **Zechstein** dürfte in seiner ursprünglichen Ausbildung im Zentrum annähernd gleiche Mächtigkeiten wie das Saxon II erreicht haben. Das war bedingt durch weitere starke Absenkung und eine beträchtliche Zunahme des Anteils von

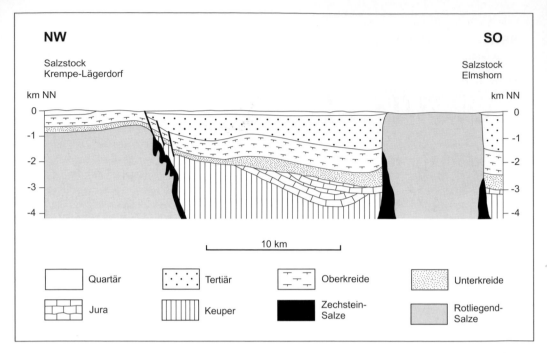

Abb. 12.1-3 Schematischer geologischer Schnitt durch einen Jura-Trog (5fach überhöht). Nach GRUBE (1961).

Steinsalz gegenüber den südlich gelegenen Gebieten (vgl. Kap. 7 und 8).

Die Salze des Saxon II und Zechsteins, z. T. auch des Mesozoikums, lieferten das Material für die später aufgestiegenen mehr als 200 **Salzstrukturen** (Salzkissen, Salzmauern und -dome, Diapire). Vor allem im Bereich der unteren Elbe wurden Salze bis zu einer Gesamtmächtigkeit von schätzungsweise mehr als 2.000 m abgelagert. Als Folge sind im Bereich von West-Holstein–Hamburg–Nord-Niedersachsen die Salzstrukturen im Untergrund besonders ausgedehnt und häufig. Bewegungen an NNO-SSW streichenden Störungen im Untergrund haben hier den Aufstieg der Salze in den über 50 km langen Salzmauern bewirkt. West- und ostwärts nimmt ihre Zahl und Größe ab (vgl. Abb. 2-2).

Im Untergrund von Ost-Holstein und im nordwestlichen Schleswig, hier als Ausläufer einer von Dänemark herüberreichenden Schwelle (Ringköbing-Fünen-Hoch), gibt es keine größeren Salzstrukturen. Es handelt sich um Gebiete, die während des Perms teilweise als Erhebungen herausragten, so dass sich auf ihnen kein oder nur wenig Salz ablagern konnte.

Im Bereich der unteren Elbe bildeten sich auch in der **Trias**-Zeit Gipse und Salze, und zwar während der Sedimentation von Oberem Buntsandstein, Mittlerem Muschelkalk und Mittlerem Keuper. In dem NNO-SSW ausgerichteten Glückstadt-Graben erreichte die Absenkung – auch begünstigt durch die Abwanderung der Salze des Zechsteins und Rotliegenden in die Salzstrukturen – etwa 6 km (Abb. 12.1-3).

Zur **Jura**-Zeit waren die Wanderungs- und Auftriebsbewegungen der Salze bereits derart stark geworden, dass der norddeutsche Ablagerungsraum in mehrere, etwa Südwest–Nordost verlaufende Teiltröge untergliedert wurde. Die wichtigsten dieser Tröge liegen etwa bei Bramstedt–Kiel (Ostholstein-Trog), im Gebiet Deutsche Bucht–Heide (Jade-Westholstein-Trog), im Unterelbe-Gebiet (Hamburger Trog) und im östlichen Niedersachsen (Gifhorner Trog). Andere Tröge, besonders im westlichen und nördlichen Niedersachsen, sind nicht so deutlich ausgeprägt. Innerhalb der Tröge haben die Sedimente der Jura-Zeit z. T. Mächtigkeiten von mehr als 1.000 m; auf den dazwischenliegenden Salzkissen sind sie meist nicht vorhanden, weil sie dort nur unvollständig abgelagert oder bei dem weiteren Aufstieg der Salze wieder abgetragen worden sind (Abb. 12.1-3). Auch über der mächtigen Trias des Glückstadt-Grabens fehlen sie.

Die mehr tonig-sandigen Schichten der **Unterkreide** sind zusammen mit den vorwiegend kalkigen, weit verbreiteten Sedimenten der **Oberkreide** rund 2.000 m mächtig. Darüber folgen Tone und Sande des **Tertiärs**, die in den Randsenken von Salzstrukturen bis 5.000 m Dicke erreichen.

Die Bewegungen der Salzstrukturen waren auch während der Kreide- und Tertiär-Zeit recht intensiv; einige Salzstöcke steigen bis in die Gegenwart weiter auf. Mit Erreichen der Grundwasserzonen werden die eigentlichen Salze an der Oberseite der Strukturen abgelaugt; es bleibt ein Rückstand von schwer löslichen Mineralen und nicht löslichen Gesteinen (vor allem Anhydrit und Gips) übrig. Dieser „Gipshut" kann bis über die Oberfläche herausgedrückt werden (z. B. Segeberg, Lüneburg, Lübtheen, Sperenberg; Aufwölbung von pleistozänen und jüngsten Talsedimenten am Salzstock Meseberg). Meistens herrschen aber Senkungen vor, und es können sich sogar Auslaugungs-Seen bilden (z. B. Zwischenahner Meer im nördlichen Niedersachsen oder Arendsee in der nördlichen Altmark).

Nutzung der Lagerstätten und geologischen Ressourcen

Die Gesteine im Untergrund Norddeutschlands haben wegen ihrer Erdöl-, Erdölgas- und Erdgas-Lagerstätten für Deutschland große Bedeutung – trotz eines Anteils der deutschen an der Weltförderung von lediglich 0,1% (Erdöl) bzw. 0,9% (Erdgas). Sie sind auf den stratigraphischen Bereich vom Oberkarbon bis zur Oberkreide verteilt. Mehrere Vorkommen stehen in engem Zusammenhang mit Salzstrukturen, an deren Flanken oder Scheitel es zur Lagerstättenbildung gekommen ist.

Die Förderung von **Erdöl und Erdölgas**, die überwiegend aus Sandsteinen und Kalksteinen der Jura- und Kreide-Zeit, untergeordnet auch aus Sandsteinen der jüngeren Trias (Mittlerer Keuper und Rät) und Karbonatgesteinen des Zechsteins (Hauptdolomit des Zechsteins) erfolgt, hatte in den Jahren 1858/59 begonnen, als man in Wietze

nahe Celle in der Nähe von lange bekannten natürlichen Austritten von Erdöl an der Oberfläche (Teerkuhlen) eine der ersten Bohrungen überhaupt und die erste in Europa im Zusammenhang mit Erdöl niederbrachte. In einer Tiefe von 35,6 m musste sie wegen eines Findlingsblocks eingestellt werden. Das im Bohrloch austretende Schweröl löste eine lebhafte Bohr- und Spekulationstätigkeit aus. Bis 1963 wurde im Feld Wietze neben einer intensiven Förderung von Erdöl aus Bohrungen außerdem eines der wenigen Bergwerke (Sohlen bis in 330 m Tiefe!) der Welt betrieben, in dem Erdöl durch Auswaschen aus ölhaltigem Sand gewonnen wurde. Die wahrscheinlich einzige in Deutschland erhaltene aktive Teerkuhle befindet sich bei Uetze-Hänigsen nahe Burgdorf im Nordosten von Hannover, wo eine der vielen, schon von G. Agricola vor etwa 450 Jahren erwähnten Teerkuhlen wieder freigelegt wurde und in einem kleinen Museum besichtigt werden kann.

Zu dem Ölfund von Wietze sind durch umfangreiche Sucharbeiten zahlreiche Lagerstätten auf dem Festland hinzugekommen. Auch Bohrungen vor den Küsten waren erfolgreich. So wurde bis vor kurzem in der Ostsee aus dem Feld Schwedeneck in der Eckernförder Bucht teilweise von Bohrinseln aus Erdöl gefördert; im Jahr 2001 wurde mit dem Rückbau der Anlagen auf See begonnen, um den ursprünglichen Zustand im Fördergebiet wieder herzustellen. Die mit 35 Mio. t gewinnbaren Vorräten in Dogger-Sandsteinen größte deutsche Erdöl-Lagerstätte Mittelplate zwischen Büsum und Cuxhaven im Schleswig-Holsteinischen Wattenmeer ist seit 1987 in Produktion; zur Vermeidung von Umweltschäden wird seit dem Jahr 2000 mit Schrägbohrungen auch vom Festland bei Dieksand das Erdöl gefördert. Seit langem stammen über 90% der Förderung von Erdöl und Erdölgas Deutschlands aus dem Untergrund Norddeutschlands, womit allerdings nur ein kleiner Teil des deutschen Eigenverbrauchs abgedeckt werden kann.

Die Schwerpunkte lagen und liegen im **Westteil der Norddeutschen Senke** (Bentheimer Sandstein der Unterkreide im Niedersächsischen Becken; Sandsteine des Rät, Lias und Doggers im Gifhorner Trog; Sandsteine des Doggers und der Oberkreide im Hamburger Trog; Sandsteine des Doggers im Ostholstein-Trog und Jade-Westholstein-Trog), wo im Jahr 2004 3,7 Mio. t Erdöl und

12

etwa 130 Mio. m³ (V_n) Erdölgas gefördert wurden. Das Feld Mittelplate im Wattenmeer war mit einem Anteil von 57% an der deutschen Erdöl-Produktion das förderstärkste Feld im Jahr 2004. Es folgen die Felder Rühle, Bramberge, Georgsdorf und Emlichheim im Ems-Gebiet mit einem Anteil von insgesamt 22%. Die Bedeutung des westlichen Norddeutschen Tieflands wird durch die Gesamtförderung von Anbeginn (kumulativ) deutlich: 246 Mill. t Erdöl und 12,7 Mrd. m³ (V_n) Erdölgas. Als sichere und wahrscheinliche Vorräte werden hier knapp 50 Mio. t Erdöl ausgewiesen, wobei fast 95% auf Sandsteine des Doggers und der Unterkreide entfallen.

Unbedeutend war und ist die Förderung aus den in der zweiten Hälfte des vorigen Jahrhunderts erschlossenen Vorkommen im **Ostteil der Norddeutschen Senke** – in Vorpommern und im südöstlichen Brandenburg – mit ca. 30.000 t Erdöl und ca. 9 Mio. m³ (V_n) Erdölgas im Jahr 2004 und einer kumulativen Produktion von 3 Mio. t Erdöl und 1,3 Mrd. m³ (V_n) Erdölgas. Die durchweg kleinen Lagerstätten im Hauptdolomit des Zechsteins sind fast alle abgeworfen. Die Erdöl-Vorräte betragen hier lediglich 0,3 Mio. t.

Seit mehreren Jahrzehnten wird in Niedersachsen und im nordwestlichen Sachsen-Anhalt **Erdgas** gefördert, das aus den im tieferen Untergrund weit verbreiteten oberkarbonischen Steinkohlen führenden Schichten (vgl. Kap. 5.1) bei deren Inkohlung infolge Versenkung und der damit verbundenen Temperaturerhöhung gebildet worden ist. Dieses „trockene", vorherrschend (> 90%) aus Methan bestehende Gas hat sich in zahlreichen Feldern in Sandsteinen des jüngsten Karbons, Saxon und auch des Buntsandsteins sowie in Karbonatgesteinen des Zechsteins angereichert. Die weitaus meisten Lagerstätten liegen am Südrand des Norddeutschen Tieflands in einem breiten Gürtel, der sich in West-Ost-Richtung vom Emsland bis in die Altmark erstreckt. Weitere befinden sich im Bereich der Ems-Mündung. In beiden Gebieten wurden 2004 19 Mrd. m³ (V_n) Erdgas gefördert, davon mehr als 80% zu etwa gleichen Anteilen aus dem Rotliegenden und Zechstein. Bisher wurden hier 835 Mrd. m³ (V_n) Erdgas gewonnen. Die insgesamt (kumulativ) förderstärksten Felder (Angaben in Mrd. m³ [V_n]) sind Salzwedel (205), Hengstlage (60), Siedenburg-Staffhorst (54), Goldenstedt (48), Rotenburg-Taken (40), Söhlingen (32), Hemmelte (25) und

Hengstlage-Sagermeer (24). Aus der Lagerstätte Salzwedel in der Altmark wird seit 1971 aus dem Erdgas als giftige Beimengung Quecksilber genutzt, und aus der Stickstoff-Lagerstätte Rüdersdorf östlich Berlin wurde seit 1964 das Helium gewonnen. Die Vorräte an Erdgas in den zahlreichen Lagerstätten belaufen sich auf insgesamt etwa 260 Mrd. m³ (V_n) vor allem im Rotliegenden und Zechstein.

Hinzu kommen Erdgase mit hohem Anteil von **Kondensat**, die vor allem im Jura vereinzelt vorkommen. Das bedeutendste dieser Felder liegt im Zentral-Graben der Nordsee im so genannten Entenschnabel, wo in dem 1974 aufgefundenen Feld A6/B4 seit dem Jahr 2000 4,9 Mrd. m³ (V_n) Erdgas und 0,5 Mio. t Kondensat aus dem Malm und Zechstein gefördert wurden (2004: 1,136 Mrd. m³ [V_n] Erdgas und 0,1 Mio. t Kondensat). Für diese Lagerstätte wurden Vorräte von 6 Mrd. m³ (V_n) Erdgas und knapp 0,3 Mio. t Kondensat ausgewiesen.

Es bestehen durchaus noch Hoffnungen, im tieferen Untergrund von Norddeutschland Gas zu finden, allerdings bringen die dafür erforderlichen Tiefbohrungen erhebliche Probleme mit sich (vgl. Kap. 2). So erreichte die in den Jahren 1977/78 niedergebrachte Bohrung Mölln 1 nicht die vorgesehene Endteufe, und die 1977 beendete Bohrung Mirow 1 trotz 8.009 m Endteufe nicht die als höffig angesehenen Schichten des Präperms. Größere Mengen Erdgas werden in Sandsteinen des Oberkarbons vermutet, die in rund 5 km Tiefe im Untergrund Niedersachsens liegen. Eine Gewinnung dieser in Fachkreisen als unkonventionelles oder „tight gas" bezeichneten Vorräte wird nur mit Hilfe von sehr aufwendigen Verfahren möglich sein.

Die ausgeförderten Erdöl- und Erdgas-Lagerstätten haben zum Teil große Bedeutung in der Nachnutzung für die saisonale Speicherung von importiertem Erdgas. So wird in der ehemaligen Erdgas-Lagerstätte Rehden bei Diepholz mit einer Kapazität von 4,2 Mrd. m³ (V_n) der größte **Untertage-Erdgasspeicher** Westeuropas in porösen Gesteinen betrieben. Auch andere auflässige Erdöl- und Erdgas-Felder werden mit z. T. sehr beträchtlichen Kapazitäten (Angaben in Mrd. m³ [V_n]) als **Erdgasspeicher** genutzt, wie Dötlingen (2,0), Uelsen (0,75) und Kalle (0,32) im Buntsandstein sowie Reitbrook (0,35) in der Oberkreide. Aber auch in so genannten Aquiferen anderer geeigneter Strukturen, wie Berlin (0,78) und Buchholz (0,16) südwestlich Berlin, beide im Buntsandstein, wurden derartige Erdgas-Speicher angelegt. Poröse Sandsteine in ehemaligen Erdgaslagerstätten werden als gut geeignet für die Speicherung von schädlichem **Kohlendioxid** angesehen. Ein derartiges Pilotprojekt läuft derzeit bei Ketzin/Brandenburg.

Kalisalze des Zechsteins werden aus einem Bergwerk in der Letzlinger Heide bei Zielitz nördlich der Flechtingen-Roßlauer Scholle (vgl. Kap. 4.3) gefördert. Große Bedeutung hat die Salzsolung für die Herstellung von **Steinsalz**. Bei Stade wird es in Aussolungs-Salinen für die Produktion von Siedesalz sowie von Chlor für den Einsatz in der chemischen Industrie gewonnen. Das im Untergrund des Norddeutschen Tieflands weit verbreitete Steinsalz ist auf lange Sicht ein wirtschaftlich bedeutender, im Tiefsolverfahren zugänglicher Rohstoff insbesondere für die Herstellung von Kunststoffen. Die **Gipse** am Salzstock Sperenberg südlich Berlin sind bis in die 50er Jahre des vorigen Jahrhunderts in Tagebauen abgebaut worden.

An mehreren Stellen Norddeutschlands werden Salzstöcke als künstliche Speicher für Erdgas sowie Rohöl, Mineralöl-Produkte und Flüssiggas genutzt, nachdem man durch Ausspülung in relativ geringer Tiefe riesige Hohlräume (Kavernen) in ihnen angelegt hat. Mehr als 100 **Kavernenspeicher** gibt es inzwischen im Norddeutschen Tiefland, vor allem im nördlichen Niedersachsen, wo die bei der Solung anfallenden hoch konzentrierten Salzlösungen umweltverträglich in die Nordsee abgeleitet werden können. Die meisten Kavernenspeicher für Rohöl, Mineralöl-Produkte und Flüssiggas befinden sich dementsprechend bei Wilhelmshaven-Rüstringen, Etzel und Heide. Die bereits betriebenen Erdgas-Kavernenspeicher Krummhörn, Nüttermoor, Etzel, Huntorf, Bremen-Lesum, Harsefeld, Kiel-Rönne, Kraak und Peckensen besitzen eine Arbeitsgas-Kapazität von insgesamt nahezu 3 Mrd. m^3 (V$_n$). Weitere mit einer Kapazität von mehr als 2 Mrd. m^3 (V$_n$) werden vorbereitet bzw. sind geplant, wie z. B. im Salzkissen Rüdersdorf östlich Berlin.

Auf der Undurchlässigkeit der Salzgesteine für Flüssigkeiten und Gase beruht auch die Vorbereitung und Einrichtung eines **Endlagers für radioaktive Abfälle** in dem Salzstock von Gorleben im nordöstlichen Niedersachsen. Es muss dabei die Frage beantwortet werden, ob die ihn aufbauenden Salzgesteine so gleichmäßig ausgebildet und unversehrt sind, dass ein völliger Abschluss des so genannten Atommülls gesichert ist.

Die Sandsteine des Mesozoikums, vor allem die des Juras, aber auch der Trias und der Unterkreide, führen beträchtliche Mengen salzhaltiger Tiefenwässer, die je nach Tiefe Temperaturen bis 100 °C und darüber erreichen. Im Ostteil der Norddeutschen Senke werden sie verschiedentlich zur Gewinnung von Wärmeenergie in hydrogeothermischen Anlagen sowie für die Nutzung in Kureinrichtungen und Thermalbädern aus Tiefbohrungen bis maximal 2,3 km Tiefe gefördert. **Geothermische Heizzentralen** (GHZ) arbeiten in Waren an der Müritz und Neustadt-Glewe, wo Tiefenwässer mit Temperaturen von 55–100 °C bei Ergiebigkeiten von 10–40 l/s aus dem Oberen Keuper genutzt werden. Die GHZ in Neustadt-Glewe wurde 2003 zur ersten deutschen geothermischen **Stromerzeugungsanlage** erweitert. Die abgekühlten Wässer müssen aber wegen ihres hohen Salzgehalts (160 bzw. 225 g/l) mittels Injektionsbohrungen wieder in den Untergrund verbracht und verpresst werden. Bei Groß Schönebeck nördlich Berlin laufen Testarbeiten zur Gewinnung von Energie nach dem HDR-Verfahren (vgl. Kap. 2) aus Sandsteinen des Rotliegenden (Saxon II) zur Erzeugung von Strom, wobei mit Temperaturen von 150 °C gerechnet wird.

Warme Tiefenwässer mit Temperaturen von 22–67 °C und Salzgehalten von 25–250 g/l, so genannte **Thermalsolen**, werden neuerdings in Brandenburg aus dem Oberen Keuper und Lias sowie dem Mittleren Buntsandstein in Bad Saarow, Bad Wilsnack, Belzig, Burg, Rheinsberg und Templin für balneologische Zwecke (Therapie-Einrichtungen, Freizeitbäder) aus Tiefen von 430 bis 1.670 m gewonnen.

Tone des Rotliegenden (Lieth und Stade), des Lias, der Unterkreide und des Tertiärs werden bzw. wurden an vielen Stellen zur Herstellung von Ziegelei-Erzeugnissen abgebaut. Einige dieser Tone (z. B. Stedum bei Lehrte, Kirchgellersen bei Lüneburg, Cuxhaven) eignen sich auch zur Fabrikation von Blähton. Die Tone des Eozäns von Friedland werden als Rohstoff für die Abdichtung von Deponien gewonnen. Die **Quarzsande** des Tertiärs (z. B. von Marx und Leer in Ostfriesland sowie bei Neubrandenburg) sind als Spezialsande in der Bau-, Glas- sowie chemischen und kerami-

12

schen Industrie gefragte Rohstoffe. Die mergeligen Kalksteine der Oberkreide in **Schreibkreide**-Fazies stehen seit langem im Abbau als Rohstoff für das Brennen von Zement (Lägerdorf in Holstein und Gebiet Anderten–Misburg bei Hannover) sowie die Herstellung von Schlämmkreide und Füller (Promoisel und Goldberg-Lancken auf Rügen); ein geringer Teil wird in der Futter- und Düngemittelindustrie verwendet. Die **Kalke und Kieselkalke** der Oberkreide bei Löcknitz im östlichen Vorpommern sind eine nur von geringmächtigem Quartär bedeckte bedeutende, erkundete Rohstoff-Reserve. Der **Muschelkalk** von Rüdersdorf östlich Berlin wird seit Jahrhunderten genutzt, zuerst für die Herstellung von Werksteinen und Branntkalk (Ätzkalk, CaO); jetzt bildet er vor allem die Grundlage einer beachtlichen Zement-Produktion; nachgeordnet werden Füller für den Hoch- und Tiefbau sowie weiterhin Branntkalk und Düngemergel hergestellt.

Derzeit wirtschaftlich nicht nutzbar sind die bei Cuxhaven und bei Varel südlich Wilhelmshaven in geringer Tiefe aufgefundenen **Schwermineralsande** des jüngeren Tertiärs mit beträchtlichen Vorräten der Wertminerale Ilmenit, Rutil und Zirkon. Das trifft auch für die im östlichen Teil des Tieflands weit verbreiteten **Braunkohlen** zu. Die Diatomeen-Kohle (Gyttja) in der Randsenke des Salzstocks Lübtheen im südwestlichen Mecklenburg könnte bei einer kombinierten Elektroenergie-Erzeugung und Wertstoff-Gewinnung (Kieselgur) wirtschaftliche Bedeutung erlangen.

Zurzeit nicht in Förderung stehen die **Eisenerz**-Lagerstätten mit Vorräten von insgesamt 2 Mrd. t und einem Eiseninhalt von 700 Mio. t im Untergrund Niedersachsens (Norddeutsches Tiefland und südlich angrenzendes Bergland) wegen der Konkurrenz preisgünstigerer Importe. Der Bergbau auf Eisenerze in Schichten der Oberkreide bei Damme nördlich Osnabrück wurde 1967 eingestellt. Die Lagerstätten von oolithischen Eisenerzen der Dogger-Zeit, die sich in bis zu 5 m mächtigen Flözen in mehr als 700 m Tiefe bei Staffhorst–Schwaförden (nordwestlich Nienburg a. d. Weser) und ähnlich bei Achim und Fredeburg (südlich Wilhelmshaven) befinden, sind bisher nur durch einige Bohrungen, die ursprünglich zur Erkundung von Erdöl- und Erdgas-Lagerstätten niedergebracht worden waren, erschlossen. Sie stellen eine mögliche Reserve für die spätere

Zukunft dar. Das gilt ebenfalls für die erkundeten Eisenerze des Malms (Korallenoolith) in der westlichen Prignitz (nordwestliches Brandenburg).

12.2 Quartäre Überdeckung

Die Ausbildung, zeitliche Gliederung und regionale Verteilung der quartären Deckschichten in Norddeutschland wird wesentlich durch die wiederholten Vorstöße des Inlandeises bestimmt. (Abb. 12-1). Sie haben gesteuert, wann und wo sich innerhalb oder am Rande des eisbedeckten Gebiets Moränen und Schmelzwasser-Ablagerungen gebildet haben und wo der periglaziale Bereich begann, in dem es zur Abtragung oder Anhäufung von Fluss- und Wind-Sedimenten gekommen ist. Die quartären Deckschichten im Norddeutschen Tiefland gehören deshalb überwiegend in das Pleistozän. Die nacheiszeitlichen Bildungen des Holozäns sind an der Oberfläche in meist nur geringer Mächtigkeit und Ausdehnung vorhanden (Abb. 12.2-1).

Die **Eisvorstöße** selbst hatten ihren Ursprung in verschiedenen Regionen Nord- und Nordost-Europas. Das lässt sich aus den mitgeschleppten und in Norddeutschland abgelagerten Geschieben erkennen, von denen viele nur in engbegrenzten Gebieten Skandinaviens oder des baltischen Raums anstehend vorkommen und damit „**Leitgeschiebe**" sind. Manche Eisströme aus unterschiedlichen Herkunftsbereichen haben sich offenbar nur ungenügend vermischt, andere haben Material von vorher abgelagerten Moränen aufgearbeitet. Dadurch wird eine direkte Ableitung des Herkunftsgebiets aus der Geschiebegemeinschaft eines einzelnen Moränen-Vorkommens manchmal schwierig. Insgesamt scheint es so, dass bei jedem Eisvorstoß anfangs das Inlandeis mehr aus nördlicher, später mehr aus nordöstlicher bis östlicher Richtung (oft kenntlich an einer rötlichen Farbe der Moränen) gekommen ist. Während die maximalen Höhen der im Elster-Saale- bzw. Saale-Glazial vom Inlandeis erreichten bzw. überwundenen Bergrücken am Niederrhein bei weniger als 200 m NN liegen, steigen diese nach Südosten deutlich an bis auf 500 m NN in der Oberlausitz.

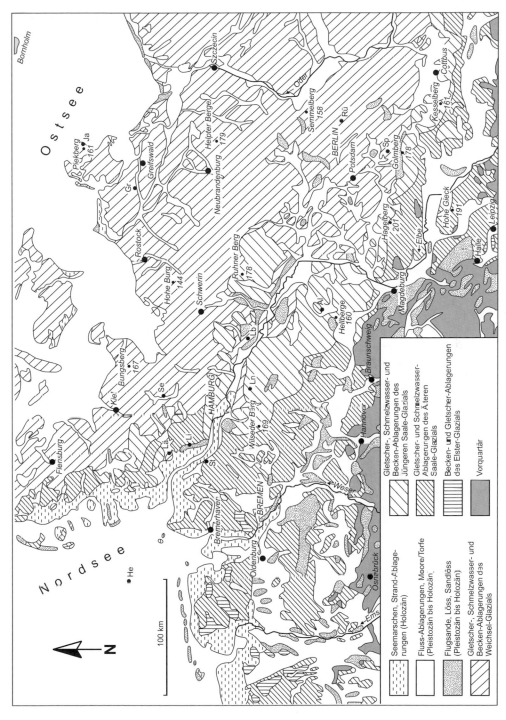

Abb. 12.2-1 Vereinfachte Geologische Karte des Norddeutschen Tieflands mit Aufragungen des Untergrunds: Al – Altmersleben, Gr – Grimmen, He – Helgoland, Ja – Jasmund, Lä – Lägerdorf, Lb – Lübtheen, Li – Lieth, Ln – Lüneburg, Rü – Rüdersdorf, Se – Segeberg, Sp – Sperenberg, St – Stade.

12

Herausgewitterte große Geschiebeblöcke werden als **Findlinge** bezeichnet. Man findet sie gehäuft, wo durch den Küstenrückgang Geschiebemergel und -lehme zerstört werden (Abb. A-30), wie z. B. an vielen Steilküsten Rügens (Wittow, Jasmund, Mönchgut). Dort liegt 300 m vor der Küste bei Göhren der Buskam, der mit mehr als 550 t Gewicht derzeit größte Findling im Norden Deutschlands. Vom ursprünglich größten, dem 780 t schweren Großen Markgrafenstein in den Rauener Bergen südlich Fürstenwalde (Ost-Brandenburg), wurde 1827 der größte Teil (550 t) abgespalten und daraus eine „Granit"-Schale mit fast 7 m Durchmesser gefertigt, die vor dem Berliner Alten Museum aufgestellt und während des Zweiten Weltkrieg leider beschädigt wurde. Der größte Findling auf dem Land ist der Kleine Markgrafenstein (490 t). Von den zahlreichen großen Findlingen im Osten des Norddeutschen Tieflands sind der Bismarckstein (Opferstein) am Klosterberg von Altentreptow bei Neubrandenburg (360 t) und der Große Stein von Nardevitz bei Lohme auf Rügen (Teile abgesprengt; noch 280 t) zu nennen. Die beiden größten im westlichen Norddeutschland sind der Giebichenstein bei Stöckse nahe Nienburg/Weser mit 290 t und der Große Stein von Tonnenheide östlich Rahden (Nordostecke von Westfalen) mit 270 t Gewicht. Auch diese Findlinge waren ehemals größer, im vergangenen Jahrhundert wurden aber von ihnen ebenfalls Teile abgespalten, um als Baumaterial verwendet zu werden. Der beim Ausbaggern der Elbe-Rinne 1999 aufgefundene „Alte Schwede", mit einem Volumen von ca. 80 m³ und 217 t Gewicht der größte Findling Hamburgs, kann am Elbufer bei Övelgönne besichtigt werden.

Neben den normalen Geschieben treten in den Moränen örtlich große, vom Eis aufgeschürfte und zumeist auch mitgeschleppte **Schollen** von Kreide- und Tertiär-Sedimenten, vereinzelt auch solche des Juras auf, die eine Ausdehnung von mehreren Zehnern bis Hunderten von Metern erreichen (z. B. Schollen von eozänen Mergelsteinen an der Steilküste bei Heiligenhafen, Kreide-Schollen der Stubbenkammer auf der Insel Rügen, Lias von Grimmen; vgl. Kap. 12.1).

Nur örtlich nachweisbar ist der **Einfluss der Salzstöcke** auf die Ausbildung der quartären Ablagerungen, indem z. B. in Senken über Auslaugungszonen Sedimente besonders mächtig angehäuft oder über Hebungsgebieten wieder abgetragen wurden. Andererseits hatte die Abtragung der über dem Salz primär vorhandenen, aufgewölbten Schichten des Mesozoikums und Tertiärs Einfluss auf die Geschiebeführung in der Umgebung der Salzstrukturen und über diese hinaus.

Abfolge der quartären Bildungen

Die quartäre Schichtfolge wird im festländischen Bereich paläoklimatologisch, d. h. in Glaziale (Kaltzeiten) und Interglaziale (Warmzeiten) gegliedert (Tabelle 12.2-1). Sie beginnt im Norddeutschen Tiefland mit **Quarzsanden**, die an der Grenze **Pliozän/Pleistozän** – vor 2,6 Mio. Jahren – von vorwiegend aus Südskandinavien nach Südwesten verlaufenden Flüssen abgelagert wurden, noch bevor das nordische Inlandeis zum ersten Mal vorrückte. Derartige Quarzsande sind aus einer Reihe von Einzelvorkommen in Schleswig-Holstein – hier besonders der obere Teil des **Sylter „Kaolinsands"**, der allerdings kaum Kaolin enthält – Hamburg und Niedersachsen bekannt. Ihnen entsprechen die fluviatilen Loosener Kiese in West-Mecklenburg. Es muss jedoch darauf hingewiesen werden, dass die Grenze Tertiär/Quartär (Pliozän/Pleistozän) international in den marinen Bereichen bei 1,8 Mio. Jahren festgelegt ist.

Bis vor etwa 700.000 Jahren wechselten sich dann mehrfach kältere und wärmere Perioden ab. Man bezeichnet diesen Zeitabschnitt als Unterpleistozän. Ablagerungen aus dieser Zeit kommen in den Niederlanden verbreitet vor, sind in Norddeutschland allerdings nur örtlich bekannt, meist aus Bohrungen. Während des jüngeren Pleistozäns, also ab ca. 700.000 Jahre vor heute, breitete sich Inlandeis in mehreren Vorstößen über das Norddeutsche Tiefland aus. Üblicherweise werden drei **Kaltzeiten** (Elster-, Saale- und Weichsel-Glaziale) und zwei dazwischenliegende **Warmzeiten** (Holstein- und Eem-Interglazial) ausgehalten, wobei die genaue Zahl sowohl der Kaltzeiten (Stadien) als auch der Erwärmungsphasen teilweise umstritten ist bzw. noch nicht endgültig feststeht.

In der **Elster-Eiszeit** drangen in mindestens zwei Vorstößen die Gletscher erstmalig bis an den Rand der Mittelgebirge vor. Von ihnen abgelagerte Moränen, die oberflächlich frei liegen, gibt es auf Sylt (tiefste Lagen am Roten Kliff), im Hamburger

Tabelle 12.2-1 Vereinfachte stratigraphische Tabelle für das Quartär im Norddeutschen Tiefland und in den angrenzenden Niederlanden sowie im nördlichen Alpenvorland (Molasse-Becken). Im wesentlichen auf der Grundlage von DEUTSCHE STRATIGRAPHISCHE KOMMISSION (2002), HABBE (2003), VILLINGER (2003), MÜLLER (2004) und LITT (2007). Zeitskala nicht linear.

Tausend Jahre vor heute			Norddeutsches Tiefland Niederlande		Nördliches Alpenvorland	
			Holozän			
10,2	Ober-pleisto-zän		Weichsel-Glazial		Würm-Glazial	
115			Eem-Interglazial		Eem-Interglazial	
130						
	Mittelpleistozän	Saale-Glazial	Warthe-Stadium Drenthe-Stadium		Jüngerer	Riss-Komplex
					Mittlerer	
			Wacken-Dömitz-Warmzeit Fuhne-Kaltzeit		Älterer	
310/200			Holstein-Interglazial		Holstein-Interglazial	
330/225			Elster-Glazial		Hoßkirch-Komplex	
~ 700						
780	Unterpleistozän		Cromer-Komplex			
			Bavel-Komplex		Haslach-Mindel-Komplex	
			Menap-Komplex			
			Waal-Komplex			
			Eburon-Komplex		Günz-Komplex	
1.800						
			Tegelen-Komplex		Biber-Donau-Komplex	
			Prätegelen-Komplex			
2.600						

Raum, in den Dammer Bergen im nordwestlichen Niedersachsen und auch unter geringer Überdeckung in der nördlichen und nordöstlichen Umgebung von Hannover. Ihre Geschiebeführung ist ostfennoskandisch-baltisch geprägt. Wesentlich größere Verbreitung haben Elster-zeitliche Schmelzwasser-Ablagerungen (Abb. A-31), vor allem im Untergrund Norddeutschlands ebenso wie der südlichen Nordsee als Füllung der vielfach erbohrten **Tiefen (Übertiefen) Rinnen** (**Täler**). Dabei handelt es sich um Furchen bzw. Täler, die über 500 m tief, mehrere km breit und mehr als hundert Kilometer lang sein können. Sie sind teilweise sehr steil in darunter liegende tertiäre Schichten eingeschnitten und haben oft eine unregelmäßige Sohle sowie seitliche Verästelungen. Sie verlaufen in Nord–Süd- bis Nordost–Südwest-Richtung (Abb. 12.2-2). Ihre Füllung besteht überwiegend aus Sanden und Kiesen oder Moränenmaterial (Abb. 12.2-3). Vermutlich sind die Tiefen Rinnen durch Tiefenerosion von Gletscherzungen, insbesondere aber durch subglaziale Schmelzwasserströme entstanden. Heute spielen die Rinnen als Grundwasserträger eine wichtige Rolle, so z. B. in der nördlichen Lüneburger Heide. Der im Unterelbe-Gebiet verbreitete, örtlich bis mehr als 100 m mächtige, dunkelgraue, vielfach siltig-feinsandige **Lauenburger Ton** bildete sich am Ende der Elster-Vereisung in einem Eissee. In vielen tiefen Rinnen stellt er den Abschluss der Füllung dar.

Die auf die Elster-Kaltzeit folgende Warmzeit, mit klimatischen Verhältnissen ähnlich wie heute, wird als **Holstein-Interglazial** bezeichnet. Marin-brackische Tone und Sande, die von einem Vorläufer der heutigen Nordsee abgelagert wurden,

12

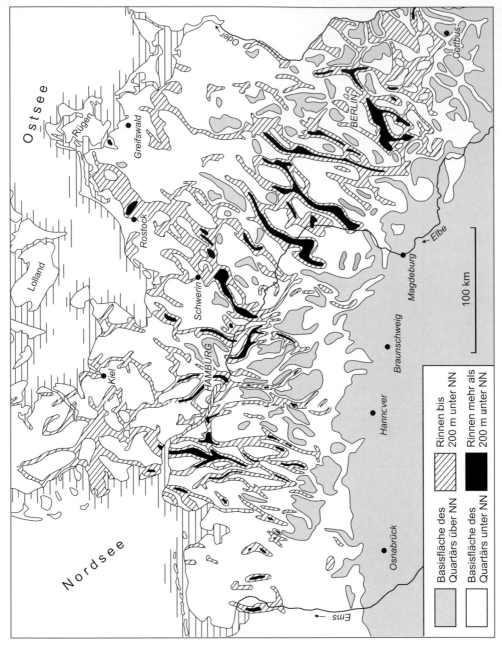

Abb. 12.2-2 Verlauf der mit quartären Ablagerungen gefüllten größeren Rinnen im Untergrund von Norddeutschland. Nach SCHWAB & LUDWIG (1996), etwas vereinfacht.

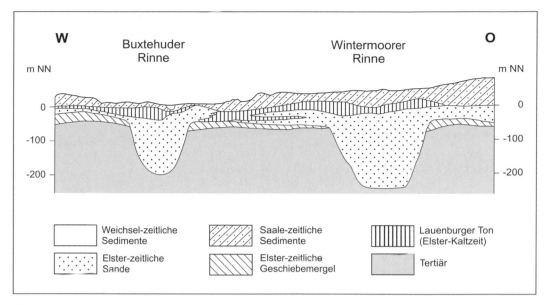

Abb. 12.2-3 Geologischer Schnitt durch eine mit Quartär gefüllte Rinne im nördlichen Niedersachsen (12fach überhöht). Nach KUSTER & MEYER (1979), vereinfacht.

sind von mehreren Stellen an der Westküste Schleswig-Holsteins, aus dem Elbe-Mündungsgebiet, West-Mecklenburg und Vorpommern bekannt. Sie verweisen auf den mit diesem Klimaoptimum verbundenen höchsten Meeresspiegel-Anstieg während des Quartärs. Weiter südwärts treten verbreitet limnische und fluviatile Tone und Sande auf. Gleiches Alter haben die Berliner Paludinen-Schichten. In der Lüneburger Heide und südlich des Hohen Flämings bildete sich in tiefen Binnenseen Kieselgur (Vorkommen bei Hetendorf, Munster und Unterlüss in der Lüneburger Heide sowie Klieken an der Elbe westlich Coswig).

Die Moränen der nächst jüngeren **Saale-Vereisungen** bzw. des **Saale-Komplexes** lassen erkennen, dass diese aus drei, vielleicht sogar fünf verschiedenen Vorstoßphasen (Stadien) bestand. Vielfach können diese auf Grund der besonderen Ausbildung des Moränenmaterials zugeordnet werden, so zeichnen sich Moränen des zweiten Saale-Vorstoßes durch hohe Ton- und Kalk-Gehalte aus. Bei günstigen Aufschlussverhältnissen ist oft zu erkennen, dass die Geschiebemergel und -lehme der jeweiligen Vorstöße durch zwischengelagerte Schmelzwassersande getrennt werden. In den Rückschmelzphasen lagerten sich auch Bändertone ab. In Niedersachsen haben daneben Schmelzwassersande eine große Verbreitung.

Das Saale-Glazial beginnt mit der **Fuhne-Kaltzeit**. Anzeichen für einen entsprechenden Eisvorstoß gibt es im Gebiet Schwerin–Ludwigslust. Ablagerungen der danach folgenden **Dömnitz-Wacken-Warmzeit** sind aus Südwest-Mecklenburg und Schleswig-Holstein bekannt. Die zwei oder drei nächst jüngeren Vorstöße der Saale-Vereisungen mit einer süd- bis mittelschwedischen Geschiebeprägung werden als **Drenthe-Stadium** bezeichnet, die jüngsten als **Warthe-Stadium**. Das Inlandeis erreichte die Mittelgebirge nur in der älteren Drenthe-Zeit, alle nachfolgenden Eisvorstöße der Saale-Zeit haben im westlichen Norddeutschland die Täler von Weser und Aller nicht nach Süden bzw. Westen überschritten (Abb. 12-1). Problematisch ist die Maximalausdehnung der Warthe-Vereisung im Osten. Mehrere Einzelvorstöße haben die Fläming-Randlage geschaffen. Ein älterer drang aber möglicherweise weiter nach Süden über die Elbe vor. Mit dem letzten Warthe-Vorstoß wurden die Stauchendmoränen des **Muskauer Faltenbogens** in der Niederlausitz gebildet (vgl. Kap. 10.6).

Nach der Saale-Vereisung begann wiederum eine Zwischeneiszeit, die nach einem Fluss in den Niederlanden als **Eem-Interglazial** bezeichnet wird. Aus ihm sind marine Tone, Sande und Torfe

12

erhalten, die im Küstenbereich der Eem-zeitlichen Nord- und Ostsee auf dem heutigen Festland abgelagert wurden. Entsprechende Vorkommen sind aus dem Gebiet östlich Lübeck bis Rostock, Nord-Rügen, von der Westküste Schleswig-Holsteins und der Nordküste Niedersachsens bekannt. Süd- und ostwärts schließt sich ein bis in den Fläming, die Niederlausitz und Ost-Brandenburg reichendes Gebiet an, in dem fluviatile und limnische Sande und Tone abgelagert wurden. In der Lüneburger Heide (Schwindebeck im Luhetal) und in der Niederlausitz (Mühlrose bei Spremberg) bildete sich erneut Kieselgur.

In der jüngsten Vereisungsphase, der **Weichsel-Kaltzeit**, hat das Eis die Elbe nach Süden nicht überschritten. In ihr erfolgten fünf größere Eisvorstöße (jeweils mit „Warnow"-, Brandenburger, Frankfurter, Pommerscher und Mecklenburgischer Grundmoräne), die durch dazwischen liegende wärmere Intervalle getrennt waren. Die Jungmoränen der Weichsel-Kaltzeit mit ihren frischen Formen und unverwitterten Geschiebemergeln geben dem ostholsteinschen Hügelland sowie großen Teilen Mecklenburg-Vorpommerns und Brandenburgs ihr typisches Gepräge. In Zeiten der Klimaverbesserung kamen Beckensande und -tone zum Absatz, in einem Vorläufer der heutigen Ostsee auch marine Tone wie die Cyprinen-Tone von Nord-Rügen (Kap Arkona) und Hiddensee. Südwestlich vor dem Rand des Weichsel-zeitlichen Eises sind Schmelzwassersande, südlich der Elbe vor allem Sandlöss und Flugsande verbreitet. Der Sandlöss, im Hamburger Raum, in der Altmark und im Fläming auch als Flottsand bezeichnet, wird höchstens 3 m mächtig. Einzelne, meist streifenförmige Verbreitungsgebiete reichen vom Dümmer im westlichen Niedersachsen nach Osten über die Elbe hinaus bis in das Gebiet südlich Berlin. Die Sandlöss-Decken haben über den darunter liegenden, meist sterilen Sanden landwirtschaftlich gut nutzbare Böden erzeugt.

Flugsande sind bei genügender Mächtigkeit als Dünensande ausgebildet. Man findet sie vor allem in den breiten Niederungen der Urstromtäler (Eberswalder, Berliner, Baruther, Magdeburger) und der heutigen großen Flüsse (besonders Elbe, Aller, Weser, Ems), die weitgehend den Weichselzeitlichen Hauptentwässerungsrinnen entsprechen.

Die Bildungszeit der Flug- und Dünensande reicht vom Weichsel-Hochglazial bis in das **Holo-**

zän („Nacheiszeit"), teilweise bis in die Gegenwart (Abb. A-32). Besonders im nordwestlichen Niedersachsen waren die Sandverwehungen infolge von Abholzung, Schafauftrieb und dem Abgraben der oberen Bodenschichten (Plaggenhieb, d. h. der Gewinnung von Soden als Streu für Viehställe und späteren Dünger) so stark geworden, dass im 18. und 19. Jahrhundert vielerorts Sandvögte eingesetzt wurden. Sie waren für die Pflege der Waldbestände und für Wiederaufforstungen verantwortlich.

Holozäne Bildungen sind außerdem Sedimente der **Niederungen** mit Seekreiden und Torfen sowie die Ablagerungen in den **Marschen** an der Nordseeküste. Moore sind hauptsächlich westlich der Elbe verbreitet. In der späten Weichsel-Eiszeit bildete sich zunächst Schwarztorf, etwa seit der Zeitwende oder einige Hundert Jahre vorher in fast 2/3 aller Moore darüber heller Weißtorf. In einigen Mooren Norddeutschlands zeigen meist weniger als 1 cm dünne Tuff-Lagen den Aschen-Ausbruch des Laacher-See-Kraters vor etwa 11.200 Jahren am Ende der Weichsel-Kaltzeit an (vgl. Kap. 11.3)

Die meist tonigen Ablagerungen der Marschgebiete, die als **Klei** bezeichnet werden, sind eine natürliche Bildung des holozänen Küstengebiets, die durch menschliche Maßnahme gefördert und vor erneuter Abtragung geschützt wurde (Lahnungen, Eindeichung, Bepflanzung). Infolge von Setzungen des Untergrunds, zu früher Eindeichung und allmählicher Senkung des gesamten Nordsee-Küstenbereichs westlich der Elbe-Mündung liegen einige der eingedeichten Köge heute unter dem während des Holozäns angestiegenen Meeresspiegel. Für das Gebiet zwischen Nordseeküste und Geest-Rand ist ein Nebeneinander von verschiedenartigen Ablagerungen des Holozäns typisch: Marine Sande, tonige Watt-Ablagerungen, brackisch-lagunäre Sedimente sowie Süßwasser-Ablagerungen und Torfe bilden unterschiedlich große und meist miteinander verzahnte Sedimentkörper (Abb. 12.2-4).

An dieser Stelle muss angemerkt werden, dass die oft und auch hier benutzte Bezeichnung „Nacheiszeit" für das Holozän recht problematisch ist. Es gibt keinen Beweis dafür, dass der mehrfache Wechsel von Eisvorstößen und wärmeren Zwischenperioden, der das Pleistozän beherrscht hat, endgültig abgeschlossen ist. Ein Vergleich der Klimaentwicklung in den beiden

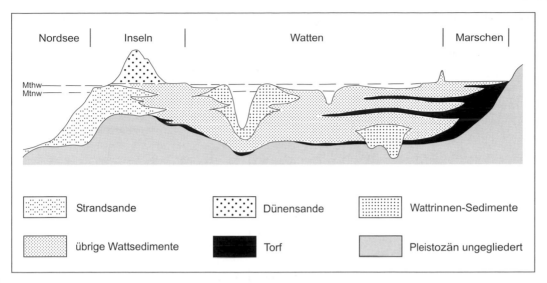

Abb. 12.2-4 Schematischer geologischer Schnitt durch die ostfriesische Küstenregion von der Nordsee zum Rand der Geest. Nach STREIF (1990). Mthw – Mittleres Tidehochwasser, Mtnw – Mittleres Tideniedrigwasser.

letzten Interglazialen mit der des Holozäns (Tabelle 12.2-2) lässt viele Geowissenschaftler daran glauben, dass auch die Gegenwart nur eine Zwischeneiszeit ist. Nachdem vor etwa 8.000–5.000 Jahren während des so genannten **Atlantikums** (etwa der jüngeren Mittelsteinzeit entsprechend) ein **Klimaoptimum** bestanden hat, folgte von etwa 1300 bis 1850 die „Kleine Eiszeit", also eine deutlich kältere Periode. Insgesamt ist die zukünftige Klimaentwicklung und dabei die Tätigkeit des Menschen nur schwer abzuschätzen.

Landschaftliche Gliederung

Die landschaftliche Gliederung des Norddeutschen Tieflands ist im Wesentlichen ein Ergebnis der glazialen Formung sowie periglazialen und interglazialen Überprägung während des Pleistozäns. Jeder größere Vorstoß des Inlandeises hinterließ nach seinem Abtauen eine streifenförmig gegliederte Landschaft: von Grundmoränen eingenommene flachwellige **Ebenen** und Kuppen-Landschaften, die vom Eis bedeckt waren; aus Endmoränen und Sandern aufgebaute **Höhenrücken** an der Stirn der Eisdecke, der so genann-

ten Haupteisrandlage; dieser vorgelagerte Niederungen, die **Urstromtäler**, in denen entsprechend der allgemeinen Neigung des Tieflands die Entwässerung nach Nordwesten oder Westen erfolgte. Dadurch, dass die jeweils jüngeren Vereisungsstadien in der Regel nicht das Ausmaß der vorangegangenen erreicht haben (Abb. 12-1), ergibt sich eine von Nordosten nach Südwesten zunehmende Veränderung der vorher vom Inlandeis geschaffenen Formen. Danach wird das Weichsel-zeitliche **Jungmoränengebiet** im Nordosten von dem süd- und westwärts anschließenden Saale- und Elster-zeitlichen **Altmoränengebiet** unterschieden.

Im äußersten Nordosten, im **jung-weichselzeitlichen Vereisungsgebiet** liegt eine nur wenig veränderte Glaziallandschaft vor. Sie erstreckt sich quer durch das nördliche Mecklenburg-Vorpommern bis nach Holstein. Der vom ostholsteinischen Hügelland bis zur unteren Oder reichende **Nördliche Landrücken** mit seinen Endmoränen-Zügen und Sandern markiert ungefähr die Maximalverbreitung des Pommerschen Eisvorstoßes. Er bildet zugleich die Wasserscheide zwischen Ostsee und Nordsee. Seine bewegte Morphologie ist das Ergebnis von glazialer Stauchung, Abtragung und Aufschüttung von Schmelzwasser-Ablagerungen sowie des Auftauens von Toteis-Blöcken

12

Tabelle 12.2-2 Vereinfachte stratigraphische Tabelle für das Holozän im südlichen Ostseeraum. Im wesentlichen auf der Grundlage von JANKE (2004) und KLIEWE (2004).

Jahre vor heute	Zeitabschnitte				Ostsee	Küsten
200	Jung-Holozän	Subatlantikum	Jüngstes	Nach-Wärmezeit	Mya-Meer	Weißdünen Graudünen
750			Jüngeres		Limnaea-Meer	Beschleunigter Küstenausgleich
			Mittleres			Gelbdünen
1.500						
			Älteres			Beginn Küstenausgleich: Kliffe, Haken, Nehrungen
2.500	Mittel-Holozän	Subboreal		Späte	Litorina-Meer	Dritte Hauptphase
5.000					Zweite Hauptphase	Braundünen
		Atlantikum	Jüngeres	Haupt-		Beginn Nehrungsbildung
6.500					Erste Hauptphase	Inselarchipele, Beginn Kliffbildung
			Älteres			Beginn verstärkter Küstendynamik
8.000	Alt-Holozän	Boreal	Jüngeres	Frühe		
8.500			Älteres			
9.000		Präboreal		Vor-Wärme-Zeit	Ancylus-See	
					Yoldia-Meer	Beginn Bodenbildung
10.200	Pleisto-zän	Dryas		Tundren-zeit	Baltischer Eis-Stausee	

und den dadurch entstandenen Söllen und anderen Gelände-Hohlformen.

Unmittelbar südlich des Landrückens befindet sich die **Seen-Zone** (Holsteinische und Mecklenburgische Seenplatte), ein schmaler Streifen mit Seen unterschiedlicher Entstehung (Ratzeburger, Schweriner, Plauer See, Müritz – mit einer Fläche von 115 km² der größte See, der vollständig innerhalb von Deutschland liegt, Kleinseen-Gebiet beiderseits der oberen Havel u.v. a.), die rund 10 Prozent der Fläche einnehmen. Nur im Osten liegt vor dem Landrücken eine relativ schmale Entwässerungsrinne, das **Eberswalder Urstromtal.**

Im nordöstlichen **Rückland des Landrückens** schließt ein Bereich an, der zunächst von kuppigen, dann bis zum mecklenburgisch-pommerschen Grenztal (Recknitz-Trebel-Tollense-Talzug) von welligen bis ebenen Grundmoränen und zahlreichen Os-Zügen eingenommen wird.

Das **Grenztal** war lange Zeit Abflussbahn eines im heutigen Oder-Haff gelegenen Stausees, vergleichbar mit einem Urstromtal. Jenseits des Grenztals folgt bis zur Ostseeküste ein seenarmes Flachland, bevor das Hügelland von Hiddensee, Rügen und Usedom folgt. Die Randlagen des jüngsten, Mecklenburger Eisvorstoßes (Rosenthaler und Velgaster Staffel) südlich bzw. nördlich des Grenztals treten gegenüber der Pommerschen Hauptrandlage morphologisch kaum in Erscheinung.

In den vom Inlandeis am tiefsten ausgeschürften Bereichen, den **Zungenbecken**, liegen wenige, lang gestreckte Zungenbecken-Seen (Malchiner, Kummerower, Tollense-, Ober- und Unteruecker-See). Alle Seen zeigen eine mehr oder minder starke Verlandung, die vielfach durch das Einleiten bzw. Verrieseln von Abwässern – auch wenn diese geklärt sind – beschleunigt wird, weil sich dadurch das Wachstum der Wasserpflanzen verstärkt.

In der Seen-Zone und nördlich anschließend bis über das Grenztal hinaus bestehen größere und kleinere, teilweise miteinander verbundene **Binnenentwässerungsareale**, d. h. Einsenkungen, die nicht an die Entwässerungssysteme zur Ostsee oder Nordsee angeschlossen sind. Sie wurden zumeist durch das Auftauen riesiger verschütteter Inlandeis-Restkörper am Ende des Pleistozäns gebildet.

Die schleswig-holsteinische **Ostseeküste** ist sehr abwechslungsreich gestaltet. Neben Steilküsten (mit Landverlusten bis zu einigen Dezimetern pro Jahr infolge von Sturmfluten) kommen flache verlandete Bereiche der Ostsee vor; charakteristisch sind aber schmale Meeresbuchten (Förden), bei denen es sich hauptsächlich um Talrinnen von ehemaligen schmalen Gletscherzungen handelt. Östlich der Kieler Förde schließt die durch breitere Gletscherzungen gestaltete Großbuchten-Küste an (Lübecker und Wismar-Bucht). Ihr folgt die Ausgleichsküste, an der infolge des mehrfachen holozänen Meeresspiegel-Anstiegs das Glazialrelief beträchtlich umgestaltet wurde, beginnend mit den Litorina-Transgressionen vor 7.900 bis 2.000 Jahren und dann verstärkt ab der postlitorinen Transgression des *Limnaea*-Meers (benannt nach einer Muschel, die verminderten Salzgehalt anzeigt).

Seen-Zone und Eberswalder Urstromtal liegen bereits im **alt-weichselzeitlichen Vereisungsgebiet** (Abb. 12-1). Vom Plauer See ab nach Nordwesten ist es sehr schmal und wird fast vollständig von der Seen-Zone eingenommen. Im Osten reicht es weit nach Süden bis an den Spreewald und vor den Fläming. Es umfasst damit fast das gesamte Land Brandenburg zwischen Nördlichem und Südlichem Landrücken. Die Brandenburgische Eisrandlage, die vor dem nordwestlichen Ende des Flämings nach Norden umschwenkt, um sich erst weit nördlich der Elbe wieder in Nordwest-Richtung fortzusetzen, entspricht ungefähr der Maximalausdehnung der Weichsel-zeitlichen Eisvorstöße. Im Gegensatz zur Pommerschen tritt sie, wie auch die nächst jüngere Frankfurter Randlage, morphologisch kaum hervor.

Außerhalb der Seen-Zone wird das Brandenburgische und Frankfurter Vereisungsgebiet von relativ hochgelegenen **Platten** und **Niederungen** eingenommen. Diese während der Vereisungen angelegte Gliederung wurde nach dem Rücktauen verstärkt, der höher gelegene Ostteil (Beeskow, Barnim) wurde von Schmelzwasser-Abflussbahnen vorwiegend erosiv zerschnitten, der tiefer gelegene Westteil von Schmelzwasser-Ablagerungen weitgehend verschüttet. Dabei hat sich neben dem Eberswalder das **Berliner Urstromtal** herausgebildet. Das Zentrum Berlins ist auf Talsanden dieses Weichsel-zeitlichen Urstromtals, die Außenbezirke im Nordosten und Südwesten sind auf Geschiebemergeln erbaut. Dazwischen kommen kleinere Areale mit See-

12

und Moor-Ablagerungen vor, so dass insgesamt im Raum Berlin die Baugrundverhältnisse stark wechseln und deswegen schwierig sind. Unmittelbar südlich der Brandenburgischen Eisrandlage folgt hier das schmale **Baruther Urstromtal**, das vor allem früh-weichselzeitlich als durchgehender Schmelzwasserabfluss gedient hat.

An das Baruther Urstromtal schließt direkt der **Südliche Landrücken** mit Niederlausitzer Grenzwall und Fläming an. In nordwestlicher Fortsetzung dieser **jung-saalezeitlichen** (Warthe-zeitlichen) **Eisrandlage** in die Altmark und die Lüneburger Heide verbreitert sich ihr Rückland bis in die Prignitz und die Mitte Schleswig-Holsteins.

Hier erstreckt sich von Norden nach Süden die **Geest**. Sie besteht teils aus Altmoränen, untergeordnet auch tonigen Staubecken-Ablagerungen (z. B. im Lübecker Becken) der Saale-Vereisung, teils aus Sanderflächen des Weichsel-Glazials. Über den durch Verwitterung während der Zwischeneiszeit meist entkalkten Geschiebelehmen und den Sandebenen haben sich nur karge Böden entwickelt, die oft ein typisches Podsol-Profil mit gebleichter Lage unter dem Humus-Horizont sowie Ortstein-Ausscheidung darunter zeigen. Das Saale-zeitlich entstandene Glazialrelief ist durch periglaziale und interglaziale Prozesse bereits stark verändert.

Über den Geschiebemergeln der Weichsel-zeitlichen Moränen haben sich in Ost-Holstein und Mecklenburg-Vorpommern fruchtbare Ackerböden herausgebildet. Teilweise tragen sie Laubwälder, die von Sanden eingenommenen Flächen hingegen häufig Kiefernwälder. Die Niederungen werden als Weiden genutzt.

An der Westküste Schleswig-Holsteins zieht sich an der Nordsee entlang und bis in das Tal der Elbe an Hamburg vorbei ein Streifen von flachen **Marsch-Gebieten**. Nur in kleineren Bereichen wird diese einheitliche Landschaft von Geest-Rücken unterbrochen, die bis an die Nordseeküste heranreichen (Kerne der Inseln Sylt, Föhr und Amrum; Gebiet nördlich Husum). Hier haben sich **Steilküsten** (Kliffs) wie an vielen Stellen der Ostseeküste herausgebildet; hier kommt es ebenso wie dort bei Sturmfluten zu erheblichen Landverlusten. An der Westküste Schleswig-Holsteins hatten diese im Mittelalter katastrophale Ausmaße erreicht, weil an vielen Stellen durch Austorfung zur Gewinnung von Salz zahlreiche Senken ent-

standen waren und außerdem der Meeresspiegel sich deutlich erhöhte. Ein Schutz der Westküste und eine planmäßige Gewinnung von Neuland waren erst möglich, als die alten und niedrigen Deiche der früheren Jahrhunderte fortlaufend verbessert und erhöht worden waren. Heute werden neue Deiche nicht in erster Linie gezogen, um Neuland zu gewinnen, sondern um im Interesse des Küstenschutzes die **Deichlinie** zu verkürzen oder um Speicherbecken anzulegen, mit deren Hilfe die meist tiefer liegenden älteren Marschen entwässert werden können. In begrenzten Gebieten wurde örtlich Sand aufgespült, um auf dem Gelände Industrieanlagen anzusiedeln (z. B. Meldorf, ebenso in Niedersachsen bei Wilhelmshaven). An den Steilküsten der Ostsee trifft man eher selten auf Landschutz-Maßnahmen.

Die **Stadt Hamburg** ist teils auf jungen Marsch-Niederungen des Elbtals gelegen, teils erstreckt sie sich auch über Saale-zeitliche Geschiebemergel und Schmelzwassersande.

Südlich und südwestlich vom Südlichen Landrücken liegt im Wesentlichen ein **alt-saalezeitliches** (Drenthe-zeitliches) **Vereisungsgebiet**. Es dehnt sich bis an den Rand der Mittelgebirge (Lausitzer Bergland, Harz, Niedersächsisch-Westfälisches Bergland) aus. In der Leipziger Tieflandsbucht (vgl. Kap. 10.6), im Münsterschen Kreide-Becken (vgl. Kap. 8.5.2) und in der Niederrheinischen Bucht (vgl. Kap. 10.3) greift es weit nach Süden vor. Die Eisrandlage ist weitgehend eingeebnet und durch **Löss** verhüllt. Periglaziale und interglaziale Vorgänge haben insgesamt die Drenthe-zeitliche Glaziallandschaft in ihrem Südteil sehr stark verändert, während im Nordteil glaziale Formen noch deutlich vorhanden sind. Vor dem Südlichen Landrücken entwickelte sich im Drenthe-zeitlichen Glazialgebiet das **Magdeburger Urstromtal** als Entwässerungsbahn der Warthe-zeitlichen Schmelzwässer von der Lausitz bis in das östliche Niedersachsen.

Im **niedersächsischen Anteil** des Norddeutschen Tieflands sind an der Oberfläche vorwiegend Moränen und Schmelzwasser-Ablagerungen der Saale-Vereisung aufgeschlossen (Abb. 12.2-1), wenn man von dem breiten Streifen Marschen-Sedimente und den sie oft begleitenden Mooren am Rand der Geest entlang der Nordseeküste absieht. Drenthe-zeitliche Bildungen herrschen vor, solche der Warthe-Zeit sind vor allem in Nordost-Niedersachsen (weitere Umgebung von

Lüneburg) flächenhaft verbreitet. Einen oft deutlichen Höhenzug in Norddeutschland stellen die Drenthe-zeitlichen Moränenzüge der **Rehburger Staffel** dar, benannt nach dem Ort Rehburg westlich des Steinhuder Meers, die sich quer durch Niedersachsen von den Niederlanden bis Braunschweig hinziehen.

Auffällig sind im südlichen Niedersachsen die beiden großen flachen **Binnenseen**, das 30 km² große Steinhuder Meer (höchstens ca. 3 m tief) und der Dümmer (bis ca. 2 m tief). Nachdem man ihre Entstehung früher durch Salz-Auslaugung im Untergrund oder Wind-Ausblasung erklärt hat, wird heute eine Bildung während der Weichsel-Eiszeit durch Wechsel von Frieren und Auftauen im ehemaligen Tundren-Gebiet vor dem Rand der Drenthe-zeitlichen Stauchmoränen angenommen (Thermokarst- oder Tau-Seen). Für Dümmer und Steinhuder Meer besteht die Gefahr, durch Verkrautung und Verschlammung zuzuwachsen. Das im Nordwesten von Oldenburg gelegene Zwischenahner Meer, das bis zu 9 m tief ist, wird durch Einsinken über einem Salzstock erklärt (vgl. Kap. 12.1).

Vor dem Festland Niedersachsens und Schleswig-Holsteins erstreckt sich das von den Gezeiten beeinflusste **Wattenmeer** (Abb. 12.2-1). Zur Nordsee wird es teilweise von Barriere-Inseln, den Ostfriesischen und Nordfriesischen Inseln, begrenzt (geschütztes Watt). Zwischen Jade und Eider fehlen diese weitgehend (offenes Watt). Vor Schleswig liegen hinter den Barriere-Inseln die Halligen. Von der Nordsee aus wird das Watt über die Flussrinnen von Ems (Dollart), Jade (Jadebusen), Weser, Elbe und Eider sowie die Seegatten zwischen den Inseln und die Bajen sowie ein anschließendes weit verzweigtes Rinnensystem von Prielen im Rhythmus der Gezeiten (Tiden) zweimal täglich überspült (Flut); zwischenzeitlich fällt es weitgehend trocken (Ebbe).

Die **Nordsee** lässt sich mit Vorläufern bis in das Jungtertiär zurückverfolgen. Während des Pleistozäns hat sie nur in den Zwischeneiszeiten in ähnlicher Ausdehnung wie heute bestanden. Während der Hauptzeiten der Vereisung, als der Meeresspiegel bis zu 90–100 m niedriger lag, weil ein Teil des Ozeanwassers als Gletschereis festgelegt war, befand sich in der maximal nur etwa 40 m tiefen südlichen Nordsee eine unterschiedlich dicke Eisfüllung. Das erneute Vordringen der Nordsee nach Süden als Folge des raschen Meeresspiegel-Anstiegs während des Holozäns wurde dadurch begünstigt, dass sich das Gebiet der Deutschen Bucht und der Nordseeküste in Niedersachsen ebenso wie in den Niederlanden und Belgien langfristig geringfügig gesenkt hat und diese Tendenz sich wahrscheinlich bis in die Gegenwart hinein fortsetzt. Die Nordsee-Küsten mit den vorgelagerten Watten und Inseln (Abb. 12.2-4) entwickelten sich zu ihrem heutigen Verlauf vor allem während des Mittel- und Jung-Holozäns (nach dem Boreal; vgl. Tab. 12.2-2) im Verlauf der Calais-Transgressionen (vor 8.000–4.000 Jahren) und der Dünkirchen-Transgressionen (seit etwa 3.500 Jahren).

Die **Ostsee** wurde als Becken vor allem während der Saale-Vereisungen durch Inlandeis-Zungen ausgeschürft. Der Untergrund der Ostsee ist in zahlreiche Tröge und Becken gegliedert, wobei an mehreren Stellen Tiefen von mehr als 200 m erreicht werden. In den ca. 10.000 Jahren der „Nacheiszeit" entwickelte sich die Ostsee in mehreren Stadien, die durch die fehlende oder vorhandene Verbindung zur Nordsee und dadurch bedingte Schwankungen im Salzgehalt gekennzeichnet waren, vom Baltischen Eis-Stausee des späten Pleistozäns über Yoldia-Meer, Ancylus-See und Litorina-Meer (Tab. 12.2-2) bis zu ihrer heutigen Form. Unter meist nur geringer Bedeckung durch tonige und sandige Ablagerungen des Quartärs stehen am Boden der südlichen Ostsee vor allem Gesteine der Kreide- und Tertiär-Zeit an.

Nutzung der Lagerstätten und geologischen Ressourcen

Kiese und Sande, vor allem aus **Schmelzwasser-Ablagerungen** der Sander vor den ehemaligen Eisrändern der Weichsel-Vereisungen und der Schmelzwasser-Rinnen sowie **fluviatilen Aufschotterungen** am Unterlauf der Weser, aber auch **Flug- und Dünensande** werden seit alters her an vielen Stellen des Norddeutschen Tieflands für das **Baugewerbe** abgebaut (Zuschläge zu Baustoffen, Herstellung von Baumaterial, Füllsand). Qualitativ hochwertige Kiese sind inzwischen recht knapp geworden, Lagerstättenreserven nur beschränkt vorhanden. Seit einiger Zeit wird deshalb auch Kies aus der Ostsee abgebaggert. Ähnliches ist in

12

der Nordsee vorgesehen. In beiden Fällen sind diese Kiese wegen ihres hohen Gehalts an Feuerstein-Geröllen nicht als ideal anzusehen. Deshalb werden sie insbesondere bei der Herstellung von Beton den an Land gewonnenen Kiesen und Kiessanden beigemengt. Für den Schutz der von Sturmfluten gefährdeten Küstenabschnitte der Ostsee werden Kiessande und Sande von Saugbaggern gehoben und an den Stränden aufgespült.

Eine lange Tradition hat auch die Verwendung von **Findlingen** und größeren **Geschieben**, die vor allem in der Jungmoränen-Landschaft der Weichsel-Vereisungen und sogar vom Grund der Ostsee aufgesammelt worden sind (so genannte Steinfischerei). Vom Beginn der Besiedelung bis in die jüngere Vergangenheit wurden sie zu **Werksteinen** verarbeitet (z. B. für Fundamente von Brücken und Gebäuden, Schutzmauern in Hafenanlagen und Feldstein-Bauten) und im Straßen- und Wegebau als **Pflastersteine** eingesetzt. Die zahlreichen, verschiedenartigen Feldstein-Bauwerke im Nordosten Deutschlands (Kirchen, Wohn- und Gutshäuser, Schlösser und Burgen, Stadtmauern und andere Einfriedungen) sind Zeitzeichen dieses Wirtschafts- und Kulturraums.

Tone (Lauenburger Ton, Bändertone) und **Lehme** (Auelehme, Marschenkleie) werden zur Herstellung von **Ziegelei-Erzeugnissen** gewonnen. Die in den Eem- und Holstein-Interglazialen in Binnenseen gebildete **Kieselgur** wurde bis 1994 am Südrand der Lüneburger Heide bei Munster abgebaut, um daraus verschiedenartige technische Produkte (z. B. Filter-, Isolier- und Füllmittel) herzustellen. Das erste Kieselgur-Werk ist in der Heide schon 1863 errichtet worden. Kieselgur wurde auch bei Klieken westlich Coswig gewonnen und zu Dämmstoffen verarbeitet.

Hochmoortorfe werden hauptsächlich in den großen Moorgebieten Niedersachsens gestochen bzw. gegraben. Sie sind hier die Grundlage einer ausgedehnten Torfwirtschaft. Aus **Schwarztorf** werden Briketts für Brennzwecke hergestellt sowie zu Industrie-Torfen für die Produktion von Aktivkohle verarbeitet. **Weißtorf** wird für gärtnerische Zwecke als Kultursubstrat abgeschält, gemahlen

und teilweise zu Ballen gepresst. In den übrigen Bereichen des Norddeutschen Tieflands werden **Niedermoortorfe** nur noch an wenigen Orten für balneologische Zwecke und als organischer Dünger für den Gartenbau gewonnen. Da die Moore im Ostteil des Norddeutschen Tieflands Feuchtgebiete mit wichtigen ökologischen Funktionen sowie Rückzugsgebiete für seltene Tier- und Pflanzenarten sind, ist mit einer Wiederaufnahme des Abbaus von Torf für Brennzwecke hier nicht zu rechnen.

Raseneisenerze wurden vor allem vom 16. bis 18. Jahrhundert abgebaut und verhüttet. Als Baumaterial (sog. Klump) für Wohnhäuser, Mauern u. a. sind sie wichtige Zeugnisse des ländlichen Bauens in der Vergangenheit.

In engem Zusammenhang mit dem geologischen Bau des Norddeutschen Tieflands stehen die **Grundwasserreserven** und die Möglichkeiten für deren Nutzung. Insgesamt gesehen kann bei dem großen Anteil von sandigen und kiesigen Schichten im Untergrund meist genügend Grundwasser gewonnen werden, das im Jungmoränengebiet mit seinen kalkhaltigen Ablagerungen oft recht hart, in den Altmoränengebieten weniger hart ist. Ein Problem ist die **Versalzung** des Grundwassers, die einmal in der Nähe von in der Tiefe aufragenden Salzstöcken, zum anderen in den Küstenbereichen von Nordsee und Ostsee auftreten bzw. auftreten können. In einer Zone, die etwa 10–20 km von der Nordseeküste und den Ufern des Elbe-Mündungsgebiets landeinwärts reicht, ist nur salzreiches und damit unbrauchbares Grundwasser vorhanden. Weil salzhaltiges Wasser schwerer als Süßwasser ist, dringt es unter diesem weiter vor, sobald das Süßwasser oberflächlich abgepumpt wird. Entwässerungsmaßnahmen in den tief liegenden Marschgebieten ebenso wie die Nutzung von flachen Süßwasserlinsen auf den Nordsee-Inseln sollten deshalb nur sehr schonend vorgenommen werden. Das Problem der so genannten Salzwasser-Einbrüche infolge „Übernutzung" hat sich an der Ostseeküste durch den Rückgang des Wasserverbrauchs verringert.

Literatur

Geologische Übersichten von Teilgebieten Deutschlands finden sich insbesondere in den Exkursionsführern folgender Reihen (die ständig ergänzt werden):

Sammlung Geologischer Führer, Borntraeger, Berlin – Stuttgart.

Geologische Wanderführer/Wegweiser, Kosmos (Franck'sche Verlagshandlung), Stuttgart.

Exkursionsfüher und Veröffentlichungen der Deutschen Gesellschaft für Geowissenschaften (Sitz Hannover)

Veröffentlichungen der für die Bundesländer jeweils zuständigen geologischen Dienste

Sonderhefte der Zeitschrift „Der Aufschluß", Verlag der Freunde der Mineralogie und Geologie, Heidelberg.

Geologische Exkursionen, Verlag v. Loga, Köln.

Geologische Führer in der Reihe „Wanderungen in die Erdgeschichte", Verlag Dr. F. Pfeil, München.

Führer zur Geologie von Berlin und Brandenburg. Selbstverlag Geowissenschaftler in Berlin und Brandenburg e. V., Berlin.

Geologische Informationen sind auch enthalten in der Reihe: Meyers Naturführer, Meyers Lexikon-Verlag, Mannheim – Wien – Zürich.

Sinnvoll ist auch eine Suche nach geologischen Einzelgebieten oder bestimmten Exkursionspunkten im Internet. Viele Personen und Institutionen bieten dort geologische Übersichtsartikel oder Exkursionsbeschreibungen an.

Folgende **Einzelarbeiten** (die 1990 und später erschienen sind) befassen sich mit der Geologie von Deutschland **insgesamt** oder mit **größeren Teilgebieten**. Sie enthalten ihrerseits z.T. ausführliche Literaturverzeichnisse:

BACHMANN, G., B.-C. EHLING, R. EICHNER & M. SCHWAB (Hrsg.): Geologie von Sachsen.Anhalt. – 689 S., Schweizerbart, Stuttgart 2008.

BALDSCHUHN, R., F. BINOT, ST. FLEIG & F. KOCKEL: Geotektonischer Atlas von Nordwest-Deutschland und dem deutschen Nordsee-Sektor (IT-Fassung). – Geologisches Jahrbuch, **A 153**, 95 S., 3 CD-ROMs, Hannover 2001.

BAUMANN, L. E., E. KUSCHKA,. & TH. SEIFERT: Lagerstätten des Erzgebirges. – 300 S., Enke im Thieme-Verlag, Stuttgart 2000.

BAUMANN, L. & R. VULPIUS: Die Lagerstätten fester mineralischer Rohstoffe in den neuen Bundesländern. – Glückauf Forschungsheft, **52** (2), S. 53–83, Glückauf-Verlag, Essen 1991.

BAYERISCHES GEOLOGISCHES LANDESAMT (Hrsg.): Erläuterungen zur Geologischen Karte von Bayern 1:500000. – 4. Aufl., 329 S., München 1996.

BAYERISCHES STAATSMINISTERIUM FÜR WIRTSCHAFT, VERKEHR UND TECHNOLOGIE (Hrsg.): Rohstoffe in Bayern. Situation – Prognosen – Programm. – 118 S., München 2002.

BEHÖRDE FÜR STADTENTWICKLUNG UND UMWELT HAMBURG: Geo-Touren in Hamburg. – 147 S., Geol. Landesamt Hamburg 2009

BENDA, L. (Hrsg.): Das Quartär Deutschlands.– 408 S., Borntraeger, Berlin – Stuttgart 1995.

BLUNDFIL D., R. FREEMAN & S. MUELLER (Eds.): A Continent Revealed. The European Geotraverse. – 275 + 73 S., University Press, Cambridge 1992.

BUDDENBOHM, A., K. GRANITZKI & H. STANGE: Auf den Spuren der Eiszeit – Geopark Mecklenburgische Eiszeitlandschaft. – 76 S., Geowissenschaftlicher Verein Neubrandenburg 2003.

BÜLOW, W. von: Mecklenburg-Vorpommern – Ein Geschenk der Eiszeit. Eine kurze Erdgeschichte in Bildern. – 2. Aufl., 54 S., THON, c/w Verlagsgruppe, Schwerin 2001.

BUNDESANSTALT FÜR GEOWISSENSCHAFTEN UND ROHSTOFFE (Hrsg.): Bundesrepublik Deutschland – Rohstoffsituation 2001. – Rohstoffwirtschaftliche Länderstudien, **27**: 186 S., Hannover 2002.

BUNDESANSTALT FÜR GEOWISSENSCHAFTEN UND ROHSTOFFE (Hrsg.): Reserven, Ressourcen und Verfügbarkeit von Energierohstoffen 2002. – Rohstoffwirtschaftliche Länderstudien, **28**: 426 S., Hannover 2003.

BUNDESVERBAND BRAUNKOHLE (Hrsg.): Braunkohle in Deutschland 2005 – Profil eines Industriezweiges. – 68 S., Köln 2005.

DALLMEYER, R. D., W. FRANKE & K. WEBER (Eds.): Pre-Permian Geology of Central and Eastern Europe. – 604 S., Springer, Berlin – Heidelberg – New York 1995.

DASSEL, W.: Geologie erleben in Nordrhein-Westfalen. Ein Führer zu Museen, Schauhöhlen, Besucherbergwerken, Lehr- und Wanderpfaden. – 143 S., Geologisches Landesamt Nordrhein-Westfalen, Krefeld 1998.

DROZDZEWSKI, G. u. a.: Gewinnungsstätten von Festgesteinen in Deutschland. – 2. Aufl., 194 S., Geologisches Landesamt Nordrhein-Westfalen, Krefeld 1999.

EICHHORN, R. u. a.: Geotope in Oberfranken. – Erdwissenschaftliche Beiträge zum Naturschutz, 2, 176 S., Bayerisches Geologisches Landesamt, München 1999.

EISSMANN, L.: Das quartäre Eiszeitalter in Sachsen und Nordostthüringen. – Altenburger Naturwissenschaftliche Forschungen, 8, 98 S., 1 Kartenteil, Altenburg 1997.

EISSMANN, L.: Die ältesten Berge Sachsens oder die morphologische Beharrlichkeit geologischer Strukturen. – Altenburger Naturwissenschaftliche Forschungen, 10, 56 S., Altenburg 1997.

EISSMANN, L. & TH. LITT: Das Quartär Mitteldeutschlands. Ein Leitfaden und Exkursionsführer. – Altenburger Naturwissenschaftliche Forschungen, 7, 458 S., Altenburg 1994.

ERNST, W. & H. WEIGEL: Naturkundliche Wanderungen in Thüringen. – 241 S., Hitzeroth, Marburg 1992.

FELDMANN, L.: Das Quartär zwischen Harz und Aller mit einem Beitrag zur Landschaftsgeschichte im Tertiär. – Clausthaler Geowissenschaften, 1, X + 149 S., Clausthal-Zellerfeld 2002.

FIEDLER, R.: Feldsteinbauten in der Region Odermündung. – 112 S., Neue Wege Peene-Nord, Ziethen 2004.

FLICK, H.: Lahn-Dill-Gebiet – Riffe, Erz und edler Marmor. – 116 S., Edition Goldschneck im Quelle & Meyer Verlag, Wiebelsheim 2910.

FÖRSTER, M.-B. u.a.: Felseninsel Helgoland. Ein geologischer Führer. – 155 S., Enke im Thieme-Verlag, Stuttgart 2000.

FRATER, H.: Geologische Streifzüge: Düsseldorf und die Kreise Neuss und Mettmann. – 160 S., Bachem, Köln 2003.

FRATER, H.: Geologische Streifzüge: Köln, Bergisch-Gladbach und Umgebung. – 160 S., Bachem, Köln 2005.

FREYER, G.: Geologie des Vogtlandes. – 113 S., Vogtlandverlag, Plauen 1995.

FROST, W.: Geotope in Rheinland-Pfalz. – 35 S., Geologisches Landesamt Rheinland-Pfalz, Mainz 1999.

FÜSSL, M. & B. WEBER: Nördliche Oberpfalz. Weißes Gold und schwarzer Basalt. – Quelle & Meyer Verlag. – Wiebelsheim 2008.

GEOLOGISCHER DIENST NORDRHEIN-WESTFALEN (Hrsg.): Geotope in Nordrhein-Westfalen – Zeugnisse der Erdgeschichte. – 44 S., Krefeld 2001.

GEOLOGISCHER DIENST NORDRHEIN-WESTFALEN (Hrsg.): Geologie im Weser- und Osnabrücker Land. – 220 S., Krefeld 2003.

GEOLOGISCHES LANDESAMT NORDRHEIN-WESTFALEN (Hrsg.): Geologie im Münsterland. – 195 S., Krefeld 1995.

GEOLOGISCHES LANDESAMT SACHSEN-ANHALT (Hrsg.): Rohstoffbericht 1998 – Steine und Erden, Industrieminerale. – Mitteilungen zur Geologie von Sachsen-Anhalt, Beiheft 2, 73 S., Halle/Saale 1999.

GEYER, G.: Fränkische Landschaft. Geologie von Unterfranken und angrenzenden Regionen. – Fränkische Landschaft, Arbeiten zur Geographie von Franken, 2, 596 S., Klett-Perthes, Gotha-Stuttgart 2002.

GEYER, O. F. & M. P. GWINNER: Geologie von Baden-Württemberg. – 5. Aufl. von M. Geyer, E. Nitsch & Th. Simon, 617 S., Schweizerbart, Stuttgart 2011.

GEYER, R., H. JAHNE, H. & S. STORCH.: Geologische Sehenswürdigkeiten des Wartburgkreises und der kreisfreien Stadt Eisenach. – 188 S., Naturschutz im Wartburgkreis, Heft 8, Thüring. Landesanstalt f. Geologie – Wartburgkreis u. Stadt Eisenach, Eisenach 1999.

GLASER, ST. u. a.: Geotope in der Oberpfalz. Erdwissenschaftliche Beiträge zum Naturschutz, 5 -136 S., Bayerisches Landesamt für Umwelt, Augsburg 2007.

GLASER, ST. u. a.: Geotope in Oberbayern. Erdwissenschaftliche Beiträge zum Naturschutz, 6 – 192 S., Bayerisches Landesamt für Umwelt, Augsburg 2008.

GLASER, ST. u. a.: Geotope in Mittelfranken. – Erdwissenschaftliche Beiträge zum Naturschutz, 3 – 127 S., Bayerisches Geologisches Landesamt, München 2001.

GRABERT, H.: Abriß der Geologie von Nordrhein-Westfalen. – 351 S., Schweizerbart, Stuttgart 1998.

GRANITZKI, K. (Hrsg.): Geologie der Region Neubrandenburg. – 114 S., Industrie- u. Handelskammer Neubrandenburg – Stadt Neubrandenburg, Neubrandenburg 1998.

HARMS, F. J.: Hüggel. Geologischer Exkursionsführer. – 2. Aufl., 79 S., Rasch, Hasbergen 1995.

HEBESTREIT, CHR.: Wutach und Feldbergregion. Ein geologischer Führer. – 144 S., Enke im Thieme-Verlag, Stuttgart 1999.

HEIZMANN, E. P. R. & W. REIFF: Der Steinheimer Meteorkrater. – 160 S., Pfeil, München 2002.

HERRMANN, D.: Die Kösseine im Fichtelgebirge. – Das Fichtelgebirge, 3, 132 S., Wunsiedel 1993.

HILDEN, H. D. (Red.): Geologie im Münsterland. – 195 S., Geologisches Landesamt Nordrhein-Westfalen, Krefeld 1995.

HOPPE, A. & F. F. STEININGER (Hrsg.): Exkursionen zu Geotopen in Hessen und Rheinland-Pfalz sowie zu naturwissenschaftlichen Beobachtungspunkten Johann Wolfgang von Goethes in Böhmen. – Schriftenreihe Deutsche Geologische Gesellschaft, **8**: 252 S., Hannover 1999.

HUTH, TH.: Erlebnis Geologie – Streifzüge über und unter Tage. Besucherbergwerke, Höhlen, Museen und Lehrpfade in Baden-Württemberg. – 472 S., Landesamt für Geologie, Rohstoffe und Bergbau Baden-Württemberg, Freiburg i. Br. 2002.

HÜTTNER, J.: Der Fichtelgebirgsgranit. – Das Fichtelgebirge, **6**, 209 S., Wunsiedel 1996.

JERZ, H.: Das Eiszeitalter in Bayern. Geologie von Bayern, **2**, – 243 S., Schweizerbart, Stuttgart 1993.

KAESELITZ, M.: Nördliche Rhön. Steile Wände und offene Fernen. – 128 S., Quelle & Meyer, Wiebelsheim 2008.

KATZUNG, G. (Hrsg.): Geologie von Mecklenburg-Vorpommern. – XI + 580 S., Schweizerbart, Stuttgart 2004.

KATZUNG, G. & G. EHMKE: Das Prätertiär in Ostdeutschland. – 139 S., von Loga, Köln 1993.

KEIM, G. , ST. GLASER & U. LAGALLY: Geotope in Niederbayern. – Erdwissenschaftliche Beiträge zum Naturschutz, **4**, 172 S., Bayerisches Geologisches Landesamt, München 2004.

KIRNBAUER, TH., W. ROSENDAHL & V. WREDE (Hrsg.): Geologische Exkursionen in den Nationalen Geo-Park Ruhrgebiet.- 341 + VII S., Regionalverband Ruhr RVR, Essen 2008.

KNOLLE, F., B. OESTERREICH, R. SCHULZ & V. WREDE: Der Harz – Geologische Exkursionen. – 232 S., Klett-Perthes, Gotha 1997.

KOCH, L., U. LEMKE & C. BRAUCKMANN: Vom Ordovizium bis zum Devon: Die fossile Welt des Ebbe Gebirges. – 198 S., von der Linnepe, Hagen 1990.

KÖNIG, W.: Die Geologie Altmühlfrankens. – 46 S., Keller, Treuchtlingen 1991.

KOENIGSWALD, W. & W. MEYER (Hrsg.): Erdgeschichte im Rheinland – Fossilien und Gesteine aus 400 Millionen Jahren. – 239 S., Pfeil, München 1994.

LAGALLY, U. U.A.: Geotope in Schwaben. – 160 S., Erdwissenschaftliche Beiträge zum Naturschutz, **7**, Bayerisches Landesamt für Umwelt, Augsburg 2009.

LAGALLY, U., W. KUBE & H. FRANK: Geowissenschaftlich schutzwürdige Objekte in Oberbayern. – Erdwissenschaftliche Beiträge zum Naturschutz, **1**, 2. Aufl., 168 S., Bayerisches Geologisches Landesamt, München 1994.

LANDESAMT FÜR BERGBAU, ENERGIE UND GEOLOGIE NIEDERSACHSEN: Erdgeschichte von Niedersachsen. – 85 S., Hannover 2007.

LANDESAMT FÜR GEOLOGIE, ROHSTOFFE UND BERGBAU BADEN-WÜRTTEMBERG (Hrsg.): Geotouristische Kar-

te Baden-Württemberg: Schwarzwald mit Umgebung (m. Erläuterungen). – 440 S., Freiburg i. Br. 2004.

LANDESAMT FÜR GEOLOGIE, ROHSTOFFE UND BERGBAU BADEN-WÜRTTEMBERG (Hrsg.): Rohstoffbericht Baden-Württemberg 2002. – Informationen, **14**, 92 S., Freiburg i. Br. 2002.

LANDESAMT FÜR GEOLOGIE UND BERGBAU RHEINLAND-PFALZ (Hrsg.): Geologie von Rheinland-Pfalz. – VII + 400 S., Schweizerbart, Stuttgart 2005.

LANDESAMT FÜR GEOLOGIE UND BERGBAU RHEINLAND-PFALZ (Hrsg.): Steinland-Pfalz. Geologie und Erdgeschichte von Rheinland-Pfalz. 2. Aufl., 88 S., Schweizerbart, Stuttgart 2010.

LANDESAMT FÜR GEOLOGIE UND BERGBAU RHEINLAND-PFALZ & SÜDWESTRUNDFUNK (SWR, LANDESSCHAU RHEINLAND-PFALZ): „Ein schöner Tag – kompakt"-Geotouren – 222 Schätze des Landes. – 248 S., Neuwied und Mainz (Intermed GmbH) 2007.

LANDESAMT FÜR GEOLOGIE UND BERGWESEN SACHSEN-ANHALT (Hrsg.): Rohstoffbericht 2002 – Verbreitung, Gewinnung und Sicherung mineralischer Rohstoffe in Sachsen-Anhalt. – Mitteilungen zur Geologie von Sachsen-Anhalt, Beiheft **5**, 173 S., Halle (Saale) 2002.

LANDESAMT FÜR GEOWISSENSCHAFTEN UND ROHSTOFFE BRANDENBURG (Hrsg.): Atlas zur Geologie von Brandenburg im Maßstab 1 : 10 00 000. – 2. Aufl., 142 S., 43 Karten, Kleinmachnow 2002.

LANDESAMT FÜR GEOWISSENSCHAFTEN UND ROHSTOFFE BRANDENBURG (Hrsg.): Geopotentiale in Brandenburg. – Brandenburgische Geowissenschaftliche Beiträge, **6** (1), 116 S., Kleinmachnow 1999.

LANDESHAUPTSTADT MAGDEBURG & LANDESAMT FÜR GEOLOGIE UND BERGWESEN SACHSEN-ANHALT (Hrsg.): Magdeburg – auf Fels gebaut . – Dokumentationen des Stadtplanungsamt, **99**, 138 S., Landesamt für Geologie und Bergwesen Sachsen-Anhalt, Magdeburg 2005.

LANDESVERMESSUNGSAMT BADEN-WÜRTTEMBERG (Hrsg.): Vulkane im Hegau – Geologische Streifzüge durch den Hegau, am westlichen Bodensee und der angrenzenden Schweiz. – 128 S., 2 Karten, 2002.

LIEDTKE, H. & J. MARCINEK (Hrsg.): Physische Geographie Deutschlands. – 3. Aufl., 788 S., Klett-Perthes, Stuttgart 2002.

LIEDTKE, H., R. MÄUSBACHER & K.-H. SCHMIDT (Hrsg.): Nationalatlas Bundesrepublik Deutschland, Teil 2: Relief, Boden, Wasser. – 174 S., Spektrum Akademischer Verlag, Heidelberg 2003.

LINNEMANN, U. & R. L. ROMER (Edit.): Pre-Mesozoic Geology of Saxo-Thuringia. – 488 S., Schweizerbart, Stuttgart 2010.

LITT, T. (edit.): Stratigraphie von Deutschland – Quartär. Special issue. Eiszeitalter und Gegenwart, **56** (1/2), 138 S., Stuttgart 2007.

Look, E.-R. & H. Quade: Faszination Geologie. Die bedeutendsten Geotope Deutschlands. 2. Aufl., 175 S., Schweizerbart, Stuttgart 2007.

Lotz, K.: Einführung in die Geologie des Landes Hessen. – 272 S., Hitzeroth, Marburg 1995.

Lotz, K.: Die Erdgeschichte/Geologie des Hessischen Kinzigtales. – 160 S., Dausien, Hanau am Main 1995.

Lumsden, G. I. (Hrsg.): Geology and the environment in Western Europe. – 325 S., Clarendon Press, Oxford 1992.

Mattmüller, C. R.: Ries und Steinheimer Becken. – 150 S., Enke, Stuttgart 1994.

Meyer, R. R. F. & H. Schmidt-Kaler: Unteres Altmühltal und Weltenburger Enge. – Wanderungen in der Erdgeschichte, 6, 152 S., München 1994.

Meyer, W.: Geologie der Eifel. – 3. Aufl., 630 S., Schweizerbart, Stuttgart 1994.

Meyer, W.: Geologischer Führer zum Geo-Pfad „Vulkangebiet Brohltal/Laacher See". – 98 S., 1 Beilage, Görres, Koblenz 1994.

Möbus, G.: Geologie der Alpen. – 340 S., von Loga, Köln 1997.

Möbus, G.: Wie Hiddensee zur Insel wurde. Aus der geologischen Vergangenheit und Gegenwart. – 103 S., Helms, Schwerin 2001.

Mohr, K.: Geologie und Minerallagerstätten des Harzes. – 2. Aufl., 498 S., Schweizerbart, Stuttgart 1993.

Müller, F.: Bayerns steinreiche Erde. – 288 S., Oberfränkische Verlagsanstalt, Hof 1991.

Niedersächsisches Landesamt für Bodenforschung (Hrsg.): Rohstoffsicherungsbericht 2003. – 75 S., Hannover 2003.

Museumsverband Sachsen-Anhalt (Hrsg.): Vulkane, Saurier und Gletscher. – 95 S., Mitteldeutscher Verlag, Halle 2003.

Nowel, W., R. Böhnisch, W. Schneider & H. Schulze: Geologie des Lausitzer Braunkohlenreviers. – 102 S., LAUBAG, Senftenberg 1994.

Pasternak, M., S. Brinkmann, J. Messner & R. Sedlacek: Erdöl und Erdgas in der Bundesrepublik Deutschland 2004. – 48 S., 15 Anl., Niedersächsisches Landesamt für Bodenforschung, Hannover 2005.

Pälchen, W. (Hrsg.): Geologie von Sachsen II, XII + 307 S., Schweizerbart, Stuttgart 2009.

Pälchen, W. & H. Walter (Hrsg.): Geologie von Sachsen. Geologischer Bau und Entwicklungsgeschichte. – 537 S., Schweizerbart, Stuttgart 2008.

Patzelt, G.: Streifzüge durch die Erdgeschichte Nordwest-Thüringens. – 96 S., Perthes, Gotha 1994.

Piecha, M.: GeoWanderführer Rothaarsteig. – 213 S., Geologischer Dienst NRW, Krefeld 2008.

Polenz, H.: Lust auf Steine: Geologisch-paläontologische Momentaufnahmen aus 360 Millionen Jahren

Ruhrgebiet. – 136 S., Edition Goldschneck bei Quelle & Meyer, Wiebelsheim 1999.

Reichel, W. & Schauer, M.: Das Dohlener Becken bei Dresden - Geologie und Bergbau. – 244 S., Bergbau in Sachsen, 12, Saxoprint Dresden 2007.

Reineck, H.-E.: Landschaftsgeschichte und Geologie Ostfrieslands. – 182 S. + Index, von Loga, Köln 1994.

Reinicke, R.: Rügen – Strand & Steine. – 2. Aufl., 77 S., Demmler, Schwerin 1993.

Richter, A. E.: Geoführer Frankenjura. Geologische Sehenswürdigkeiten und Fossilfundstellen. – 216 S., Ammon Rey, Augsburg 2000.

Riedel, G. R. & H. Feiler: Erdwunden. Einblicke in die Erdgeschichte Thüringens. – 99 S., Ver. d. Freunde d. Naturkundemuseums, Erfurt 1997.

Rothe, P.: Die Geologie Deutschlands – 48 Landschaften im Portrait, 3. Aufl. – 240 S., Primus, Darmstadt 2009.

Rühl, W.: Bodenschätze in Schleswig-Holstein. – 175 S., Druck- und Verlagsgesellschaft, Husum 1992.

Rudolph, F.: Geologie erleben in Schleswig-Holstein. – 288 S., Wachholtz, Neumünster 2001.

Rutte, E.: Bayerns Erdgeschichte. – 2. Aufl., 304 S., Ehrenwirth, München 1992.

Schaefer, I.: Das Alpenvorland im Zenit des Eiszeitalters. – 2 Bände, 405 + 671 S., Steiner, Stuttgart 1995.

Schade, M.: Gold in Thüringen. Thüringer Wald, Schiefergebirge, Frankenwald. – 386 S., Thüringer Landesanstalt für Geologie, Weimar 2001.

Schade, M.: Gold im Vogtland. – 212 S., Lapis im Weise-Verlag, München 2004.

Schade, M. & T. Birke: Gold im Lausitzer Bergland. – 120 S., Lapis im Weise-Verlag, München 2002.

Schellschmidt, R., B. Sanner, R. Jung & R. Schulz: Geothermal Energy Use in Germany. – Proceedings World Geothermal Congress 2005 Antalya, Turkey, 24–29 April 2005, 12 S.

Schmidtke, K.-D.: Die Entstehung Schleswig-Holsteins. – 3. Aufl., 128 S., Wachholtz, Neumünster 1995.

Schmincke, H.-U.: Vulkane im Laacher-See-Gebiet. – 2. Aufl., 120 S., Bode, Haltern 1993.

Schmincke, H.-U.: Vulkane der Eifel. – 107 S., Spektrum Akademischer Verlag, Heidelberg 2009.

Schönenberg, R. & J. Neugebauer: Einführung in die Geologie Europas. – 7. Aufl., 385 S., Rombach, Freiburg 1997.

Scholz, H.: Bau und Werden der Allgäuer Landschaft. – 2. Aufl., 306 S., Schweizerbart, Stuttgart 1995.

Schroeder, J. H. (Hrsg.): Steine in deutschen Städten. 18 Entdeckungsrouten in Architektur und Stadtgeschichte. – 288 S., Selbstverlag Geowissenschaftler in Berlin und Brandenburg, Berlin 2009.

Schulz, W.: Geologische Sehenswürdigkeiten im Land Mecklenburg-Vorpommern. – 60 S., Geologisches

Landesamt Mecklenburg-Vorpommern, Schwerin 1998.

SCHULZ, W.: Streifzüge durch die Geologie des Landes Mecklenburg-Vorpommern. – 2. Aufl., 192 S., 1 Beilage, c/w Verlagsgruppe, Schwerin 1998.

SCHULZ, W.: Geologischer Führer für den norddeutschen Geschiebesammler. – 508 S., 1 Beilage, c/w Verlagsgruppe, Schwerin 2003.

SEBASTIAN, U.: Mittelsachsen. Geologische Exkursionen. – 191 S., Klett-Perthes, Gotha 2001.

SEIDEL, G. (Hrsg.): Geologie von Thüringen. – 2. Aufl., X + 610 S., Schweizerbart, Stuttgart 2003.

SIMON, T.: Salz und Salzgewinnung im nördlichen Baden-Württemberg. Geologie – Technik – Geschichte. – Forschungen aus Württembergisch-Franken, **42**, 442 S., Thorbecke, Sigmaringen 1995.

SKUPIN, K., E. SPEETZEN & J. G. ZANDSTRA: Die Eiszeit in Nordost-Westfalen und angrenzenden Gebieten Niedersachsens. Elster- und Saalezeitliche Ablagerungen und ihre kristallinen Leitgeschiebegesellschaften. – 95 S., Geologischer Dienst Nordrhein-Westfalen, Krefeld 2003.

SMED, P. & J. EHLERS: Steine aus dem Norden. Geschiebe als Zeugen der Eiszeit in Norddeutschland. – 2. Aufl., 194 S., Schweizerbart, Stuttgart 2002.

SPEETZEN, E.: Findlinge in Nordrhein-Westfalen und angrenzenden Gebieten. – 172 S., Geologisches Landesamt Nordrhein-Westfalen, Krefeld 1998.

SPIELMANN, W.: Geologische Streifzüge durch die Eifel. – 128 S., Rhein-Mosel-Verlag, Alf/Mosel 2003.

STAHR, A. & R. BENDER: Der Taunus. Eine Zeitreise. Entstehung und Entwicklung eines Mittelgebirges. – 254 S., Schweizerbart, Stuttgart 2007.

STETTNER, G.: Geologie im Umfeld der kontinentalen Tiefbohrung Oberpfalz. Einführung und Exkursionen. – 240 S., Bayerisches Geologisches Landesamt, München 1992.

THOMAS, E. (Hrsg.): Oberdevon und Unterkarbon von Aprath im Bergischen Land. – 468 S., von Loga, Köln 1992.

THOME, K. N.: Einführung in das Quartär. Das Zeitalter der Gletscher. – 286 S., Springer, Berlin – Heidelberg – New York 1997.

THÜRINGER LANDESANSTALT FÜR GEOLOGIE (Hrsg.): Geologie und Geotope in Weimar und Umgebung. – 248 S., Weimar 1999.

THÜRINGER LANDESANSTALT FÜR UMWELT UND GEOLOGIE (Hrsg.): Lagerstättenwirtschaftliche Jahresanalyse 2001. – 96 S., Jena 2002.

WAGENBRETH, O.: Geschichte der Geologie in Deutschland. – 256 S., Enke im Thieme-Verlag, Stuttgart 1999.

WAGENBRETH, O. & W. STEINER: Geologische Streifzüge. Landschaft und Erdgeschichte zwischen Kap Arkona und Fichtelberg. – 4. Aufl., 204 S., Grundstoffindustrie, Leipzig 1990.

WALTER, R.: Geologie von Mitteleuropa (begründet von P. DORN). – 7. Aufl., 511 S., Schweizerbart, Stuttgart 2007

ZÖLITZ, R.: Landschaftsgeschichtliche Exkursionsziele in Schleswig-Holstein. – 160 S., Wachholtz, Neumünster 1989.

Übersichtskarten

Geologische Karte von Mitteleuropa 1 : 2 000 000 (Hrsg. Geologische Landesämter der Bundesrepublik), 2. Aufl., Hannover 1971.

Geologische Karte der Bundesrepublik Deutschland 1 : 1 000 000. Grundkarte (Hrsg. Bundesanstalt f. Geowissenschaften u. Rohstoffe), Hannover 1993.

Geologische Karte der Deutschen Demokratischen Republik 1 : 500 000 (Hrsg. Zentrales Geologisches Institut), Berlin 1976–1990, mit:
Karte der quartären Bildungen
Karte der an der Oberfläche anstehenden Bildungen
Geologische Karte ohne känozoische Sedimente
Tektonische Karte.

Geologisches Blockbild von Deutschland und Nachbarländern 1 : 800 000 (Entwurf K.-O. KOPP, M. BAUR) Relief & Profil-Verlag, Garching bei München 1991.

Geologische Reliefkarten. – Klett-Perthes:
Süddeutsches Schichtstufenland
Süddeutschland – Grundgebirge, Schichtstufenland, Alpen
Vom Rheinischen Schiefergebirge zum Pfälzer Wald
Rund um das Thüringer Becken
Altmark, Börde und Harz
Leipziger Bucht, Erzgebirge und Lausitzer Bergland
Ostseeküste und Nördlicher Landrücken
Niederrheinische Bucht, Westfälische Bucht, Randgebirge
Vom Norddeutschen Tiefland zur Mittelgebirgsschwelle
Vom Solling zum Odenwald – Die großen Buntsandsteingebirge
Das Land zwischen Nordsee und Ostsee
Brandenburg, das Land der Platten und Urstromtäler.

Weitere Übersichtskarten von einzelnen Bundesländern (meistens im Maßstab 1 : 500 000) oder von Teilgebieten Deutschlands - auch in elektronischer Form - findet man zusammengestellt in geowissenschaftlichen Literaturkatalogen (z. B. vom GeoCenter Internationales Landkartenhaus, Postfach 800830, 70508 Stuttgart) oder in den Verzeichnissen der jeweiligen Geologischen Landesbehörden.

Verzeichnis der Quellen der Abbildungen und Tabellen

BAUMANN, L. & R. VULPIUS: Die Lagerstätten fester mineralischer Rohstoffe in den neuen Bundesländern. – Glückauf-Forschungsheft, **52** (2), S. 53–83, Essen 1991.

BAYERISCHES GEOLOGISCHES LANDESAMT (Hrsg.): Geologische Karte von Bayern 1:500000.– 4. Aufl., München 1996 (1996a).

BAYERISCHES GEOLOGISCHES LANDESAMT (Hrsg.): Erläuterungen zur Geologischen Karte von Bayern 1:500000. – 4. Aufl., 329 S., München 1996 (1996b).

BRÜNING, V., H. JORDAN & F. KOCKEL: Strukturgeologie Leinebergland, Harzvorland. – 117 S., Exk.führer Exk. 2, 139. Hauptversammlung Deutsche Geologische Gesellschaft, Hannover 1987.

BUCHHOLZ, P., H. WACHENDORF & H. ZELLMER: Resedimente der Präflysch- und der Flysch-Phase – Merkmale für Beginn und Ablauf orogener Sedimentation im Harz. – Neues Jahrb. Geol. Paläont., Abh., **179**, S. 1–40, Stuttgart 1990.

DEUTSCHE STRATIGRAPHISCHE KOMMISSION (Hrsg.): Stratigraphische Tabelle von Deutschland 2002.

DITTMAR, D., W. MEYER, O. ONCKEN, Th. SCHIEVENBUSCH, R. WALTER & C. V. WINTERFELD (1994): Strain partitioning across a fold and thrust belt: the Rhenish Massif, Mid-European Variscides. – Journal Structural Geology, **16**, S. 1335–1352, Kidlington 1994.

Doben, K. & K. Schwerd (1981): s. Bayerisches Geologisches Landesamt (1996 b).

DOLL, G.: Zur zyklischen Ausbildung des Tertiärs im Zentrum des Weißelsterbeckens. – Zeitschr. Geol. Wiss., **12**, S. 575–583, Berlin 1984.

DROZDZEWSKI, G. & V. WREDE: Faltung und Bruchtektonik – Analyse der Tektonik im Subvariszikum. – Fortschr. Geologie Rheinland u. Westf., **38**, S. 7–187, Krefeld 1994.

DROZDZEWSKI, G., D. JUCH, M. SÜSS & V. WREDE: Das Karbon des Ruhrbeckens: Sedimentation, Struktur, Beckenmodell. Exkursion A2. In: Deutsche Geologische Gesellschaft, 148. Hauptversammlung Bonn, Exkursionsführer. – Terra nostra, **96/7**, S. 43–61, Bonn 1996.

Eissmann, L. (1970): s. Schwab, M. (1970).

EISSMANN, L.: Aktuelle und historisch bedingte Umweltprobleme des Braunkohlenbergbaues unter besonderer Berücksichtigung des mitteldeutschen Raumes. – Altenburger naturwissensch. Forschungen, **7**, S. 137–149, Altenburg 1994.

FRANZKE, H.J. (1991): s. SCHWAB, M. et al. (1991).

GEOLOGISCHES LANDESAMT VON BADEN-WÜRTTEMBERG (Hrsg.): Geologische Übersichtskarte von Baden-Württemberg 1:500000.– (ohne Ort) 1989.

GEOLOGISCHES LANDESAMT NORDRHEIN-WESTFALEN (Hrsg.): Geologie am Niederrhein. – 4. Aufl., 124 S., Krefeld 1988.

GEYER, O. F. & M. P. GWINNER: Geologie von Baden-Württemberg. – 4. Aufl., 428 S., Schweizerbart, Stuttgart 1991.

GIESE, P. & H. BUNESS: Moho Depth. In: D. BLUNDELL, R. FREEMAN, ST. MUELLER (Eds.): A Continent Revealed. The European Geotraverse. Atlas of Compiled Data, S. 11–13. Atlas map 2. – University Press, Cambridge 1992.

GRUBE, F. (1961): s. MENKE, B. et al. (1984).

GRÜNTHAL, G. & CH. BOSSE: Probalistische Karte zur Erdbebengefährdung der Bundesrepublik Deutschland – Erdbebenzonierungskarte für das Nationale Anwendungsdokument zum Eurocode 8. – Forschungsbericht GeoForschungsZentrum Potsdam STR **96/10**, Potsdam 1996.

GRÜNTHAL, G., D. MAYER-ROSA & W. LENHARDT: Abschätzung der Erdbebengefährdung für die D-A-CH-Staaten – Deutschland, Österreich, Schweiz. – Bautechnik, **10**, S. 753-767, 1998.

HABBE, K.A.: Gliederung und Dauer des Pleistozäns im Alpenvorland, in Nordwesteuropa und im marinen Bereich – Bemerkungen zu einigen neueren Korrelationsversuchen. – Zeitschrift der Deutschen Geologischen Gesellschaft, **154**, S. 172–192, Stuttgart 2003.

HERRMANN, A. in: Saxonische Tektonik und Halokinese im Hildesheimer Wald und in der Hilsmulde. – 4 S. + 23 Anl., Exk.führer Exk. A 3, 117. Hauptversammlg. DGG, Hannover 1965.

ILLIES, H.: Entstehung geologischer Gräben. Der Oberrheingraben als geologisches Forschungsobjekt und Modell. – Umschau **1963**, 16, S. 508–510, Frankfurt/M. 1963.

JANKE, W.: Holozän im Binnenland. – In KATZUNG, G. (Hrsg.): Geologie von Mecklenburg-Vorpommern, S. 265–284, Schweizerbart, Stuttgart 2004.

KATZUNG, G.: Regionalgeologische Stellung und Entwicklung. – In KATZUNG, G. (Hrsg.): Geologie von Mecklenburg-Vorpommern, S. 8–37, Schweizerbart, Stuttgart 2004.

KATZUNG, G. & G. EHMKE: Das Prätertiär in Ostdeutschland. – 139 S., von Loga, Köln 1993.

KLIEWE, H.: Holozän im Küstenraum. – In KATZUNG, G. (Hrsg.): Geologie von Mecklenburg-Vorpommern, S. 251–265, Schweizerbart, Stuttgart 2004.

Knoth, W. & M. Schwab (1970): s. Schwab, M. (1970)

KUSTER, H. & K.-D. MEYER: Glaziäre Rinnen im mittleren und nördlichen Niedersachsen. – Eiszeitalter u. Gegenwart, 29, S. 135–156, Hannover 1979.

LITT, T. (edit.): Stratigraphie von Deutschland – Quartär. Special issue. Eiszeitalter und Gegenwart, 56 (1/2), 138 S., Stuttgart 2007.

MENKE, B., S. CHRISTENSEN, F. GRUBE & P.-H. ROSS: Der Salzstock Lieth/Elmshorn und das Quartär von Westholstein. – Exkursionsführer Erdgeschichte des Nordsee- und Ostseeraumes, S. 445–465, Geol.-Paläont. Institut u. Museum der Universität, Hamburg 1984.

MINGRAM, B., A. KRÖNER, E. HEGNER & O. KRENTZ: Zircon ages, geochemistry, and Nd isotopic systematics of the pre-Variscan orthogneises from the Erzgebirge, Saxony (Germany), and geodynamic interpretation – International Journal of Earth Sciences, 93, S. 706–727, Berlin-Heidelberg 2004.

MÜLLER, U.: Alt- und Mittel-Pleistozän. – In KATZUNG, G. (Hrsg.): Geologie von Mecklenburg-Vorpommern, S. 226–233, Schweizerbart, Stuttgart 2004.

NODOP, J.: Tiefenrefraktionsseismischer Befund im Profil Versmold-Lübbecke-Nienburg. – Fortschr. Geol. Rheinld. Westf., 18, S. 411–422, Krefeld 1971.

NOWEL, W., R. BÖNISCH, W. SCHNEIDER & H. SCHULZE: Geologie des Lausitzer Braunkohlenreviers. – 102 S., LAUBAG, Senftenberg 1994.

PFEIFFER, H.: Der Bohlen bei Saalfeld/Thür. – Beiheft 11, Zeitschr. Geologie, 105 S., Berlin 1954.

PLEIN, E.: Die Entwicklung und Bedeutung der Erdöl/Erdgasfunde zwischen Weser und Ems. – Oldenburger Jahrbuch, 85, S. 267–312, Oldenburg/O. 1985.

SCHÄFER, A.: Variscan molasse in the Saar-Nahe-Basin (W Germany), Upper Carboniferous and Lower Permian. – Geologische Rundsch., 78, S. 499–524, Stuttgart 1989.

SCHELLSCHMIDT, R: Karten des Temperaturfeldes im Untergrund Deutschlands. – http://www.gga-hannover.de/institut/verschiedenes/daten/tempdaten/home.htm (2003).

Schreiner, A. (1989): s. Geologisches Landesamt von Baden-Württemberg (1989).

SCHREINER, A. (1991): s. GEYER, O.F. & M.P. GWINNER (1991).

SCHWAB, G. & A.O. LUDWIG: Zum Relief der Quartärbasis in Norddeutschland. Bemerkungen zu einer neuen Karte. – Zeitschr. Geol. Wiss., 24, S. 343–349, Berlin 1996.

SCHWAB, M.: Die Beziehungen der subsequenten Vulkanite des Permosiles zum variszischen Orogen, dargestellt unter besonderer Berücksichtigung des Halleschen Vulkanitkomplexes. – Geologie, 19, S. 249–280, Berlin 1970.

SCHWAB, M., M. SEHNERT, G. JACOB, B. TSCHAPEK, H. LUTZENS, H. SCHEFFLER & H. WELLER: Stratigraphische Probleme im Ostharz. – Exkursionsführer, Deutsche Union der Geologischen Wissenschaften, Stratigraphische Kommission, Subkommission für Karbonstratigraphie, 80 S., Institut für Geologische Wissenschaften und Geiseltalmuseum der Universität, Halle/Saale 1991.

SOMMER, M. & G. KATZUNG: Saxo-Thuringia in the Variscan belt from a geodynamic point of view. – Terra Nova, 16 (1), S. 63–71, London 2006.

STADLER, G. & R. TEICHMÜLLER: Zusammenfassender Überblick über die Entwicklung des Bramscher Massivs und des Niedersächsischen Tektogens. – Fortschr. Geol. Rheinld. Westf., 18, S. 547–564, Krefeld 1971.

STREIF, H.: Das ostfriesische Küstengebiet – Nordsee, Inseln, Watten und Marschen. 2. Auflage – Sammlung Geologischer Führer, 57, 376 S., Borntraeger, Berlin – Stuttgart 1990.

VILLINGER, E.: Zur Paläogeographie von Alpenrhein und oberer Donau. – Zeitschrift der Deutschen Geologischen Gesellschaft, 154, S. 193–233, Stuttgart 2003.

WACHENDORF, H.: Der Harz – variszischer Bau und geodynamische Entwicklung. – Geol. Jahrb., A 91, 67 S., Hannover 1986.

WACHENDORF, H., P. BUCHHOLZ & H. ZELLMER: Fakten zum Harz-Paläozoikum und ihre geodynamische Interpretation. – Nova Acta Leopoldina, NF. 71 (291) S. 119–150, Halle/Saale 1995.

WUNDERLICH, H. G.: Einführung in die Geologie. Bd. I: Exogene Dynamik. – 197 S. Bibliographisches Institut, Mannheim-Zürich 1968.

Orts- und Sachregister

A

Aachen-Stolberger Bezirk 56
Aachener Karbon 79
Aachener Revier 81, 86
Aachener Sattel 84
Aachener Steinkohlen-
  revier **84**
Aachener Überschiebung 53
Aachtopf 111
Abbruch von Wittenberg 63
Abschiebung 118
Absenkung 15
Abtragung 70, 164
Acanthodes-Horizont 93, 95
Achat 91
Achim 176
Acker-Bruchberg-Zug 58, 59,
  61
Adorf 56, 221
Adria-Platte 8, 15, 131, 134
Aitingen 144
Alaunschiefer 66, 68
Albaching-Rechtmehring 144
Albersweiler 43
Albtrauf 110, 112
Albunger Paläozoikum 50
Alfter 149
Alkalibasalt 161, 162, 163,
  164, 166
Aller-Folge 103
Aller-Graben 129
Allershausen 150
Allgäu-Decke 132, 135
Allgäu-Schichten 229
Allgäuer Alpen 131
Alpen 1, 8, 16, 20, 48, 81, 104,
  131, 132
Alpen-Karpaten-Orogen 1, 2,
  8
Alpenrand 141

Alpenvorland 11, 142, 179
alpidische Gebirgsbildung 9
alpidischer Faltengürtel 8
Alpine Trias 135
Alpiner Buntsandstein 131,
  133
Alpiner Muschelkalk 131,
  133
Altdorf 144
Altenberg 36, 37, 38
Altendorf 119
Altenfeld-Formation 67
Altenhusen bei Hundis-
  burg 223
Ältere Sand- und Ton-
  serie 149
Altlay 57
Altmark 171
Altmersleben 167, 177
Altmoräne 186
Altmoränen-Gebiet 143
Altmoränengebiet 183
Altpaläozoikum 39, 169, 171
Alttertiär 134, 139
Aluminiumerz 161
Amethyst 91
Ammergebirge 142
Ammersee 132, 136, 143
Ammoniten 110
Amphibolit 28, 32, 38, 42, 45,
  46, 65
Amrum 186
Amsdorf 152
Anatexis 23, 24
Anatexit 19, 21, 26, 28, 75, 76,
  77
Ancylus 184
Ancylus-See 187
Andernach 162
Anderten 175
Andesit 91, 100, 161

Anhydrit 103, 106, 113, 116,
  117, 134, 173
Annaberg 38
Anröchte 128
Anthrazitkohle 84
Antiklinale 118
Antiklinalstruktur 33
Antiklinorium 64
Antimon 72
Appenrode 106
Arber 30
Arbersee 30
Archaeopteryx 111
Ardennen 47, 49
Arendsee 173
Argen 145
Arholzen 108
Arkona 169
Arkose 24, 51, 91
– kaolinisierte 108
Armorica 3, 5, 6
Arnstadt 118
Arzberg 31
Asche 159, 162, 163
Aschersleben 128
Aschersleber Sattel 151
Asphalt 125
Asphaltit 128
Asse 129
Astroblem 112
asturische Phase 52, 98
aszendente Lösungen 107
Athenstedt 128
Atlantikum 183, 184
Attendorn-Elsper Mulde 49,
  53
Aue 36, 38
Aue-Schlema 38
Auerbach 41, 113
Auerberg 61, 100
Aufbruch 50, 167

Aufragung   177
Aufrichtungszone   227
Aufschiebung   70
Auslaugung   151
Auslaugungs-See   173
Auslaugungskessel   152, 156
Auslaugungssenke   105
Auswürflinge   111
Autun   63, 86, 89, 92, 93, 96,
    98, 99, 101
Avalonia   3, 5, 6, 7, 169

B

Bad Bentheim   126
Bad Bergzabern   107
Bad Bertrich   162
Bad Buchau   144
Bad Cannstatt   114
Bad Dürkheim   107
Bad Eilsen   126
Bad Elster   166
Bad Ems   56
Bad Endorf   144
Bad Frankenhausen   151
Bad Füssing   144
Bad Griesbach   144
Bad Grund   62
Bad Harzburg   62, 124
Bad Kreuznach   89, 91
Bad lands   226
Bad Langensalza   119
Bad Lauchstädt   119
Bad Lauterberg   58, 61, 62, 106
Bad Liebenstein   105
Bad Münster am Stein-Ebern-
    burg   89, 223
Bad Nenndorf   126
Bad Oeynhausen   126
Bad Pyrmont   103, 126
Bad Reichenhall   136
Bad Saarow   175
Bad Sachsa   106
Bad Salzungen   105, 163
Bad Schandau   119
Bad Urach   111, 114, 159, 160,
    164
Bad Waldsee   144
Bad Wilsnack   175
Bad Wimpfen   113

Badeleben   129
Baden-Baden   140
– Zone von   25
Baden-Badener Senke   81
Badenweiler-Lenzkirch   24
– Zone von   23, 25
Baltica   3, 4, 5, 7, 169
Baltischer Eis-Stausee   184, 187
Bamberg   113, 159
Bänderschiefer   221
Bänderton   181
Barbarine   119
Barbarossa-Höhle   103
Bärenstein   166
Barnim   185
Bartensleben   129
Bartolfelde   12
Baruth/Lausitz   166
Baruther Urstromtal   168, 186
Baryt   72
Basalt   31, 37, 43, 49, 90, 111,
    153, 157, 159, 160, 161, 164,
    165, 166, 231, 232
Basalt-Gänge   163
Basalt-Schlacken   162
basaltische Gesteine   55
Basalttuff   231
Basel   18
basische Laven   98
Bastei-Felsen   226
Battenberg   55
Bau- und Ornamentstein
    162
Baukalk   129
Baumberger Sandstein   126
Baumholder
– Komplex von   89
Baumstämme   98
Bausand   107
Bautzen   166
Bavel-Komplex   179
Bayerische Alpen   131, 136
Bayerische Fazies   31, 65, 70,
    98
Bayerischer Pfahl   28, 29, 219
Bayerischer Wald   20, 28, 29,
    132
Beber-Senke   101
Bebertal   224
Beckedorf   234
Beckum   127, 128

Beerwalde-Drosen   72
Beeskow   185
Belchen   23
Belzig   175
Beneckeia   117
Bentheim   128
Bentheimer Sandstein   125,
    126, 173
Bentonit   166
Bentonit-Ton   145
Berchtesgaden   131, 134, 136,
    228
Berchtesgadener Alpen   134
Bergaer Antiklinorium   64, 65,
    68, 69, 70, 106
Bergaer Becken   151
Bergbau   26, 57
Berghaupten   25
Bergheim   145, 146
Bergisches Land   52
Bergsträsser Odenwald   41
Berlin   174, 185, 186
Berliner Urstromtal   168, 185
Bernbruch   77
Bernburg   128, 129
Bernburg-Folge   107
Bernstein   157
Berzdorf   158
Berzdorfer Becken   153, 157
Beucha   97
Biaser Zone   63, 64
Biber-Donau-Komplex   179
Biber-Glazial   143
Biberach   144
Bielefeld   128
Bierwang   144
Bigge-See   57
Bims   162
Bimsstuff   232
Binnensenke   79, 85
Birnbach   144
Bischofferode   118
Bismarckstein   178
Bitterfeld   96, 153, 154
Bitterfelder Flöz   155
Bitterfelder Lagerstättenbezirk
    153, 156, 157
Black smoker   67
Blähton   72
Blankenburg   128
Blankenburger Mulde   128

Blankenburger Zone   58, 59, 60
Blei   38, 105
Blei-Zink-Erz   55, 56, 62, 84,
   108
Bleicherode   118, 119
Bleierz   26
Bleiloch-Talsperre   72
Blockmeer   31, 61, 94, 163, 220
Blockstrom   43
Blumberg   113
Bocholt   126
Bochum   79, 126
Bochumer Schichten   82
Bodenbildung   184
Bodendorf   102
Bodenmais   30
Bodensee   132, 143
Bodenwerder   126
Bodenwöhrer Becken   29
Bohemikum   28, 31
Bohlen bei Saalfeld   71
Böhlener Oberflöz   155, 156
Böhlscheiben   72
Böhmerwald   20, 27, 29, 30
Böhmische Masse   27, 91
Böhmischer Pfahl   29
Böhmisches Mittelgebirge   165
Bohnerz   110, 113
Boizenburg   170
Böllsteiner Odenwald   41
Bonndorfer Graben-Zone
   109, 112
Bordenschiefer   66, 69
Boreal   184, 187
Borgloh   125
Borken   150
Bornaer Hauptflöz   155
Bornhausen   149, 150
Bornholm   169, 170
Borstein   29
Bösenbrunn   72
Bötzingen   164
Brabanter Massiv   52, 170
Bramberge   174
Bramburg   160, 161
Bramsche   120
Bramscher Massiv   83, 125
Brandenburg   170, 171, 174,
   175
Brandenburgische Eisrandlage
   186

Branntkalk   176
Brauneisen   136
Brauneisen-Oolith   110
Brauneisenerz   129
Braunkohle   105, 111, 114,
   122, 125, 137, 144, 145, 146,
   148, 149, 151, 152, 153, 154,
   155, 156, 169, 176
Braunkohlen-Flöz   230
Braunkohlen-Quarzit   149
Breitbrunn-Eggstätt   144
Breitenau   39
Breitenbrunn   37
Brekzie   134
Brekzientuff   92
Bremen-Lesum   175
Breuschtal   26
Briesker Folge   155
Brilon   57
Brocken   59, 61
Brocken-Granit   58, 60, 222
Brohltal   162
Brotteroder Einheit   44, 45
Bruchfaltengebirge   123
Bruchfaltung   90, 122
Bruchhauser Steine   52
Bruchsal   140, 141
Bruchschollen-Gebiet   112
Bruchtektonik   34, 116
Brunndöbra   72
Bryozoen   105
Buchholz   174
Bückeberg   125
Bückeberge   121, 123
Buggingen   140, 164
Bülten   125
Bünde   126
Bundenbacher Schiefer   57
Bündner Schiefer   132
Bungsberg   167, 177
Buntsandstein   24, 26, 41, 42,
   44, 45, 46, 47, 54, 61, 71, 73,
   90, 104, **107**, 109, 112, 114,
   115, 116, 117, 118, 119, 122,
   123, 127, 129, 141, 145, 164,
   169, 172, 174, 175, 225
Büren   128
Burg   175
Burgsandstein   113
Burrweiler   43
Buskam   178

Butterberg   220
Buxtehuder Rinne   181

C

Caaschwitz   106
cadomisch   76
cadomische Orogenese   36, 76
Cadomischer Gebirgsgürtel   3,
   4
Calais-Transgression   187
Caldera   37
Callenberg   41
Callipteris conferta   89
Calvörde-Folge   107
Caminau   77
Cenoman   114, 117
Ceratiten- Schichten   117
Chamosit-Oolith   68
Chemnitz-Hilbersdorf   98
Chiemgau   112
Chiemsee   132, 135, 136, 143
Chirotherien-Sandstein   117
Chlor   175
Clausthaler Kulm-Falten-
   zone   58, 60
Coburg   113, 159
Coesit   35, 111
Colditzer Senke   96
Collmberg   74
Cornberger Sandstein   89, 90
Cornbrash   125
Coswig   96
Cottaer Sandstein   120
Cottbus   157
Cottbuser Folge   155
Crock   95
Cromer-Komplex   179
Culmitzsch   106
Cunnersdorf   77
Curau-Formation   67
Cuxhaven   167

D

Dachauer Moos   144
Dachschiefer   51, 57, 62, 66,
   69
Dachstein-Kalk   133, 134, 228

Dahlem   55, 145
Dahlen   74
Dahn   107
Damme   176
Dammer Berge   178
Darmstadt   140
Dauerfrostboden   155
Deckdiabas   51, 52
Decke   70
– tektonische   52
Decken   33
Deckenbau   33
Deckenstapel   9
Deckenstapelung   36
Deckenüberschiebung   29
Deckgebirge   11
Deditz   95
Deformation   83
Deichlinie   186
Deister   121, 123
Dekorationssteine   102, 119, 120, 129
Delitzsch   96, 98, 153
Delliehausen   150
Demitz-Thumitz   77
Dens   224
Dessau   46
Dessauer Kristallin   63, 64
deszendente Lösungen   107
Detfurth-Folge   107
Deutsche Alpen   133
Devon   23, 32, 47, 49, 51, 53, 54, 57, 60, 61, 65, 66, 69, 70, 74, 83, 87, 170, 171
Diabas   52, 59, 62, 69, 72, 74, 134
Diabastuff   52, 74
Diapir   155
Diatomeen   157
Dieksand   173
Diersburg   25
Dill-Mulde   49
Dinant   34, 49, 51, 86, 116
Diorit   21, 28, 42, 43, 45, 59, 60, 63, 73, 74
Dippach   108
Dischingen   111
Diskordanz   12, 36, 61, 71, 103, 114
Dittrichshütte   72
Dobbertin   169

Doberlug   97
Döbra-Sandstein   70
Dogger   61, 109, 110, 112, 113, 122, 123, 124, 125, 173
Dogger-Sandstein   173
Döhlener Senke   81, 86, **99**
Dohna   74
Doline   103, 113, 224, 225
Dolmar   163
Dolomit   106, 109, 131
Dolomitstein   57, 136
Dömnitz-Wacken-Warm-zeit   181
Donau-Glazial   143
Donau-Moos   144
Donau-Versickerung   111
Donnersberg   91
Dönstedt/Eiche   102
Dörentrup   126
Dörfel   38
Dornap   57
Dorndorf-Springen   108
Dornreichenbach   97
Dorstener Schichtlücke   82
Dossenheim   43, 91
Dötlingen   174
Dotternhausen   114
Drachenfels   161
Dreislar   57
Drenthe   168, 179
Drenthe-Stadium   181, 234
Drenthe-Zeit   127
Dryas   184
Dubring   77
Dümmer   121, 168, 182, 187
Düne   234
Dünensand   112, 183, 187
Düngekalk   129
Düngemergel   176
Dünkirchen-Transgression   187
Duppauer Gebirge   165
Durchbruchsröhre   160, 163
Düren   145
Düsseldorf   147

E

Ebbe-Sattel   49, 50, 53
Ebersberg   72

Eberswalder Urstromtal   168, 185
Eburon-Komplex   179
Echte   124
Ecker-Gneis   59, 60, 61
Eckfelder Maar   161
Eddesse-Nord   125
Edenkoben   43
Eder-See   57
Edergold   56
Eem-Interglazial   181
Egeln   151
Egelner Mulden   152
Eger   160
Eger-Graben   32, 33, 157, 159, 165
Egge-Gebirge   121, 126, 127, 128
eggische Richtung   12
Ehrenberg   67
Ehrenfriedersdorf   36, 38
Ehrwaldit   134
Eibenstock   36
Eibenstocker Granit   38
Eich-Königsgarten   140
Eichenberg   118
Eichenberg-Saalfelder Störungszone   226
Eichigt   225
Eichsfeld   117, 121
Eichsfeld-Schwelle   117
Eifel   53, 56, 139, 160, 232
Eifel-Kalkmulden   53
Eifel-Synklinorium   53
Eifeler Nord-Süd-Zone   53, 54
Eifelnordrand-Über-schiebung   52
Eilenburg   95
Einbruchsgraben   149
Einsenkung   139
Einzelscholle   137
Eisen-Oolith   122
Eisen-Trümmererz   122
Eisenach   93
Eisenach-Schichten   93, 94
Eisenacher Senke   94
Eisenberg bei Korbach   56
Eisener Hut   55
Eisenerz   26, 66, 71, 105, 113, 122, 124, 161, 176

Eisenkalkstein   106
Eisensandstein   112
Eisleben-Schichten   100, 101
Eisrandlage   168, 186
Eklogit   23, 32, 33, 35, 38
Elbezone   32, 33, 48, **73**, 74, 166
Elbingerode   62
Elbingeroder Komplex   58, 59, 62
Elbsandstein   120
Elbsandstein-Gebirge   **119**, 226
Elbtal-Schiefergebirge   73
Elgersburg   105
Ellhofer Moor   143
Ellrich   106
Elm   121, 129
Elmshorn   167, 172
Elsaß   140
Elster   155, 156, 168, 177, 179, 181
Elster-Eiszeit   178
Elster-Glazial   176
Elster-Kaltzeit   154, 181
Elstergebirge   166
Emden   102, 167
Emlichheim   174
Emmendingen   164
Empelde   124
Emscher   84
Emsland   170
Endlager   125, 175
Ennigerloh   128
Entenschnabel   174
Entfärbung   107
Eozän   22, 132, 137, 145, 149, 151, 152, 154, 156, 160
Epe   128
epirogenetische Senkung   82
Epprechtstein   31
Erbendorf   29, 81
Erbendorf-Vohenstrauß   28, 31
Erdbach-Breitscheid   57
Erdbeben   18, 147
Erdbebengebiet   17, 112
Erdbebenhäufigkeit   139
Erdfall   103, 113
Erdgas   118, 128, 136, 140, 144, 163, 174

Erdgas-Porenspeicher   114, 125
Erdgas-Speicher   144, 174
Erding   144
Erdinger Moos   144
Erdöl   119, 128, 140, 173
Erdöl- und Erdgas-Lagerstätte   174
Erdöl-Erdgas-Gebiet   125
Erdölgas   140, 144, 173
Erdwärme   18, 84, 126, 140, 144
Erft-Scholle   146, 147, 148
Erfurt   117, 118
Erguſsgestein   92, 95
Ermsleben   129
Erosionsrinne   156
erratische Blöcke   143
Erwitte   128
Erzgänge   25, 55
Erzgebirge   20, **31**, 32, 33, 34, 35, 36, 37, 38, 73, 81, 139, **165**
erzgebirgische Phase   98
erzgebirgische Richtung   12, 16
Erzgebirgs-Pluton   36
Erzgebirgsabbruch   31
Erzlagerstätten   56
Eschbacher Klippen   29
Eschenfelden   114
Eschwege   106
Eschweiler   147
Essener Schichten   82
Esskohlen   84
Ettersberg   118
Ettersberg-Gewölbe   115
Ettringen   162
Etzdorf   119
Etzel   175
Europäische Platte   8, 131, 134
Euskirchen   149
Evaporit   51, 52
Externsteine   126

F

Fahner Höhe   115, 118
Faille du Midi   52
Fallstein   121, 129

Falten-Molasse   135, 141, 143
Faltengürtel
– alpidischer   8
Faltung   24, 66, 154
Fanglomerat   91, 105
Feinnivellement   14
Feldberg   19, 25
Felsmeer   163
Fennoskandischer Schild   1, 2, 3, 11, 169
Fettkohle   81
Feuerstein   84, 188, 233
Fichtelberg   33
Fichtelgebirge   20, 28, 30, 31, 91
Filder   110, 112
Findling   143, 176, 188
Finne-Störung   115, 118
Fläming-Randlage   181
Flammengneis   36
Flechtingen-Magdeburger Zone   63
Flechtingen-Roßlauer Scholle   48, **63**, 121, 171
Flechtinger Höhenzug   63, 81, **101**, 223, 224
Flechtinger Vulkanitkomplex   101
Fleins   113
Flensburg   169
Flexur   140
Flöha-Zone   36, 37
Flottsand   182
Flözleeres   79, 83, 222
Flugsand   112, 147, 177, 182, 187
Fluorit   72
Flussspat   26, 30, 62, 95
Flysch   133, 134, 142
Flysch von Rosslau   64
Flysch-Zone   132, 134, 135
Föhr   186
Förde   185
Förderschlot   164
Forggensee   136
Formsand   157
Fortuna-Garsdorf   146
Fossilien   153
Fossley   50
Franken   110

Frankenalb 225
Frankenberg 98, 105
Frankenberger Bucht 49, 50
Frankenhöhe 109, 110
Frankenthal 140
Frankenwald 30, 31, 69, 109
Frankenwald-Querzone 64,
    65, 67, 69, 70
Frankfurter Randlage 185
Frankfurter Stadium 168
Fränkische Alb 109, 110
Fränkische Linie 31, 64, 65, 92
Fränkische Schweiz 110
Fränkisches Schiefer-
    gebirge **64**, 71
Französisches Zentral-
    massiv 5
Frauenbach-Formation 67
Frechen 146, 149
Fredeburg 57, 176
Freiberg-Halsbrücke 37
Freiberger Revier 37, 38
Freital-Döhlen 99
Fridingen 111
Friesland-Folge 103
Fronhofen-Illmensee 144
Fruchtschiefer 72
Fuchskaute 160
Fuhne-Kaltzeit 179, 181
Fulda 163
Fulda-Folge 103
Fürstenau 126
Füssen 136

G

Gabbro 28, 40, 42, 59
Gabbro-Amphibolit-Masse
    29
Gang-Lagerstätten 38
Gang-Vererzung 38
Gänge 46
Gangfüllung 62, 159
Ganggestein 55
Garmisch-Partenkirchen 131
Garzweiler 146, 147
Gasflammkohlen 84
Gauern 106
Gäuland 110, 112
Geest 183, 186

Gehlberg 95
Gehren 95
Gehren-Schichten 92, 93, 94
Geiseltal 151, 152, 153, 154
Geising-Berg 166
Geislingen a. d. Steige 113
Georgsdorf 174
Georgsmarienhütte 105
Geosynklinal-Entwicklung 15
Geosynklinalbereich
– variszischer 47
Geothermische Heiz-
    zentrale 175
Gera 105, 106, 151
Germanisches Becken 107
Geroldsgrün 72
Gerolzhofen 159
Geschiebe 178, 233
Geschiebemergel 181, 233
Geyer-Ehrenfriedersdorf 38
Giebichenstein 178
Gießen 55
Gießener Decke 49
Gießener Grauwacke 52
Gifhorner Trog 125, 172, 173
Gildehäuser Sandstein 126
Gipfelflur 136
Gips 103, 106, 109, 113, 117,
    119, 122, 126, 128, 131, 134,
    169, 173, 175
Gipshut 173
Gipskarst 103
Gittersee 99
Glan-Subgruppe 89
Glassand 157
Glaukonit 153
Glaukonit-Sand 152
Glazial 178, 179
glaziale Ablagerungen 152
Glazialsedimente 61
glazigene Deformation 154
Gleichberge 163
Gleitdecke 58, 59, 60
Gletscherschramme 167
Gletschertopf 128
Glimmerschiefer 28, 32, 34,
    35, 39, 40, 42, 45, 65, 116
Glückstadt-Graben 172, 173
Gneis 19, 26, 28, 32, 33, 34,
    35, 40, 42, 59, 65, 73, 116,
    132

Gneis von Wartenstein 50
Gneis-Anatexit 19
Gnetsch 129
Gohrischstein 119
Goitsche 157
Golbach 145
Gold 56
Gold-Quarzgänge 72
Goldberg bei Reichmanns-
    dorf 72
Goldberg-Lancken 176
Goldenstedt 174
Goldisthal-Folge 67
Goldlauter 95
Goldlauter-Schichten 93, 94
Golmberg 167, 177
Gommern 63
Gommern-Quarzit 63
Gommern-Zone 64
Gondwana 3, 4, 5, 6, 23, 169
Göpfersgrün 31
Gorleben 175
Görlitzer Schiefergebirge 75
Gosau-Konglomerat 133
Gosau-Schichten 134
Goslar 62
Gotha 118, 119
Göttengrün 72
Gottesberg 37
Göttingen 107
Grabbro 40
Graben 117
Grabfeld 150, 162, 163
Gräfenhainichen 153
Gräfenthal-Formation 68
Granat 39
Granit 19, 21, 25, 28, 29, 30,
    31, 32, 33, 36, 38, 39, 40, 42,
    45, 59, 60, 65, 67, 70, 72, 73,
    74, 87, 93, 94, 101, 116, 141,
    219, 222
Granitgneis 33
Granitporphyr 32, 95, 96
Granodiorit 21, 28, 42, 46, 63,
    73, 74, 75, 76
Granulit 28, 35, 39, 40, 41
Graphit 27, 30
Graptolithen 50, 68
Graptolithen-Schiefer 51, 58,
    68
Grasleben 129

Graugneise 33
Graupensand 145
Grauwacke 24, 34, 50, 51, 57,
 59, 62, 63, 66, 67, 69, 72, 74,
 101, 116, 220, 223
Grauwacken-Tonschiefer-
 Wechsellagerung 69
Greifswald 169
Greisen 37
Greiz 71
Grenzlager 89
Grenztal 185
Gries 103
Griffelschiefer 68, 72
Grimma 97
Grimmen 169, 177, 178
Gröba 74
Groß Schönebeck 175
Groß-Umstadt 159
Großalmerode 150
Großer Beerberg 94
Großer Feldberg 56
Großer Finsterberg 94
Großer Hermannsberg 94
Großer Knollen 61
Großer Markgrafenstein 178
Großer Stein 178
Großer Winterberg 166
Großthiemig 77
Grube Stahlberg 105
Grubengas 84
Grundgebirge 11, 135
Grundwasserleiter 157
Grundwasserreserven 188
Grundwasserspeicher 140
Grundwasserträger 179
Grünsand 126
Grünschiefer 24, 50, 65
Güdensweiler 91
Gumpelstadt-Schweina 105
Günz 143
Günz-Komplex 179
Gutmadingen 113
Gyttja 176

H

Habichtswald 160
Hagelberg 167, 177
Hagen-Halden 57

Hagen-Vorhalle 222
Hähnlein 140
Haimhausen 144
Hakel 121, 129
Halberstädter Mulde 128
Haldenslebener Störung 63
Halle 96, 153, 154
Halle in Westfalen 127
Hallesches Porphyr-
 Gebiet 86, **95**
Hallescher Vulkanit-
 komplex 81, 96, 97
Halligen 187
Hallstätter Kalk 134
Halterner Sand 126
Hambach 43, 146, 147, 230
Hamburg 167, 178, 186
Hamburger Trog 172, 173
Hammer-Unterwiesenthal
 38
Hangschutt 165
Hannover 124, 125, 178
Hardegsen-Folge 107, 117
Harsefeld 175
Hartgesteine 46, 77, 97
Härtling 163
Harz 48, 58, 59, 60, 61, 115,
 121, 139, 150, 227
Harzburger Gabbro 58, 60
Harzgeroder Zone 58, 59, 60
Harznordrand-Auf-
 schiebung, -Lineament 61
Harzvorland 61, 128, 150,
 154
Haselgebirge 131, 133, 136
Haslach-Mindel-
 Komplex 179
Haßberge 111, 159, 163
Hauptdolomit 103, 118, 134
Hauptgrünstein 52
Hauptquarzit 68
Hauptverwerfung 107, 139
Haverlahwiese 125
Hebertshausen 144
Hechingen 112
Hegau 139, 164, 165, 232
Heide 175
Heidelberg-Sandstein 128
Heidelstein 163
Heilbad 140
Heilbronn 113

Heiligenhafen 169, 178
Heilquellen 126
Heilwässer 57
Heinersdorf-Formation 67
Heldburg 150, 163
Heldburger Gangschar 111,
 139, 159, 163
Heldenfingen 111
Helgoland 169, 177
Helium 174
Hellberge 167, 177
Helmstedt 128, 129, 151
Helmstedter Revier 152
Helpter Berge 167, 177
Helvetikum 132, 133, 134
Helvetische Fazies 134
Helvetische Zone 135
Hemmelte 174
Hemmoor 167
Hengstlage 174
Heraushebung 14, 15, 24, 34,
 44, 51, 55, 56, 62, 66, 90,
 122, 133, 135
herzynisch 124
herzynische Richtung 12
Hessen 105, 107, **160**
Hessische Gräben 140
Hessische Senke 47, 49, 107,
 108, 150, 161
Hetendorf 181
Hiddensee 170, 182
Hildesheimer Wald 121, 123
Hils 121, 123, 124
Hils-Mulde 123
Hils-Sandstein 123
Himmelreich-Höhle 103
Hinterer Bayerischer
 Wald **27**
Hinterweidenthal 107
Hirschau-Schnaittenbach
 225
Hirschberg-Gefeller Anti-
 klinale 65, 69, 70
Hocheifel 161
Hochfläche 41
Hochgebirge 135
Hochmoortorf 188
Hochtemperatur 35
Hochwald 166
Hohburg 97
Hohe Burg 167, 177

Hohe Rhön   163
Hohe Acht   161
Höhenberg   94
Höhenberg-Dolerit   92, 93, 94
Hohenbocka-Leippe   157
Hohenhöwen   164, 232
Hohenstoffeln   165, 232
Hohentwiel   165
Hohenwarte-Talsperre   72
Hohenzollern-Graben   109, 112
Hoher Gieck   167, 177
Hoher Vogelsberg   160
Hohes Gras   160
Hohes Venn   49, 51
Höhlen   103, 110
Holozän   176, 177, 179, 182, 184, 187, 234
Holstein-Interglazial   179
Holunger Graben   118
Holzappel   56
Holzen   125
Holzmaden   110
Holzmühlental bei Flechtingen   102
Hondelage-Wendhausen   125
Höhenberg   92
Hönnetal   57
Horizontalbewegungen   14
Horloff-Graben   149
Hornburger Sattel   59
Hornfels   36
Hörre-Zug   49, 51, 53
Hörschel   163
Horstberg   126
Horster Schichten   82
Hoßkirch-Komplex   179
Hot-Dry-Rock   114, 140
Hüggel   79, 105, 126
Hungen   161
Hunsrück   16, 49, 50, 53, 85
Hunsrück-Decke   53
Hunsrück-Südrand-Verwerfung   91
Huntorf   175
Husum   186
Hutberg   167
Hüttenrode   62
Huy   121, 128, 129

I

Iapetus   3, 4, 5
Ibbenbüren   84
Iberger Riff   58, 59
Ichthyosaurier   110
Idar-Oberstein
– Komplex von   89
Ignimbrit   23, 89, 95, 96, 97, 98, 101, 102
Ilfelder Senke   61, 81, 100, 101
Iller-Platte   143
Ilmenau   95, 105
Ilmtal-Magdalaer Graben   118
Impakt-Brekzie   109, 111, 142
Imsbach   91
Inde-Mulde   84
Inden   146, 147
Indium   38
Inkohlung   82, 86
Inn   145
Inntal-Decke   132, 135
Inselsberg   94
Interglazial   178, 179, 182
Intrusion   24, 34, 160
Intrusivkörper   96, 171
Involutus-Sandstein   128
Inzenham   144
Irnich   145
Isar   145
Ith   121, 123

J

Jade-Westholstein-Trog   172, 173
Jänschwalde   157
Jasmund   167, 169, 176, 177, 233
Jena   117
Johanngeorgenstadt   38
Jüngere Sand- und Tonserie   149
Jungmoräne   143
Jungmoränengebiet   183
Jungtertiär   139
Junkerbach-Formation   67

Jura   22, 59, 107, 109, 110, 116, 117, 125, 128, 133, 134, 135, 142, 169, 171, 172, 173, 174, 175
Jura-Trog   172
Jura-Zeit   172
Jusi   111

K

Kahlenberg bei Ringsheim   26
Kahler Asten   56
Kaiser-Gebirge   131
Kaisergebirgs-Scholle   132
Kaiserstuhl   139, 164
Kaledoniden   8
– Mitteleuropäische   1, 3, 170
– Nordwesteuropäische   3
Kaledonisch   4
kaledonische Diskordanz   11
Kaliflöz   118
Kalisalz   103, 105, 108, 118, 124, 129, 140, 163, 175
Kalk   106, 129
Kalkalpen   228
Kalkknotenschiefer   66, 69
Kalkmergel   123, 129
Kalkmergelstein   125
Kalkmulde   54
Kalkriff   105
Kalkstein   24, 51, 59, 66, 74, 105, 109, 110, 113, 116, 119, 125, 126, 129, 133, 136, 140
Kalkturbidit   50
Kalle   174
Kaltzeit   178
kambrisch   30
Kambrium   30, 34, 51, 65, 66, 67, 70, 73, 75, 76
Kamenz   75, 77
Kamp-Lintfort   84
Kamsdorf   106
Kandern   164
Kaolin   77, 91, 97, 100, 119, 225
Kaolinerde   30, 31
Kaolinsand   178
Kap Arkona   182
Kar   24, 25, 27
Karbon   4, 23, 53, 58, 66, 170, 174, 223

Karbon-Zeit 29
Karbonat 101
Karbonat-Gestein 71
Karbonat-Plattform 131
Karbonatit 97, 164
Kärlich 162
Karlshafen 108
Karpaten 1
Karsdorf 119
Karsee 30
Karstspalte 221
Kastenberg 108
Katzenbuckel 139, 159, 164
Katzhütte-Komplex 64, 67, 68
Kavernenspeicher 108, 124, 128, 129, 175
Kehlstein 134
Keilberg 33
Kellerwald 50, 53, 56
Kellerwand 49, 51
Kemmlitz 97
Kemnath 159
Keratophyr 51, 52, 69
Keratophyrtuff 52
Kerngneis 33
Kesselberg 167, 177
Ketzin 171
Keuper 54, 61, 107, 109, 110, 112, 113, 115, 116, 117, 119, 120, 122, 124, 127, 167, 172, 175, 226
Kichheilingen 118
Kiel-Rönne 175
Kieler Förde 185
Kies 145, 149, 187
Kiesel-Oolith 56
Kieselerde 113
Kieselgur 176, 181, 182, 188
Kieselhölzer 100
Kieseloolith-Schotter 148
Kieseloolith-Serie 147
Kieselschiefer 66, 68, 76
Kieserit 124
Kiessand 41, 119, 157
Kinzigtal 26
Kirchberg 36
Kirchheim 160
Kirchheim unter Teck 159
Kirchheimbolanden 89
Kirn 89
Klei 182

Klein-Schmölen 234
Kleiner Fallstein 129
Kleiner Markgrafenstein 178
Kleiner Thüringer Wald 103
Klieken 181, 188
Kliff-Linie 111
Klingenbachtal 43
Klingenthal 166
Klitzschmar-Schichten 97, 98
Knotenkalk 69
Knüll 150
Knüllgebirge 160
Kobalt 38
Kochelsee 136
Kohle 26
Kohlendioxid 18, 160, 163
Kohlenflöz 82, 89, 90, 122, 230
Kohlenkalk 51, 70
Kohlensäure 160
Koks 86
Kölner Bucht 17, 50
Kölner Scholle 146, 148
Kondensat 174
Konglomerat 24, 34, 66, 69, 82, 90, 92, 94, 98, 100, 101, 105, 107, 116, 117, 120, 122, 134, 143, 170
Königsaue 152
Königshain 77
Königshainer Gebirge 76
Königstein 119, 120
Königstuhl 167
Königswinter 161
Könitz 106
Konstanz 144
Kontinentale Tiefbohrung 15
Köppern 57
Korallenoolith 122, 124, 125, 176, 227
Korbach 105
Koschenberg 77
Kraak 175
Kraichgau 109, 110, 139, 160
Krefeld 147
Krefelder Gewölbe 145
Krefelder Scholle 146
Kreide 17, 32, 51, 59, 79, 110, 116, 127, 135, 160, 167, 171, 174, 178, 187

Kreide-Bedeckung 99
Kreide-Kliff 233
Kreide-Zeit 14, 62, 84, 120, 123, 124, 134, 161, 173
Krempe-Lägerdorf 172
Kreuznach-Schichten 91
Kristalliner Odenwald 20, **41**
Kristallingebiete 20, 22, 169
Kristallinzone
– Mitteldeutsche 41, 114
Krölpa 106
Krummhörn 175
Kruste 16, 17
Krustenbewegungen 14
Kryoturbation 234
Kulm 27, 50, 69
Kulmain-Zinst 166
Kulmbach 107
Kummerower See 168, 185
Künisches Gebirge 27
Kupfer 91, 105
Kupfererz 56, 108
Kupfermergel 105
Kupferschiefer 105
Kuppel 36
Kuppige Rhön 163
Kusel 91
Kusel-Schichten 89
Küstendynamik 184
Küstenerosion 233
Küstenregion 183
Kyffhäuser 20, **46**, 59, 81, 100, 103, 121
Kyffhäuser-Kristallin **44**

L

Laacher See 161, 162
Laacher See-Ausbruch 232
Lägerdorf 167, 175, 177
Lagerquarzit 68
Lahn-Dill-Gebiet 53
Lahn-Dill-Typ 62, 69, 71
Lahn-Marmor 57
Lahn-Mulde 49
Lam 30
Lamerden 128
Lammersdorf 55
Lamprophyr 76, 77, 97
Landau 18, 140, 141

Landeskrone 166
Landsberg 96
Landshut 145
Landshut-Neuöttinger Hoch 143
Landshuter Schotter 145
Landverluste 185, 186
Langd 231
Lange Rhön 163
Langenberg 227
Langenorla 119
Langensalza-Nord 119
Langhecke 57
Lapilli 163
Latroper Sattel 49, 53
Laubach 161
Lauchert-Graben 109, 112
Lauenburger Ton 179, 181
Laurentia 3, 4, 5
Laurussia 5, 6
Lausche 166
Lausitz 74, 75, 76, 153, 165
Lausitzer Bergland 48, 166, 220
Lausitzer Flözhorizont 156
Lausitzer Granodiorit-Komplex 76
Lausitzer Grauwacke 75, 77
Lausitzer Hauptabbruch 75
Lausitzer Überschiebung 73, 74, 75
Lautertal-Rechenbach 43
Lebach-Schichten 89
Lech-Platte 143
Lechtal-Decke 132, 135
Lederschiefer 68
Lehesten-Schmiedebach 72
Lehm 188
Lehrte 125
Leimbach 164
Leimitz-Schiefer 70
Leine- und Weser-Bergland 104
Leine-Bergland 120, 122
Leine-Folge 103, 118
Leine-Graben 121, 123
Leinetal-Achse 124
Leipzig 97
Leipziger Tieflandsbucht 95, 139, 152, 153, 155
Leistenscholle 92, 128

Leitgeschiebe 176
Lengede 125
Lengerich 128
Lenglern 124
Letten 55, 103
Lettenkohlen-Keuper 113, 117
Letzlinger Heide 175
Leubsdorf 38
Leuchtenburg-Graben 118
Leukersdorf 99
Lias 61, 109, 110, 112, 113, 114, 115, 122, 124, 125, 129, 145, 173, 178
Liebensteiner Einheit 44, 45
Lieth 167, 175, 177
Lilienstein 119
Limnaea 184
Limnaea-Meer 185
Lineament 61
Lindener Mark 57
Lippe 84
Lippstädter Gewölbe 55, 126
Lithographen-Schiefer 111
Lithothamnien-Kalk 136
Litorina-Meer 187
Litorina-Transgression 185
Löbau 166
Löbejün 96, 98
Lobenstein 71
Löcknitz 176
Loissin 169
Loosener Kies 178
Löss 51, 111, 112, 114, 116, 122, 128, 132, 147, 149, 164, 177, 186
Lösslehm 51, 112, 132, 164
Lübeck 186
Lübecker Bucht 185
Lübtheen 167, 173, 176, 177, 182
Lüdenscheider Mulde 49, 53
Lüderich 56
Ludwigslust 181, 182
Lugau-Oelsnitz 98
Lüneburg 167, 173, 177, 186
Lüneburger Heide 167, 179

M

Maar 111, 160, 162, 164
Maastricht 84
Magdeburger Urstromtal 168, 186
Magmatite 44
Magnetit-Erz 67
Magnetkies 30
Main **164**
Mainburg 145
Mainz 140
Mainzer Becken 137
Malchiner See 168, 185
Malm 61, 109, 110, 111, 112, 122, 123, 124, 141, 225, 227
Malmedy 55
Mammendorf 102
Manebach 95
Manebach-Schichten 92, 93, 94
Mangan 95
Mangan-Lagerstätte 57
Mannheim 137
Mansfelder Mulde 105
Mantel 16, 17
Marburg 107
Marienberg 38
Markneukirchen 166
Marktredwitz 31, 159, 166
Marmor 34, 39, 41, 67, 96
Maroldsweisach 164
Marsch 182, 183, 186, 188
Massenkalk 50, 51, 57, 221
Masserberg 95
Massiv von Stavelot 50
Maubach 108
Mayen 57
Mechernich 55, 108
Mechernich-Nideggener Bucht 49, 50, 54, 145
Mecklenburg-Vorpommern 18
Meeresspiegel-Anstieg 181
Meggen 56
Meisdorfer Senke 81, **100**, 101
Meißen 99
Meißener Massiv 74
Meißener Vulkanit-Gebiet **99**, 100

Meißner 160
Melaphyr 85, 89, 90, 91
Meldorf 186
Mellenbach-Folge 67
Menap-Komplex 179
Menden 55, 81
Mendig 232
Menzenschwand 26
Mergel 113, 116, 117
Mergelstein 122, 126, 140
Merkers 108
Meseberg 173
Mesozoikum **107**
Messel 137, 140
metamorphe Gesteine 30, 49
Metamorphe Zone von Wippra 58
Metamorphe Zonen 50
metamorpher Komplex 33
Metamorphit 27, 41, 44, 60, 65
Metamorphose 23, 24, 27, 34, 36
Meteorit 142, 155
Meteoritenkrater 111
Methan 84, 174
Meuro 157
Midlands-Kraton 5, 8
Migmatit 59, 116, 141
Milseburg 163
Mindel 143
Mindel-Moräne 143
Mineralgänge 25
Mineralquelle 114, 140, 166
Miozän 22, 109, 132, 135, 142, 145, 148, 152, 154, 155, 156, 160, 161, 163, 164, 165
Mirow 174
Misburg 175
Mitteldeutsche Kristallin-zone 41, 44, 46, 60, 61, 75, 94, 100, 114, 170
Mitteldevon 50, 57, 71
Mitteleuropäische Kaledo-niden 170
Mitteleuropäische Platt-form 6
Mitteleuropäische Senke 1, 2, 3, 6

Mitteleuropäisches Schollen-gebiet 2, 9
Mitteleuropäisches Tiefland 1
Mittelharzer Gänge 61, 100
Mittelherwigsdorf 166
Mittelmeer-Mjösen-Zone 137
Mittelplate 173
Mittelsächsische Störung 74
Mittelsächsische Überschie-bung 33
Mitterteich 166
Mockrena 95
Moers 84
Möhrenbach 95
Molasse 134, 135
Molasse-Becken 9, 22, 28, 109, 111, 132, 139, **141**, 142, 179
Moldanubikum 19, 27, 31
Moldanubische Region 27
Moldanubische Zone 6
Mölln 174
Mölln-Folge 103
Mönchengladbach 145
Mönchgut 176
Monograptus uniformis 69
Moor 144, 182
Moorgrund 105
Moosburg 145
Moräne 25, 30, 133, 167, 176
Morsleben 129
Mosel-Gletscher 27
Mosel-Schiefer 57
Mosel-Synklinorium 53
Mücheln 152
Mühlhausen 119, 140
Mühlheim a. d. Ruhr 126
Mühlleiten 37
Mühlrose 182
Mühlstein-Lava 162
Mummelsee 25
Münchberger Masse 20, 28, 30, 65
Münchehagen 123
München 144
Munster 181, 188
Münsterland 17, 83
Münsterländer Haupt-kieszug 127

Münstersches Kreide-Becken 49, 104, 120, 121, **126**, 127
Münstertal 26
Müritz 168, 185
Murnau 228
Muschelkalk 42, 54, 61, 71, 109, 112, 113, 115, 116, 117, 118, 119, 120, 122, 123, 125, 126, 127, 129, 167, 172, 176
Muskauer Faltenbogen 154, 181
Mya 184
Mylonit 35
Myophorien-Schichten 117

N

Nabburg 111
Nacheiszeit 182
Nachterstedt 152
Nagelfluh 143
Nahe-Subgruppe 91
Nammen 124
Namur 79, 82, 83, 86, 222
Nardevitz 178
Nassauer Marmor 57
Naturstein 57
Naundorf 38
Nebra 119
Neinstedt 128, 227
Neokom-Sandstein 128
Neoproterozoikum 4
Nephelinit 159
Nereiten-Quarzit 69
Nereites 69
Nettetal 162
Neu-Ulm 144
Neubeckum 128
Neuburg a. d. Donau 111, 113
Neuerburg 161
Neukirch 29
Neukirchen 28
Neustadt a. d. Weinstraße 43
Neustadt-Glewe 18, 175
Neuwieder Becken 49, 160, 161
Nickel 38
Niederbobritzsch 36, 38
Niederhäslich 99
Niederlande 179

Niederlausitz 139, **152**, 153, 154, 155, 156
Niederlausitzer Antiklinalzone 75
Niederlausitzer Grenzwall 155
Niedermendig 162
Niedermoortorf 188
Niederrheinische Bucht 49, 139, **145**, 146, 148
Niedersachsen 107, 181
Niedersachswerfen 106
Niederschlag-Bärenstein 38
Nochten 157
Nohfelden 89
Norddeutsche Kaledoniden 170
Norddeutsche Senke 171
Norddeutsches Tiefland 11, 123, **167**, 170, 171, 177, 179
Norddeutschland 168, 180
Nordhessisch-Südniedersächsische Tertiär-Senken **149**
Nordhessisches Basalt-Gebiet 139
Nördliche Kalkalpen 15, 131, 135
Nördlicher Landrücken 167, 168, 183
Nördlingen 111
Nördlinger Ries 109, 111, 132, 139, 141, 142, 155, 159
Nordsee 79, 137, 187
Nordwestsächsischer Vulkanitkomplex 40, 81, 95, 96
Nordwestsächsisches Hügelland **95**
Nossen-Wilsdruffer Schiefergebirge 73
Nummuliten 134
Nürburg 161
Nürnberg 113
Nüttermoor 175
Nuttlar 57

O

Oberbettingen 55
Obercrinitz 38
Oberdevon 50, 57, 63, 71, 221
Oberdorla 119

Obere Meeres-Molasse 132, 135, 141, 142
Obere Süßwasser-Molasse 132, 135, 141, 142, 165
Oberharzer Devon-Sattel 58, 59, 60
Oberhof-Schichten 92, 93, 94
Oberhofer Mulde 92, 94
Oberkarbon 21, 28, 32, 34, 36, 40, 44, 45, 49, 51, 52, 53, 59, 60, 63, 65, 73, 74, 75, 79, 81, 85, 86, 90, 92, 96, 97, 116, 126, 127, 170, 171, 174, 222
Oberkreide 34, 37, 61, 71, 73, 83, 99, 109, 115, 119, 124, 126, 127, 128, 133, 141, 172, 173, 176, 226, 229
Oberlausitz 154, **157**, 158
Obermöllern 119
Obernkirchener Sandstein 125
Oberpfalz **165**
Oberpfälzer Wald 20, **27**, 28, 29, 109
Oberrhein-Gebiet 15
Oberrhein-Graben 2, 16, 17, 18, 21, 22, 42, 109, **137**, 139
Oberröblinger Senke 151, 152, 153
Oberstdorf 131
Obrigheim 113
Ochtrup 128
Ockerkalk 68
Ockrilla 100
Odenwald 42, 107, 108, 109, 164
– Kristalliner **41**
Oder-Haff 185
Oder-Talsperre 222
Offenbach an der Queich 141
Offenburger Mulde 25
Ohre-Folge 103
Oker-Granit 59, 60
Olbersdorf 158
Old Red 170
Ölheim-Süd 125
Oligozän 22, 132, 135, 142, 145, 148, 149, 152, 154, 155, 156, 161, 165
Olisthostrom 59, 74

Ölschiefer 114, 125, 140
Oolith-Bänke 117
Ordovizium 7, 29, 30, 32, 50, 51, 63, 65, 66, 68, 70, 71, 169
Ornamentsteine 108, 113, 125, 128
Orogenese
– cadomische 36
– variszische 36, 41, 44, 52, 55
Ortenberg 107
Orthogesteine 43
Orthogneis 21, 29, 32, 44, 45, 46, 116
Ortstein 186
Os 127
Oschatz 74
Oschersleben 151
Oschersleben-Staßfurter Sattel 121, 128, 151
Oscherslebener Mulden 152
Osnabrück 79, 81, 84, 86
Osning 126
Osning-Sandstein 123, 126, 127
Osning-Überschiebung 127
Ossling 77
Ostalpin 132
Ostbayerisches Schollenland 112
Osterode 106
Osterwald 123
Osteuropäische Kraton 170
Osteuropäische Plattform 1, 2, 3, 170
Ostharzrand **100**
Ostholstein-Trog 172, 173
ostholsteinsches Hügelland 182
Ostlausitzer Granodiorit 76
östliches Harzvorland 151
Ostrau-Pulsitz 106
Ostsauerländer Hauptsattel 49, 53
Ostsee 169, 182, 184, 187
Ostthüringen 151
Otzberg 159
Otzberg-Zone 41
Övelgönne 178

P

Paderborn   126, 128
Paitzdorf   72
Pakendorfer Zone   63, 64
Paläozän   145, 154
Paläozoikum   28, 61, 67
Paludinen-Schichten   181
Pangaea   6
Paragesteine   30, 43
Paragneis   21, 27, 29, 32, 45,
   46, 141
*Parakidograptus acumi-
   natus* 68
Parchim   170
Parkstein   166
Passau   29, 144, 145
Pechtelsgrün   37
Peckensen   175
Pegmatit   30
Peine-Ilsede   123
Penninikum   132
Penninischer Ozean   8
Penzberg-Peißenberg   144
Perach   145
Perm   58, 66, 133, 170
Permosiles   92, 95, 105
Petersberg   96, 98
Pfaffenreuth   30
Pfahlquarz   29
Pfahlschiefer   28, 29
Pfälzer Bergland   107
Pfälzer Wald   20, 43, 81, 91
Pflanzenreste   106
Pflastersteine   188
Philippsthal   108
Phonolith   153, 159, 163, 164,
   165, 166, 231
Phosphorit-Konkretionen   68
Phycoden-Dachschiefer   72
Phycoden-Formation   68
Phycodes 68
Phyllit   28, 32, 34, 35, 39, 40,
   51, 53, 65, 75, 76, 132
Phyllitisierung   70
Piekberg   167, 177
Piesberg   79, 84, 121, 126
Piesberg-Pyrmonter Achse   126
Pirna   119
Plaggenhieb   182
Pläner   120

Plänerkalk   122, 123, 126
Plattendolomit   103
Plattform
– Mitteleuropäische   6
– Osteuropäische   3
– Westeuropäische   6
Plauer See   168, 185
Pleistozän   94, 132, 143, 148,
   154, 155, 160, 165, 176, 177,
   178, 179, 183, 184, 187, 234
Pleß   163
Pliozän   22, 94, 112, 140, 147,
   148, 149, 154, 160, 163, 164,
   178
Plötz   98
Pluton   16, 55
Pockau-Görsdorf   38
Podsol   186
Poel   233
Pöhla   37
Pöhlberg   166
Polierschiefer   158
Pommersche Hauptrand-
   lage   185
Pommerscher Eisvorstoß
   183
Pommersches Stadium   168
Porphyr   23, 89, 90, 92, 94, 95,
   96, 97, 101, 223
Porphyr-Decke   96, 97, 101
Porphyrit   85, 89, 92, 95, 96,
   97, 99, 101, 102
Porphyroid   70
Portaerz   122, 124
Posidonienschiefer   110, 113,
   114
Positra 110
Pößneck   105
Postaer Sandstein   120
Präboreal   184
Prätegelen-Komplex   179
Prignitz   176
Prödeler Zone   63, 64
Profen   156, 157
Promoisel   176
Proterozoikum   24, 33, 34, 36,
   64, 65, 67, 73, 75, 109, 116,
   169, 171
Protriton-Horizont   93
Pultscholle   14, 19, 31, 37, 61,
   63, 100

Püttlach-Tal   110
Pyrit   30
Pyriterz   62
Pyrmonter Achse   121
Pyroxengranulit   39

Q

Quadersandstein   119
Quartär   22, 54, 56, 112, 119,
   128, 129, 137, 139, 147, 160,
   161, 163, **176**, 179, 180
Quarzgang   219
Quarzit   50, 51, 59, 66, 71, 75,
   116, 122
Quarzkies   147, 149
Quarzphyllit   67
Quarzporphyr   32, 43, 44, 85,
   89, 91, 99
Quarzsand   129, 140, 149, 175,
   178
Quarzsandstein   226
Quecksilber   91, 174
Quedlinburg   129
Quedlinburger Sattel   128
Quellkuppe   165
Querverwerfung   83

R

Rabenau   99
Rachel   30
Racheln   163
Rachelsee   30
Radeburg   75
Radiolarit   133
radiometrische Datierung   23
Raibler Schichten   133, 134
Ramberg-Granit   58, 59, 60
Rammelsberg   62
Ramsau-Dolomit   133, 134,
   136
Ramsbeck   56
Randgranit   25
Randschiefer-Serie   70
Randsenke   79
Rappbode-Talsperre   62
Raseneisenerz   188
Rät   117, 173

Rätsandstein   119
Ratzeburger See   168, 185
Rauher Kulm   166
Raumland   57
Raunoer Folge   155
Ravens-Berg   61
Redwitzit   30
Regensburg   111, 144
Regensburger Wald   3
Regnitztal   112
Rehburger Berge   123
Rehburger Staffel   187
Rehden   174
Reichwalde   157
Reinersreuth   31
Reingrafenstein   223
Reinhardtsdorfer   120
Reitbrook   174
Reiteralm-Schubmasse   132,
   135
Reliefumkehr   123
Reliefunterschiede   167
Remscheid-Altenaer Sattel   49,
   53
Remscheider Sattel   50
Rhabdinopora flabelliformis
   50
Rhein   147
Rheinberg-Borth   149
Rheingold   140
Rheingrafenstein   89
rheinische Richtung   12, 124
Rheinisches Schiefergebirge
   14, **47**, 48, 51, 52, 53, 55, 56,
   57, 81, 105, 121
Rheinsberg   175
Rheischer Ozean   3, 5
Rhenoherzynikum   47
Rhenoherzynische Zone   5, 6,
   8
Rhön   107, 150, **162**, 231
Rhyolith   223
Richelsdorfer Gebirge   103
Ries-Meteorit   145
Riesa   74
Riesenstein-Granit   74
Riffkalk   116, 131
Riftzone   4
Ringköbing-Fünen-/Ringkø-
   bing-Fyn-Hoch   1, 2, 172
Rinnen   180

Riss   143, 179
Riss-Gletscher   143
Riss-Vereisung   136
Rissdorf   55, 145
Rochlitzer Porphyrtuff   97
Rodderberg   161
Rodinia   3
Rogenstein   116, 117, 129
Rohkaolin   91
Rohmontanwachs   152
Rösenbeck   221
Rossdorf   43
Roßlau   63
Roßleben   118
Rostock   18
Röt   107, 117, 167
Röt-Salinar   117
Roteisenstein   56, 62
Rotenburg   106
Rotenburg-Taken   174
Rotenstein   89
Roterde   161
Rotes Moor   163
Rotfärbung   93
Rotgneise   33
Rothsteiner Felsen   76
Rotliegend-Zeit   44, 91
Rotliegendes   21, 22, 25, 28,
   32, 34, 40, 42, 43, 45, 49, 59,
   60, 61, 65, 71, 73, 75, 76, 81,
   85, 86, 87, 89, 90, 92, 94, 95,
   96, 97, 98, 99, 100, 101, 103,
   116, 142, 145, 167, 171, 174,
   223, 224
Rotliegend-Salz   172
Rotschiefer   50, 51
Rotterode-Schichten   92, 93,
   94
Rottleberode   62, 106
Rötung   55
Rotverwitterung   34, 37
Rüdersdorf   167, 174, 175,
   176, 177
Rudolfstein   219
Rügen   169
Rügen-Kaledoniden   7
Ruhla   95
Ruhlaer Einheit   44, 45
Ruhlaer Granit   92
Ruhlaer Kristallin   20, **44**, 45,
   46, 92, 94

Rühle   174
Rühme   125
Ruhner Berge   167, 177
Ruhrgebiet   47, 56, **79**, 81, 82,
   84, 86
Ruhrkarbon   49, 83
Rülzheim   140
Rumburger Granit   75, 76
Rumpfflächen   14, 94
Rundinger Zone   29
Rupel-Ton   149, 169
Rur-Scholle   146, 147, 148
Rußschiefer   66, 69
Rutschkörper   50, 58, 134
Rutschmasse   59, 127, 133
Rutschung   113, 127

S

Saale   155, 168, 177, 179, 181
Saale-Kaltzeit   154
Saale-Senke   97
Saale-Vereisung   147, 167, 176,
   181, 186, 187, 234
Saalfeld   118
saalische Diskordanz   96
Saar   87, 105
Saar-Nahe-Becken   81, 85, 87,
   89, 91
Saarbrücker Hauptsattel   85, 86
Saargebiet   79, 81, **85**, 86, 89
Sachsen   14
Sächsisch-Thüringisches
   Unterflöz   155
Sächsische Schweiz   226
Sächsisches Granulitgebirge
   20, **39**, 40, 41
Sackwald   121, 123, 124
Sadisdorf   36, 37
Sagermeer   74
Sahara-Vereisung   68
Sailauf   44, 91
Salz   113, 122, 124, 131, 149,
   151, 163
Salzburg   131, 136
Salzburger Alpen   134
Salzgitter   123
Salzhemmendorf   126
Salzstock   131, 172
Salzstruktur   12, 13, 172, 173

Salzwedel   174
Sand   111, 140, 145, 149, 151, 187
Sandebeck   160
Sandhausen   140
Sandlöss   177, 182
Sandstein   34, 51, 82, 90, 91, 98, 100, 101, 105, 107, 110, 114, 116, 117, 120, 122, 125, 129, 133, 136, 170
Sandverwehungen   182
Sangerhäuser Mulde   105
Sanidin   161
Sarstedt   124
Sattel- und Mulden-struktur   83
Sauerland   49, 52
Säuerling   160
Säugetier-Funde   137
Saupersdorf   38
Saxon   63, 91, 93, 96, 99, 100, 101, 103, 171, 174, 175, 224
saxonische Gräben   12, 107
saxonische Tektonik   123
Saxothuringikum   19, 30, 47
Saxothuringische Zone   6, 8
Schaalsee   168
Schacht Konrad   125
Schafberg   79, 84, 105, 126
Schalstein   51, 52, 69
Schandelah-Flechtorf   125
Schauinsland   26
Schaumkalk-Bänke   117
Scheibe-Alsbach   71
Scheibenberg   166
Schellerhau   36
Scherzone   35
Schichtlücke   12, 24, 34, 51, 66, 76, 90, 116, 122, 128, 133
Schichtstufen   109, 112, 117, 123
Schichtstufenland
– Süddeutsches   **108**
Schiefer   24, 50, 51, 59, 71, 72
Schieferhülle   43
Schiefermantel   39, 40
Schiefermehl   72
Schieferung   52, 66, 116
Schild
– Fennoskandischer   3, 11, 169

Schilfsandstein   112, 113, 117, 119
Schleenhain   157, 230
Schleiz-Pörmitz   71
Schleswig   169
Schlettstadt   27
Schleuse-Granit   92
Schleuse-Horst   94
Schleusingen   103
Schlotbrekzie   163, 165
Schlotfüllung   159, 164, 165
Schlotheimer Graben   118
Schlotröhre   164
Schlotten   113
Schmalkalden   46, 103
Schmalkaldener Revier   95, 105
Schmelzwasser-Ablagerung   176, 187
Schmelzwasser-Sedimente   132
Schmelzwassersand   181, 234
Schmidhausen   144
Schmiedeberg   38
Schmiedefeld   71, 92
Schmiedefeld-Vesser   67
Schnecken   137
Schneckenstein   38, 72
Schneeberg   36, 38
Schneeferner   136
Schneekopf   94
Schneifel   54
Scholle   99, 145, 147, 178
Schollenbau   123
Schollengebiet
– Mitteleuropäisches   1
Schollentreppe   139
Schönbrunn   72
Schöningen   152
Schotter   97, 99, 100, 102, 105, 133, 136, 140, 161, 162
Schotter und Splitt   95, 125, 129
Schramberg   25
Schramberger Senke   81
Schreibkreide   122, 167, 175
Schriesheim   43
Schuttfächer   152
Schuttsedimente   89, 141
Schwaben   110
Schwäbische Alb   17, 18, 22, 109, 110, 112, 132

Schwäbische Vulkane   160
Schwandorf   81, 111, 114
Schwarmbeben   18
Schwarzatal   72
Schwarzburger Antiklinorium   64, 65, 67, 68, 69, 94
Schwarzenberg   36, 38
Schwarzes Moor   163
Schwarzkollm   77
Schwarzschiefer   72
Schwärzschiefer   66, 69
Schwarztorf   182, 188
Schwarzwald   16, 19, 20, 21, 22, 23, 25, 26, 27, 91, 107, 108, 109
Schwedeneck   173
Schwefelkies   30
Schweizer Alpen   141
Schweizer Molasse   141
Schwerin   181
Schweriner See   168, 185
Schwermineralsand   176
Schwerspat   26, 56, 57, 62, 95, 106
Schwerspat-Flussspat-Gänge   46
Schwerz   96, 98
Schwindebeck   182
Seeburger See   105
Sccton   132
Segeberg   167, 173, 177
Scidenberg   76
Seife   72
Seifen   37
Seifhennersdorf   157, 158
Seilitz   100
Selb   31, 165
Selke-Mulde   59
Semmelberg   167, 177
Serizitschiefern   70
Serpentinit   31, 39, 40, 41
Siderit-Ankerit-Gänge   71
Siebengebirge   49, 51, 139, **161**
Sieber-Mulde   59
Siedenburg-Staffhorst   174
Siegener Sattel   55
Siegener Überschiebung   53
Siegerland   49, 53, 55, 56
Sieringhoek   128
Sigmaringen   111, 112
Silber   38, 105

Siles   49, 51, 86, 90, 116
Silur   7, 32, 33, 43, 50, 51, 58,
   63, 65, 66, 68, 73
Simbach   144
Sinterdolomit   106
Sinterkalk   123
Skarn   67
Skarnerz   37
Söhlingen   174
Sole   113, 126
Solling   107, 120, 121
Solling-Folge   107, 117
Solling-Scholle   2
Sollingplatten   108
Sollstedt   118
Solnhofen   111
Soltau   18
Sommerschenburg   129
Sondershausen   118
Sondra   163
Sontra   105
Sorge   106
Söse-Mulde   58, 59
Sötenich   57
Spaltenfüllung   163
Spateisenstein   56, 105
Speckstein   31
Sperenberg   167, 173, 175,
   177
Spessart   42, 107, 109
Speyer   141
Sphärosiderit   98
Spilit   52, 69
Splitt   97, 99, 100, 102, 136,
   161, 162
Sporen   43
Spremberger Folge   155
Sprendlinger Horst   41, 81, 91,
   160
Sprockhöveler Schichten   82
St. Egidien   41
St. Wendel   91
Stade   167, 175, 177
Stadtilm   118
Stadtoldendorf   106, 126
Staffhorst-Schwaförden   176
Starnberger See   132, 143
Staßfurt   129
Staßfurt-Folge   103, 118, 124
Staubecken   62
Staubecken-Ton   133

Stauchung   154
Staudach-Egerndach   229
Stedten   119
Steeden   57
Stefan   83, 85, 86, 87, 92, 93,
   100
Steiger Schiefer   26
Steigerwald   109, 110
Steilküste   186
Steinach   72
Steinbach   95
Steinfischerei   188
Steinheimer Becken   109, 111
Steinhuder Meer   121, 168, 187
Steinkohle   24, 34, 79, 81, 84,
   86, 87, 91, 92, 95, 97, 98, 99,
   101, 123, 125
Steinkohlenflöz   82, 170
Steinmannia   110
Steinmergel-Keuper   117
Steinsalz   103, 109, 116, 117,
   118, 124, 129, 136, 171, 175
Steinwand bei Poppen-
   hausen   231
Stemmer Berge   124
Sternberger Kuchen   169
Stetten   113
Stinkschiefer   118
Stishovit   111
Stockgranit   76, 77
Stockheim   91
Stockheimer Senke   81
Stockstadt   140
Stolberg   51
Stolpen   76, 166
Storkwitz   98
Stotzen   110
Stotzen-Kalk   112
Straßberg   62
Strassbüsch-Golbach   55
Straßenbau   84
Straßenbaustoffe   100
Straubing   144
Stromarien   105
Stromerzeugungsanlage   175
Stubbenkammer   178, 233
Stubensandstein   112, 113
Subalpine Molasse   135, 141,
   142
Subatlantikum   184
Subboreal   184

Subduktion   36
Subduktionszone   4
Subherzyne Mulde   121
Subherzynes Becken   63, 104,
   120, 122, **128**, 139, 151, 154
Subvariszikum   79
Süddeutsches Schichtstufen-
   land   104, **108**, 109, 112
Sudeten-Scholle   2
Südharz-Mulde   59, 60
Südlicher Landrücken   167,
   168, 186
Südwest-Deutschland   107
Suevit   111
Suhl   92
Sulzbach-Rosenberg   113
Süntel   121, 123
Süßer See   105
Süßwasserkalk   119
Süßwasserlinse   188
Sylt   169, 178, 186
Sylvenstein-Stausee   136
Sylvin   124
Synklinorium   64

T

Tabarz   95
Tafelberg   108
Talsperre   57, 72
Tambach   93
Tambach-Schichten   93, 94
Tanner Grauwacken-Zug   58,
   59
Tanner Zone   60
Tannrodaer Gewölbe   115, 118
Tau-See   187
Taucha   95
Taufstein   160
Taunus   17, 49, 50, 51, 52, 53,
   140
Taunus-Quarzit   57
Teerkuhle   173
Tegelen-Komplex   179
Tektit   155
Temperaturzunahme   139
Templin   175
Tentakuliten-Knollenkalk   69
Tephrit   159
Teplá-Barrandium   23, 27, 29

Terebratel-Bänke 117
Terrasse 147
Tertiär 32, 34, 37, 47, 51, 54, 55, 73, 75, 90, 108, 111, 114, 116, 119, 123, 128, 129, 132, 133, 139, 141, 145, 149, 150, 151, 153, 154, 155, 160, 161, 164, 166, 169, 171, 172, 173, 181, 187, 232
Tertiär-Quarzit 161
Tertiär-Senke **137**, 139
Tertiär-Zeit 110, 137, 145
Tethys 8, 15
Tetrapoden-Fauna 99
Teufelsley 29
Teufelsmauer 128, 227
Teuschnitz-Ziegenrücker Synklinorium 64, 65, 69, 70
Teutoburger Wald 121, 126, 127
Teutschenthal 118, 119
Thal 105
Tharandter Wald 36, 81
Thermalquelle 39
Thermalsole 141, 175
Thermokarst-See 187
Thiersheim 31
Tholeiit 91
Tholey-Schichten 89
Thüringer Becken 65, 92, 93, 104, **114**, 115, 116, **151**, 163
Thüringer bzw. Bornaer Hauptflöz 156
Thüringer Hauptgranit 67
Thüringer Marmor 72
Thüringer Wald 14, 81, 86, 92, 93, 94, 115
Thüringisch-Fränkisch-Vogtländisches Schiefergebirge 48, 65, 66
Thüringische Fazies 31, 66, 70
Thüringische Granit-Linie 70
Thüringisches Schiefergebirge **64**, 71
Thüste 125
Tiefbohrung 11, 15, 50, 169
Tiefe Rinnen 179
Tiefenwasser 85, 141, 144
Tirolische Decke 132, 135
Tirschenreuth 30
Tollense-See 168, 185

Ton 111, 116, 117, 119, 120, 126, 129, 144, 149, 151, 161, 175, 188
Tonnenheide 178
Tonschiefer 67
Tonstein 24, 34, 82, 90, 91, 92, 98, 105, 107, 109, 114, 119, 122, 129, 133
Torf 129, 132, 183
Torgau 95
Torgau-Doberluger Synklinorium 75, 76
Tornquist-Ozean 3, 4, 7
Tornquist-Sutur 8
Toteis-Block 143, 183
Tournai 86
Trachyt 159, 161
Trachyttuff 161
Trass 162
Travertin 113, 116, 119
Treuchtlinger Marmor 113
Trias 22, 59, 60, 66, 107, 114, 121, 124, 127, 128, 131, 133, 142, 171, 172, 173, 175
Trier 91
Trier-Bitburger Bucht 49, 50, 54, 55
Trimbs 57
Trinkwasser 58, 62, 95, 145
Trochiten-Kalk 117
Tropfsteinbildungen 110
Trümmereisenerz 125
Trümmererze 123
Trusetal 95, 106
Trusetaler Einheit 44, 45
Tuff 49, 68, 70, 92, 96, 99, 101, 111, 153, 157, 159, 160, 162, 164, 165, 182
Tuffröhre 160, 164
Tuffschlot 111
Tuffstein 162
Türkismühle 91
Tuttlingen 111

U

Übergangsstockwerk 11
Überschiebung 17, 52, 70, 83, 118, 131, 133, 134, 143, 156
übertiefte Täler 136

Uchte-Loccum 120
Uecker-Seen 168
Ueffeln 125
Uelsen 174
Uetze-Hänigsen 173
Unkonventionelles Gas 84, 174
Ulmener Maar 162
Unstrut-Revier 118
Unterbreizbach 108
Unterdevon 50, 52, 53
Untere Meeres-Molasse 132, 135, 141, 142
Untere Süßwasser-Molasse 132, 135, 141, 142, 165
Unterelbe-Trog 171
Unterhaching 144
Unterkarbon 29, 31, 32, 33, 34, 44, 47, 49, 51, 52, 57, 61, 63, 64, 65, 69, 70, 71, 72, 73, 75, 76, 83, 86, 87, 98, 116, 169, 170, 171
Unterkreide 34, 61, 123, 124, 127, 133, 172, 173, 175
Unterloquitz-Arnsbach 72
Unterlüss 181
Untersberger Marmor 136
Unterschleißheim 144
Untertagespeicher 119, 140
Unteruecker-See 185
Unterweißbach 72
Unterwellenborn 106
Unterwerra-Sattel 103
Ur-Rhein 56
Urach-Kirchheimer Vulkangebiet 139
Uran 38, 72, 98, 100, 120
Uranerz 26, 30, 101, 106, 113
Urstromtal 182, 183
Usedom 170
Usinger Quarzgang 29

V

Varisziden 1, 6, 8
variszisch 4, 31
variszische Deformation 43
variszische Diskordanz 11, 71
variszische Orogenese 36, 41, 44, 52, 55, 58, 69, 70, 76

variszische Tiefengesteine   41
variszischer Geosynklinal-
   bereich   47
variszisches Gebirge   15, 79
Variszisches Grundgebirge   2
Velberter Sattel   49, 53
Velpke   129
Venloer Scholle   146
Venn-Sattel   50, 53
Venusberg   38
Vereisung   135
Verkarstung   110, 126
Verrucano   131
Versalzung   188
Verschuppung   60, 154
Verwerfung   50, 139
Vesser   92
Vesser-Synklinorium   64, 70
Viechtach   219
Vienenburger Sattel   129
Viking-Graben   137
Ville   146, 147, 148
Vilshofen   29
Visé   86
Vlotho   120
Vogelsberg   109, 139, 150,
   160
Vogesen   16, 20, **26**, 27, 91,
   107
Vogtland   18, 68, 72, **165**, 166
Vogtländisches Schiefer-
   gebirge   **64**, 71
Vogtländisches Synkli-
   norium   64, 65, 68, 69
Voigtstedt   151
Volkenroda   118
Volkenroda-Pöthen   119
Volpriehausen-Folge   107
Voralpenland   **141**
Vorbergzone   19, 21, 26
Vorderrhön   163
Vorderriss   135, 136
Vordevon   49, 53
Vorerzgebirgs-Senke   32, 33,
   40, 81, 86, 98
Vorgebirge   147
Vorland-Becken   7
Vorlands-Molasse   141, 142,
   143
Vorpommern   79, 170, 171,
   174

Vorspessart   20, **43**
Vulkangebiet   139
vulkanische Brekzie   70
Vulkanische Eifel   51, **161**
vulkanische Gesteine   89, 134,
   171
Vulkanismus   24, 34, 66, 69,
   116
Vulkanit   21, 28, 32, 36, 42, 54,
   59, 63, 73, 74, 75, 87, 89, 96,
   100, 109, 114, 132, 150, 153,
   165
Vulkanit-Gang   36, 94, 97
Waal-Komplex   179
Wachsenburg-Mulde   118, 226
Wacken-Dömitz   179
Wadern-Schichten   91
Waidhaus/Hagendorf   30
Walbeck   129
Waldhambach   43
Waldsassener Schiefer-
   gebirge   30
Walkenried   103
Wallensen-Duingen   149, 150
Wanderslebener Gleiche   226
Waren   175
Wärmefluss   82
Warnstedt   129
Warthe   168, 179
Warthe-Stadium   181
Wassenach   162
Wasserbau   84
Wasserbausteine   97
Wasserkuppe   163
Wasserspeicherung   108
Watt   183
Wattenmeer   187
Watzmann   134, 228
Wealden   122, 123, 124, 125
Weddersleben   227
Weferlingen   129, 229
Weferlingen-Schönebecker
   Scholle   128
Wehra-Tal   25
Weibern   162
Weichsel   168, 177, 179, 181
Weichsel-Glazial   167
Weichsel-Kaltzeit   182
Weiden   81, 159, 165
Weidespuren   69
Weiler bei Weißenburg   43

Weiler-Simmerberg   143
Weimar-Ehringsdorf   117, 119
Weinheim   43, 91, 140
Weißelster-Becken   153, 154,
   155, 230
Weißig   99
Weißliegendes   89, 90, 100
Weißstein   39
Weißtorf   182, 188
Weißwasser-Graben   155
Weitenauer Vorberge   25, 81
Wellenkalk   116, 117
Weltenburger Enge   111
Welzow   157
Wendelstein   131
Werfener Schichten   131
Werksteine   84, 95, 102, 108,
   113, 119, 120, 125, 128, 129,
   136, 176, 188
Wermsdorf   97
Werra-Folge   103, 118
Werra-Sattel   48
Weser-Bergland   120, 122
Weser-Gebirge   107, 121, 123
Weser-Sandstein   108
Weserplatten   108
Westerland   169
Westerwald   49, 51, 55, 139,
   160, 161
Westeuropäische Plattform   6
Westfal   37, 82, 83, 85, 87, 97,
   98
Westlausitzer Granodiorit   76,
   77
Westlausitzer Störung   73, 74,
   75
Wetterau   49, 81, 91, 140, 149
Wetterstein-Kalk   131, 133
Wetterstein-Massiv   134
Wieda   58
Wiehen-Gebirge   121, 123
Wiehengebirgs-Quarzit   123,
   125
Wiener Becken   141
Wiesa   77
Wiesbaden   140
Wiesenbad   39
Wiesent-Tal   110
Wietze   173
Wildenfels   98
Wildsee   25

Wilhelmshaven 186
Wilhelmshaven-Rüstringen
    175
Wilseder Berg 167, 177
Windischeschenbach 15, 28,
    29
Windstein 43
Wingertsberg 232
Wintermoorer Rinne 181
Wippraer Zone 58, 59, 60
Wirbeltier-Fauna 151
Wirbeltier-Reste 157
Wismar-Bucht 185
Wismut 38
Wissenbach 57
Witten 79
Wittenberger Abbruch 63
Wittenburg 18
Wittener Schichten 82
Wittlicher Senke 49, 50, 55,
    81, 91, 160
Wittmannsgereuth 71
Wittow 176
Witzenhausen-Eschwege 103
Woffleben 106
Wolfach 26
Wolfersberg 144
Wölfersheim 150
Wolfram 38
Wolkenstein 39
Wollsack-Verwitterung 219,
    222
Wrexen 107

Wülfrath 57
Wunsiedel 31
Wunsiedeler Marmor 30
Wutach 112
Wurlitz 31
Würm 132, 143
Würm-Eiszeit 25
Wurm-Mulde 84
Wurzelboden 82
Wurzen 97
Wurzener Senke 95, 96
Wutach 112

X

Xanten 149
Xenolith 33
Xylit 156

Y

Yoldia 184
Yoldia-Meer 187

Z

Zaberner Bruchfeld 139
Zechstein 34, 42, 45, 47, 49,
    59, 60, 63, 65, 71, 73, 75, 79,
    90, 93, 94, 101, 105, 115,

116, 118, 121, 126, 128, 150,
    151, 163, 167, 171, 173, 174,
    224
Zechstein-Gebiete **103**, 104
Zechstein-Meer 46
Zechstein-Salz 118, 123, 124,
    128, 172
Zechsteinkalk 103
Zella-Mehlis 92, 95
Zentral-Graben 137
Zentralsächsisches Lineament
    98
Zerbster Zone 63, 64
Zeugenberg 110
Ziegelei-Erzeugnisse 188
Zink 38, 105
Zinn 37, 38
Zinnstein 37
Zinnwald 38
Zittau 166
Zittauer Becken 153, 157
Zittauer Gebirge 119, 166
Zobes 72
Zollernalb-Kreis 18
Zugspitz-Massiv 136
Zugspitze 131
Zülpich 145
Zungenbecken 136, 185
Zweiglimmer-Granodiorit 76
Zwickau 98
Zwischenahner Meer 168,
    173, 187
Zyklus 82, 103

Farbanhang

Farbanhang

Abb. A-1 Der zerklüftete Quarzgang des Bayerischen Pfahls ist über weite Strecken von der Verwitterung als helle Mauer herauspräpariert. Bei Viechtach im Bayerischen Wald. Abb. zur Verfügung gestellt vom Bayerischen Geologischen Landesamt (München). Zu Kap. 3.2.

Abb. A-2 Variszischer Granit mit deutlich erkennbarer horizontaler und vertikaler Zerklüftung, welche Ursache für die Wollsack-Verwitterung gewesen ist. Rudolfstein im Fichtelgebirge, Bayern. Zu Kap. 3.3.

Abb. A-4 Zu einer Mulde gefaltete Grauwacken-Bänke des Jungproterozoikums im Steinbruch Halbach am Butterberg bei Bernbruch im Lausitzer Bergland. Aufn. Ursula Rathner (Bautzen). Zu Kap. 4.6.

Abb. A-3 „Felsenmeer" bei Lautertal-Reichenbach (Odenwald), ein Blockmeer, aus variszischen Dioriten bestehend. Einige Gesteinsblöcke mit Spuren einer sehr alten Bearbeitung. Abb. zur Verfügung gestellt vom Hessischen Landesamt für Umwelt und Geologie (Wiesbaden); Aufn. Dr. A.-K. Theuerjahr. Zu Kap. 3.6.

Abb. A-5 Abbau von Kalksteinen des Oberen Mitteldevons („Massenkalk") mit nur undeutlich zu erkennender Schichtung, zur rechten Bildseite einfallend. In den hellen Kalksteinen sind Karstspalten und -schlotten ausgebildet, die teilweise mit gelblich-braunem Lehm gefüllt sind. Steinbruch der Fa. Rheinkalk in Rösenbeck nahe Madfeld im östlichen Sauerland. Aufn. Dr. E. Speetzen (Münster). Zu Kap. 4.1.

Abb. A-6 Dunkelgraue feinbankige Tonschiefer der Adorf-Stufe des Unteren Oberdevons („Adorf-Bänderschiefer"). Das Einfallen der Schichten nach rechts ist deutlich ausgeprägt, die Schieferung verläuft etwa senkrecht. Straßenböschung bei Diemelsee-Adorf im nördlichen Rheinischen Schiefergebirge. Zu Kap. 4.1.

Abb. A-7 Weitgehend vergruster Brocken-Granit, an der Wende Karbon/Perm (vor 295 Mio. Jahre) aufgedrungen. Die Wollsack-Verwitterung des Granits ist in der linken Bildhälfte gut sichtbar. Der Granit-Grus wurde beim Bau der Mauer der nahe gelegenen Oder-Talsperre verwendet und als Abdichtung zwischen den erbauten Granit-Blöcken eingestampft. Die Oder-Talsperre wurde Anfang des 18. Jahrhunderts gebaut; sie gilt als die älteste Talsperre Deutschlands. Alte/r Steinbruch/Grube am Rehburger Weg südlich der Oder-Talsperre (Oder-Teich) nahe Braunlage im Harz. Zu Kap. 4.2.

Abb. A-8 Steil stehende verfaltete Sandsteine und Tonsteine des Unteren Oberkarbons (Namur B, zum „Flözleeren" gehörend). Aufgelassener Steinbruch (Geologisches Monument) bei Hagen-Vorhalle im südlichen Ruhrgebiet. Zu Kap. 5.1.

Abb. A-9 Mächtige Felsklippen von Porphyren (Rhyolithen) aus der Rotliegend-Zeit im Tal der Nahe. Rechts im Bild der 135 m hohe Rheingrafenstein dem mittleren Felsen ein Teil der gleichnamigen Burgruine. Bad Münster am Stein-Ebernburg bei Bad Kreuznach. Zu Kap 6.1.

Abb. A-10 Die Grauwacken-Bänke aus dem Grenzbereich Unterkarbon/Oberkarbon zeigen die für Flysch-Ablagerungen charakteristische Gradierung – die Abnahme der Korngröße von unten nach oben. Auflässiger Steinbruch an der Ruine Altenhusen bei Hundisburg im Flechtinger Höhenzug. Zu Kap. 4.3.

Abb. A-11 Horizontal liegende braunrote Sandsteine und Tonsteine des jüngeren Rotliegenden (Saxon), darin eingeschaltet schräg geschichtete, gelbliche Sandsteine. Tal der Hühnerküche bei Bebertal im Flechtinger Höhenzug. Zu Kap. 6.7

Abb. A-12 Doline bzw. Auslaugungssenke in Sulfatgesteinen des Zechsteins, die hier den Untergrund bilden. Dens bei Sontra im nördlichen Hessen. Zu Kap. 7.

Abb. A-13 Abbau von tiefgründig verwitterten und kaolinisierten Schichten des Mittleren Buntsandsteins zur Kaolin-Herstellung. Hirschau-Schnaittenbach/Oberpfalz. Zu Kap. 8.1.

Abb. A-14 Mehrere Meter weite und 5 m tiefe Doline in verkarsteten Kalksteinen des Malms. Bei Eichigt nahe Lichtenfels in der nördlichen Frankenalb. Abb. zur Verfügung gestellt vom Bayerischen Geologischen Landesamt (München). Zu Kap. 8.2.

Abb. A-15 „Bad lands" auf Steinmergel-Keuper. Die nach Nordosten einfallenden Schichten gehören zur Wachsenburg-Mulde in der Eichenberg-Saalfelder Störungszone. Südhang der Wanderslebener Gleiche unweit Arnstadt, Thüringen. Zu Kap. 8.3.

Abb. A-16 Geschichtete Quarzsandsteine aus der älteren Oberkreide. Horizontal verlaufende Schichtflächen und senkrechte Klüfte sind wesentlich für die quaderartigen Verwitterungsformen verantwortlich. Nahe dem Bastei-Felsen beim Kurort Rathen in der Sächsischen Schweiz, einem Teil des Elbsandstein-Gebirges. Zu Kap. 8.4.

Abb. A-18 Verwitterungsformen in steil stehenden verkieselten Sandsteinen der Oberkreide. Sog. „Teufelsmauer" zwischen Weddersleben und Neinstedt in der Aufrichtungszone vor dem nördlichen Ostharz. Aufn. Dr. K. Obst (Greifswald). Zu Kap. 4.2. und 8.5.3.

Abb. A-17 Überkippte Kalksteine des Korallenooliths (Unterer Malm) in der Aufrichtungszone vor dem nordwestlichen Harz. Dieser ist links im Bild im Hintergrund zu erkennen. Steinbruch der Rohstoffbetriebe Oker am Langenberg zwischen Oker und Harlingerode. In den karbonatischen Gesteinen wurden neben anderen Fossilien auch Reste von Sauriern gefunden. Abb. zur Verfügung gestellt von der Bundesanstalt für Geowissenschaften und Rohstoffe (Hannover). Zu Kap. 4.2 und 8.5.3.

Abb. A-19 Südlich Murnau am Staffelsee (Oberbayern) tritt der Nordrand der Kalkalpen gegenüber dem vorgelagerten Eschenloher und Murnauer Moos (auf Gesteinen der Flysch-Zone) markant hervor. Abb. zur Verfügung gestellt vom Bayerischen Geologischen Landesamt (München). Zu Kap. 9.

Abb. A-20 Dickbankige Kalksteine (Dachstein-Kalk) aus der oberen Trias in der steil aufragenden Ostwand des Watzmann-Massivs bei Berchtesgaden. Im Vordergrund der Königsee mit der Kapelle St. Bartholomä. Aufn. Foto-Kunstverlag F. G. Zeitz KG, Berchtesgaden. Zu Kap. 9.

Abb. A-21 In Verbindung mit den Deckenüberschiebungen der Alpen intensiv gefaltete Allgäu-Schichten des Unteren und Mittleren Juras. Bei Staudach-Egerndach im Chiemgau, Oberbayern. Abb. zur Verfügung gestellt vom Bayerischen Geologischen Landesamt (München). Zu Kap. 9.

Abb. A-22 Lockere Sande aus der jüngsten Oberkreide mit verkieselten Lagen, die teilweise herausgewittert sind und deswegen deutlich hervortreten. Weferlingen nördlich Helmstedt. Zu Kap. 8.5.3.

Abb. A-23 Übersichtsaufnahme (Luftbild) des Braunkohlen-Tagebaus Hambach im Westteil der Niederrheinischen Bucht mit mächtigen Deckschichten über dem Kohlenflöz aus dem Miozän. Die Deckschichten müssen in mehreren Sohlen abgetragen werden. Abb. zur Verfügung gestellt von der Presse- und Informationsabteilung der RWE in Köln. Zu Kap. 10.3.

Abb. A-24 Braunkohlen-Flöze mit hellen, bitumenreichen Lagen über gelbweißen Kiesen. Unterflöz (Mittel-Eozän) des Weißelster-Beckens. Tagebau Schleenhain südlich Leipzig. Zu Kap. 10.6.

Abb. A-25 Horizontal liegende Ströme von Basalten mit bräunlich-grauen Basalttuffen dazwischen (Tertiär). Aufgelassener Steinbruch bei Langd nahe Hungen, westlicher Vogelsberg. Zu Kap. 11.1.

Abb. A-26 Felswand aus jungtertiärem Phonolith. Die etwa senkrecht stehenden groben Säulen zeigen an, dass es sich um einen fast horizontal liegenden Gesteinskörper handelt, wobei die Schmelze intrudiert oder auch oberflächlich ausgeflossen ist. Sog. „Steinwand" bei Poppenhausen nahe der Wasserkuppe in der Rhön. Abb. zur Verfügung gestellt vom Hessischen Landesamt für Umwelt und Geologie (Wiesbaden); Aufn. Prof. Dr. A. Schraft. Zu Kap. 11.4.

Abb. A-27 Geschichtete Bimstuffe des Laacher See-Ausbruchs vor ca. 11.200 Jahren. Ehemalige Grubenwand des Bimstuff-Abbaus am Wingertsberg bei Mendig in der östlichen Eifel; heute Freilicht-Museum. Zu Kap. 11.3.

Abb. A-28 Blick vom Hohenhöwen auf Teile des Hegaus, der mehrere Schlote von Basalten des Tertiärs zeigt, die von der Verwitterung herauspräpariert wurden. Links im Bild der Hohenstoffeln. Zu Kap. 11.2.

Abb. A-29 Kreide-Kliffs der Stubbenkammer mit eingeschupptem Pleistozän. Links im Bild ist die Faltung der Kreide-Schichten anhand der Feuerstein-Bänder zu erkennen. Steilküste der Halbinsel Jasmund nördlich des Lenzer Bachs, Insel Rügen. Felsabstürze treten häufig auf. Abb. zur Verfügung gestellt vom Landesamt für Umwelt, Naturschutz und Geologie Mecklenburg-Vorpommern (Güstrow); Aufn. Dr. W. Schulz (Schwerin). Zu Kap. 12.1.

Abb. A-30 Deutliche Küstenerosion am Steilufer aus Weichsel-zeitlichen Geschiebemergeln; am Strand liegen von der Ostsee herausgewaschene Geschiebe-Blöcke. Nordwestküste der Insel Poel bei Wismar, Mecklenburg-Vorpommern. Zu Kap. 12.2.

Abb. A-31 Schmelzwassersande aus dem Drenthe-Stadium der Saale-Eiszeit mit intensiven, durch kaltzeitliche Prozesse entstandenen Fließstrukturen (Kryoturbationen), hier infolge der Verwitterung plastisch herausgearbeitet. Beckedorf bei Harburg südlich Hamburg. Zu Kap. 12.2.

Abb. A-32 Im Übergang vom Pleistozän zum Holozän konnte der Wind in den Urstromtälern den Sand zu Dünen aufwehen. Infolge Abholzung wandern heute Teile der Düne von Klein-Schmölen südöstlich Dömitz (südwestliches Mecklenburg) weiter; sie ist einer Talsand-Terrasse des Elbtals (im Vordergrund) aufgesetzt. Abb. zur Verfügung gestellt vom Landesamt für Umwelt, Naturschutz und Geologie Mecklenburg-Vorpommern (Güstrow); Aufn. Dr. W. Schulz (Schwerin). Zu Kap. 12.2.

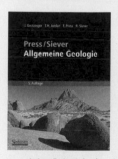

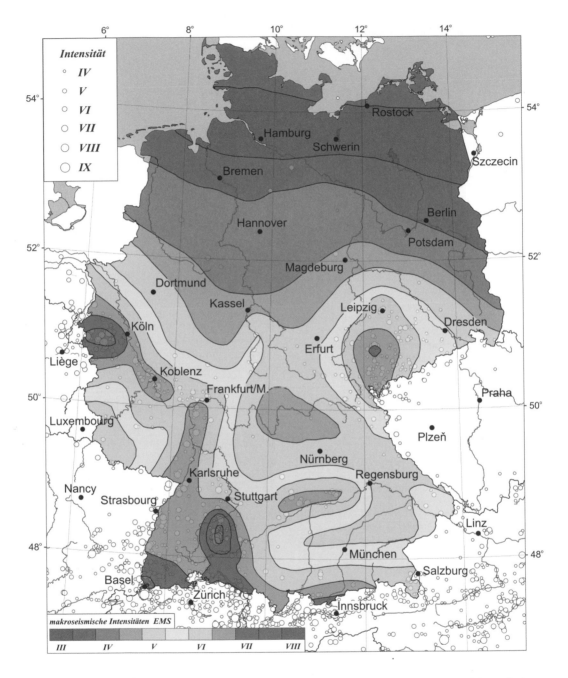

Erdbebengefährdung Deutschlands. Dargestellt sind die berechneten makroseismischen Intensitäten, die innerhalb von 50 Jahren mit einer Wahrscheinlichkeit von 90% nicht überschritten werden (nach GRÜNTHAL & BOSSE 1996), untersetzt mit den Epizentren aufgetretener tektonischer Erdbeben (nach GRÜNTHAL u. a. (1998). Signifikante Erschütterungen treten bei Intensitäten I > IV auf; sehr leichte erste Schäden können bei Intensitäten ab I = V beobachtet werden.